数学·统计学系列

Three Sine Inequality

三正弦不等式

● 刘健 著

U0363218

哈尔滨工业大学出版社

HARBIN INSTITUTE OF TECHNOLOGY PRESS

内 容 提 要

本书介绍了作者在几何不等式领域的一项发现——三正弦不等式,着重讨论了它的应用,由此推导出了大量涉及三角形的不等式,其中包含许多著名结果,如 Wolstenholme 不等式、Kooi 不等式、Klamkin 惯性极矩不等式、Erdös-Mordell 不等式、Neuberg-Pedoe 不等式、Gerretsen 不等式、林鹤一不等式、锐角三角形的 Walker 不等式、推广的 Euler 不等式. 作者在本书中还针对相关结果提出了大量经过计算机验证的不等式猜想,可供有兴趣的读者研究.

附录 A 介绍了有关三角形与一点的几何变换理论(便于书中一些几何不等式的推导),附录 B 介绍了作者建立的一些涉及多个三角形不等式的结果,其中包含了三正弦不等式的推广.

图书在版编目(CIP)数据

三正弦不等式/刘健著. —哈尔滨:哈尔滨工业大学
出版社,2018.10
ISBN 978 - 7 - 5603 - 7308 - 9

Ⅰ.①三… Ⅱ.①刘… Ⅲ.①初等几何-不等式
Ⅳ.①O123.1

中国版本图书馆 CIP 数据核字(2018)第 067424 号

策划编辑　刘培杰　张永芹
责任编辑　张永芹　聂兆慈
封面设计　孙茵艾
出版发行　哈尔滨工业大学出版社
社　　址　哈尔滨市南岗区复华四道街 10 号　邮编 150006
传　　真　0451 - 86414749
网　　址　http://hitpress.hit.edu.cn
印　　刷　哈尔滨市工大节能印刷厂
开　　本　787mm×1092mm　1/16　印张 30.25　字数 544 千字
版　　次　2018 年 10 月第 1 版　2018 年 10 月第 1 次印刷
书　　号　ISBN 978 - 7 - 5603 - 7308 - 9
定　　价　98.00 元

序

翻开刘健先生的专著《三正弦不等式》,从他所创建的下述涉及三个三角形的三正弦不等式

$$\sum x^2 \frac{a}{r_1} \geqslant 4 \sum yz \frac{\sin A_1 \sin A_2}{\sin A} \tag{1}$$

出发,竟然可以推出数以百计的不等式,写成了这么厚厚的一本专著,这简直是难以置信的奇迹.

我们自然要问,这种奇迹是怎么产生的呢? 它对不等式的研究有什么意义? 我们先仔细分析一下这个不等式本身有什么特点.它的奥妙就在于该不等式中含有许多参数,我们称之为"带参数的三角形不等式".开始时是在一个三角形内引入参数,例如,在中学生数学竞赛中就出现过不等式(见本书第7章)

$$\sum x^2 \geqslant 2 \sum yz \cos A \tag{2}$$

1984年,Klamkin提出并证明了

$$\sum x \sin A \leqslant \frac{1}{2} \sum yz \sqrt{\frac{x+y+z}{xyz}} \tag{3}$$

1994年,本书作者得出

$$\sum x^2 \geqslant 4 \sum yz \sin \frac{B}{2} \sin \frac{C}{2} \tag{4}$$

在1989年出版的Mitrinović等所著的《几何不等式新进展》第6章和我的《常用不等式》等专著中都收录了许多含参数的三角形不等式,这类不等式又称为"三角形嵌入不等式",它们的共同特点是通过这些参数的不同选取,并利用各种变形技巧,就可以导出大量已知的和新的不等式,而且所导出的许多不等式彼此看起来是毫不相关的.因此,这类不等式又称为"母不等式".提到母不等式,我就会想起Hilbert把Fermat猜想的研究说成是下"金蛋"的"母鸡",这是因为在对Fermat猜想长达358年的研究过程中,引入了理想数等新的概念,产生了"代数数论"、Euler的"网络公式"和"无穷递减法"等新的数学分支与新的数学方法,对数学的发展产生了极其深

远的影响.而上述的"母不等式"也有点像下"金蛋"的"母鸡".在不等式(1)中,$\sum$表示的是循环和,例如式(1)的左边表示

$$\sum \frac{a}{r_1}x^2 = x^2\frac{a}{r_1} + y^2\frac{b}{r_2} + z^2\frac{c}{r_3}$$

于是,在给定$\triangle ABC$的情况下,本书作者首创的三正弦不等式(1)含有12个参数(另两个三角形的内角视为参数),而不等式(2) 仅含有3个参数.所以,就不难理解式(1)下的"金蛋"为什么远比式(2)多得多,而且容量大得惊人.事实上,本书作者从对于涉及两个三角形到涉及n个三角形的含参数的不等式都有深入研究,参见附录B.

一个三角形,是用三条线段首尾相接就可构成的最简单的几何图形,连幼儿园的小朋友都知道.但是,这种极为简单的几何图形却蕴含着极为丰富的信息.我们只要查一查数学发展的历史,就会发现,三角形是人类开发最早,研究最深入的几何图形.公元前7世纪之后,希腊几何学迅猛发展,Euclid集大成前人的研究成果,写成流传两千多年的不朽之作——《几何原本》,其中第一卷有直角三角形的"毕达哥拉斯定理",该定理在公元前一千多年我国西周的《周髀算经》中就有记载,称为"商高定理",而在总结了秦汉以前我国古代数学成就的《九章算术》中则称为"勾股定理",这说明人们对三角形的研究已有三千多年的漫长历史,而且研究的热度至今未减.事实上,三角形是几何的心脏和基础.这是因为从三角形就可产生多边形和多面体,通过极限运算还可产生圆、各种曲线等.现在,有的专家将"勾股定理"列为人类最伟大的十大科学发现的第一项(其他九项最伟大的科学发现依次是:微生物的存在;牛顿三大运动定律和微积分;物质的结构; 血液循环;电流;物种进化;基因;热力学四大定律;光的波粒二象性导致量子力学的诞生).在"勾股定理"中,将$a^2 + b^2 = c^2$的指数2改为$n(n > 2)$,即$a^n + b^n = c^n$,那就可引出我们前面提到的Fermat猜想(现为Fermat大定理).三角形还是理解现代数学许多基本概念的基础,例如,在赋范线性空间中,它的元素x不一定是实数,但在取范数$\|x\|$后,$\|x\|$就变成非负实数了,而$\|x\|$要成为范数,它就一定要满足三角不等式; 在内积空间中,两个正交的向量要满足勾股定理.杨路曾指出:"几何不等式的判定牵涉实代数几何,属于当代数学研究的坚深课题之一."因此,三角形不等式的研究是与现代数学相通的.在力学原理中,三角形结构是稳定性最好的结构之一.三角形不等式的研究本身还有数不清的挑战性的难题,作者在本书中就提出了不少未解决的难题.它同样考验着我们的聪明

才智和毅力.

本书作者对三角形不等式进行了长达30年的研究,硕果累累.30年在人类历史的长河中仅仅是一瞬间,而对一个人来说,就意味着贡献了一生中最美好的年华.在本书的初稿写完后,作者又反复进行了修改,这种精益求精的精神是难能可贵的.三正弦不等式是一项高品质的原创成果,因此我提议在今后的文献中引用上述三正弦不等式时,可以称之为刘健不等式(或刘健三正弦不等式).与以外国人命名的不等式相比,以中国人命名的不等式实在是太少了.

我还想借此机会向哈尔滨工业大学出版社表示敬意,向该社以刘培杰先生为首的编辑团队表示敬意,作为一个地方出版社,能出版这么多的数学专著,能完成这么多惊人的工作量,没有高度敬业的奉献精神和热情是不能实现的. 我对几何不等式没有什么研究,只是在写作《常用不等式》的过程中,查了有关的资料,因此,对本书的评论难免挂一漏万.我相信读者必定能从该书中得到许多启发,自己去发现新的"母鸡",生下更多的"金蛋".

匡继昌

2018年8月 于湖南师范大学数学系

前　言

　　三角形不等式是几何不等式中一个诱人的领域,受到很多不同层次的人喜爱.匈牙利数学大师P.Erdös与美国著名几何学家D.Pedoe都把自己在此领域的两个著名结果列为自己钟爱的数学发现.1969年出版的《几何不等式》(荷兰数学家O.Bottema等著)与1989年出版的《几何不等式新进展》(塞尔维亚数学家D.S.Mitrinović等著)均收录了大量有关三角形不等式的结果,这两本颇有影响力的学术专著大大促进了三角形不等式研究的发展.三角形不等式的新结果在文献中层出不穷,并且提出了许多困难的猜想与问题.毫无疑问,三角形不等式的研究将会越来越受到人们的关注与重视.

　　作者对三角形不等式情有独钟,进行了30年的研究,在此领域发表了150余篇论文.2001年发表的"三正弦不等式"是作者的代表性成果,它建立在Kooi加权三角不等式的基础上,其证明是十分简单的.深刻的数学结果往往令人敬佩.然而,简单的结论并不总是意味着无价值,很多时候恰恰是大道至简.在相关论文发表后,作者陆陆续续发现三正弦不等式可以用来推导许许多多其他的三角形不等式(其中包括一系列著名结果).鉴于此故,作者专门写了这本专著,着重讨论三正弦不等式的应用.书中给出了三正弦不等式数以百计的推论,这并非为了哗众取宠.事实上,作者对得到的所有推论都进行了细致考虑和严格筛选,以保证本书质量.对于已知的结果也尽力注明了最初的出处.此外,针对书中的一些推论,作者还提出了许多困难的猜想(还有一些有关的猜想未收录在本书中,读者可在相关的参考文献中找到),供有兴趣的读者进一步研究.在上面所提的第二本专著的前言中,引用了一句带有挑战性的话:"好吧,如果你觉得还有更好的,就拿出来瞧瞧."这里且用三正弦不等式作为自己应对"挑战"的一个回应,留待读者评论.作者希望读者通过阅读本书感受到三正弦不等式的奇妙、欣赏到数学之美.如此,作者将倍感欣慰!

　　本书的出版完成了我的一个夙愿,借此机会深深地向长期支持我的父亲(2016年离世)、母亲、妻子以及给了我实质性帮助的胞弟刘毅表示感谢!没有他们的支持、帮助和鼓励,我不可能长期花大量时间潜心研究三角形不等式;感谢已故恩师蔡彪教授,他对我的成长起了不可忽视的作用;同时感谢杨路教授、J.E.Pečarić教授、冷岗松教授、单墫教授在学术上给予我的非常珍贵的帮助;感谢匡继昌教授(原全国不等式研究会副理事长)应邀欣然为本书作序;感谢哈尔滨工业大学出版社刘培杰副社长大力支持本书出版.本书责任编辑张永芹与聂兆慈女士为本书做了大量精细的校对工作,在此也一并致谢!

　　本书写作虽然经过了反复修改,但囿于作者水平,书中难免存在疏漏与不当之处,敬请读者不吝指正.作者电子邮箱: China99jian@163.com.

刘 健

2018年9月18日　　于华东交通大学

本书常用符号说明

$\triangle ABC$ 表示三角形ABC

A, B, C 表示$\triangle ABC$的内角或顶点

a, b, c 分别为$\triangle ABC$的三条边BC, CA, AB的长度

R, r, s, S 分别为$\triangle ABC$的外接圆半径、内切圆半径、半周长与面积

h_a, h_b, h_c $\triangle ABC$相应边上的高线

m_a, m_b, m_c $\triangle ABC$相应边上的中线

w_a, w_b, w_c $\triangle ABC$相应边上的内角平分线

r_a, r_b, r_c $\triangle ABC$相应边上的旁切圆半径

k_a, k_b, k_c $\triangle ABC$相应边上的类似中线(陪位中线)

$\triangle A'B'C'$的几何元素用上面各说明对应的带撇的符号表示

x, y, z 任意实数或正数

u, v, w 正数或带条件的实数

A_i, B_i, C_i 表示$\triangle A_iB_iC_i$的内角

P $\triangle ABC$内部或平面上任意一点

R_1, R_2, R_3 分别表示点P到顶点A, B, C的距离

r_1, r_2, r_3 分别表示点P到三边BC, CA, AB的距离

w_1, w_2, w_3 分别表示$\angle BPC, \angle CPA, \angle APB$的平分线

R_a, R_b, R_c 分别表示$\triangle BPC, \triangle CPA, \triangle APB$的外接圆半径

S_a, S_b, S_c 分别表示$\triangle BPC, \triangle CPA, \triangle APB$的面积

α, β, γ 分别表示$\angle BPC, \angle CPA, \angle APB$

D, E, F 分别是点P在直线BC, CA, AB上的垂足

a_p, b_p, c_p 分别表示垂足$\triangle DEF$的三边EF, FD, DE的边长

R_p, r_p, s_p, S_p 分别表示垂足$\triangle DEF$的外接圆半径、内切圆半径、半周长与面积

h_1, h_2, h_3 分别表示点P到三边EF, FD, DE的距离

L, M, N 分别表示AP, BP, CP与BC, CA, AB的交点

e_1, e_2, e_3 分别表示Cevian线段PL, PM, PN

Q $\triangle ABC$内部或平面上的任意点

D_1, D_2, D_3 分别表示点Q到顶点A, B, C的距离

d_1, d_2, d_3 分别表示点Q到三边BC, CA, AB的距离

　　为简便起见,本书广泛使用循环和符号$\sum$与循环积符号$\prod$,这两个符号分别表示对给出的三元数组,如$(a,b,c),(A,B,C),(r_1,r_2,r_3),(x,y,z),(u,v,w)$ $(w_1,w_2,w_3),(A',B',C'),(A_1,B_1,C_1),(R_a,R_b,R_c),(R_1,R_2,R_3)$等进行轮换求和与求积.例如

$$\sum yzu = yzu + zxv + xyw$$

$$\sum x^2\frac{a}{r_1} = x^2\frac{a}{r_1} + y^2\frac{b}{r_2} + z^2\frac{c}{r_3}$$

$$\sum ar_1R_1^2 = ar_1R_1^2 + br_2R_2^2 + cr_3R_3^2$$

$$\sum yz\sin A' = yz\sin A' + zx\sin B' + xy\sin C'$$

$$\sum \frac{R_a}{kh_a+r_a} = \frac{R_a}{kh_a+r_a} + \frac{R_b}{kh_b+r_b} + \frac{R_c}{kh_c+r_c}$$

$$\prod (r_a+kh_a) = (r_a+kh_a)(r_b+kh_b)(r_c+kh_c)$$

　　在本书中,未说明是锐角三角形的三角形一般都为任意三角形.

　　另外,对于本书所有推论所述非严格三角形不等式,如果其等号成立条件不要求三角形为正三角形,都将陈述其等号成立的条件,但不进行详细讨论.推论中未陈述等号条件的三角形不等式,其等号一般都当且仅当三角形为正三角形时成立(若不等式涉及了三角形内部或平面上一个动点,则等号成立还需加上“动点为相应的正三角形中心”的条件;若不等式含多个参数(变元),则等号成立需加上“参数均相等”的条件).

　　参考文献[1]与[2]分别用《GI》与《AGI》表示.

目　录

第0章　三正弦不等式及其证明 ………………………………………… (1)

第1章　推论一及其应用 ………………………………………………… (6)

第2章　推论二及其应用 ………………………………………………… (26)

第3章　推论三及其应用 ………………………………………………… (55)

第4章　推论四及其应用 ………………………………………………… (76)

第5章　推论五及其应用 ………………………………………………… (110)

第6章　推论六及其应用 ………………………………………………… (131)

第7章　推论七及其应用 ………………………………………………… (166)

第8章　推论八及其应用 ………………………………………………… (200)

第9章　推论九及其应用 ………………………………………………… (219)

第10章　推论十及其应用 ……………………………………………… (233)

第11章　推论十一及其应用 …………………………………………… (245)

第12章　推论十二及其应用 …………………………………………… (258)

第13章　推论十三及其应用 …………………………………………… (279)

第14章　推论十四及其应用 …………………………………………… (294)

第15章　推论十五及其应用 …………………………………………… (311)

第16章　推论十六及其应用 …………………………………………… (325)

第17章　推论十七及其应用 …………………………………………… (343)

第18章　推论十八及其应用 …………………………………………… (355)

第19章　推论十九及其应用 …………………………………………… (370)

附录A　关于三角形与一点的变换 ……………………………………… (382)

附录B　涉及多个三角形的不等式 ……………………………………… (394)

参考文献 ………………………………………………………………… (439)

第 0 章 三正弦不等式及其证明

(一) 三正弦不等式

三角形不等式是一类常见的几何不等式,通常所见的三角形不等式是关于单个三角形的,如关于一个三角形边长的不等式,关于一个三角形内角的三角函数不等式以及关于一个三角形的边长、内角、外接圆半径、内切圆半径、面积与高线等几何元素的混合型不等式.近几十年来,三角形几何不等式有了迅速发展,大量新的成果不断涌现.例如,O.Bottema[1]等人所著的《几何不等式》(1969年)以及D.S.Mitrinović[2]等所著的《几何不等式新进展》(1989年),都收录了大量有关三角形不等式的结果.但是,涉及两个三角形的不等式仍然很少见(这方面的一个著名结果是Neuberg-Pedoe不等式),而涉及三个三角形的不等式更是难得一见.

本书的目的是向读者介绍作者在2001年发表的下述涉及三个三角形与一点的几何不等式——三正弦不等式:

定理[3] 设△ABC的三边BC,CA,AB的长分别为a,b,c,其内部任意一点P到三边BC,CA,AB的距离分别为r_1, r_2, r_3,则对△$A_1B_1C_1$与△$A_2B_2C_2$以及任意实数x,y,z,有

$$\sum x^2 \frac{a}{r_1} \geqslant 4 \sum yz \frac{\sin A_1 \sin A_2}{\sin A} \tag{0.1}$$

等号当且仅当△$A_1B_1C_1 \sim \triangle A_2B_2C_2$,且

$$x:y:z = r_1:r_2:r_3 = \frac{\sin 2A_1}{\sin A} : \frac{\sin 2B_1}{\sin B} : \frac{\sin 2C_1}{\sin C}$$

时成立.

不等式(0.1)涉及了三个三角形的正弦值,因此把它称为"三正弦不等式".由于这个不等式的右端实际上含有九个正弦值,所以也把它称为"九正弦不等式".本书一般使用前一个称法.

本章中,我们给出三正弦不等式的证明.从下一章起直至最后一章,着重讨论三正弦不等式的应用,即由此不等式出发推导出各种各样的其他不等式(主要是涉及三角形的不等式).

(二)　定理的证明

三正弦不等式是在重要的Kooi加权三角不等式的基础上建立的,后者即为下述不等式:

对$\triangle ABC$与任意实数x, y, z有

$$\left(\sum x\right)^2 \geqslant 4 \sum yz \sin^2 A \tag{0.2}$$

等号当且仅当$x : y : z = \sin 2A : \sin 2B : \sin 2C$时成立.

我们先介绍不等式(0.2)通常的配方证法:

由于

$$
\begin{aligned}
\left(\sum x\right)^2 &- 4\sum yz\sin^2 A \\
&= \sum x^2 + 2\sum yz\cos 2A \\
&= x^2 + 2x(z\cos 2B + y\cos 2C) + 2yz\cos 2A + y^2 + z^2 \\
&= (x + z\cos 2B + y\cos 2C)^2 - (z\cos 2B + y\cos 2C)^2 \\
&\quad + y^2 + z^2 + 2yz\cos 2A \\
&= (x + z\cos 2B + y\cos 2C)^2 + y^2\sin^2 2C + z^2\sin^2 2B \\
&\quad + 2yz(\cos 2A - \cos 2B\cos 2C)
\end{aligned}
$$

注意到$\cos 2A = \cos 2(B + C) = \cos 2B\cos 2C - \sin 2B\sin 2C$,就得恒等式

$$
\begin{aligned}
\left(\sum x\right)^2 &- 4\sum yz\sin^2 A \\
&= (x + y\cos 2C + z\cos 2B)^2 + (y\sin 2C - z\sin 2B)^2
\end{aligned} \tag{0.3}
$$

由此可见不等式(0.2)成立,且等号成立当且仅当

$$y\sin 2C - z\sin 2B = 0$$

$$x + y\cos 2C + z\cos 2B = 0$$

由上两式容易推得$x:y:z = \sin 2A : \sin 2B : \sin 2C$. 因此, 式(0.2)中等号成立条件如上所述.

其次, 应用Cauchy不等式与不等式(0.2)可知, 对$\triangle A_1 B_1 C_1$与$\triangle A_2 B_2 C_2$以及正数x, y, z有

$$\left(\sum yz \sin A_1 \sin A_2 \right)^2 \leqslant \sum yz \sin^2 A_1 \sum yz \sin^2 A_2 \leqslant \frac{1}{16} \left(\sum x \right)^4$$

于是可得涉及两个三角形与正数x, y, z的不等式

$$4 \sum yz \sin A_1 \sin A_2 \leqslant \left(\sum x \right)^2 \tag{0.4}$$

接下来, 我们讨论上式等号成立的条件. 根据Cauchy不等式与式(0.2)等号成立的条件知, 式(0.4)中的等号成立当且仅当

$$\frac{\sin A_1}{\sin A_2} = \frac{\sin B_1}{\sin B_2} = \frac{\sin C_1}{\sin C_2} \tag{0.5}$$

$$\frac{x}{\sin 2A_1} = \frac{y}{\sin 2B_1} = \frac{z}{\sin 2C_1} \tag{0.6}$$

$$\frac{x}{\sin 2A_2} = \frac{y}{\sin 2B_2} = \frac{z}{\sin 2C_2} \tag{0.7}$$

将式(0.5)平方再利用比例的性质有

$$\frac{\sin^2 A_1}{\sin^2 A_2} = \frac{yz \sin^2 A_1 + zx \sin^2 B_1 + xy \sin^2 C_1}{yz \sin^2 A_2 + zx \sin^2 B_2 + xy \sin^2 C_2}$$

根据式(0.2)等号成立的条件, 在式(0.6)与式(0.7)成立的情况下, 上式右端分子与分母的值均等于$\left(\sum x \right)^2 / 4$, 从而有$\sin^2 A_1 = \sin^2 A_2$, 于是$\sin A_1 = \sin A_2$. 同理得$\sin B_1 = \sin B_2$, $\sin C_1 = \sin C_2$. 因x, y, z均为正数, 从式(0.6)与式(0.7)可知式(0.4)中等号成立时$\triangle A_1 B_1 C_1$与$\triangle A_2 B_2 C_2$必为锐角三角形. 于是由$\sin A_1 = \sin A_2$可以推断$A_1 = A_2$. 同理可知$B_1 = B_2$, $C_1 = C_2$, 从而$\triangle A_1 B_1 C_1 \sim \triangle A_2 B_2 C_2$. 所以, 不等式(0.4)中等号当且仅当$\triangle A_1 B_1 C_1 \sim \triangle A_2 B_2 C_2$且$x:y:z = \sin 2A_1 : \sin 2B_1 : \sin 2C_1$时成立.

再次, 根据Cauchy不等式, 对任意实数x, y, z有

$$\left(\sum x \right)^2 \leqslant \sum ar_1 \sum \frac{x^2}{ar_1} \tag{0.8}$$

又注意到, 当点P位于$\triangle ABC$内部时有

$$S_{\triangle BPC} + S_{\triangle CPA} + S_{\triangle APB} = S_{\triangle ABC}$$

由此易得恒等式

$$\sum ar_1 = 2S \tag{0.9}$$

因此,由不等式(0.4)与不等式(0.8)可知

$$2S \sum \frac{x^2}{ar_1} \geqslant 4 \sum yz \sin A_1 \sin A_2 \tag{0.10}$$

作代换 $x \to xa, y \to yb, z \to zc$,则

$$2S \sum x^2 \frac{a}{r_1} \geqslant 4 \sum yzbc \sin A_1 \sin A_2 \tag{0.11}$$

两边同时除以 $2S$,然后应用面积公式 $S = \frac{1}{2}bc\sin A$,即知不等式(0.1)对任意正数 x, y, z 成立.注意到式(0.1)右边的二次项 yz, zx, xy 的系数均为正值,进而易知不等式(0.1)实际上对任意实数 x, y, z 均成立(参见下面的注0.1).

按Cauchy不等式成立的条件可知式(0.8)中等号成立当且仅当

$$\frac{x}{ar_1} = \frac{y}{br_2} = \frac{z}{cr_3}$$

由此按式(0.4)等号成立的条件,并注意到上面所作的代换 $x \to xa, y \to yb, z \to zc$,便知不等式(0.11)与不等式(0.1)中等号成立当且仅当 $\triangle A_1B_1C_1 \sim \triangle A_2B_2C_2$,$x:y:z = r_1:r_2:r_3$,且

$$\frac{xa}{\sin 2A_1} = \frac{yb}{\sin 2B_1} = \frac{zc}{\sin 2C_1}$$

从而知式(0.1)中等号成立条件如定理中所述.定理证毕. □

注0.1 对于含有正系数 $p_1, p_2, p_3, q_1, q_2, q_3$ 的三元二次型不等式

$$p_1x^2 + p_2y^2 + p_3z^2 \geqslant q_1yz + q_2zx + q_3xy \tag{0.12}$$

容易证明下述结论:若不等式(0.12)对任意正数 x, y, z 成立,则它对任意实数 x, y, z 成立.在本书后面的章节中,我们将经常用到这个简单的结论,但不常常指出(为简便起见).

注0.2 由正弦定理可知,不等式(0.2)等价于

$$R^2 \left(\sum x\right)^2 \geqslant \sum yza^2 \tag{0.13}$$

这即是通常所说的Kooi不等式(参见文献[4]或专著《GI》中不等式14.1).在上式中作代换 $x \to xa^2, y \to yb^2, z \to zc^2$,再利用等式 $abc = 4SR$,约简后即得Oppenheim[5]最先提出的不等式

$$\left(\sum xa^2\right)^2 \geqslant 16S^2 \sum yz \tag{0.14}$$

等号当且仅当 $x : y : z = (b^2 + c^2 - a^2) : (c^2 + a^2 - b^2) : (a^2 + b^2 - c^2)$ 时成立.反之,由式(0.14)也易得出式(0.2).因此,不等式(0.13)与不等式(0.14)是等价的.

注 0.3 涉及两个三角形的加权三角不等式(0.4)最先由安振平[6]在1988年建立.作者也独立发现了不等式(0.4),并得出了更一般的推广,参见附录B.

注 0.4 当 x, y, z 为正数时,由Oppenheim不等式(0.14)有

$$\sum xa^2 \geqslant 4\sqrt{\sum yz}\, S \tag{0.15}$$

作者在1990年研究了上式的推广,得到的结果先以摘要的形式发表在文献[7]中.此后不久,又得到了更一般的结果,所撰论文《涉及多个三角形的不等式》曾在天津召开的全国首届初等数学研究学术交流会(1991年8月15～18日)上做过交流,四年后正式发表在文献[8]中.本书附录B即是由这篇论文经过改写并补充而来.文献[8]中的定理5(也即附录B中定理B17)所述不等式(大加权三角形不等式)统一了大批的三角形不等式,三正弦不等式是其推论之一.

注 0.5 由式(0.10)利用面积公式 $S = \frac{1}{2}ah_a$ 易得

$$\sum x^2\frac{h_a}{r_1} \geqslant 4\sum yz\sin A_1\sin A_2 \tag{0.16}$$

这个不等式与三正弦不等式是等价的(可在式(0.1)中通过代换 $x \to x/a$ 等等得出),但直接应用它往往是不方便的.因此,本书后面只在个别地方提及不等式(0.16).

第1章 推论一及其应用

三正弦不等式是一个含有三个任意实数的三元二次型几何不等式,它不仅涉及了三个三角形,而且还涉及了其中一个三角形内部任意一点到三边的距离,这些特性使得三正弦不等式有很丰富的应用.从本章起至最后一章(第19章),我们着重研究三正弦不等式的应用,用推论的形式来给出推导的结果.在每章中,都将给出三正弦不等式一个较重要的推论作为主推论,继而由此推证出多种多样的其他不等式(主要是涉及三角形的不等式).

在本章中,我们将给出三正弦不等式最重要的一个推论(推论一),这个推论所述不等式是一个涉及两个三角形与其中一个三角形内部任意一点的三元二次型几何不等式.我们还将给出此不等式的两种等价形式,并应用这一不等式及其等价式来推导其他一些三角形不等式.

现在,我们就来推导本章的主要结果.

在三正弦不等式

$$\sum x^2 \frac{a}{r_1} \geqslant 4 \sum yz \frac{\sin A_1 \sin A_2}{\sin A} \tag{1.1}$$

中,令$\triangle A_1 B_1 C_1 \sim \triangle A'B'C'$,并取$A_2 = (\pi - A)/2, B_2 = (\pi - B)/2, C_2 = (\pi - C)/2$,得

$$\sum x^2 \frac{a}{r_1} \geqslant 4 \sum yz \frac{\sin A'}{\sin A} \cos \frac{A}{2} \tag{1.2}$$

接着在上式中作代换$x \to x\sqrt{(s-a)/a}$等等(对y与z也作类似的代换),然后利用半角公式

$$\sin \frac{A}{2} = \sqrt{\frac{(s-b)(s-c)}{bc}} \tag{1.3}$$

就得下述不等式:

推论一[9] 对$\triangle ABC$内部任意一点P与$\triangle A'B'C'$以及任意实数x, y, z有

$$\sum x^2 \frac{s-a}{r_1} \geqslant 2 \sum yz \sin A' \tag{1.4}$$

等号当且仅当P为$\triangle ABC$的内心,$x:y:z=\sin\dfrac{A}{2}:\sin\dfrac{B}{2}:\sin\dfrac{C}{2}$,$A'=\dfrac{\pi-A}{2}$,$B'=\dfrac{\pi-B}{2}$,$C'=\dfrac{\pi-C}{2}$时成立.

在三正弦不等式发表前一年(2000年),作者就已在文献[9]中用其他方法建立了不等式(1.4)(请读者注意,本书中许多推论不等式的推证方法不同于它最初的出处,后面将不再一一指出).另外,推论一实际上也是文献[10]中定理1(也即附录B中定理B9)的一个推论.

本章至第16章的讨论都将由推论一展开出来的,由此可见此推论的内涵是相当丰富的.

从上面不等式(1.4)的推证可见,不等式(1.4)与不等式(1.2)是等价的,于是由式(1.2)易知推论一有下述等价推论:

等价推论 1.1[9] 对$\triangle ABC$内部任意一点P与$\triangle A'B'C'$以及任意实数x,y,z有

$$\sum x^2\frac{a}{r_1}\geqslant 2\sum yz\frac{\sin A'}{\sin\dfrac{A}{2}} \tag{1.5}$$

等号当且仅当P为$\triangle ABC$的内心,$x=y=z$,$A'=\dfrac{\pi-A}{2}$,$B'=\dfrac{\pi-B}{2}$,$C'=\dfrac{\pi-C}{2}$时成立.

注 1.1 对于本书各章中给出的主推论,如果它有等价的推论,则在此推论前加上"等价"二字.除了主推论外,其他推论如有等价的推论,都不做类似的注明.

注 1.2 不等式(1.5)也可快速利用三正弦不等式得出如下:在式(1.1)中令$\triangle A_1B_1C_1\sim\triangle A'B'C'$,并取$A_1=(\pi-A)/2$,$B_1=(\pi-B)/2$,$C_1=(\pi-C)/2$,即得不等式(1.5).

在不等式(1.4)中,先作代换$x\rightarrow xa'$,$y\rightarrow yb'$,$z\rightarrow zc'$,然后利用面积公式$S'=\dfrac{1}{2}b'c'\sin A'$,又易得出不等式(1.4)的下述等价不等式:

等价推论 1.2[9] 对$\triangle ABC$内部任意一点P与$\triangle A'B'C'$以及任意实数x,y,z有

$$\sum x^2\frac{s-a}{r_1}a'^2\geqslant 4S'\sum yz \tag{1.6}$$

等号当且仅当P为$\triangle ABC$的内心,$x(s-a)=y(s-b)=z(s-c)$,$A'=\dfrac{\pi-A}{2}$,$B'=\dfrac{\pi-B}{2}$,$C'=\dfrac{\pi-C}{2}$时成立.

从下一节起,我们将陆续对推论一及其等价推论的应用展开讨论,并将它的一些重要推论列为后续章的主要结果单独进行讨论.

(一)

对于涉及三角形内部或平面上一个动点的这类几何不等式,通过取动点为三角形的特殊点,常常可得出一些有趣的涉及三角形常见几何元素的不等式.在下面的命题中,我们列出三角形一些常见的特殊点到三角形顶点与三边的距离公式,以便在后面各章节中使用.

命题 1.1 设 P 为 $\triangle ABC$ 内部一点,则:

(a) 当 P 为 $\triangle ABC$ 的内心时,有

$$r_1 = r_2 = r_3 = r$$

$$R_1 = r/\sin\frac{A}{2}, \ R_2 = r/\sin\frac{B}{2}, \ R_3 = r/\sin\frac{C}{2}$$

(b) 当 P 为 $\triangle ABC$ 的重心时,有

$$r_1 = \frac{1}{3}h_a, \ r_2 = \frac{1}{3}h_b, \ r_3 = \frac{1}{3}h_c$$

$$R_1 = \frac{2}{3}m_a, \ R_2 = \frac{2}{3}m_b, \ R_3 = \frac{2}{3}m_c$$

(c) 当 $\triangle ABC$ 为锐角三角形且 P 为其外心时,有

$$r_1 = R\cos A, \ r_2 = R\cos B, \ r_3 = R\cos C$$

$$R_1 = R_2 = R_3 = R$$

(d) 当 $\triangle ABC$ 为锐角三角形且 P 为其垂心时,有

$$r_1 = 2R\cos B\cos C, \ r_2 = 2R\cos C\cos A, \ r_3 = 2R\cos A\cos B$$

$$R_1 = 2R\cos A, \ R_2 = 2R\cos B, \ R_3 = 2R\cos C$$

(e) 当 P 为 $\triangle ABC$ 的类似重心(陪位中线)时,有

$$r_1 = \frac{2aS}{\sum a^2}, \ r_2 = \frac{2bS}{\sum a^2}, \ r_3 = \frac{2cS}{\sum a^2}$$

$$R_1 = \frac{2bcm_a}{\sum a^2}, \ R_2 = \frac{2cam_b}{\sum a^2}, \ R_3 = \frac{2abm_c}{\sum a^2}$$

在推论一中,令P为$\triangle ABC$的内心,利用上述命题的结论(a)与$\cot\dfrac{A}{2}=\dfrac{s-a}{r}$,便得

$$\sum x^2\cot\frac{A}{2}\geqslant 2\sum yz\sin A' \tag{1.7}$$

其中等号当且仅当$A'=\dfrac{\pi-A}{2}$,$B'=\dfrac{\pi-B}{2}$,$C'=\dfrac{\pi-C}{2}$,$x:y:z=\sin\dfrac{A}{2}:\sin\dfrac{B}{2}:\sin\dfrac{C}{2}$时成立.

上述三元二次型不等式(1.7)是推论一的一个重要推论,这里暂且不做讨论,在后面第9章中,我们将把它作为主推论进行专门讨论.

假设$\triangle ABC$为锐角三角形且P为其外心,由推论一与命题1.1(c)即得:

推论1.3[10] 对锐角$\triangle ABC$与任意$\triangle A'B'C'$以及任意实数x,y,z有

$$\sum x^2\frac{s-a}{\cos A}\geqslant 2R\sum yz\sin A' \tag{1.8}$$

令$\triangle A'B'C'\sim\triangle ABC$,由上式又得:

推论1.4[9] 对锐角$\triangle ABC$与任意实数x,y,z有

$$\sum x^2\frac{s-a}{\cos A}\geqslant \sum yza \tag{1.9}$$

特别地,取$x=y=z=1$得

推论1.5 在锐角$\triangle ABC$中,有

$$\sum \frac{s-a}{\cos A}\geqslant 2s \tag{1.10}$$

由不等式(1.4)显然有

$$\sum x^2\frac{s-a}{r_1}\geqslant 2\sum yz\sin A \tag{1.11}$$

在上式两边除以S并利用旁切圆半径公式$r_a=S/(s-a)$与面积公式$S=\dfrac{1}{2}bc\sin A$,得:

推论1.6 对$\triangle ABC$内部任意一点P与任意实数x,y,z有

$$\sum \frac{x^2}{r_1r_a}\geqslant 4\sum \frac{yz}{bc} \tag{1.12}$$

在上式中取P为$\triangle ABC$的重心,由命题1.1(b)又易得:

推论1.7 对$\triangle ABC$与任意实数x,y,z有

$$\sum \frac{x^2}{h_ar_a}\geqslant \frac{4}{3}\sum \frac{yz}{bc} \tag{1.13}$$

现在,我们在不等式(1.4)中取

$$x = \sqrt{\frac{ar_1}{s-a}} \, , y = \sqrt{\frac{br_2}{s-b}} \, , z = \sqrt{\frac{cr_3}{s-c}}$$

然后利用半角公式(1.3)就得:

推论 1.8　对 $\triangle ABC$ 内部任意一点 P 与 $\triangle A'B'C'$ 有

$$\sum \sqrt{r_2 r_3} \frac{\sin A'}{\sin \dfrac{A}{2}} \leqslant s \tag{1.14}$$

等号当且仅当 P 为 $\triangle ABC$ 的内心, $A' = \dfrac{\pi - A}{2}, B' = \dfrac{\pi - B}{2}, C' = \dfrac{\pi - C}{2}$ 时成立.

在式(1.14)中,令 P 为 $\triangle ABC$ 的内心,然后利用由命题1.1(a)与 $\triangle ABC$ 中的等式

$$\sum \cot \frac{A}{2} = \frac{s}{r} \tag{1.15}$$

可得:

推论 1.9　在 $\triangle ABC$ 与 $\triangle A'B'C'$ 中有

$$\sum \frac{\sin A'}{\sin \dfrac{A}{2}} \leqslant \sum \cot \frac{A}{2} \tag{1.16}$$

等号当且仅当 $A' = \dfrac{\pi - A}{2}, B' = \dfrac{\pi - B}{2}, C' = \dfrac{\pi - C}{2}$ 时成立.

设 $\triangle ABC$ 为锐角三角形,则以 $\pi - 2A, \pi - 2B, \pi - 2C$ 为内角可构成一个三角形,将式(1.16)中的 $\triangle ABC$ 换成这个三角形,即易得:

推论 1.10[11]　在锐角 $\triangle ABC$ 与任意 $\triangle A'B'C'$ 中有

$$\sum \frac{\sin A'}{\cos A} \leqslant \sum \tan A \tag{1.17}$$

等号当且仅当 $\triangle A'B'C' \sim \triangle ABC$ 时成立.

不等式(1.17)是作者在1994年建立的,后面第13章中的不等式(13.4)给出了它的加权推广.

不等式(1.17)是由不等式(1.16)经角变换而得出的,两者实际上是等价的.下面,我们将两个常见的有关三角形的角变换作为命题列出,以便在后续章节中使用.

命题 1.2   若对任意 $\triangle ABC$ 成立不等式

$$f(A, B, C) \geqslant 0 \tag{1.18}$$

则此不等式经角变换 K_1

$$A \to \frac{\pi - A}{2}, \; B \to \frac{\pi - B}{2}, \; C \to \frac{\pi - C}{2}$$

后对任意 $\triangle ABC$ 成立, 即成立不等式

$$f\left(\frac{\pi - A}{2}, \frac{\pi - B}{2}, \frac{\pi - C}{2}\right) \geqslant 0 \tag{1.19}$$

命题 1.3   若对任意 $\triangle ABC$ 成立不等式

$$f(A, B, C) \geqslant 0 \tag{1.20}$$

则此不等式经变换 K_2

$$A \to \pi - 2A, B \to \pi - 2B, C \to \pi - 2C$$

后对非钝角 $\triangle ABC$ 成立, 即对非钝角 $\triangle ABC$ 成立不等式

$$f(\pi - 2A, \pi - 2B, \pi - 2C) \geqslant 0 \tag{1.21}$$

令 $\triangle A'B'C' \sim \triangle ABC$, 则由推论 1.8 的不等式 (1.14) 得:

推论 1.11   对 $\triangle ABC$ 内部任意一点 P 有

$$\sum \sqrt{r_2 r_3} \cos \frac{A}{2} \leqslant \frac{1}{2} s \tag{1.22}$$

注 1.3   在后面第 15 章中, 推论 15.25 给出了上式显然的加强

$$\sum \sqrt{w_2 w_3} \cos \frac{A}{2} \leqslant \frac{1}{2} s \tag{1.23}$$

直接证明此不等式是较困难的 (读者不妨试试).

下面, 我们应用推论一来推导类似于式 (1.14) 的一个不等式.

在不等式 (1.4) 中, 取 $x = a\sqrt{r_1}, y = b\sqrt{r_2}, z = c\sqrt{r_3}$, 得

$$\sum a^2(s - a) \geqslant 2 \sum bc \sqrt{r_2 r_3} \sin A' \tag{1.24}$$

由于

$$\sum a^2(s-a)$$
$$= 4R^2r \sum \sin^2 A \cot \frac{A}{2}$$
$$= 8R^2r \sum \sin A \cos^2 \frac{A}{2}$$
$$= 4R^2r \sum \sin A(1 + \cos A)$$
$$= 4R^2r \sum \sin A + 2rR^2 \sum \sin 2A$$
$$= 4Rrs + 4rS$$

最后,利用 $rs = S$ 就得等式

$$\sum a^2(s-a) = 4(R+r)S \tag{1.25}$$

在式(1.24)两边同时除以 $4S$,然后利用面积公式 $S = \frac{1}{2}bc \sin A$ 与等式(1.25),便得:

推论 1.12[9] 对 $\triangle ABC$ 内部任意一点 P 与 $\triangle A'B'C'$ 有

$$\sum \sqrt{r_2 r_3} \frac{\sin A'}{\sin A} \leqslant R + r \tag{1.26}$$

令 P 为 $\triangle ABC$ 的内心,由上式立得

$$\sum \frac{\sin A'}{\sin A} \leqslant \frac{R+r}{r} \tag{1.27}$$

这个不等式也可由不等式(1.7)得出,我们把有关的讨论安排到后面第9章中.

设 $\triangle ABC$ 为锐角三角形,则可在式(1.26)中令 $A' = \pi - 2A, B' = \pi - 2B, C' = \pi - 2C$,于是可得:

推论 1.13[9] 对锐角 $\triangle ABC$ 内部任意一点 P 有

$$\sum \sqrt{r_2 r_3} \cos A \leqslant \frac{1}{2}(R + r) \tag{1.28}$$

注 1.4 作者用其他方法证明了上式对任意 $\triangle ABC$ 成立,此处从略.

在不等式(1.26)中,取 $A' = (\pi - A)/2$ 等等,即得:

推论 1.14[9] 对 $\triangle ABC$ 内部任意一点 P 有

$$\sum \sqrt{r_2 r_3} \csc \frac{A}{2} \leqslant 2(R + r) \tag{1.29}$$

若取 P 为 $\triangle ABC$ 的重心, 由上式利用命题 1.1(b) 得

$$\sum \sqrt{h_b h_c}\, \csc \frac{A}{2} \leqslant 6(R+r) \tag{1.30}$$

易证

$$\sqrt{h_b h_c}\, \csc \frac{A}{2} = 2\sqrt{r_b r_c} \tag{1.31}$$

于是得到涉及旁切圆半径的下述不等式:

推论 1.15　在 $\triangle ABC$ 中有

$$\sum \sqrt{r_b r_c} \leqslant 3(R+r) \tag{1.32}$$

由简单的已知不等式 $\sqrt{r_b r_c} \geqslant w_a$ 可知上式强于已知的线性不等式(见专著《GI》中不等式 6.14)

$$\sum w_a \leqslant 3(R+r) \tag{1.33}$$

下面, 我们介绍在推论 1.14 启发下提出的一个猜想.

猜想 1.1　对 $\triangle ABC$ 平面上任意一点 P 有

$$\sum (R_2 + R_3) \csc \frac{A}{2} \geqslant 8(R+r) \tag{1.34}$$

现在, 再来推证类似于式(1.26)的一个不等式.

在不等式(1.4)中, 取 $x = \sqrt{a(s-a)r_1}$, $y = \sqrt{b(s-b)r_2}$, $z = \sqrt{c(s-c)r_3}$, 则

$$\sum \sqrt{bc(s-b)(s-c)r_2 r_3}\, \sin A' \leqslant \sum a(s-a)^2 \tag{1.35}$$

注意到

$$\sum a(s-a)^2 = 2s^3 - 2s \sum a^2 + \sum a^3$$

利用已知等式

$$\sum a^2 = 2(s^2 - 4Rr - r^2) \tag{1.36}$$

$$\sum a^3 = 2s(s^2 - 6Rr - 3r^2) \tag{1.37}$$

进而得

$$\sum a(s-a)^2 = 2r(2R-r)s \tag{1.38}$$

在式(1.35)两边同时除以 abc, 然后利用半角公式(1.3)与上式, 得

$$2 \sum \frac{\sqrt{r_2 r_3}}{a} \sin \frac{A}{2} \sin A' \leqslant \frac{2rs(2R-r)}{abc}$$

再利用 $a = 4R\sin\dfrac{A}{2}\cos\dfrac{A}{2}$ 与 $abc = 4Rrs$,即得类似于式(1.26)的下述不等式:

推论 1.16[9] 对 $\triangle ABC$ 内部任意一点 P 与 $\triangle A'B'C'$ 有

$$\sum \sqrt{r_2 r_3}\,\frac{\sin A'}{\cos\dfrac{A}{2}} \leqslant 2R - r \tag{1.39}$$

特别地,令 $\triangle A'B'C' \sim \triangle ABC$,由上式得

推论 1.17[9] 对 $\triangle ABC$ 内部任意一点 P 有

$$\sum \sqrt{r_2 r_3}\,\sin\frac{A}{2} \leqslant R - \frac{1}{2}r \tag{1.40}$$

(二)

下面,我们将应用推论一来推导涉及三角形中线的几个不等式.为此,先介绍有关三角形中线的一个已知的重要结论.

命题 1.4 以 $\triangle ABC$ 的中线 m_a, m_b, m_c 为边长可构成中线长为 $\dfrac{3}{4}a, \dfrac{3}{4}b, \dfrac{3}{4}c$,面积为 $\dfrac{3}{4}S$ 的三角形.

利用三角形中线长的计算公式与Heron面积公式,可以通过计算来证明上述结论(此处从略).下面,我们介绍一种已知的精巧证法.

证明 如图1.1,设 M_1, M_2, M_3 分别是 $\triangle ABC$ 的三边 BC, CA, AB 的中点,G 是 $\triangle ABC$ 的重心.延长 GM_1 至点 X 使得 $M_1 X = GM_1$,再联结 XB, XC,则四边形 $BGCX$ 为平行四边形,从而 $XC = GB = \dfrac{2}{3}m_b$.又注意到 $GX = GA = \dfrac{2}{3}m_a$,可见 $\triangle CGX$ 是一个边长为 $\dfrac{2}{3}m_a, \dfrac{2}{3}m_b, \dfrac{2}{3}m_c$ 的三角形,而 $CM_1 = \dfrac{1}{2}a$ 表明 $\triangle CGX$ 的边 GX 上的中线长等于 $\dfrac{1}{2}a$,由此又知边 XC, CG 上的中线长分别等于 $\dfrac{1}{2}b, \dfrac{1}{2}c$.另外,易知 $\triangle CGX$ 的面积等于 $\dfrac{1}{3}S$.综合起来,我们有下述结论:对任意 $\triangle ABC$,存在着以 $\dfrac{2}{3}m_a, \dfrac{2}{3}m_b, \dfrac{2}{3}m_c$ 的三角形为边长的三角形,其三边上的中线长为 $\dfrac{1}{2}a, \dfrac{1}{2}b, \dfrac{1}{2}c$ 且面积为 $\dfrac{1}{3}S$.据此,由相似比的性质进而易知上述结论成立.于是命题1.4获证. □

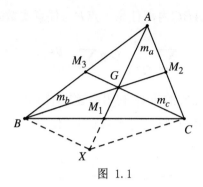

图 1.1

注 1.5 根据命题1.4容易得出重要的三角形"中线对偶定理":
若在 $\triangle ABC$ 中成立不等式

$$f(a,b,c,m_a,m_b,m_c,S) \geqslant 0 \tag{1.41}$$

则此不等式等价于经过变换M

$$(a,b,c,m_a,m_b,m_c,S) \to \left(m_a,m_b,m_c,\frac{3}{4}a,\frac{3}{4}b,\frac{3}{4}c,\frac{3}{4}S\right)$$

后的不等式,即等价于

$$f\left(m_a,m_b,m_c,\frac{3}{4}a,\frac{3}{4}b,\frac{3}{4}c,\frac{3}{4}S\right) \geqslant 0 \tag{1.42}$$

不等式(1.41)与不等式(1.42)互称中线对偶不等式.有些涉及中线的三角形不等式直接证明较困难,但与其等价的中线对偶不等式则较易证明.因此,中线对偶定理为研究三角形中线不等式提供了一种有效的思路.有关中线对偶定理的一些应用,参见专著《AGI》第109～111页.

现在,我们设以中线 m_a,m_b,m_c 为边长的三角形为 $\triangle A'B'C'$.根据命题1.4易得

$$\sin A' = \frac{3S}{2m_bm_c} \tag{1.43}$$

于是,按推论一可得

$$\sum x^2 \frac{s-a}{r_1} \geqslant 3S \sum \frac{yz}{m_bm_c}$$

两边除以S,即得:

推论 1.18[9] 对 $\triangle ABC$ 内部任意一点 P 与任意实数 x, y, z 有

$$\sum \frac{x^2}{r_1 r_a} \geqslant 3 \sum \frac{yz}{m_b m_c} \tag{1.44}$$

特别地,令 P 为 $\triangle ABC$ 的重心,利用命题 1.1(b) 得:

推论 1.19[9] 对 $\triangle ABC$ 与任意实数 x, y, z 有

$$\sum \frac{x^2}{h_a r_a} \geqslant \sum \frac{yz}{m_b m_c} \tag{1.45}$$

注 1.6 当 $x = y = z = 1$ 时,上式成为

$$\sum \frac{1}{h_a r_a} \geqslant \sum \frac{1}{m_b m_c} \tag{1.46}$$

这个不等式可以加强为

$$\sum \frac{1}{w_a r_a} \geqslant \sum \frac{1}{m_b m_c} \tag{1.47}$$

事实上,应用优超方法容易证明更一般的结论:当 $k > 0$ 时有

$$\sum \frac{1}{(w_a r_a)^k} \geqslant \sum \frac{1}{(m_b m_c)^k} \tag{1.48}$$

当 $k < 0$ 时,上式反向成立.

1982 年,L.Panaitopol[12] 曾用一种巧妙的几何方法证明了不等式

$$\frac{m_a}{h_a} \leqslant \frac{R}{2r} \tag{1.49}$$

(在后面第 5 章中,我们给出了它的一个等价式的证明).又易证

$$\frac{r_a}{h_a} = \frac{2R}{r} \sin^2 \frac{A}{2} \tag{1.50}$$

所以,Panaitopol 不等式 (1.49) 等价于

$$\frac{r_a}{m_a} \geqslant 4 \sin^2 \frac{A}{2} \tag{1.51}$$

类似的两个不等式也成立,从而有

$$\frac{r_b r_c}{m_b m_c} \geqslant 16 \sin^2 \frac{B}{2} \sin^2 \frac{C}{2} \tag{1.52}$$

现在,我们在不等式(1.45)中作置换$x \to xr_a, y \to yr_b, z \to zr_c$,然后利用上式就知对正数$x, y, z$继而对任意实数$x, y, z$成立下述不等式:

推论 1.20 对$\triangle ABC$内部任意一点P与任意实数x, y, z有

$$\sum x^2 \frac{r_a}{r_1} \geqslant 48 \sum yz \sin^2 \frac{B}{2} \sin^2 \frac{C}{2} \tag{1.53}$$

注 1.7 上述不等式的推导实际上用到了下述简单的结论:若含有正系数p_1, p_2, p_3与正系数q_1, q_2, q_3的三元二次型不等式

$$p_1 x^2 + p_2 y^2 + p_3 z^2 \geqslant q_1 yz + q_2 zx + q_3 xy \tag{1.54}$$

对任意实数x, y, z成立,则将上式中q_1, q_2, q_3换为更小的正值或将p_1, p_2, p_3换为更大的正值后仍成立.本书中许多三元二次型不等式的推导也都用到了这个简单的结论(为简便起见,不常常指出).

在推论1.18的不等式(1.44)中,作代换$x \to xm_a\sqrt{a/(s-a)}$等等,然后利用$r_a = S/(s-a)$与$h_a = 2S/a$以及半角的正弦公式,可得等价的不等式

$$\sum x^2 \frac{m_a^2}{h_a r_1} \geqslant \frac{3}{2} \sum yz \csc \frac{A}{2} \tag{1.55}$$

再令P为$\triangle ABC$的重心,利用命题1.1(b)由上式就得:

推论 1.21 对$\triangle ABC$与任意实数x, y, z有

$$\sum x^2 \frac{m_a^2}{h_a^2} \geqslant \frac{1}{2} \sum yz \csc \frac{A}{2} \tag{1.56}$$

由恒等式$\sum ar_1 = 2S$与公式$S = \frac{1}{2}ah_a$易得

$$\sum \frac{r_1}{h_a} = 1 \tag{1.57}$$

因此,在式(1.55)中,取$x = r_1/m_a, y = r_2/m_b, z = r_3/m_c$,可得:

推论 1.22 对$\triangle ABC$内部任意一点P有

$$\sum \frac{r_2 r_3}{m_b m_c} \csc \frac{A}{2} \leqslant \frac{2}{3} \tag{1.58}$$

在上式中令P为$\triangle ABC$的内心,又得:

推论 1.23 在$\triangle ABC$中有

$$\sum \frac{1}{m_b m_c} \csc \frac{A}{2} \leqslant \frac{2}{3r^2} \tag{1.59}$$

若将上式中的中线换为内角平分线,则不等式反向成立,我们把这个结论留给读者证明.

（三）

这一节中,我们讨论等价推论1.1的一些应用.

在等价推论1.1中,令$x = y = z = 1$,即得:

推论 1.24　对$\triangle ABC$内部任意一点P与$\triangle A'B'C'$有

$$\sum \frac{a}{r_1} \geqslant 2 \sum \frac{\sin A'}{\sin \dfrac{A}{2}} \tag{1.60}$$

等号当且仅当P为$\triangle ABC$的内心,$A' = \dfrac{\pi - A}{2}, B' = \dfrac{\pi - B}{2}, C' = \dfrac{\pi - C}{2}$时成立.

令P为$\triangle ABC$的内心,利用前面的等式(1.15),由上式即易得推论1.9给出的涉及两个三角形的三角不等式.因此,推论1.24 是推论1.9的推广.

另外,在式(1.60)中取$A' = (\pi - A)/2$等等,又可得下述简单的已知不等式:

推论 1.25　对$\triangle ABC$内部任意一点P有

$$\sum \frac{a}{r_1} \geqslant \frac{2s}{r} \tag{1.61}$$

等号当且仅当P为$\triangle ABC$的内心时成立.

注 1.8　文献[13]中的推论1.1(也即附录B中的推论B11.3)将不等式(1.61)推广到了涉及三角形内部任意n个点的情形.

在等价推论1.1中,取$x = r_1, y = r_2, z = r_3$,然后利用恒等式(1.56),得:

推论 1.26[9]　对$\triangle ABC$内部任意一点P与$\triangle A'B'C'$有

$$\sum r_2 r_3 \frac{\sin A'}{\sin \dfrac{A}{2}} \leqslant S \tag{1.62}$$

等号当且仅当P为$\triangle ABC$的内心,$A' = \dfrac{\pi - A}{2}, B' = \dfrac{\pi - B}{2}, C' = \dfrac{\pi - C}{2}$时成立.

在式(1.62)中取$A' = (\pi - A)/2$等等,则有

$$\sum r_2 r_3 \cot \frac{A}{2} \leqslant S \tag{1.63}$$

利用$\cot \dfrac{A}{2} = \dfrac{s - a}{r}$与$S = rs$,即得不等式[14]

$$\sum (s - a) r_2 r_3 \leqslant sr^2 \tag{1.64}$$

在上式两边同除以 $\prod(s-a)$,利用恒等式

$$\prod(s-a) = sr^2 \tag{1.65}$$

便得下述优美的几何不等式:

推论 1.27　对 $\triangle ABC$ 内部任意一点 P 有

$$\sum \frac{r_2 r_3}{(s-b)(s-c)} \leqslant 1 \tag{1.66}$$

等号当且仅当 P 为 $\triangle ABC$ 的内心时成立.

我们把上述不等式(1.66)与其等价式(1.64)都称为 Carlitz-Klamkin 不等式.

下面,我们来讨论不等式(1.64)的指数推广.

当 $0 < k < 1$ 时,利用加权幂平均不等式与式(1.64)有

$$\left[\frac{\sum (s-a)(r_2 r_3)^k}{\sum (s-a)} \right]^{1/k} \leqslant \frac{\sum (s-a) r_2 r_3}{\sum (s-a)} \leqslant \frac{sr^2}{\sum (s-a)} = r^2$$

于是可得

$$\sum (s-a)(r_2 r_3)^k \leqslant sr^{2k} \tag{1.67}$$

注意到式(1.64),即知上式一般地当 $0 < k \leqslant 1$ 时成立.根据 Cauchy 不等式与上式可知

$$\sum \frac{s-a}{(r_2 r_3)^k} \geqslant \frac{\left[\sum (s-a) \right]^2}{\sum (s-a)(r_2 r_3)^k} \geqslant \frac{\left[\sum (s-a) \right]^2}{sr^{2k}}$$

于是

$$\sum \frac{s-a}{(r_2 r_3)^k} \geqslant \frac{s}{r^{2k}} \tag{1.68}$$

其中 $0 < k \leqslant 1$.当 $k = 1$ 时上式成为

$$\sum \frac{s-a}{r_2 r_3} \geqslant \frac{s}{r^2} \tag{1.69}$$

因此,按加权幂平均不等式又知,当 $k > 1$ 时有

$$\left[\frac{\sum (s-a)/(r_2 r_3)^k}{\sum (s-a)} \right]^{1/k} \geqslant \frac{\sum (s-a)/(r_2 r_3)}{\sum (s-a)} \geqslant \frac{1}{r^2}$$

进而知不等式(1.68)在$k > 1$的情形下成立.

综上,可得下述结论:

推论 1.28 当$0 < k \leqslant 1$时,不等式(1.67)成立;当$k < 0$时,不等式(1.67)反向成立.式(1.67)中等号当且仅当P为$\triangle ABC$的内心时成立.

在不等式(1.68)中$(k > 0)$,令P为$\triangle ABC$的重心,则按命题1.1(b)与面积公式$S = rs$有$r_1 = 2rs/(3a)$等等,从而可得下述有关三角形边长的不等式:

推论 1.29[15] 设$k > 0$,则在$\triangle ABC$中有

$$\sum (s-a)(bc)^k \geqslant \left(\frac{4}{9}\right)^k s^{2k+1} \tag{1.70}$$

现在,我们回到等价推论1.1中来.设$\triangle ABC$为锐角三角形且P为其外心,由等价推论1.1利用命题1.1(c)即易得:

推论 1.30[9] 对锐角$\triangle ABC$与任意$\triangle A'B'C'$以及任意实数x, y, z有

$$\sum x^2 \tan A \geqslant \sum yz \frac{\sin A'}{\sin \dfrac{A}{2}} \tag{1.71}$$

事实上,上式与前面推论1.3的不等式(1.8)是等价的.

在式(1.71)中,取$A' = \pi - 2A$, $B' = \pi - 2B$, $C' = \pi - 2C$,又得:

推论 1.31[9] 对锐角$\triangle ABC$与任意$\triangle A'B'C'$以及任意实数x, y, z有

$$\sum x^2 \tan A \geqslant 4 \sum yz \cos A \cos \frac{A}{2} \tag{1.72}$$

在不等式(1.5)中,作代换$x \to x\sqrt{r_a/a}$等等,然后利用$r_b r_c = s(s-a)$与半角的余弦公式

$$\cos \frac{A}{2} = \sqrt{\frac{s(s-a)}{bc}} \tag{1.73}$$

得等价不等式

$$\sum x^2 \frac{r_a}{r_1} \geqslant 2 \sum yz \cot \frac{A}{2} \sin A' \tag{1.74}$$

等号当且仅当P为$\triangle ABC$的内心,$A' = \dfrac{\pi - A}{2}$, $B' = \dfrac{\pi - B}{2}$, $C' = \dfrac{\pi - C}{2}$, $x : y : z = \cos \dfrac{A}{2} : \cos \dfrac{B}{2} : \cos \dfrac{C}{2}$时成立.

在式(1.74)中,令$\triangle A'B'C' \sim \triangle ABC$,则得:

推论 1.32[9] 对$\triangle ABC$内部任意一点P与任意实数x, y, z有

$$\sum x^2 \frac{r_a}{r_1} \geqslant 4 \sum yz \cos^2 \frac{A}{2} \tag{1.75}$$

在上式中取$x = a, y = b, z = c$,利用等式

$$\sum bc \cos^2 \frac{A}{2} = s^2 \tag{1.76}$$

得如下结论:

推论 $1.33^{[9]}$ 对$\triangle ABC$内部任意一点P有

$$\sum a^2 \frac{r_a}{r_1} \geqslant 4s^2 \tag{1.77}$$

在式(1.74)中,取$A' = (\pi - A)/2$等等,得

$$\sum x^2 \frac{r_a}{r_1} \geqslant 2 \sum yz \csc \frac{A}{2} \cos^2 \frac{A}{2}$$

接着作代换$x \to x\sqrt{h_a/r_a}$等等,然后利用前面的等式(1.31),便得类似于式(1.75)的下述不等式:

推论 1.34 对$\triangle ABC$内部任意一点P与任意实数x, y, z有

$$\sum x^2 \frac{h_a}{r_1} \geqslant 4 \sum yz \cos^2 \frac{A}{2} \tag{1.78}$$

等号当且仅当P为$\triangle ABC$的内心且$x : y : z = a : b : c$时成立.

在式(1.78)中,取$x = a, y = b, z = c$,容易得出推论1.25的不等式.

注 1.9 不等式(1.78)也是三正弦不等式的等价形式

$$\sum x^2 \frac{h_a}{r_1} \geqslant 4 \sum yz \sin A_1 \sin A_2 \tag{1.79}$$

(参见第0章)的一个明显的推论.

等价推论1.1还有一个简单、重要的推论,我们把它放到下一章中作为主推论专门讨论.

(四)

在本章最后一节里,我们讨论等价推论1.2的应用.

在等价推论1.2中,取$x = 1/(s-a), y = 1/(s-b), z = 1/(s-c)$,利用等式

$$\sum \frac{1}{(s-b)(s-c)} = \frac{1}{r^2} \tag{1.80}$$

易得:

推论 1.35　对 $\triangle ABC$ 内部任意一点 P 与 $\triangle A'B'C'$ 有

$$\sum \frac{a'^2}{(s-a)r_1} \geqslant \frac{4S'}{r^2} \tag{1.81}$$

等号当且仅当 P 为 $\triangle ABC$ 的内心，$A' = \dfrac{\pi - A}{2}, B' = \dfrac{\pi - B}{2}, C' = \dfrac{\pi - C}{2}$ 时成立.

由公式 $r_a = S/(s-a)$ 易见不等式(1.6)等价于

$$\sum x^2 \frac{a'^2}{r_a r_1} \geqslant 4 \frac{S'}{S} \sum yz \tag{1.82}$$

上式经代换 $x \to x\sqrt{r_a}$ 等等后变为

$$\sum x^2 \frac{a'^2}{r_1} \geqslant 4 \frac{S'}{S} \sum yz \sqrt{r_b r_c} \tag{1.83}$$

再按已知不等式 $\sqrt{r_b r_c} \geqslant w_a$ 就知，对正数 x, y, z 继而对任意实数 x, y, z 成立下述不等式：

推论 1.36[9]　对 $\triangle ABC$ 内部任意一点 P 与任意实数 x, y, z 有

$$\sum x^2 \frac{a'^2}{r_1} \geqslant 4 \frac{S'}{S} \sum yz w_a \tag{1.84}$$

特别地，令 $\triangle A'B'C' \cong \triangle ABC$，得：

推论 1.37[9]　对 $\triangle ABC$ 内部任意一点 P 与任意实数 x, y, z 有

$$\sum x^2 \frac{a^2}{r_1} \geqslant 4 \sum yz w_a \tag{1.85}$$

根据不等式(1.84)与命题1.4，显然可得：

推论 1.38[9]　对 $\triangle ABC$ 内部任意一点 P 与任意实数 x, y, z 有

$$\sum x^2 \frac{m_a^2}{r_1} \geqslant 3 \sum yz w_a \tag{1.86}$$

特别地，有

$$\sum \frac{m_a^2}{r_1} \geqslant 3 \sum w_a \tag{1.87}$$

考虑上式的加强，作者提出以下猜想：

猜想 1.2　对 $\triangle ABC$ 内部任意一点 P 有

$$\sum \frac{m_a^2}{r_1} \geqslant 9(R+r) \tag{1.88}$$

在式(1.86)中,取 $x = 1/m_a$ 等等,得

推论 1.39 对 $\triangle ABC$ 内部任意一点 P 有

$$\sum \frac{1}{r_1} \geqslant 3 \sum \frac{w_a}{m_b m_c} \tag{1.89}$$

令 P 为 $\triangle ABC$ 的内心,由上式得

推论 1.40 在 $\triangle ABC$ 中有

$$\sum \frac{w_a}{m_b m_c} \leqslant \frac{1}{r} \tag{1.90}$$

上式强于专著《AGI》第212页给出的一个不等式的等价式

$$\sum \frac{m_a}{m_b m_c} \leqslant \frac{1}{r} \tag{1.91}$$

在后面第4章中,我们将用一种简捷的方法证明将上式中的中线换成角平分线后不等式反向成立(参见推论4.11).

根据不等式(1.84)与命题1.4可得

$$\sum x^2 \frac{m_a^2}{r_1} \geqslant 3 \sum yz \sqrt{r_b r_c} \tag{1.92}$$

在上式中作代换 $x \to x/\sqrt{m_a}$ 等等,然后利用前面的不等式(1.51),可得:

推论 1.41 对 $\triangle ABC$ 内部任意一点 P 与任意实数 x, y, z 有

$$\sum x^2 \frac{m_a}{r_1} \geqslant 12 \sum yz \sin \frac{B}{2} \sin \frac{C}{2} \tag{1.93}$$

设 Q' 为 $\triangle A'B'C'$ 平面上任意一点,且 $Q'A' = D_1'$, $Q'B' = D_2'$, $Q'C' = D_3'$.在等价推论1.2中取 $x = D_1'/a'$, $y = D_2'/b'$, $z = D_3'/c'$,然后应用有关 $\triangle A'B'C'$ 与点 Q' 的Hayashi(林鹤一)不等式[16]

$$\sum \frac{D_2' D_3'}{b' c'} \geqslant 1 \tag{1.94}$$

(参见后面第12章中推论12.36)与 $r_a = S/(s-a)$,即得:

推论 1.42 对 $\triangle ABC$ 内部任意一点 P 与 $\triangle A'B'C'$ 平面上任意一点 Q' 有

$$\sum \frac{D_1'^2}{r_a r_1} \geqslant 4 \frac{S'}{S} \tag{1.95}$$

特别地,有:

推论 1.43　对 $\triangle ABC$ 内部任意一点 P 有

$$\sum \frac{R_1^2}{r_a r_1} \geqslant 4 \tag{1.96}$$

考虑上式的加强,我们提出以下猜想:

猜想 1.3　对 $\triangle ABC$ 内部任意一点 P 有

$$\sum \frac{R_1^2}{r_a w_1} \geqslant 4 \tag{1.97}$$

猜想1.3是基于"r-w"现象提出来的,所谓"r-w"现象(作者先后在文献[17]–[19]中作了介绍)是指下述现象:

设 $F_r \geqslant 0$ 是一个涉及 $\triangle ABC$ 内部任意一点 P 到三边的距离 r_1, r_2, r_3 以及其他几何元素的不等式,则将此不等式中 r_1, r_2, r_3 分别换成 $\angle BPC$, $\angle CPA$, $\angle APB$ 的平分线 w_1, w_2, w_3 后更强的不等式 $F_w \geqslant 0$ 往往仍然成立或往往对锐角 $\triangle ABC$ 成立.

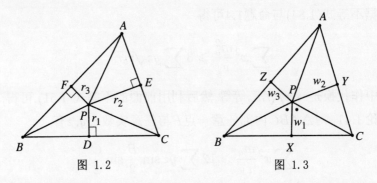

图 1.2　　　　　　　　　　　　　图 1.3

根据上述现象,由已知不等式 $F_r \geqslant 0$ 经过验证就容易发现形式上相同但结果更强的"r-w"对偶不等式 $F_w \geqslant 0$(注意:不等式 $F_r \geqslant 0$ 与不等式 $F_w \geqslant 0$ 对应的几何图形分别是图1.2与图1.3,两者明显不同).例如,除了上面指出的不等式(1.22)与(1.96)外,作者还发现本章中的不等式(1.12),(1.28),(1.40),(1.53),(1.75),(1.77)很可能存在对任意 $\triangle ABC$ 成立的"r-w"对偶不等式 $F_w \geqslant 0$,而不等式(1.88)与(1.89)很可能存在对锐角 $\triangle ABC$ 成立的"r-w"对偶不等式 $F_w \geqslant 0$.

有一类非严格的不等式 $F_r \geqslant 0$ 显然是不存在"r-w"对偶不等式的,即等号仅当点 P 为 $\triangle ABC$ 的特殊点(除去外心的情形)时成立的这类不等式.因此,在考虑一个已知的不等式 $F_r \geqslant 0$ 是否有"r-w"对偶不等式时,应先考虑这个非严格不等式等号成立的条件.

显然,对于一个已知的不等式$F_r \geqslant 0$,研究它是否有"r-w"对偶不等式$F_w \geqslant 0$以及如何证明后者对任意三角形或锐角三角形成立是有意义的.值得注意的是,在很多情况下,证明一个已知不等式$F_r \geqslant 0$的"r-w"对偶不等式$F_w \geqslant 0$对任意或锐角$\triangle ABC$成立常常是很困难的.因此,可把它作为猜想提出来.不过,我们在本书中不准备把过多的注意力集中于此,只选择少数几个不等式的"r-w"对偶不等式作为猜想(如猜想8.3)提出.但为便于研究"r-w"现象与$F_w \geqslant 0$类不等式,从下一章起,我们将在某些章尾给出的注中附带指出一些很可能成立的"r-w"对偶不等式.

本章到此结束,但这并不意味着对推论一的讨论到此结束.事实上,我们只是开了一个头,在下一章直至第16章的讨论都是由推论一及其推论展开的.

第2章 推论二及其应用

本章中,我们给出上一章中等价推论1.1的一个显然的推论,作为本章的主要结果进行讨论.

为方便起见,我们先将等价推论1.1重述如下:

对△ABC内部任意一点P与△A'B'C'以及任意实数x, y, z有

$$\sum x^2 \frac{a}{r_1} \geqslant 2 \sum yz \frac{\sin A'}{\sin \frac{A}{2}} \tag{2.1}$$

等号当且仅当P为△ABC的内心, $x = y = z$, $A' = \dfrac{\pi - A}{2}$, $B' = \dfrac{\pi - B}{2}$, $C' = \dfrac{\pi - C}{2}$ 时成立.

在不等式(2.1)中,取$A' = (\pi - A)/2$等等,即得本章的主要结果:

推论二[9] 对△ABC内部任意一点P与任意实数x, y, z有

$$\sum x^2 \frac{a}{r_1} \geqslant 2 \sum yz \cot \frac{A}{2} \tag{2.2}$$

等号当且仅当P为△ABC的内心且$x = y = z$时成立.

在文献[9]发表之前,作者在文献[13]中得出的推论1.4即已给出了较式(2.2)更一般的结果(见附录B中推论B11.1),但未对不等式(2.2)的应用进行讨论.

在式(2.2)中作代换$x \to x\sqrt{(s-a)/a}$等等,然后利用半角公式

$$\sin \frac{A}{2} = \sqrt{\frac{(s-b)(s-c)}{bc}} \tag{2.3}$$

就得下述等价不等式:

等价推论 2.1[9] 对△ABC内部任意一点P与任意实数x, y, z有

$$\sum x^2 \frac{s-a}{r_1} \geqslant 2 \sum yz \cos \frac{A}{2} \tag{2.4}$$

等号当且仅当P为$\triangle ABC$的内心且$x:y:z=\sin\dfrac{A}{2}:\sin\dfrac{B}{2}:\sin\dfrac{C}{2}$时成立.

不等式(2.4)显然也是推论一所述不等式

$$\sum x^2\frac{s-a}{r_1}\geqslant 2\sum yz\sin A' \tag{2.5}$$

的推论.另外,在$\triangle ABC$中容易证明

$$\cot\frac{A}{2}=\frac{r_b+r_c}{a} \tag{2.6}$$

由此可知不等式(2.2)还有以下等价形式

$$\sum x^2\frac{a}{r_1}\geqslant 2\sum yz\frac{r_b+r_c}{a} \tag{2.7}$$

注2.1　推论二的不等式(2.2)也很容易由三正弦不等式直接得出.在三正弦不等式

$$\sum \frac{a}{r_1}x^2\geqslant 4\sum yz\frac{\sin A_1\sin A_2}{\sin A} \tag{2.8}$$

中,令$A_1=A_2=(\pi-A)/2,B_1=B_2=(\pi-B)/2,C_1=C_2=(\pi-C)/2$,立即得出不等式(2.2).

(一)

从这一节起,我们着重讨论推论二的应用.

首先指出,在不等式(2.2)中取$x=r_1,y=r_2,z=r_3$,利用恒等式

$$\sum ar_1=2S \tag{2.9}$$

(即第0章中等式(0.9))容易得出上一章中的不等式(1.63),进而易得推论1.27所述重要的Carlitz-Klamkin不等式

$$\sum \frac{r_2r_3}{(s-b)(s-c)}\leqslant 1 \tag{2.10}$$

等号当且仅当P为$\triangle ABC$的内心时成立.

接下来,我们来推证一个三元二次型不等式.

在不等式(2.2)中作代换$x\to\dfrac{x}{\sqrt{a}\sin\dfrac{A}{2}}$等等, 则有

$$\sum \frac{x^2}{r_1\sin^2\dfrac{A}{2}}\geqslant 2\sum yz\frac{yz}{\sqrt{bc}\sin\dfrac{B}{2}\sin\dfrac{C}{2}}\cdot\cot\frac{A}{2}$$

利用已知恒等式

$$\prod \sin \frac{A}{2} = \frac{r}{4R} \tag{2.11}$$

得

$$\sum \frac{x^2}{r_1 \sin^2 \frac{A}{2}} \geqslant \frac{4R}{r} \sum \frac{yz}{\sqrt{bc}} \cos \frac{A}{2}$$

再注意到 $\sqrt{bc} = 2R\sqrt{\sin B \sin C} \leqslant 2R \cos \frac{A}{2}$,便知下述推论2.2的不等式对正数 x, y, z 继而对任意实数 x, y, z 成立.

推论 2.2 对 $\triangle ABC$ 内部任意一点 P 与任意实数 x, y, z 有

$$\sum \frac{x^2}{r_1 \sin^2 \frac{A}{2}} \geqslant \frac{4}{r} \sum yz \tag{2.12}$$

特别地,由上式得:

推论 2.3 对 $\triangle ABC$ 内部任意一点 P 有

$$\sum \frac{1}{r_1 \sin^2 \frac{A}{2}} \geqslant \frac{12}{r} \tag{2.13}$$

在不等式(2.12)中,取 $x = \tan \frac{A}{2}$ 等等,再利用恒等式

$$\sum \tan \frac{B}{2} \tan \frac{C}{2} = 1 \tag{2.14}$$

便得:

推论 2.4 对 $\triangle ABC$ 内部任意一点 P 有

$$\sum \frac{1}{r_1 \cos^2 \frac{A}{2}} \geqslant \frac{4}{r} \tag{2.15}$$

将不等式(2.13)与不等式(2.15)相加,又可得:

推论 2.5 对 $\triangle ABC$ 内部任意一点 P 有

$$\sum \frac{1}{r_1 \sin^2 A} \geqslant \frac{4}{r} \tag{2.16}$$

在推论2.2中,令 P 为 $\triangle ABC$ 的内心,则 $r_1 = r_2 = r_3 = r$,于是约简后得下述优美的三元二次型三角不等式:

推论 2.6[9]　对△ABC与任意实数x,y,z有

$$\sum \frac{x^2}{\sin^2 \frac{A}{2}} \geqslant 4 \sum yz \tag{2.17}$$

由上式应用等式(2.14)得下述涉及两个三角形的不等式:

推论 2.7　在△ABC与△$A'B'C'$有中有

$$\sum \frac{\tan^2 \frac{A'}{2}}{\sin^2 \frac{A}{2}} \geqslant 4 \tag{2.18}$$

注 2.2　上式与不等式(2.17)是等价的,证明从略.

由代换可知推论2.6等价于:

推论 2.8[11]　对△ABC与任意实数x,y,z有

$$\sum x^2 \geqslant 4 \sum yz \sin \frac{B}{2} \sin \frac{C}{2} \tag{2.19}$$

在下面的注2.14中,我们给出了不等式(2.17)的一个简单、直接的证明.在后面第4章的注4.13中,又给出了不等式(2.19)另一个简单的证法.

在式(2.19)中取$x = \left(\sin \frac{A}{2} \right)^{\frac{1}{2}}$等等,然后利用已知不等式$\sum \sin \frac{A}{2} \leqslant \frac{3}{2}$,可得:

推论 2.9[11]　在△ABC中有

$$\sum \left(\sin \frac{B}{2} \sin \frac{C}{2} \right)^{\frac{3}{2}} \leqslant \frac{3}{8} \tag{2.20}$$

注 2.3　吴善和[20]曾用微积分方法证明了较上式更强的不等式

$$\sum \left(\sin \frac{B}{2} \sin \frac{C}{2} \right)^{k} \leqslant \frac{3}{4^k} \tag{2.21}$$

其中$k = \log_2 3$,是使上式成立的最大指数.

根据第1章中命题1.2与命题1.3所述角变换,易知推论2.6等价于:

推论 2.10　对锐角△ABC与任意实数x,y,z有

$$\sum \frac{x^2}{\cos^2 A} \geqslant 4 \sum yz \tag{2.22}$$

这个推论又等价于:

推论 $2.11^{[11]}$　对锐角 $\triangle ABC$ 与任意实数 x, y, z 有

$$\sum x^2 \geqslant 4 \sum yz \cos B \cos C \qquad (2.23)$$

上式也等价于

$$\sum x^2 \cos^2 A \geqslant 4 \sum yz \cos^2 B \cos^2 C \qquad (2.24)$$

这加权推广了锐角三角形的Oppenheim不等式(见专著AGI第31页)

$$\sum \cos^2 A \geqslant 4 \sum \cos^2 B \cos^2 C \qquad (2.25)$$

式中等号当且仅当 $\triangle ABC$ 为正三角形或等腰直角三角形时成立.

在后面的一些章节中,我们将陆陆续续地给出与推论2.6、推论2.8、推论2.10以及推论2.11相关的许多结果(包括它们的推广、加强与应用).

三正弦不等式是一个三元二次型不等式,它的许多推论也都是三元二次不等式,其中一些可以应用下述有关三元二次型不等式的重要命题(证明参见文献[21]与[22])来研究.

命题 2.1　带有实系数 $p_1, p_2, p_3, q_1, q_2, q_3$ 的三元二次型不等式

$$p_1 x^2 + p_2 y^2 + p_3 z^2 \geqslant q_1 yz + q_2 zx + q_3 xy \qquad (2.26)$$

成立的充要条件是 $p_1 \geqslant 0, p_2 \geqslant 0, p_3 \geqslant 0, 4p_2 p_3 - q_1^2 \geqslant 0, 4p_3 p_1 - q_2^2 \geqslant 0, 4p_1 p_2 - q_3^2 \geqslant 0$,且

$$D \equiv 4p_1 p_2 p_3 - q_1 q_2 q_3 - p_1 q_1^2 - p_2 q_2^2 - p_3 q_3^2 \geqslant 0$$

设 p_1, p_2, p_3 均不为零,则不等式(2.26)中等号成立情况如下:

(1) 若 $D = 0, 4p_3 p_1 - q_2^2 = 0, 4p_1 p_2 - q_3^2 = 0$,则 $4p_2 p_3 - q_1^2 = 0$,且式(2.26)中等号当且仅当 $2p_1 x = q_3 y + q_2 z$ 时成立;

(2) 若 $D \geqslant 0, 4p_2 p_3 - q_1^2 > 0, 4p_3 p_1 - q_2^2 > 0, 4p_1 p_2 - q_3^2 = 0$,则式(2.26)中等号当且仅当 $D = 0, 2p_1 x = q_3 y$ 时成立;

(3) 若 $D \geqslant 0, 4p_2 p_3 - q_1^2 > 0, 4p_3 p_1 - q_2^2 > 0, 4p_1 p_2 - q_3^2 > 0$,则式(2.26)中等号当且仅当 $D = 0, (2p_1 q_1 + q_2 q_3) x = (2p_2 q_2 + q_3 q_1) y = (2p_3 q_3 + q_1 q_2) z$ 时成立.

这里我们指出,应用上述命题可以证明(从略):不等式(2.23)对非钝角 $\triangle ABC$ 成立,其中等号当且仅当 $x = y = z$ 且 $A = B = C = \pi/3$ 或 $x = 0, y = z$ 且 $B = C = \pi/4$ 以及类似的另两种情形时成立.

1996 年,作者在文献[23]中应用命题2.1建立了三元二次不等式的"降幂定理",这里姑且以命题的形式给出,如下:

命题 2.2 设 $p_1, p_2, p_3, q_1, q_2, q_3$ 与 k 均为正数,若三元二次不等式

$$p_1^k x^2 + p_2^k y^2 + p_3^k z^2 \geqslant q_1^k yz + q_2^k zx + q_3^k xy \qquad (2.27)$$

对任意实数 x, y, z 成立,则将此不等式中指数 k 换成更小的正数仍成立.

注 2.4 若正数 $p_1, p_2, p_3, q_1, q_2, q_3$ 满足 $p_2 p_3 \geqslant q_1^2, p_3 p_1 \geqslant q_2^2, p_1 p_2 \geqslant q_3^2$,则由简单的代数不等式 $\sum x^2 \geqslant \sum yz$ 易知不等式(2.27)对任意实数 x, y, z 与任意正数 k 成立,此时不等式(2.27)是平凡的.例如,$\sum r_a^k x^2 \geqslant \sum yz w_a^k$ 就是一个平凡的三元二次不等式.

根据降幂定理,对于一个具体的非平凡的三元二次型不等式(2.27),我们都可以提出下述很自然的问题:求使式(2.27)成立的最大指数 $k_{\max}$.这里指出,在多数情况下求最大指数问题是比较困难的(如下面的注2.17中所提的问题).因此,尽管本书有大量的三元二次型不等式出现,但一般不提出有关的求最大指数问题.

显然,根据上述降幂定理,我们可以迅速地得出一个已知的非平凡的三元二次型不等式的指数推广.例如,将降幂定理应用于推论2.10,立得不等式(2.22)的下述指数推广:

推论 2.12 设 $0 < k \leqslant 2$,则对锐角 $\triangle ABC$ 与任意实数 x, y, z 有

$$\sum \frac{x^2}{\cos^k A} \geqslant 2^k \sum yz \qquad (2.28)$$

注 2.5 在非钝角 $\triangle ABC$ 中,易证 $\cos B \cos C \leqslant 1/2$ (等号当且仅当 $B = C = \pi/4$ 时成立),据此与命题2.1可以证明使不等式(2.28)成立的最大 k 值为 $k_{\max} = 2$.

接下去,我们将应用推论2.6建立一个涉及三角形内部一点到三个顶点的距离与三边的距离的三元二次型几何不等式. 为此先给出一个简单、重要的已知命题:

命题 2.3 对 $\triangle ABC$ 内部任意一点 P 有

$$\sin \frac{A}{2} \geqslant \frac{\sqrt{r_2 r_3}}{R_1} \qquad (2.29)$$

等号当且仅当PA平分$\angle BAC$时成立.

证明 如图2.1,显然有$r_2 = R_1 \sin \angle PAC$, $r_3 = R_1 \sin \angle PAB$.又由于

$$\sin \angle PAC + \sin \angle PAB \leqslant 2 \sin \frac{1}{2}(\angle PAC + \angle PAB) = 2 \sin \frac{A}{2}$$

所以

$$r_2 + r_3 \leqslant 2R_1 \sin \frac{A}{2} \tag{2.30}$$

再注意到$r_2 + r_3 \geqslant 2\sqrt{r_2 r_3}$,即知不等式(2.29)成立.

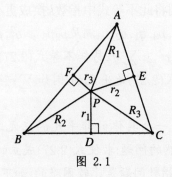

图 2.1

显然,式(2.30)与式(2.29)中等号当且仅当$r_2 = r_3$即PA平分$\angle BAC$时成立.命题2.3 证毕. □

现在,根据不等式(2.17)与不等式(2.29)有

$$\sum x^2 \frac{R_1^2}{r_2 r_3} \geqslant 4 \sum yz$$

接着作代换$x \to x/R_1, y \to y/R_2, z \to z/R_3$,即得下述不等式:

推论$2.13^{[24]}$ 对$\triangle ABC$内部任意一点P与任意实数x, y, z有

$$\sum \frac{x^2}{r_2 r_3} \geqslant 4 \sum \frac{yz}{R_2 R_3} \tag{2.31}$$

上式给出了J.M.Child早在1939年得出的不等式

$$\sum \frac{1}{r_2 r_3} \geqslant 4 \sum \frac{1}{R_2 R_3} \tag{2.32}$$

(见专著《GI》中不等式12.35)的加权推广.若取P为$\triangle ABC$的内心,则由不等式(2.31)利用第1章中的命题1.1(a)容易得出不等式(2.19).因此,不等式(2.19)与不等式(2.31)实际上是等价的.

在不等式(2.31)中作代换 $x \to x\sqrt{r_2 r_3/r_1}$ 等等,注意到

$$R_a = \frac{R_2 R_3}{2r_1} \tag{2.33}$$

(上式可利用 $bc = 2Rh_a$ 得出),又可得下述等价不等式:

推论 2.14 对 $\triangle ABC$ 内部任意一点 P 与任意实数 x, y, z 有

$$\sum \frac{x^2}{r_1} \geqslant 2\sum \frac{yz}{R_a} \tag{2.34}$$

特别地,取 $x = y = z = 1$,得

$$\sum \frac{1}{r_1} \geqslant 2\sum \frac{1}{R_a} \tag{2.35}$$

考虑这个不等式的加强,作者提出了以下猜想:

猜想 2.1 对 $\triangle ABC$ 内部任意一点 P 有

$$\sum \frac{1}{r_2 + r_3} \geqslant \sum \frac{1}{R_a} \tag{2.36}$$

对不等式(2.31)使用附录 A 中定理 A1 给出的变换 T_3

$$(R_1, R_2, R_3, r_1, r_2, r_3) \to \left(\frac{1}{r_1}, \frac{1}{r_2}, \frac{1}{r_3}, \frac{1}{R_1}, \frac{1}{R_2}, \frac{1}{R_3}\right)$$

则可得:

推论 2.15 对 $\triangle ABC$ 与任意实数 x, y, z 有

$$\sum x^2 R_2 R_3 \geqslant 4\sum yz r_2 r_3 \tag{2.37}$$

上式给出了 Child 不等式

$$\sum R_2 R_3 \geqslant 4\sum r_2 r_3 \tag{2.38}$$

(见专著《GI》中不等式12.21)的加权推广.

对不等式(2.37)应用附录 A 中定理 A1 给出的变换 T_5

$$(R_1, R_2, R_3, r_1, r_2, r_3) \to (R_1 r_1, R_2 r_2, R_3 r_3, r_2 r_3, r_3 r_1, r_1 r_2)$$

然后两边除以 $r_1 r_2 r_3$ 并利用公式(2.33),则得下述不等式:

推论2.16 对△ABC内部任意一点P与任意实数x, y, z有

$$\sum x^2 R_a \geqslant 2\sum yzr_1 \tag{2.39}$$

注2.6 根据附录A中定理A3可知,不等式(2.39)本质上与不等式(2.37)以及不等式(2.31)是等价的.在下一章中,我们将证明不等式(2.39)的"r-w"对偶不等式成立.

特别地,由式(2.39)得下述线性不等式:

推论2.17 对△ABC内部任意一点P有

$$\sum R_a \geqslant 2\sum r_1 \tag{2.40}$$

由公式(2.33)易知已知不等式

$$\sum \frac{1}{r_1 R_1} \geqslant 2\sum \frac{1}{R_2 R_3} \tag{2.41}$$

(见《GI》中不等式12.34)等价于

$$\sum R_a \geqslant \sum R_1 \tag{2.42}$$

由此可见,不等式(2.40)弱于著名的Erdös-Mordell不等式

$$\sum R_1 \geqslant 2\sum r_1 \tag{2.43}$$

(见《GI》中不等式12.13).尽管如此,不等式(2.40)仍值得研究,稍后得出的推论2.21与下一章中的推论3.14给出了不等式(2.40)两个显然的加强.这里,介绍一个强于式(2.40)的猜想:

猜想2.2 对△ABC内部任意一点P有

$$\frac{\sum R_a}{\sum r_1} \geqslant \frac{m_b}{m_c} + \frac{m_c}{m_b} \tag{2.44}$$

注2.7 根据附录A中定理A1的变换T_5与定理A3可知上式等价于

$$\frac{\sum R_2 R_3}{\sum r_2 r_3} \geqslant 2\left(\frac{m_b}{m_c} + \frac{m_c}{m_b}\right) \tag{2.45}$$

在后面第7章与第8章中,我们还将提出几个有关不等式(2.40)的加强猜想.

下面,我们将应用推论2.6的不等式(2.17)进一步推证不等式(2.37)的"$r\text{-}w$"对偶不等式.为此,先给出一个简单而重要的已知结论.

命题2.4 在$\triangle ABC$中有

$$w_a \leqslant \sqrt{bc}\cos\frac{A}{2} \tag{2.46}$$

等号当且仅当$b = c$时成立.

事实上,由已知的角平分线公式

$$w_a = \frac{2bc}{b+c}\cos\frac{A}{2} \tag{2.47}$$

与简单的不等式$b+c \geqslant 2\sqrt{bc}$即知式(2.46)成立,且知其等号当且仅当$b = c$时成立.

注2.8 由等式$r_b r_c = s(s-a)$与半角公式

$$\cos\frac{A}{2} = \sqrt{\frac{s(s-a)}{bc}} \tag{2.48}$$

易知不等式(2.46)等价于

$$\sqrt{r_b r_c} \geqslant w_a \tag{2.49}$$

这个不等式已在第1章中推论1.36的推导中用到,后面还将多次用到.

设$\angle BPC$, $\angle CPA$, $\angle APB$的补角分别等于θ_1, θ_2, θ_3(图2.2),PX是$\angle BPC$的角平分线.

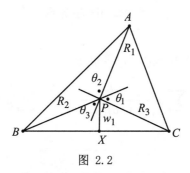

图 2.2

在$\triangle BPC$中应用命题2.4,则

$$PX \leqslant \sqrt{R_2 R_3}\cos\frac{\pi - \theta_1}{2}$$

即有

$$w_1 \leqslant \sqrt{R_2 R_3}\sin\frac{\theta_1}{2} \tag{2.50}$$

类似地成立另两式.注意到 $\theta_1, \theta_2, \theta_3$ 可视为一个三角形的内角,因此根据不等式(2.17)与上式就得

$$\sum x^2 \frac{R_2 R_3}{w_1^2} \geqslant 4 \sum yz$$

再作代换 $x \to xw_1, y \to yw_2, z \to zw_3$,即得不等式(2.37)的下述 "$r$-$w$" 对偶不等式:

推论 2.18 对 $\triangle ABC$ 内部任意一点 P 与任意实数 x, y, z 有

$$\sum x^2 R_2 R_3 \geqslant 4 \sum yzw_2 w_3 \tag{2.51}$$

上式给出了 L.Carlitz 早在1964年得出的不等式

$$\sum R_2 R_3 \geqslant 4 \sum w_2 w_3 \tag{2.52}$$

(见《GI》中不等式12.50)的加权推广.事实上,推论2.18强于推论2.15(参见第1章中注1.7).

注 2.9 在文献[25]中,作者应用了不同于上的方法推得了不等式(2.51)的指数推广

$$\sum x^2 (R_2 R_3)^k \geqslant 4^k \sum yz(w_2 w_3)^k \tag{2.53}$$

其中 $0 < k \leqslant 1$.这个指数推广也可由式(2.51)与上面命题2.2所述降幂定理迅速得出.

现在,我们来推导一个与推论2.6所述加权三角不等式(2.17)相等价的代数不等式.

由半角公式(2.3)可知式(2.17)等价于

$$\sum x^2 \frac{bc}{(s-b)(s-c)} \geqslant 4 \sum yz \tag{2.54}$$

再进行以下代换

$$x \to x\sqrt{\frac{a(s-b)(s-c)}{bc(s-a)}}$$

等等,就得等价式[9]

$$\sum x^2 \frac{a}{s-a} \geqslant 4 \sum yz \frac{s-a}{a} \tag{2.55}$$

对以 $v+w, w+u, u+v(u, v, w > 0)$ 为边长的三角形使用上式,即得下述等价的代数不等式:

推论 2.19 对任意实数x,y,z与任意正数u,v,w有

$$\sum x^2\frac{v+w}{u} \geqslant 4\sum yz\frac{u}{v+w} \tag{2.56}$$

等号当且仅当$u=v=w$且$x=y=z$时成立.

接下来,我们给出上述代数不等式的一个应用,即针对下面常见的与Cevi定理相关的图(图2.3)建立一个三元二次几何不等式.

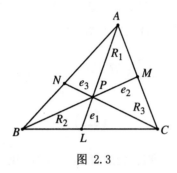

图 2.3

对$\triangle ABC$内部任意一点P有

$$\frac{PA}{PL} = \frac{S_{\triangle CPA}}{S_{\triangle CPL}} = \frac{S_{\triangle BPA}}{S_{\triangle BPL}} = \frac{S_{\triangle CPA}+S_{\triangle BPA}}{S_{\triangle CPL}+S_{\triangle BPL}} = \frac{S_b+S_c}{S_a}$$

所以

$$\frac{R_1}{e_1} = \frac{S_b+S_c}{S_a} \tag{2.57}$$

类似地成立另两式.因此,根据不等式(2.56)有

$$\sum x^2\frac{R_1}{e_1} \geqslant 4\sum yz\frac{e_1}{R_1} \tag{2.58}$$

再在上式中作代换$x \to x\sqrt{R_2R_3/R_1}$等等,得

$$\sum x^2\frac{R_2R_3}{e_1} \geqslant 4\sum yze_1$$

注意到$e_1 \geqslant r_1$以及公式(2.33)便得较推论2.16更强的结论:

推论 2.20 对$\triangle ABC$内部任意一点P与任意实数x,y,z有

$$\sum x^2R_a \geqslant 2\sum yze_1 \tag{2.59}$$

特别地,令$x=y=z=1$,得作者[26]曾猜测成立的下述不等式:

推论 2.21　对 $\triangle ABC$ 内部任意一点 P 有

$$\sum R_a \geqslant 2 \sum e_1 \tag{2.60}$$

吴跃生在文献[27]中给出了上式的一个加细.不等式(2.60)在形式上与 Erdös-Mordell 不等式(2.43)是一致的,但两者对应的几何图形不同(分别对应图2.3与图2.1).

下面针对不等式(2.60)提出一个更强的猜想:

猜想 2.3　对 $\triangle ABC$ 内部任意一点 P 有

$$\sum \sqrt{R_b R_c} \geqslant 2 \sum e_1 \tag{2.61}$$

(二)

上一节的讨论主要由推论2.2展开.这一节中,我们回到推论二来,给出它的一些应用.

在推论二中,令 P 为 $\triangle ABC$ 的类似重心,利用第1章中命题1.1(e),可得

$$\sum x^2 \sum a^2 \geqslant 4S \sum yz \cot \frac{A}{2} \tag{2.62}$$

接着作代换 $x \to x/r_a$ 等等,并注意到 $\cot \dfrac{A}{2} = \dfrac{s}{r_a}$,得

$$\sum a^2 \sum \frac{x^2}{r_a^2} \geqslant \frac{4sS}{r_a r_b r_c} \sum yz$$

易证 $r_a r_b r_c = sS$,于是得:

推论 2.22　对 $\triangle ABC$ 与任意实数 x, y, z 有

$$\sum \frac{x^2}{r_a^2} \geqslant \frac{4 \sum yz}{\sum a^2} \tag{2.63}$$

在上式中取 $x = r_a', y = r_b', z = r_c'$,利用 $\sum r_b' r_c' = s'^2$ 与简单的不等式 $2s^2 > \sum a^2$,可得下述有趣的涉及两个三角形的不等式:

推论 2.23　在 $\triangle ABC$ 与 $\triangle A'B'C'$ 中有

$$\sum \frac{r_a'^2}{r_a^2} > 2 \frac{s'^2}{s^2} \tag{2.64}$$

注意到 $r_b + r_c \geqslant 2\sqrt{r_b r_c} \geqslant 2w_a$, 由与式(2.2)等价的不等式(2.7)可知, 对正数 x, y, z 继而对任意实数 x, y, z 有

$$\sum x^2 \frac{a}{r_1} \geqslant 4 \sum yz \frac{w_a}{a} \tag{2.65}$$

再作代换 $x \to x\sqrt{bc/a}$ 等等, 即得:

推论 2.24 对 $\triangle ABC$ 内部任意一点 P 与任意实数 x, y, z 有

$$\sum x^2 \frac{bc}{r_1} \geqslant 4 \sum yz w_a \tag{2.66}$$

由不等式(2.66)可知对正数 x, y, z 继而对任意实数 x, y, z 有

$$\sum x^2 \frac{a}{r_1} \geqslant 4 \sum yz \frac{h_a}{a} \tag{2.67}$$

两边同除以 $2S$ 并利用公式 $ah_a = 2S$, 又得:

推论 2.25[9] 对 $\triangle ABC$ 内部任意一点 P 与任意实数 x, y, z 有

$$\sum \frac{x^2}{h_a r_1} \geqslant 4 \sum \frac{yz}{a^2} \tag{2.68}$$

在给出下一个推论前, 我们先给出书中将多次用到的一个线性几何不等式.

命题 2.5[28] 在锐角 $\triangle ABC$ 中有

$$r_b + r_c \geqslant 2m_a \tag{2.69}$$

等号当且仅当 $b = c$ 时成立.

在文献[28]中, 作者利用中线公式与旁切圆半径的计算公式给出了不等式(2.69)的证明. 下面介绍一个精巧的证明.

证明 设 O 为锐角 $\triangle ABC$ 的外心, M 是边 BC 的中点, 则显然有

$$m_a = AM \leqslant AO + OM = R + R\cos A$$

利用倍角公式即得

$$m_a \leqslant 2R\cos^2 \frac{A}{2} \tag{2.70}$$

又利用前面的半角公式(2.48)与 $abc = 4Rrs$ 以及等式(2.6)有

$$2R\cos^2 \frac{A}{2} = \frac{2sR(s-a)}{bc} = \frac{a(s-a)}{2r} = \frac{1}{2}a\cot\frac{A}{2} = \frac{1}{2}(r_b + r_c)$$

所以

$$r_b + r_c = 4R\cos^2\frac{A}{2} \qquad (2.71)$$

由此与不等式(2.70)即知不等式(2.69)成立,且知不等式(2.70)中等号当且仅当A, O, M三点共线时成立,进而可知式(2.69)中等号当且仅当$b = c$时成立.命题2.5获证. □

仿不等式(2.66)的推导,由式(2.7)出发利用命题2.5易得:

推论2.26 对锐角$\triangle ABC$内部任意一点P与任意实数x, y, z有

$$\sum x^2\frac{bc}{r_1} \geqslant 4\sum yzm_a \qquad (2.72)$$

注2.10 上式很可能对任意$\triangle ABC$成立,但作者未得出证明.

在不等式(2.7)中,取P为$\triangle ABC$的重心,然后利用不等式(2.69),可得锐角三角形不等式

$$\sum x^2\frac{a}{h_a} \geqslant 12\sum yz\frac{m_a}{a} \qquad (2.73)$$

两边乘以$2S$,利用面积公式即得:

推论2.27 对锐角$\triangle ABC$与任意实数x, y, z有

$$\sum x^2a^2 \geqslant \frac{4}{3}\sum yzm_ah_a \qquad (2.74)$$

注2.11 作者应用命题2.1证明了较上式更强的不等式

$$\sum x^2a^2 \geqslant \frac{4}{3}\sum yzm_ak_a \qquad (2.75)$$

对任意$\triangle ABC$成立,此处从略.

在推论二的不等式(2.2)中,令P为$\triangle ABC$的内心,即易得下述简单的有关三角形边长的二次型不等式:

推论2.28[9] 对$\triangle ABC$与任意实数x, y, z有

$$\sum ax^2 \geqslant 2\sum yz(s - a) \qquad (2.76)$$

等号当且仅当$x = y = z$时成立.

注2.12 直接证明不等式(2.76)是很容易的,只要注意到

$$\sum ax^2 - 2\sum yz(s - a) = \frac{1}{2}\sum(b + c - a)(y - z)^2 \qquad (2.77)$$

就知式(2.76)成立.不等式(2.76)有多种等价形式,以下推论2.29~2.31与推论2.36~2.38所述不等式实际上都与之等价.

注2.13 不等式(2.76)也是上一章推论1.34的不等式

$$\sum x^2 \frac{h_a}{r_1} \geqslant 4 \sum yz \cos^2 \frac{A}{2} \tag{2.78}$$

的一个推论.事实上,在上式令P为$\triangle ABC$的内心,再作代换$x \to xa$等等,然后利用$ah_a = 2rs$与半角公式(2.48),约简后就得不等式(2.76).

注2.14 利用不等式(2.76)还可给出推论2.6的一个简单证明:

在不等式(2.76)两边除以$2S$,利用公式$h_a = 2S/a, r_a = S/(s-a)$得

$$\sum \frac{x^2}{h_a} \geqslant \sum \frac{yz}{r_a} \tag{2.79}$$

接着在上式作代换$x \to x\sqrt{r_a}, y \to y\sqrt{r_b}, z \to z\sqrt{r_c}$,然后利用不等式(2.49)与$w_a \geqslant h_a$就知,对正数$x, y, z$继而对任意实数$x, y, z$有

$$\sum x^2 \frac{r_a}{h_a} \geqslant \sum yz \frac{h_a}{r_a} \tag{2.80}$$

注意到$r_a/h_a = 2a/(s-a)$,就知上式等价于前面与式(2.17)等价的不等式(2.55),从而不等式(2.17)获证.

在式(2.76)中,作代换$x \to x\sqrt{bc/a}$等等,得

$$\sum bcx^2 \geqslant 2 \sum a(s-a)yz \tag{2.81}$$

两边除以$4S^2$,即易得:

推论2.29 对$\triangle ABC$与任意实数x, y, z有

$$\sum \frac{x^2}{h_b h_c} \geqslant \sum \frac{yz}{h_a r_a} \tag{2.82}$$

等号当且仅当$x:y:z = a:b:c$时成立.

注2.15 根据命题2.2,不等式(2.82)可推广为

$$\sum \frac{x^2}{(h_b h_c)^k} \geqslant \sum \frac{yz}{(h_a r_a)^k} \tag{2.83}$$

其中$0 < k \leqslant 1$.特别地,有

$$\sum \frac{1}{(h_b h_c)^k} \geqslant \sum \frac{1}{(h_a r_a)^k} \tag{2.84}$$

应用优超方法容易证明更一般的结论:当 $k > 0$ 时上式成立;当 $k < 0$ 时上式反向成立.

注意到

$$r_b + r_c = \frac{aS}{(s-b)(s-c)}$$

由式(2.81)可得

$$\sum bcx^2 \geqslant \frac{2\prod(s-a)}{S}\sum yz(r_b + r_c)$$

再注意到

$$r_a = \frac{S}{s-a}, \quad \sin^2\frac{A}{2} = \frac{(s-b)(s-c)}{bc}$$

就得下述不等式:

推论 2.30 对 $\triangle ABC$ 与任意实数 x, y, z 有

$$\sum x^2 \frac{r_a}{\sin^2\dfrac{A}{2}} \geqslant 2\sum yz(r_b + r_c) \tag{2.85}$$

等号当且仅当 $x : y : z = \sin A : \sin B : \sin C$ 时成立.

由式(2.85)与公式 $r_a = s\tan\dfrac{A}{2}$,又可得下述等价的三元二次型三角不等式:

推论 2.31 对 $\triangle ABC$ 与任意实数 x, y, z 有

$$\sum \frac{x^2}{\sin A} \geqslant \sum yz\left(\tan\frac{B}{2} + \tan\frac{C}{2}\right) \tag{2.86}$$

等号当且仅当 $x : y : z = \sin A : \sin B : \sin C$ 时成立.

在不等式(2.86)中,作命题1.3所述角变换 K_2,可得锐角三角形的二次型不等式

$$\sum \frac{x^2}{\sin 2A} \geqslant \sum yz\left(\cot B + \cot C\right) \tag{2.87}$$

容易证明 $\cot B + \cot C \geqslant 2\tan\dfrac{A}{2}$(对任意 $\triangle ABC$ 成立),于是可知下述不等式对正数 x, y, z 进而对任意实数 x, y, z 成立:

推论 2.32[29] 对锐角 $\triangle ABC$ 与任意实数 x, y, z 有

$$\sum \frac{x^2}{\sin 2A} \geqslant 2\sum yz\tan\frac{A}{2} \tag{2.88}$$

在上式中作代换 $x \to x/\sin 2A$ 等等,再利用不等式 $\sin 2B \sin 2C \leqslant \sin^2 A$,可得:

推论 2.33 对锐角 $\triangle ABC$ 与任意实数 x, y, z 有

$$\sum x^2 \csc^2 2A \geqslant \sum yz \sec^2 \frac{A}{2} \tag{2.89}$$

根据推论 2.30 与命题 2.5 可得:

推论 2.34 对锐角 $\triangle ABC$ 与任意实数 x, y, z 有

$$\sum x^2 \frac{r_a}{\sin^2 \dfrac{A}{2}} \geqslant 4 \sum yz m_a \tag{2.90}$$

注 2.16 作者证明了上式对任意 $\triangle ABC$ 成立,此处从略.

根据前面的不等式 (2.49) 有 $r_a(r_b + r_c) \geqslant w_b^2 + w_c^2 \geqslant (w_b + w_c)^2/2$,因此在式 (2.85) 中作代换 $x \to x r_a$ 等等,可得:

推论 2.35 对 $\triangle ABC$ 与任意实数 x, y, z 有

$$\sum x^2 \frac{r_a^2}{\sin^2 \dfrac{A}{2}} \geqslant \sum yz(w_b + w_c)^2 \tag{2.91}$$

注 2.17 根据三元二次型不等式的降幂定理,针对上式可提出下述问题:求使下式

$$\sum x^2 \frac{r_a^k}{\sin^k \dfrac{A}{2}} \geqslant \sum yz(w_b + w_c)^k \tag{2.92}$$

对任意 $\triangle ABC$ 与任意实数 x, y, z 成立的最大 k 值 $k_{\max}$.计算机的验算表明 $k_{\max} \approx 2.4$.

在推论 2.30 的不等式 (2.85) 中,作代换 $x \to x/r_a$ 等等,然后利用等式

$$\frac{1}{r_b} + \frac{1}{r_c} = \frac{2}{h_a} \tag{2.93}$$

可得下述等价不等式:

推论 2.36 对 $\triangle ABC$ 与任意实数 x, y, z 有

$$\sum \frac{x^2}{r_a \sin^2 \dfrac{A}{2}} \geqslant 4 \sum \frac{yz}{h_a} \tag{2.94}$$

等号当且仅当 $x : y : z = \sin^2 \dfrac{A}{2} : \sin^2 \dfrac{B}{2} : \sin^2 \dfrac{C}{2}$ 时成立.

在式(2.94)式中作代换$x \to x\sqrt{r_a}$等等,然后利用$\sqrt{r_b r_c} \geqslant h_a$,立即可得推论2.6的不等式(2.17).因此,推论2.6是推论2.36的一个推论.

应用不等式(2.94)与命题2.3,还易推得强于推论2.13的下述结论:

推论2.37[24] 对$\triangle ABC$内部任意一点P与任意实数x, y, z有

$$\sum \frac{x^2}{r_a r_2 r_3} \geqslant 4 \sum \frac{yz}{h_a R_2 R_3} \tag{2.95}$$

等号当且仅当P为$\triangle ABC$的内心且$x : y : z = \sin\dfrac{A}{2} : \sin\dfrac{B}{2} : \sin\dfrac{C}{2}$时成立.

注2.18 在不等式(2.95)中作代换$x \to x\sqrt{r_2 r_3 / r_1}$等等,利用前面的公式(2.33)便得等价不等式

$$\sum \frac{x^2}{r_a r_1} \geqslant 2 \sum \frac{yz}{h_a R_a} \tag{2.96}$$

(其中等号成立条件与式(2.95)相同),由此容易推得前面推论2.14的结果.

在不等式(2.85)中,作代换$x \to x/R_1$等等,然后应用命题2.3的不等式(2.29),可得

$$\sum x^2 \frac{r_a}{r_2 r_3} \geqslant 2 \sum yz \frac{r_b + r_c}{R_2 R_3} \tag{2.97}$$

再在上式作代换$x \to x\sqrt{r_2 r_3 / r_1}$等等,利用公式(2.33)即得:

推论2.38 对$\triangle ABC$内部任意一点P与任意实数x, y, z有

$$\sum x^2 \frac{r_a}{r_1} \geqslant \sum yz \frac{r_b + r_c}{R_a} \tag{2.98}$$

等号当且仅当P为$\triangle ABC$的内心且$x : y : z = \cos\dfrac{A}{2} : \cos\dfrac{B}{2} : \cos\dfrac{C}{2}$时成立.

根据上述推论与命题2.5,显然可得:

推论2.39 对锐角$\triangle ABC$内部任意一点P有

$$\sum \frac{r_a}{r_1} \geqslant 2 \sum \frac{m_a}{R_a} \tag{2.99}$$

注2.19 上式很可能对任意$\triangle ABC$成立,但作者未给出证明.

(三)

对以$v + w, w + u, u + v (u, v, w > 0)$为边长的三角形使用推论2.28的不等式(2.76),即得下述等价的代数不等式:

推论 2.40　对任意实数 x, y, z 与正数 u, v, w 有

$$\sum (v + w)x^2 \geqslant 2 \sum yzu \qquad (2.100)$$

等号当且仅当 $x = y = z$ 时成立.

　　注 2.20　上述推论中 u, v, w 为正数这个条件还可削弱,参见后面第7章中等价推论7.4.

　　虽然代数不等式(2.100)十分简单,但应用它可以迅速导出许多涉及三角形的三元二次型不等式.本章余下部分主要讨论这一不等式的应用.

　　首先,将前面的几何不等式(2.30)用于不等式(2.100),立即可得:

　　推论 2.41　对 $\triangle ABC$ 内部任意一点 P 与任意实数 x, y, z 有

$$\sum x^2 R_1 \sin \frac{A}{2} \geqslant \sum yzr_1 \qquad (2.101)$$

等号当且仅当 P 为 $\triangle ABC$ 的内心且 $x = y = z$ 时成立.

　　下面,我们由上述不等式(2.101)展开讨论.

　　在不等式(2.101)中作代换 $x \to x\sqrt{h_a/(h_b h_c)}$ 等等,则有

$$\sum x^2 R_1 \frac{h_a}{h_b h_c} \sin \frac{A}{2} \geqslant \sum yz \frac{r_1}{h_a}$$

容易证明

$$\frac{h_b h_c}{2h_a(r_b + r_c)} = \sin^2 \frac{A}{2} \qquad (2.102)$$

即有

$$\frac{h_a}{h_b h_c} \sin \frac{A}{2} = \frac{1}{2(r_b + r_c)\sin \frac{A}{2}}$$

于是

$$\sum x^2 \frac{R_1}{(r_b + r_c)\sin \frac{A}{2}} \geqslant 2 \sum yz \frac{r_1}{h_a} \qquad (2.103)$$

按前面的不等式(2.30)可知,对 $\triangle ABC$ 内部任意一点 Q 有

$$2D_1 \sin \frac{A}{2} \geqslant d_2 + d_3 \qquad (2.104)$$

因此,由不等式(2.103)可得下述涉及两个动点的三元二次型不等式:

　　推论 2.42　对 $\triangle ABC$ 内部任意两点 P 与 Q 以及任意实数 x, y, z 有

$$\sum x^2 \frac{R_1 D_1}{(r_b + r_c)(d_2 + d_3)} \geqslant \sum yz \frac{r_1}{h_a} \qquad (2.105)$$

等号当且仅当点P与点Q均为$\triangle ABC$的内心且$x:y:z=\sin A:\sin B:\sin C$时成立.

在式(2.105)中令$x=y=z=1$,然后利用恒等式

$$\sum \frac{r_1}{h_a}=1 \tag{2.106}$$

(见上一章等式(1.57))得:

推论2.43 对$\triangle ABC$内部任意两点P与Q有

$$\sum \frac{R_1 D_1}{(r_b+r_c)(d_2+d_3)}\geqslant 1 \tag{2.107}$$

令Q为$\triangle ABC$的内心,即得:

推论2.44 对$\triangle ABC$内部任意一点P有

$$\sum \frac{R_1}{(r_b+r_c)\sin \dfrac{A}{2}}\geqslant 2 \tag{2.108}$$

在$\triangle ABC$中,易证恒等式

$$\cos B+\cos C=\frac{h_b+h_c}{r_b+r_c} \tag{2.109}$$

由此易知

$$2(r_b+r_c)\sin \frac{A}{2}\geqslant h_b+h_c \tag{2.110}$$

于是由不等式(2.103)得:

推论2.45 对$\triangle ABC$内部任意一点P与任意实数x,y,z有

$$\sum x^2 \frac{R_1}{h_b+h_c}\geqslant \sum yz \frac{r_1}{h_a} \tag{2.111}$$

易知上式等价于

$$\sum x^2 \frac{bc}{b+c}R_1 \geqslant \sum yzar_1$$

注意到$4bc\leqslant (b+c)^2$,就得:

推论2.46 对$\triangle ABC$内部任意一点P与任意实数x,y,z有

$$\sum x^2(b+c)R_1 \geqslant 4\sum yzar_1 \tag{2.112}$$

特别地,在上式中取$x=y=z=1$,利用恒等式(2.9)得:

推论 2.47 对 $\triangle ABC$ 内部任意一点 P 有

$$\sum (b+c)R_1 \geqslant 8S \tag{2.113}$$

注 2.21 在文献[30]中,作者证明了下述结论:对于 $\triangle ABC$ 外部任意一点 P',在其内部(包括边界)存在一点 P 使得 $PA < P'A, PB < P'B, PC < P'C$ 同时成立.根据这个结论可知,不等式(2.113)以及上面的不等式(2.108)实际上对平面上任意一点 P 成立.

注 2.22 不等式(2.113)是 G.Tsintsifas[31] 在1986年首先提出的.本书作者[32] 在1988年得出了更一般的结论:对凸多边形 $A_1A_2\cdots A_n$ 平面上任意一点 P 有

$$\sum_{i=1}^{n} (a_i + a_{i+1})PA_i \geqslant 4S \sec \frac{\pi}{n} \tag{2.114}$$

其中 $a_i = A_iA_{i+1}$ 并约定 $A_{n+1} = A_1, a_{n+1} = a_1$.

设 $\triangle ABC$ 为锐角三角形且令 P 为其外心,由(2.112)利用命题1.1(c)易得

$$\sum x^2(\sin B + \sin C) \geqslant 2 \sum yz \sin 2A \tag{2.115}$$

再作命题1.2所述 K_1 角变换 $A \to (\pi - A)/2$ 等等,就得:

推论 2.48 对 $\triangle ABC$ 与任意实数 x, y, z 有

$$\sum x^2 \left(\cos \frac{B}{2} + \cos \frac{C}{2} \right) \geqslant 2 \sum yz \sin A \tag{2.116}$$

因 $\sin B + \sin C \leqslant 2 \cos \frac{A}{2}$,由推论2.40可知

$$\sum x^2 \cos \frac{A}{2} \geqslant \sum yz \sin A \tag{2.117}$$

将上式与式(2.116)相加,又得

推论 2.49 对 $\triangle ABC$ 与任意实数 x, y, z 有

$$\sum x^2 \sum \cos \frac{A}{2} \geqslant 3 \sum yz \sin A \tag{2.118}$$

在推论2.46中,取 P 为锐角 $\triangle ABC$ 的垂心,利用命题1.1(d)可得

$$\sum x^2(b+c) \cos A \geqslant 4 \sum yza \cos B \cos C$$

再作代换 $x \to x/\cos A$,就得:

推论 2.50 对锐角 $\triangle ABC$ 与任意实数 x, y, z 有

$$\sum x^2 \frac{b+c}{\cos A} \geqslant 4 \sum yza \tag{2.119}$$

因 $b + c \leqslant 4R \cos \dfrac{A}{2}$,故由推论 2.46 还易得:

推论 2.51 对 $\triangle ABC$ 内部任意一点 P 与任意实数 x, y, z 有

$$\sum x^2 R_1 \cos \frac{A}{2} \geqslant 2 \sum yzr_1 \sin A \tag{2.120}$$

设 $\triangle ABC$ 为锐角三角形且 P 为其外心,则由上式又易得

推论 2.52 对锐角 $\triangle ABC$ 与任意实数 x, y, z 有

$$\sum x^2 \cos \frac{A}{2} \geqslant \sum yz \sin 2A \tag{2.121}$$

注 2.23 作者应用命题 2.1 通过较复杂的计算证明了上式对任意 $\triangle ABC$ 成立,此处从略.

现在,我们从推论 2.42 出发来推导一个涉及三角形内部三个动点的几何不等式.

在不等式 (2.105) 两边乘以 $2S$,利用简单的不等式 $r_b + r_c \geqslant 2h_a$,易得

$$\sum x^2 \frac{aR_1D_1}{d_2 + d_3} \geqslant 2 \sum yzar_1 \tag{2.122}$$

再在上式作代换 $x \to x/\sqrt{a}$ 等等,然后应用已知不等式

$$a \geqslant 2\sqrt{bc} \sin \frac{A}{2} \tag{2.123}$$

可知对任意正数 x, y, z 继而对任意实数 x, y, z 有

$$\sum x^2 \frac{R_1 D_1}{d_2 + d_3} \geqslant 4 \sum yzr_1 \sin \frac{A}{2} \tag{2.124}$$

下设 $\triangle ABC$ 内部任意一点 U 到 $\triangle ABC$ 三个顶点 A, B, C 与三边 BC, CA, AB 的距离分别为 U_1, U_2, U_3 和 u_1, u_2, u_3.根据命题 2.3 有

$$\sin \frac{A}{2} \geqslant \frac{\sqrt{u_2 u_3}}{U_1} \tag{2.125}$$

在式 (2.124) 中作代换 $x \to x/\sqrt{u_1}$ 等等,再利用上式,即得下述涉及三角形内部三个点的三元二次型不等式:

推论 2.53 对 $\triangle ABC$ 内部任意三点 P, Q, U 与任意实数 x, y, z 有

$$\sum x^2 \frac{R_1 D_1}{u_1(d_2 + d_3)} \geqslant 4 \sum yz \frac{r_1}{U_1} \tag{2.126}$$

在上式中令点 Q 与点 P 重合,则

$$\sum x^2 \frac{R_1^2}{u_1(r_2 + r_3)} \geqslant 4 \sum yz \frac{r_1}{U_1} \tag{2.127}$$

上式是有关点 P 与点 U 的不等式,把点 U 换成点 Q,则有

$$\sum x^2 \frac{R_1^2}{d_1(r_2 + r_3)} \geqslant 4 \sum yz \frac{r_1}{D_1} \tag{2.128}$$

再作代换 $x \to x/R_1$ 等等,然后利用公式 $R_a = R_2 R_3/(2r_1)$,就得:

推论 2.54 对 $\triangle ABC$ 内部任意两点 P 与 Q 以及任意实数 x, y, z 有

$$\sum \frac{x^2}{d_1(r_2 + r_3)} \geqslant 2 \sum \frac{yz}{D_1 R_a} \tag{2.129}$$

在不等式 (2.126) 中,令 Q 为 $\triangle ABC$ 的内心,得

$$\sum x^2 \frac{R_1}{u_1 \sin \dfrac{A}{2}} \geqslant 8 \sum yz \frac{r_1}{U_1} \tag{2.130}$$

接着令点 U 与点 P 重合,再作代换 $x \to x\sqrt{R_2 R_3/R_1}$ 等等,然后利用前面的公式 (2.33),便得:

推论 2.55 对 $\triangle ABC$ 内部任意一点 P 与任意实数 x, y, z 有

$$\sum x^2 \frac{R_a}{\sin \dfrac{A}{2}} \geqslant 4 \sum yz r_1 \tag{2.131}$$

上式在 $x = y = z = 1$ 时的情形,即不等式

$$\sum \frac{R_a}{\sin \dfrac{A}{2}} \geqslant 4 \sum r_1 \tag{2.132}$$

是较弱的. 吴裕东与张志华等在文献 [33] 中以及吴跃生在文献 [34] 中都证明了更强的下式

$$\sum \frac{b+c}{a} R_a \geqslant 2 \sum R_1 \tag{2.133}$$

考虑不等式 (2.131) 的加强, 作者提出以下猜想:

猜想 2.4 对 $\triangle ABC$ 内部一点 P 与任意实数 x, y, z 有

$$\sum x^2 \frac{R_a}{\sin \dfrac{A}{2}} \geqslant 4 \sum yz e_1 \tag{2.134}$$

(四)

由推论2.40可知,对$\triangle ABC$与任意实数x,y,z有

$$\sum (b+c)x^2 \geqslant 2\sum yza \tag{2.135}$$

作代换$x \to x\sqrt{(s-a)/(bc)}$等等,然后利用半角公式(2.3)得

$$\sum x^2 \frac{(b+c)(s-a)}{bc} \geqslant 2\sum yz\sin\frac{A}{2}$$

注意到

$$\frac{(b+c)(s-a)}{bc} = \frac{h_b+h_c}{r_a} \tag{2.136}$$

于是可得:

推论2.56 对$\triangle ABC$与任意实数x,y,z有

$$\sum x^2 \frac{h_b+h_c}{r_a} \geqslant 4\sum yz\sin\frac{A}{2} \tag{2.137}$$

等号当且仅当$x\sqrt{a(s-a)} = y\sqrt{b(s-b)} = z\sqrt{c(s-c)}$时成立.

由上述推论与前面的不等式(2.30)可得:

推论2.57 对$\triangle ABC$内部任意一点P与任意实数x,y,z有

$$\sum x^2 \frac{h_b+h_c}{r_a} \geqslant 2\sum yz\frac{r_2+r_3}{R_1} \tag{2.138}$$

等号当且仅当P为$\triangle ABC$的内心且$x\sqrt{a(s-a)} = y\sqrt{b(s-b)} = z\sqrt{c(s-c)}$
时成立.

令P为$\triangle ABC$的重心,由式(2.138)利用命题1.1(b)得

$$\sum x^2 \frac{h_b+h_c}{r_a} \geqslant \sum yz\frac{h_b+h_c}{m_a} \tag{2.139}$$

再按命题2.2得

$$\sum x^2 \frac{(h_b+h_c)^p}{r_a^p} \geqslant \sum yz\frac{(h_b+h_c)^p}{m_a^p}$$

其中实数p满足$0 < p \leqslant 1$.在上式作代换$x \to x/r_a^{t/2}(t>0)$等等,然后利用简单的已知不等式$r_b r_c \leqslant m_a^2$,可知对正数x,y,z继而对任意实数x,y,z有

$$\sum x^2 \frac{(h_b+h_c)^p}{r_a^{p+t}} \geqslant \sum yz\frac{(h_b+h_c)^p}{m_a^{p+t}}$$

上式中 $0 < p \leqslant 1, t$ 为任意正数,于是可得式(2.139)的下述推广:

推论 2.58　设实数 p 与 q 满足 $0 < p \leqslant 1, q > p$,则对 $\triangle ABC$ 与任意实数 x, y, z 有

$$\sum x^2 \frac{(h_b + h_c)^p}{r_a^q} \geqslant \sum yz \frac{(h_b + h_c)^p}{m_a^q} \tag{2.140}$$

特别地,有:

推论 2.59　设实数 p 与 q 满足 $0 < p \leqslant 1, q > p$,则在 $\triangle ABC$ 中有

$$\sum \frac{(h_b + h_c)^p}{r_a^q} \geqslant \sum \frac{(h_b + h_c)^p}{m_a^q} \tag{2.141}$$

注 2.24　用其他方法可以证明:当 $p > 0, q \leqslant -1$ 或 $p < 0, q > 0$ 时,上式成立.

现在,我们继续讨论推论 2.40 的应用.

按推论 2.40 与前面给出的等式(2.109)有

$$\sum x^2 \frac{h_b + h_c}{r_b + r_c} \geqslant 2 \sum yz \cos A \tag{2.142}$$

设 $\triangle ABC$ 为锐角三角形,在上式作代换 $x \to x\sqrt{r_b + r_c}$ 等等,然后利用已知不等式[34]

$$(r_c + r_a)(r_a + r_b) \geqslant (w_b + w_c)^2 \tag{2.143}$$

并注意到上一章中注 1.7 中的结论,即可得:

推论 2.60　对锐角 $\triangle ABC$ 与任意实数 x, y, z 有

$$\sum x^2 (h_b + h_c) \geqslant 2 \sum yz(w_b + w_c) \cos A \tag{2.144}$$

注 2.25　当 $x = y = z = 1$ 时,由上式得到锐角 $\triangle ABC$ 中的不等式

$$\sum (w_b + w_c) \cos A \leqslant \sum h_a \tag{2.145}$$

这可加强为

$$\sum (m_b + m_c) \cos A \leqslant \sum h_a \tag{2.146}$$

证明如下:首先,容易证明三角恒等式

$$\sum \left(\cos^2 \frac{B}{2} + \cos^2 \frac{C}{2} \right) \cos A = \sum \sin B \sin C \tag{2.147}$$

在上式两边乘以$4R$,利用$r_b + r_c = 4R\cos^2\dfrac{A}{2}$与$h_a = 2R\sin B\sin C$,又得

$$\sum (2r_a + r_b + r_c)\cos A = 2\sum h_a \tag{2.148}$$

根据命题2.5易知,在锐角$\triangle ABC$中有$2r_a + r_b + r_c \geqslant 2(m_b + m_c)$.因此,由上式即知不等式(2.146)成立.

顺便指出,根据等式(2.148)与命题2.5还可知类似于(2.146)的不等式

$$\sum (r_a + m_a)\cos A \leqslant \sum h_a \tag{2.149}$$

对锐角$\triangle ABC$成立.

现在,注意到第1章中注1.7指出的结论,由推论2.40可得下述推论:

推论2.61 若正数q_1, q_2, q_3与正数p_1, p_2, p_3满足$q_2 + q_3 \leqslant 2p_1$, $q_3 + q_1 \leqslant 2p_2$, $q_1 + q_2 \leqslant 2p_3$,则对任意实数x, y, z有

$$p_1 x^2 + p_2 y^2 + p_3 z^2 \geqslant q_1 yz + q_2 zx + q_3 xy \tag{2.150}$$

下面,我们利用上述结论来建立有关三角形的几个三元二次型不等式.

推论2.62[9] 对$\triangle ABC$与任意实数x, y, z有

$$\sum \frac{x^2}{h_b + h_c} \geqslant \sum \frac{yz}{r_b + r_c} \tag{2.151}$$

证明 根据推论2.61,为证上式只需证

$$\frac{1}{r_c + r_a} + \frac{1}{r_a + r_b} \leqslant \frac{2}{h_b + h_c} \tag{2.152}$$

容易验证恒等式

$$\frac{2}{h_b + h_c} - \frac{1}{r_c + r_a} - \frac{1}{r_a + r_b} = \frac{\left[a(b+c) - b^2 - c^2\right]^2}{4bc(b+c)S} \tag{2.153}$$

由此即知式(2.152)成立,从而不等式(2.151)获证. □

推论2.63 对锐角$\triangle ABC$与任意实数x, y, z有

$$\sum x^2 \frac{r_a}{m_a + r_a} \geqslant \sum yz\cos A \tag{2.154}$$

证明 根据推论2.61,为证上式只需证明在锐角$\triangle ABC$中成立

$$\cos B + \cos C \leqslant \frac{2r_a}{m_a + r_a} \tag{2.155}$$

由等式(2.109)可知上式等价于

$$\frac{h_b + h_c}{r_b + r_c} \leqslant \frac{2r_a}{m_a + r_a} \tag{2.156}$$

根据命题2.5所述锐角三角形不等式$r_b + r_c \geqslant 2m_a$,为证上式只需证

$$\frac{h_b + h_c}{r_b + r_c} \leqslant \frac{4r_a}{r_b + r_c + 2r_a} \tag{2.157}$$

不难验证恒等式

$$\frac{4r_a}{r_b + r_c + 2r_a} - \frac{h_b + h_c}{r_b + r_c} = \frac{(b-c)^2 \prod (b+c-a)}{2abc\,[a(b+c) - (b-c)^2]} \tag{2.158}$$

由此知式(2.157)对任意$\triangle ABC$成立,从而不等式(2.154)获证. □

在不等式(2.154)中,取$x = a, y = b, z = c$,利用恒等式

$$\sum bc \cos A = \frac{1}{2} \sum a^2 \tag{2.159}$$

易得以下有趣的结论:

推论2.64 在锐角$\triangle ABC$中有

$$\sum \frac{r_a - m_a}{r_a + m_a} a^2 \geqslant 0 \tag{2.160}$$

这个不等式启发作者提出了更一般的猜想:

猜想2.5 设$k \geqslant 1$,则在任意$\triangle ABC$中有

$$\sum \frac{r_a - m_a}{r_a + m_a} a^k \geqslant 0 \tag{2.161}$$

若$k < 0$且$\triangle ABC$为锐角三角形,则上式反向成立.

根据不等式(2.157)与命题2.5的不等式(2.69)以及等式(2.109),可知锐角$\triangle ABC$中有

$$\cos B + \cos C \leqslant \frac{2r_a}{m_b + m_c} \tag{2.162}$$

由此与推论2.40又可得:

推论2.65 对锐角$\triangle ABC$与任意实数x, y, z有

$$\sum x^2 \frac{r_a}{m_b + m_c} \geqslant \sum yz \cos A \tag{2.163}$$

由上式与等式(2.159)显然可得:

推论 2.66 在锐角 $\triangle ABC$ 中有

$$\sum a^2 \frac{r_a}{m_b + m_c} \geqslant \frac{1}{2} \sum a^2 \tag{2.164}$$

在 $\triangle ABC$ 中易证

$$\sum r_b r_c \cos A = \left(1 - \frac{r}{R}\right) s^2 \tag{2.165}$$

因此由推论 2.65 得:

推论 2.67 在锐角 $\triangle ABC$ 中有

$$\sum \frac{r_a^3}{m_b + m_c} \geqslant \left(1 - \frac{r}{R}\right) s^2 \tag{2.166}$$

在不等式 (2.163) 中取 $x = 1/\sin A$ 等等, 还易得:

推论 2.68 在锐角 $\triangle ABC$ 中有

$$\sum \frac{r_a}{(m_b + m_c) \sin^2 A} \geqslant 2 \tag{2.167}$$

注 2.26 作者用其他方法证明(此处从略)了不等式 (2.162) 对任意 $\triangle ABC$ 均成立. 不等式 (2.149),(2.164),(2.166),(2.167) 也很可能对任意 $\triangle ABC$ 成立.

从上面的讨论可见, 推论 2.28 以及与它等价的推论 2.40 尽管十分简单, 却有不少有趣的应用. 在下一章中, 我们将专门讨论应用推论 2.40 得出的一个三元二次型几何不等式. 在第 6 章与第 7 章中, 我们还将继续讨论简单而重要的推论 2.40.

注 2.27 本章中的不等式 (2.13),(2.15),(2.16),(2.35),(2.36),(2.44),(2.112),(2.120),(2.131) 很可能存在对任意 $\triangle ABC$ 成立的 "r-w" 对偶不等式, 但目前都未获得证明.

第3章 推论三及其应用

在上一章中,推论2.40给出了下述简单的代数不等式:

对任意实数x, y, z与任意正数u, v, w有

$$\sum x^2(v+w) \geqslant 2\sum yzu \tag{3.1}$$

等号当且仅当$x = y = z$时成立.

在上一章中,我们已经讨论了上述不等式的应用,由之推证了一些有关三角形的几何不等式.本章再介绍由此不等式得出的一个涉及三角形内部一点的三元二次型几何不等式,并讨论所得结果及其等价不等式的应用.

我们知道,四边形(包括凹四边形)的面积等于它的两对角线以及两对角线交角的正弦值的乘积的一半.据此而知, 四边形(包括凹四边形)的面积不大于其对角线之积的二分之一.对图3.1中的凹四边形$CABP$使用上述结论,则$S_{\triangle CPA} + S_{\triangle APB} \leqslant \dfrac{1}{2}aPA$,再注意到$S_{\triangle CPA} = \dfrac{1}{2}br_2$, $S_{\triangle APB} = \dfrac{1}{2}cr_3$, $PA = R_1$,即可得

$$br_2 + cr_3 \leqslant aR_1 \tag{3.2}$$

其中等号当且仅当$PA \perp BC$时成立.类似于式(3.2)的另两式也成立.

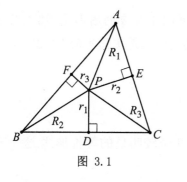

图 3.1

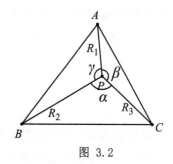

图 3.2

在不等式(3.1)中取$u = ar_1, v = br_2, w = cr_3$,然后利用式(3.2)等等,即得下述结论:

推论三[36]　　对$\triangle ABC$内部任意一点P与任意实数x, y, z有

$$\sum x^2 a R_1 \geqslant 2 \sum yz a r_1 \tag{3.3}$$

等号当且仅当P为$\triangle ABC$的垂心且$x = y = z$时成立.

注 3.1　　上述等号成立条件隐含$\triangle ABC$为锐角三角形.事实上,对于涉及$\triangle ABC$内部任意一点P的不等式,等号在点P为$\triangle ABC$的垂心或外心时成立的不等式一般也都如此.

注 3.2　　在式(3.3)中作代换$x \to x/\sqrt{R_2 R_2/R_1}$等等,可知不等式(3.3)等价于

$$\sum x^2 a R_2 R_3 \geqslant 2 \sum yz a R_1 r_1 \tag{3.4}$$

在式(3.3)中作代换$x \to x/R_1$等等,然后利用上一章已给出的公式(等式(2.33))

$$R_a = \frac{R_2 R_3}{2r_1} \tag{3.5}$$

又知不等式(3.3)等价于

$$\sum x^2 \frac{a}{R_1} \geqslant \sum yz \frac{a}{R_a} \tag{3.6}$$

这又显然也等价于

$$\sum x^2 \frac{a}{R_1} \geqslant 2 \sum yz \sin \alpha \tag{3.7}$$

上式与式(3.4)以及式(3.6)中等号均当且仅当P为$\triangle ABC$的垂心且$x : y : z = \cos A : \cos B : \cos C$时成立.

应当注意的是,不等式(3.3)与不等式(3.4)对应的图形是图3.1,而与它们等价的不等式(3.6)与不等式(3.7)对应的图形则是更简单的图3.2.

(一)

上面,我们已指出了不等式(3.3)的几个较明显的等价形式.这一节来推导推论三的两个不明显的等价推论.

如图3.3,设点P关于$\triangle ABC$的垂足三角形是$\triangle DEF$,边长EF,FD,DE分别为a_p,b_p,c_p. 注意到A,E,P,F四点共圆且AP是它的一个直径,又$\angle EPF = \pi - A$,于是由正弦定理有$EF = PA\sin(\pi - A) = R_1\sin A$,所以

$$a_p = \frac{aR_1}{2R} \tag{3.8}$$

类似地可得有关b_p,c_p的两个等式.

设点P到边EF,FD,DE的距离分别为h_1,h_2,h_3.在$\triangle PEF$中应用已知公式$2Rh_a = bc$,可得

$$h_1 = \frac{r_2r_3}{R_1} \tag{3.9}$$

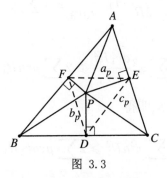

图 3.3

现对垂足$\triangle DEF$与点P使用不等式(3.3),则

$$\sum x^2 a_p r_1 \geqslant 2\sum yz a_p h_1$$

以式(3.8)与式(3.9)代入上式,则

$$\sum x^2 \frac{aR_1}{2R}\cdot r_1 \geqslant 2\sum yz\frac{aR_1}{2R}\cdot\frac{r_2r_3}{R_1}$$

约简后得

$$\sum x^2 aR_1 r_1 \geqslant 2\sum yz ar_2 r_3 \tag{3.10}$$

再作代换$x \to x/r_1$等等,就得下述不等式:

等价推论 3.1[37]　对$\triangle ABC$内部任意一点P与任意实数x,y,z有

$$\sum x^2 a\frac{R_1}{r_1} \geqslant 2\sum yz a \tag{3.11}$$

等号当且仅当P为$\triangle ABC$的外心且$x:y:z = \cos A:\cos B:\cos C$时成立.

注 3.3 在上面不等式(3.11)的推导中,实际上对不等式(3.3)使用了附录A中定理A1的T_1变换.根据附录A中的定理A3,即知不等式(3.11)与不等式(3.3)是等价的.另外,在不等式(3.11)中作代换$x \to x\sqrt{R_2 R_3/R_1}$等等,然后利用公式(3.5)还可知不等式(3.11)等价于

$$\sum x^2 a R_a \geqslant \sum yza R_1 \tag{3.12}$$

等号当且仅当P为$\triangle ABC$的外心且$x:y:z=\cos A:\cos B:\cos C$时成立.

现在,我们对点P与垂足$\triangle DEF$使用不等式(3.11),利用等式(3.8)与等式(3.9)有

$$\sum x^2 \frac{aR_1}{2R} \cdot r_1 \cdot \frac{R_1}{r_2 r_3} \geqslant 2 \sum yz \frac{aR_1}{2R}$$

所以

$$\sum x^2 \frac{a r_1 R_1^2}{r_2 r_3} \geqslant 2 \sum yza R_1$$

作代换$x \to \sqrt{r_2 r_3/r_1}$等等,即得

$$\sum x^2 a R_1^2 \geqslant 2 \sum yz a r_1 R_1 \tag{3.13}$$

继续作代换$x \to x/R_1$等等,然后应用公式(3.5)与$a=2R_a\sin\alpha$,即得:

等价推论 3.2 对$\triangle ABC$内部任意一点P与任意实数x,y,z有

$$\sum ax^2 \geqslant 2 \sum yz R_1 \sin\alpha \tag{3.14}$$

等号当且仅当P为$\triangle ABC$的内心且$x=y=z$时成立.

注 3.4 同不等式(3.11)与不等式(3.3)相等价的原因一样,不等式(3.14)与不等式(3.11)是等价的.另外,不等式(3.14)还有以下简单、直接的证法:

如图3.2,应用余弦定理易证

$$a^2 = (R_2 \sin\beta + R_3 \sin\gamma)^2 + (R_2 \cos\beta - R_3 \cos\gamma)^2 \tag{3.15}$$

由此可见

$$R_2 \sin\beta + R_3 \sin\gamma \leqslant a \tag{3.16}$$

类似的另两式也成立.因此,根据不等式(3.1)即知式(3.14)成立.

(二)

这一节中,我们讨论推论三的不等式(3.3)及其等价式(3.4)与(3.6)的应用.

在不等式(3.3)中,令 $x = y = z = 1$,利用恒等式 $\sum ar_1 = 2S$,即得下述已知不等式:

推论 3.3 对 $\triangle ABC$ 内部任意一点 P 有

$$\sum aR_1 \geqslant 4S \tag{3.17}$$

等号当且仅当 P 为 $\triangle ABC$ 的垂心时成立.

上述不等式实际上对平面上任意一点 P 成立,而且还可推广到涉及多个三角形的情形,参见附录 B 中定理 B2.

在不等式(3.3)中,取 $x = R_2R_3/R_1$ 等等,得

$$\sum a\frac{R_2^2 R_3^2}{R_1} \geqslant 2\sum ar_1 R_1^2$$

再利用已知恒等式

$$\sum ar_1 R_1^2 = 8R^2 S_p \tag{3.18}$$

(参见附录 A 中引理 A1)便得:

推论 3.4 对 $\triangle ABC$ 内部任意一点 P 有

$$\sum a\frac{R_2^2 R_3^2}{R_1} \geqslant 16S_p R^2 \tag{3.19}$$

对于 $\triangle ABC$ 内部任意一点 P 的垂足 $\triangle DEF$,我们有熟知的面积不等式

$$S_p \leqslant \frac{1}{4}S \tag{3.20}$$

等号当且仅当 P 为 $\triangle ABC$ 的外心时成立.这个不等式与不等式(3.19)促使作者提出了下述猜想:

猜想 3.1 对锐角 $\triangle ABC$ 内部任意一点 P 有

$$\sum a\frac{R_2^2 R_3^2}{R_1} \geqslant 4SR^2 \tag{3.21}$$

在不等式(3.3)中,作代换 $x \to x/\sqrt{a}$ 等等,得

$$\sum x^2 R_1 \geqslant 2\sum yzr_1\frac{a}{\sqrt{bc}}$$

又由已知不等式 $\sin\dfrac{A}{2}\leqslant\dfrac{a}{b+c}$ 与 $b+c\geqslant 2\sqrt{bc}$ 有

$$a\geqslant 2\sqrt{bc}\sin\frac{A}{2} \tag{3.22}$$

于是可知,对正数 x,y,z 继而对任意实数 x,y,z 有

$$\sum x^2 R_1\geqslant 4\sum yzr_1\sin\frac{A}{2} \tag{3.23}$$

特别地,令 $x=y=z=1$,得:

推论 3.5 对 $\triangle ABC$ 内部任意一点 P 有

$$\sum R_1\geqslant 4\sum r_1\sin\frac{A}{2} \tag{3.24}$$

现在,在不等式(3.23)中作代换 $x\to x\sqrt{R_2R_3/R_1}$ 等等,即得等价式

$$\sum x^2 R_2R_3\geqslant 4\sum yzr_1R_1\sin\frac{A}{2} \tag{3.25}$$

由此与上一章中给出的已知不等式(2.30)

$$2R_1\sin\frac{A}{2}\geqslant r_2+r_3 \tag{3.26}$$

即得:

推论 3.6 对 $\triangle ABC$ 内部任意一点 P 与任意实数 x,y,z 有

$$\sum x^2 R_2R_3\geqslant 2\sum yzr_1(r_2+r_3) \tag{3.27}$$

由上式显然可得上一章提到的已知不等式(见《GI》中不等式12.21)

$$\sum R_2R_3\geqslant 4\sum r_2r_3 \tag{3.28}$$

根据不等式(3.26)易知,对 $\triangle ABC$ 内部任意一点 Q 有

$$\sin\frac{A}{2}\geqslant\frac{\sqrt{d_2d_3}}{D_1} \tag{3.29}$$

据此由不等式(3.23)可知对正数 x,y,z 继而对任意实数 x,y,z 有

$$\sum x^2 R_1\geqslant 4\sum yzr_1\frac{\sqrt{d_2d_3}}{D_1}$$

再作代换 $x\to x/\sqrt{d_1}$ 等等,便得下述优美的涉及两个动点的几何不等式:

推论 3.7[38] 对 $\triangle ABC$ 内部任意两点 P 与 Q 以及任意实数 x, y, z 有

$$\sum x^2 \frac{R_1}{d_1} \geqslant 4 \sum yz \frac{r_1}{D_1} \tag{3.30}$$

令点 Q 与点 P 重合,则上式化为

$$\sum x^2 \frac{R_1}{r_1} \geqslant 4 \sum yz \frac{r_1}{R_1} \tag{3.31}$$

作代换 $x \to x\sqrt{R_2 R_3/R_1}$ 等等,利用公式 (3.5) 可得上一章推论 2.16 的结果

$$\sum x^2 R_a \geqslant 2 \sum yzr_1 \tag{3.32}$$

因此,推论 3.7 实际上是推论 2.16 的推广.

在推论 3.7 中,设 $\triangle ABC$ 为锐角三角形且 P 为其外心,利用命题 1.1(c) 得

$$\sum \frac{x^2}{d_1} \geqslant 4 \sum yz \frac{\cos A}{D_1} \tag{3.33}$$

进而令 Q 为 $\triangle ABC$ 的内心,易得下述二次型三角不等式:

推论 3.8[36] 对锐角 $\triangle ABC$ 与任意实数 x, y, z 有

$$\sum x^2 \geqslant 4 \sum yz \cos A \sin \frac{A}{2} \tag{3.34}$$

注 3.5 上式还有以下简捷的证法:

注意到 $\sin 2B + \sin 2C \leqslant 2\sin A$,按代数不等式 (3.1) 可知,对锐角 $\triangle ABC$ 与任意实数 x, y, z 有

$$\sum x^2 \sin A \geqslant \sum yz \sin 2A$$

从而有

$$\sum ax^2 \geqslant 2 \sum yza \cos A \tag{3.35}$$

在上式作代换 $x \to x/a$ 等等,然后利用不等式 (3.22),即知式 (3.34) 对正数 x, y, z 继而对任意实数 x, y, z 成立.

令 Q 为锐角 $\triangle ABC$ 的外心,由不等式 (3.30) 易得:

推论 3.9[36] 对锐角 $\triangle ABC$ 内部任意一点 P 与任意实数 x, y, z 有

$$\sum x^2 \frac{R_1}{\cos A} \geqslant 4 \sum yzr_1 \tag{3.36}$$

令P为锐角$\triangle ABC$的垂心,利用命题1.1(d),由上式可得上一章中推论2.11的不等式

$$\sum x^2 \geqslant 4 \sum yz \cos B \cos C \tag{3.37}$$

因此,推论3.9是推论2.11的一个推广.

由推论3.9显然有:

推论3.10[36] 对锐角$\triangle ABC$内部任意一点P有

$$\sum \frac{R_1}{\cos A} \geqslant 4 \sum r_1 \tag{3.38}$$

根据不等式(3.33),对于锐角$\triangle ABC$内部任意一点P有

$$\sum \frac{x^2}{r_1} \geqslant 4 \sum yz \frac{\cos A}{R_1}$$

在这式中作代换$x \to x\sqrt{R_2 R_3 / R_1}$,然后利用公式(3.5),得下述不等式:

推论3.11[38] 对锐角$\triangle ABC$内部任意一点P有

$$\sum x^2 \frac{R_a}{R_1} \geqslant 2 \sum yz \cos A \tag{3.39}$$

由上式与恒等式

$$\sum bc \cos A = \frac{1}{2} \sum a^2 \tag{3.40}$$

又得:

推论3.12[38] 对锐角$\triangle ABC$内部任意一点P有

$$\sum a^2 \frac{R_a}{R_1} \geqslant \sum a^2 \tag{3.41}$$

笔者最近提出了较上式更一般的猜想:

猜想3.2[39] 设$k \geqslant 1$,则对$\triangle ABC$内部任意一点P有

$$\sum a^k \frac{R_a}{R_1} \geqslant \sum a^k \tag{3.42}$$

接下来,我们推证不等式(3.32)的"$r\text{-}w$"对偶不等式,即证明将(3.32)中右边的r_1, r_2, r_3分别换成w_1, w_2, w_3后不等式成立.

在不等式(3.4)中作代换$x \to x/\sqrt{2ar_1}$等等,利用公式(3.5)得

$$\sum x^2 R_a \geqslant \sum yz \frac{aR_1 r_1}{\sqrt{bcr_2 r_3}} \tag{3.43}$$

现在来证

$$\frac{aR_1r_1}{2\sqrt{bcr_2r_3}} \geqslant w_1 \tag{3.44}$$

对 $\triangle BPC$ 使用上一章中命题 2.4 的不等式 $w_a \leqslant \sqrt{bc}\cos\dfrac{A}{2}$，则

$$w_1 \leqslant \sqrt{R_2R_3}\cos\frac{\alpha}{2} \tag{3.45}$$

又因

$$\sqrt{\sin\beta\sin\gamma} \leqslant \frac{1}{2}(\sin\beta + \sin\gamma) \leqslant \sin\frac{\beta+\gamma}{2} = \sin\frac{2\pi-\alpha}{2} = \sin\frac{\alpha}{2}$$

于是有

$$w_1\sqrt{\sin\beta\sin\gamma} \leqslant \frac{1}{2}\sqrt{R_2R_3}\sin\alpha$$

也即

$$w_1 \leqslant \frac{1}{2}\sqrt{\frac{R_2R_3}{\sin\beta\sin\gamma}}\sin\alpha \tag{3.46}$$

由此应用正弦定理与前面的公式 (3.5) 有

$$\begin{aligned}
w_1 &\leqslant \frac{1}{2}\sqrt{\frac{4R_bR_cR_2R_3}{bc}}\cdot\frac{a}{2R_a} \\
&= \frac{a}{4R_a}\sqrt{\frac{R_3R_1\cdot R_1R_2\cdot R_2R_3}{bcr_2r_3}} \\
&= \frac{aR_1R_2R_3}{4R_a\sqrt{bcr_2r_3}} \\
&= \frac{ar_1R_1}{2\sqrt{bcr_2r_3}}
\end{aligned}$$

不等式 (3.44) 得证.

根据不等式 (3.43) 与不等式 (3.44)，即知下述不等式对正数 x,y,z 继而对任意实数 x,y,z 成立:

推论 3.13   对 $\triangle ABC$ 内部任意一点 P 与任意实数 x,y,z 有

$$\sum x^2R_a \geqslant 2\sum yzw_1 \tag{3.47}$$

这个三元二次型不等式是作者在文献 [40] 中提出的，它在形式上类似于加权 Erdös-Mordell 不等式

$$\sum x^2R_1 \geqslant 2\sum yzr_1 \tag{3.48}$$

(参见下一章中等价推论4.7).姜卫东最先在文献[41]中给出了不等式(3.47)的证明,上面给出的证明与文献[41]有所不同.

显然,由推论3.13可得下述线性不等式:

推论 3.14 对$\triangle ABC$内部任意一点P有

$$\sum R_a \geqslant 2 \sum w_1 \tag{3.49}$$

上式强于推论2.17的结果

$$\sum R_a \geqslant 2 \sum r_1 \tag{3.50}$$

现在我们指出,采用类似于推论3.7的推导方法,从不等式(3.6)出发容易推得下述涉及两个动点的几何不等式:

推论 3.15 对$\triangle ABC$内部任意两点P与Q以及任意实数x, y, z有

$$\sum \frac{x^2}{R_1 d_1} \geqslant 2 \sum \frac{yz}{R_a D_1} \tag{3.51}$$

特别地,有:

推论 3.16 对$\triangle ABC$内部任意两点P与Q有

$$\sum \frac{1}{R_1 d_1} \geqslant 2 \sum \frac{1}{R_a D_1} \tag{3.52}$$

取点Q为$\triangle ABC$的重心,利用命题1.1(b),由上式得:

推论 3.17 对$\triangle ABC$内部任意一点P有

$$\sum \frac{1}{R_1 h_a} \geqslant \sum \frac{1}{R_a m_a} \tag{3.53}$$

考虑上式的加强与推广,作者提出以下猜想:

猜想 3.3 对$\triangle ABC$内部任意一点P与任意正数k有

$$\sum \frac{1}{R_1 m_a^k} \geqslant \sum \frac{1}{R_a m_a^k} \tag{3.54}$$

注 3.6 根据附录A中定理A1所述T_5变换与定理A3,易知上式等价于

$$\sum \frac{R_a}{m_a^k} \geqslant \sum \frac{R_1}{m_a^k} \tag{3.55}$$

（三）

这一节中,我们来讨论等价推论3.1的不等式(3.11)及其等价式(3.12)的应用.

等价推论3.1的一个明显的推论是:

推论3.18 对$\triangle ABC$内部任意一点P有

$$\sum a\frac{R_1}{r_1} \geqslant 4s \tag{3.56}$$

这启发作者提出了类似的猜想:

猜想3.4 对$\triangle ABC$内部任意一点P有

$$\sum a\frac{R_2+R_3}{r_2+r_3} \geqslant 4s \tag{3.57}$$

在式(3.11)中取$x=\sqrt{bc/a}$等等,得:

推论3.19 对$\triangle ABC$内部任意一点P有

$$\sum bc\frac{R_1}{r_1} \geqslant 2\sum a^2 \tag{3.58}$$

在式(3.11)中取$x=\sqrt{(s-a)/a}$等等,则

$$\sum(s-a)\frac{R_1}{r_1} \geqslant \sum a\sin\frac{A}{2}$$

注意到$2\sin\dfrac{A}{2} \geqslant \cos B + \cos C$与等式

$$\sum a(\cos B + \cos C) = 2s \tag{3.59}$$

进而可得:

推论3.20[37] 对$\triangle ABC$内部任意一点P有

$$\sum(s-a)\frac{R_1}{r_1} \geqslant 2s \tag{3.60}$$

令P为锐角$\triangle ABC$的外心,由上式易得推论1.5的不等式

$$\sum\frac{s-a}{\cos A} \geqslant 2s \tag{3.61}$$

因此,推论3.20是推论1.5的推广.

在式(3.60)两边乘以2再与式(3.56)相加,可得下述不等式:

推论 3.21[37]   对 $\triangle ABC$ 内部任意一点 P 有

$$\sum (b+c)\frac{R_1}{r_1} \geqslant 8s \qquad (3.62)$$

由等价推论 3.1 显然可得

$$\sum ar_1R_1 \geqslant 2\sum ar_2r_3 \qquad (3.63)$$

等号当且仅当 P 为 $\triangle ABC$ 的外心时成立. 接下来推证与上式左边有关的等式. 注意到 $\angle EPF = \pi - A$, 可知

$$S_{\triangle PEF} = \frac{1}{2}r_2r_3\sin A = \frac{ar_2r_3}{4R}$$

类似地有另两式成立. 于是利用面积关系

$$S_{\triangle PEF} + S_{\triangle PFD} + S_{\triangle PDE} = S_{\triangle DEF} = S_p$$

即得恒等式

$$\sum ar_2r_3 = 4RS_p \qquad (3.64)$$

现由不等式 (3.63) 与前面的等式 (3.18) 及上式得

$$R\sum ar_1R_1 \geqslant \sum ar_1R_1^2 \qquad (3.65)$$

两边除以 $R_1R_2R_3$ 得

$$R\sum \frac{ar_1}{R_2R_3} \geqslant \sum \frac{ar_1R_1}{R_2R_3}$$

注意到 $R_2R_3\sin\alpha = ar_1$, 因此由上式就得下述有趣的不等式:

推论 3.22   对 $\triangle ABC$ 内部任意一点 P 有

$$\sum R_1\sin\alpha \leqslant R\sum \sin\alpha \qquad (3.66)$$

等号当且仅当 P 为 $\triangle ABC$ 的外心时成立.

在等价推论 3.1 的不等式 (3.11) 中, 作代换 $x \to x/\sqrt{a}$ 等等, 然后利用不等式 (3.22), 可得:

推论 3.23[36]   对 $\triangle ABC$ 内部任意一点 P 与任意实数 x, y, z 有

$$\sum x^2\frac{R_1}{r_1} \geqslant 4\sum yz\sin\frac{A}{2} \qquad (3.67)$$

设△ABC为锐角三角形且P为其外心,则由上式又易得下述三元二次型三角不等式:

推论 3.24[36]　对锐角△ABC与任意实数x, y, z有

$$\sum \frac{x^2}{\cos A} \geqslant 4 \sum yz \sin \frac{A}{2} \tag{3.68}$$

注 3.7　在上式中作代换$x \to x\sqrt{\cos A}$等等,然后利用锐角△ABC中简单的不等式$\sin \frac{A}{2} \geqslant \sqrt{\cos B \cos C}$,可得推论2.10的不等式

$$\sum \frac{x^2}{\cos^2 A} \geqslant 4 \sum yz \tag{3.69}$$

另外,在式(3.68)中作代换$x \to x/\sin A$等等,再利用$\sqrt{\sin B \sin C} \leqslant \cos \frac{A}{2}$,又可得推论2.32的不等式

$$\sum x^2 \csc 2A \geqslant 2 \sum yz \tan \frac{A}{2} \tag{3.70}$$

因此,推论3.24强于推论2.10与推论2.32.

令P为△ABC的内心,由式(3.67)可得二次型三角不等式

$$\sum \frac{x^2}{\sin \frac{A}{2}} \geqslant 4 \sum yz \sin \frac{A}{2} \tag{3.71}$$

(上式有一种简单的直接证法,此处从略).由此与前面的不等式(3.26)可知,对正数x, y, z进而对任意实数x, y, z有

$$\sum \frac{R_1}{r_2 + r_3} x^2 \geqslant \sum yz \frac{r_2 + r_3}{R_1} \tag{3.72}$$

作代换$x \to x\sqrt{R_2 R_3/R_1}$等等,然后利用$r_2 + r_3 \geqslant 2\sqrt{r_2 r_3}$得

$$\sum \frac{R_2 R_3}{r_2 + r_3} x^2 \geqslant 2 \sum yz \sqrt{r_2 r_3}$$

再作代换$x \to x/\sqrt{r_1}$等等,利用公式(3.5)即得:

推论 3.25[36]　对△ABC内部任意一点P与任意实数x, y, z有

$$\sum x^2 \frac{R_a}{r_2 + r_3} \geqslant \sum yz \tag{3.73}$$

作者针对上式提出了更强的猜想:

猜想 3.5[36] 对△ABC内部任意一点P与任意实数x, y, z有

$$\sum x^2 \frac{R_a}{e_2 + e_3} \geqslant \sum yz \tag{3.74}$$

在与不等式(3.11)等价的不等式(3.12)中,令$x = y = z = 1$,可得

推论 3.26 对△ABC内部任意一点P有

$$\sum a(R_a - R_1) \geqslant 0 \tag{3.75}$$

上式的一般形式是

$$\sum \lambda_1(R_a - R_1) \geqslant 0 \tag{3.76}$$

其中$\lambda_1, \lambda_2, \lambda_3 > 0$.前面的猜想不等式(3.55)与后面推论3.45的不等式均属于这类不等式.作者应用计算机发现了许多形如(3.76)的不等式很可能成立,但似乎都不容易证明.下面,我们再介绍三个未解决的此类不等式:

猜想 3.6 对△ABC内部任意一点P有

$$\sum \frac{R_a - R_1}{b + c} \geqslant 0 \tag{3.77}$$

猜想 3.7 对△ABC内部任意一点P有

$$\sum \frac{R_a - R_1}{b + c - a} \geqslant 0 \tag{3.78}$$

猜想 3.8 对锐角△ABC内部任意一点P有

$$\sum \frac{R_a - R_1}{\cos A} \geqslant 0 \tag{3.79}$$

类似于推论3.7的推导,从不等式(3.12)出发,容易推得下述结论:

推论 3.27[37] 对△ABC内部任意两点P与Q以及任意实数x, y, z有

$$\sum x^2 \frac{R_a}{d_1} \geqslant 2 \sum yz \frac{R_1}{D_1} \tag{3.80}$$

令点Q重合于点P,并以公式(3.5)代入上式,再作代换$x \to xr_1$等等,可得第2章中推论2.15的不等式

$$\sum x^2 R_2 R_3 \geqslant 4 \sum yz r_2 r_3 \tag{3.81}$$

因此,推论3.27是推论2.15的推广.

设 $\triangle ABC$ 为锐角三角形且 Q 为其外心,由式(3.80)易得类似于推论3.9的结论:

推论 3.28[37] 对锐角 $\triangle ABC$ 内部任意一点 P 与任意实数 x, y, z 有

$$\sum x^2 \frac{R_a}{\cos A} \geqslant 2 \sum yz R_1 \tag{3.82}$$

特别地,由上式得类似于式(3.38)的下述不等式:

推论 3.29 对锐角 $\triangle ABC$ 内部任意一点 P 有

$$\sum \frac{R_a}{\cos A} \geqslant 2 \sum R_1 \tag{3.83}$$

由不等式(3.12)易得类似于式(3.23)的不等式

$$\sum x^2 R_a \geqslant 2 \sum yz R_1 \sin \frac{A}{2} \tag{3.84}$$

据此与不等式(3.26)即得下述优美的二次型不等式.

推论 3.30[36] 对 $\triangle ABC$ 内部任意一点 P 与任意实数 x, y, z 有

$$\sum x^2 R_a \geqslant \sum yz(r_2 + r_3) \tag{3.85}$$

以公式(3.5)代入上式,然后作代换 $x \to x/\sqrt{r_1}$ 等等并利用 $r_2 + r_3 \geqslant 2\sqrt{r_2 r_3}$ 便得不等式(3.81).因此,推论3.30强于推论2.15.

在式(3.85)中,取 $x = 1/\sqrt{R_a}$ 等等,得

$$\sum \frac{r_2 + r_3}{\sqrt{R_b R_c}} \leqslant 3 \tag{3.86}$$

考虑上式的加强,作者提出猜想:

猜想 3.9 对 $\triangle ABC$ 内部任意一点 P 有

$$\sum (r_2 + r_3)\left(\frac{1}{R_b} + \frac{1}{R_c}\right) \leqslant 6 \tag{3.87}$$

注 3.8 容易证明不等式

$$\sum \frac{r_2 + r_3}{R_a} \leqslant 3 \tag{3.88}$$

成立.因此,若式(3.87)成立,则有

$$\sum r_1 \sum \frac{1}{R_a} \leqslant \frac{9}{2} \tag{3.89}$$

在后面第6章中,我们将证明较上式的 "r-w" 对偶不不等式成立(参见推论6.21).

对于$\triangle ABC$内部一点Q,记$\triangle BQC,\triangle CQA,\triangle AQB$的外接圆半径分别为$D_a,D_b,D_c$,则易证严格不等式

$$D_b D_c > d_1^2 \tag{3.90}$$

等等.据此与不等式(3.85)有

$$\sum R_a D_a > \sum d_1(r_2 + r_3) \tag{3.91}$$

这促使作者提出了下述更强的不等式:

猜想 3.10 对$\triangle ABC$内部任意两点P与Q有

$$\sum R_a D_a \geqslant 2 \sum d_1(r_2 + r_3) \tag{3.92}$$

现在,在不等式(3.85)两边乘以2然后与前面的不等式(3.32)相加,从而可得:

推论 3.31 对$\triangle ABC$内部任意一点P与任意实数x,y,z有

$$\frac{\sum x^2 R_a}{\sum r_1} \geqslant \frac{2}{3} \sum yz \tag{3.93}$$

对$\triangle ABC$内部任意一点Q,利用后面第6章中的命题6.2易证

$$D_2 D_3 > d_1^2 \tag{3.94}$$

据此由式(3.93)有

$$\sum R_a D_1 > \frac{2}{3} \sum d_1 \sum r_1 \tag{3.95}$$

对此,作者又提出了更强的猜想:

猜想 3.11 对$\triangle ABC$内部任意两点P与Q有

$$\sum R_a D_1 \geqslant \frac{4}{3} \sum d_1 \sum r_1 \tag{3.96}$$

对于$\triangle ABC$平面上任意一点Q,我们有林鹤一不等式

$$\sum a D_2 D_3 \geqslant abc \tag{3.97}$$

(见后面第12章推论12.36).据此与等价推论3.1的不等式(3.11),立即可得下述有趣的涉及两个动点的几何不等式:

推论 3.32 对 $\triangle ABC$ 内部任意一点 P 与平面上任意一点 Q 有

$$\sum a\frac{R_1}{r_1}D_1^2 \geqslant 2abc \tag{3.98}$$

等号当且仅当 P 为 $\triangle ABC$ 的外心且 Q 为 $\triangle ABC$ 的垂心时成立.

令 Q 为锐角 $\triangle ABC$ 的垂心,由上述推论与等式 $abc = 4SR$ 可得:

推论 3.33 对 $\triangle ABC$ 内部任意一点 P 有

$$\sum a\frac{R_1}{r_1}\cos^2 A \geqslant \frac{2S}{R} \tag{3.99}$$

等号当且仅当 P 为 $\triangle ABC$ 的外心时成立.

对点 P 关于 $\triangle ABC$ 的垂足 $\triangle DEF$ 使用林鹤一不等式,再利用前面的公式(3.8)易知,对 $\triangle ABC$ 平面上异于顶点的任意一点 P 有

$$\sum \frac{r_2 r_3}{bcR_2R_3} \geqslant \frac{1}{4R^2} \tag{3.100}$$

由 $abc = 4SR$ 可知上式等价于

$$\sum a\frac{r_2 r_3}{R_2R_3} \geqslant \frac{S}{R} \tag{3.101}$$

等号当且仅当 $\triangle ABC$ 为锐角三角形且 P 为其外心时成立.另外,将等价推论3.1中的点 P 换为点 Q,则有

$$\sum x^2 a\frac{D_1}{d_1} \geqslant 2\sum yza \tag{3.102}$$

在这式中取 $x = r_1/R_1$ 等等,然后利用不等式(3.101)即得:

推论 3.34 对 $\triangle ABC$ 平面上异于顶点的任意一点 P 与 $\triangle ABC$ 内部任意一点 Q 有

$$\sum a\frac{D_1 r_1^2}{d_1 R_1^2} \geqslant \frac{S}{R} \tag{3.103}$$

等号当且仅当 P 与 Q 均为 $\triangle ABC$ 的外心时成立.

令点 Q 与点 P 重合,即得:

推论 3.35 对 $\triangle ABC$ 内部任意一点 P 有

$$\sum \frac{S_a}{R_1} \geqslant \frac{S}{R} \tag{3.104}$$

等号当且仅当P为$\triangle ABC$的外心时成立.

注 3.9 上式还可加细为与式(3.101)相关的不等式链

$$\sum \frac{S_a}{R_1} \geqslant \sum a\frac{r_2r_3}{R_2R_3} \geqslant \frac{S}{R} \tag{3.105}$$

其中第一个不等式易由等价推论3.1得出.

设$\triangle ABC$为锐角三角形且Q为其外心,由式(3.103)利用命题1.1(c)易得:

推论 3.36 对锐角$\triangle ABC$平面上异于顶点的任意一点P有

$$\sum \frac{r_1^2}{R_1^2}\tan A \geqslant \frac{S}{R^2} \tag{3.106}$$

等号当且仅当P为$\triangle ABC$的外心时成立.

在式(3.102)中取$x = \sqrt{R_1/r_1}$等等,然后再应用后面第5章中推论5.27给出的不等式

$$\sum a\sqrt{\frac{R_2R_3}{r_2r_3}} \geqslant \frac{S^2}{RS_p} \tag{3.107}$$

就得下述涉及两个动点的几何不等式:

推论 3.37 对$\triangle ABC$内部任意两点P与Q有

$$\sum a\frac{R_1D_1}{r_1d_1} \geqslant \frac{4S^2}{RS_p} \tag{3.108}$$

等号当且仅当P为$\triangle ABC$的垂心且Q为$\triangle ABC$的外心时成立.

由上述推论显然有:

推论 3.38 对$\triangle ABC$内部任意一点P有

$$\sum a\frac{R_1^2}{r_1^2} \geqslant \frac{4S^2}{RS_p} \tag{3.109}$$

注 3.10 由推论3.37还易得到有关锐角$\triangle ABC$的不等式

$$\sum \frac{R_1}{r_1}\tan A \geqslant \frac{2S^2}{R^2S_p} \tag{3.110}$$

在后面第13章中,不等式(13.56)给出了较上式更强的结果.

由不等式(3.108)与前面的面积不等式(3.20)又可得:

推论 3.39 对$\triangle ABC$内部任意两点P与Q有

$$\sum a\frac{R_1D_1}{r_1d_1} \geqslant \frac{16S}{R} \tag{3.111}$$

现在,我们指出,根据不等式(3.108)与后面第6章中推论6.49给出的不等式

$$S_p < \frac{r}{8R} s^2 \qquad (3.112)$$

可得下述严格的几何不等式:

推论 3.40 对 $\triangle ABC$ 内部任意两点 P 与 Q 有

$$\sum a \frac{R_1 D_1}{r_1 d_1} > 32r \qquad (3.113)$$

根据不等式(3.108)与后面第6章中推论6.50的不等式

$$S_p < \frac{r}{16R^2} s^3 \qquad (3.114)$$

还易得到与式(3.113)不分强弱的下述不等式:

推论 3.41 对 $\triangle ABC$ 内部任意两点 P 与 Q 有

$$\sum a \frac{R_1 D_1}{r_1 d_1} > \frac{16abc}{s^2} \qquad (3.115)$$

(四)

下面,我们讨论等价推论3.2的应用.

首先,给出不等式(3.14)以下一个显然的推论.

推论 3.42 对 $\triangle ABC$ 内部任意一点 P 有

$$\sum R_1 \sin \alpha \leqslant s \qquad (3.116)$$

等号当且仅当 P 为 $\triangle ABC$ 的内心时成立.

注 3.11 对于 $\triangle ABC$ 内部任意一点 P,我们有关于和式 $\sum R_1 \sin \alpha$ 的恒等式[42]

$$\left(\sum R_1 \sin \alpha \right)^2 = \frac{1}{2} \sum (b^2 + c^2 - a^2) \sin^2 \alpha + 4S \prod \sin \alpha \qquad (3.117)$$

但由此并不容易证明不等式(3.116)与前面推论3.22的结果.

注 3.12 容易证明类似于式(3.116)的不等式

$$\sum (R_2 + R_3) \sin \alpha \leqslant 2s \qquad (3.118)$$

(等号当且仅当P为$\triangle ABC$的垂心时成立),将这式与式(3.116)相加,可得有关和式$\sum R_1$的不等式

$$\sum R_1 \leqslant \frac{3s}{\sum \sin \alpha} \tag{3.119}$$

现在,注意到不等式(3.14)等价于

$$\sum ax^2 \geqslant \sum yza\frac{R_1}{R_a} \tag{3.120}$$

取$x = a, y = b, z = c$,便得:

推论 3.43 对$\triangle ABC$内部任意一点P有

$$\sum \frac{R_1}{R_a} \leqslant \frac{\sum a^3}{abc} \tag{3.121}$$

在式(3.120)中取$x = \sqrt{bc/a}$等等,又得:

推论 3.44 对$\triangle ABC$内部任意一点P有

$$\sum a^2 \frac{R_1}{R_a} \leqslant \sum bc \tag{3.122}$$

由不等式(3.120)有

$$\sum a(s-a)^2 - \sum a(s-b)(s-c)\frac{R_1}{R_a} \geqslant 0$$

两边除以abc,利用公式

$$\sin^2 \frac{A}{2} = \frac{(s-b)(s-c)}{bc} \tag{3.123}$$

得

$$\sum \frac{(s-a)^2}{bc} - \sum \frac{R_1}{R_a} \sin^2 \frac{A}{2} \geqslant 0 \tag{3.124}$$

另外,在第1章中证明的等式

$$\sum a(s-a)^2 = 2r(2R-r)s \tag{3.125}$$

的两边除以abc,再利用$abc = 4Rrs$与已知等式

$$\sum \sin^2 \frac{A}{2} = 1 - \frac{r}{2R} \tag{3.126}$$

便得

$$\sum \frac{(s-a)^2}{bc} = \sum \sin^2 \frac{A}{2} \tag{3.127}$$

据此与式(3.124)便得下述有趣的不等式:

推论 3.45 对△ABC内部任意一点P有

$$\sum \frac{R_a - R_1}{R_a} \sin^2 \frac{A}{2} \geqslant 0 \tag{3.128}$$

上式启发作者猜测成立

$$\sum (R_a - R_1) \sin^2 \frac{A}{2} \geqslant 0 \tag{3.129}$$

进而提出以下双指数推广:

猜想 3.12 设$0 < m \leqslant 1, 0 < n \leqslant 2$,则对△$ABC$内部任意一点$P$有

$$\sum (R_a^m - R_1^m) \sin^n \frac{A}{2} \geqslant 0 \tag{3.130}$$

当$-1 \leqslant m < 0, n > 0$时反向成立.

事实上,我们还可讨论上式对哪些实数m, n成立?这是很困难的问题.目前如能解决猜想3.12的特殊情形,如$m = n = 1$或$m = 1, n = 2$的情形,也是不失意义的.

最后,再给出等价推论3.2的一则应用.由$a = 2R_a \sin \alpha$与公式(3.5)知式(3.14)等价于

$$\sum ax^2 \geqslant 2 \sum yza \frac{r_1 R_1}{R_2 R_3} \tag{3.131}$$

再在上式中取$x = R_1^2, y = R_2^2, z = R_3^2$,得

$$\sum aR_1^4 \geqslant 2R_1 R_2 R_3 \sum ar_1 \tag{3.132}$$

注意到$\sum ar_1 = 2S$,即得:

推论 3.46 对△ABC内部任意一点P有

$$\sum a\frac{R_1^3}{R_2 R_3} \geqslant 4S \tag{3.133}$$

上式等价于

$$\sum \frac{R_1^3}{h_a R_2 R_3} \geqslant 2 \tag{3.134}$$

针对这个不等式,我们提出以下更强的猜想:

猜想 3.13 对△ABC内部任意一点P有

$$\sum \frac{R_1^3}{m_a(R_2^2 + R_3^2)} \geqslant 1 \tag{3.135}$$

注 3.13 本章中许多不等式很可能存在对偶的"r-w"不等式.例如,作者发现不等式(3.11), (3.56), (3.57), (3.58), (3.60), (3.62), (3.67), (3.73), (3.85), (3.88)等很可能有对任意△ABC成立的"r-w"对偶不等式.

第4章 推论四及其应用

对任意实数 x, y, z 与正数 u, v, w 有

$$\sum (v+w)x^2 \geqslant 2\sum yzu \tag{4.1}$$

等号当且仅当 $x=y=z$ 时成立.

这个不等式的应用已在第2章进行了讨论,上一章中的主要结果(推论三)也是由此不等式建立的. 本章中,我们由不等式(4.1)导出一个常见的三元二次型三角不等式,给出它的几个等价推论并讨论它们的应用.

在不等式(4.1)中,作代换 $u \to vw, v \to wu, w \to uv$,则得

$$\sum u(v+w)x^2 \geqslant 2\sum yzvw \tag{4.2}$$

在上式中令 $u=s-a, v=s-b, w=s-c$,得

$$\sum a(s-a)x^2 \geqslant 2\sum yz(s-b)(s-c)$$

再作代换 $x \to x/\sqrt{a(s-a)}$ 等等,然后利用半角公式

$$\sin \frac{A}{2} = \sqrt{\frac{(s-b)(s-c)}{bc}} \tag{4.3}$$

就得本章的主要结果:

推论四 对 $\triangle ABC$ 与任意实数 x, y, z 有

$$\sum x^2 \geqslant 2\sum yz\sin\frac{A}{2} \tag{4.4}$$

等号当且仅当 $x:y:z=\cos\dfrac{A}{2}:\cos\dfrac{B}{2}:\cos\dfrac{C}{2}$ 时成立.

从上面的推证易见,不等式(4.4)与不等式(4.1)是等价的.

显然,不等式(4.4)可由众知的Wolstenholem不等式[43]

$$\sum x^2 \geqslant 2 \sum yz \cos A \tag{4.5}$$

经过角变换$A \to (\pi - A)/2$等等得出.因此,推论四也是Wolstenholme不等式的一个推论(严格地说,不等式(4.4)与不等式(4.5)是等价的,参见后面第6章与第7章中的讨论).

<h1 style="text-align:center">(一)</h1>

这一节中,我们给出与主推论相等价的几个等价结论.

从上面的推证易见,不等式(4.1),(4.2),不等式(4.4)彼此是等价的. 如果在(4.2)中作代换$x \to x/u, y \to y/v, z \to z/w$,则得下述等价不等式:

等价推论 4.1   对任意实数x, y, z与任意正数u, v, w有

$$\sum x^2 \frac{v+w}{u} \geqslant 2 \sum yz \tag{4.6}$$

等号当且仅当$x : y : z = u : v : w$时成立.

在不等式(4.4)中,作代换$x \to x\sqrt{(s-a)/a}$等等,再应用半角公式(4.3)并注意到以下等式

$$\frac{h_a}{r_a} = \frac{2(s-a)}{a} \tag{4.7}$$

即可得下述等价不等式:

等价推论 4.2   对$\triangle ABC$与任意实数x, y, z有

$$\sum x^2 \frac{h_a}{r_a} \geqslant 4 \sum yz \sin^2 \frac{A}{2} \tag{4.8}$$

等号当且仅当$x : y : z = a : b : c$时成立.

在式(4.4)中,作代换$x \to x/\sqrt{b+c-a}$等等,再利用半角公式(4.3)与$s = (a+b+c)/2$可知式(4.4)等价于

$$\sum \frac{x^2}{b+c-a} \geqslant \sum \frac{yz}{\sqrt{bc}} \tag{4.9}$$

注意到当$\triangle ABC$为锐角三角形时,以a^2, b^2, c^2为边长可构成三角形. 因此,由上式可知当$\triangle ABC$为锐角三角形时有

$$\sum \frac{x^2}{b^2+c^2-a^2} \geqslant \sum \frac{yz}{bc} \tag{4.10}$$

两边乘以$4S$,注意到$b^2 + c^2 - a^2 = 4S \cot A, bc = 2S \sin A$就得下述等价的三元二次型三角不等式:

等价推论4.3 对锐角$\triangle ABC$与任意实数x, y, z有

$$\sum x^2 \tan A \geqslant 2 \sum yz \sin A \tag{4.11}$$

等号当且仅当$x : y : z = \cos A : \cos B : \cos C$时成立.

注意到以$\sqrt{a}, \sqrt{b}, \sqrt{c}$为边长可构成锐角三角形,据此由与式(4.11)等价的不等式(4.10)又推知式(4.9)对任意$\triangle ABC$成立,从而可知涉及锐角三角形的不等式(4.11)与不等式(4.4)是相等价的.

在后面第13章中,主推论将不等式(4.11)推广为涉及两个三角形的情形,更一般的结果参见附录B中推论B13.2.

现在,我们将上一章中命题2.3所述涉及三角形内部任意一点P的不等式

$$\sin \frac{A}{2} \geqslant \frac{\sqrt{r_2 r_3}}{R_1} \tag{4.12}$$

用于推论四的不等式(4.4),即知对正数x, y, z继而对任意实数x, y, z有

$$\sum x^2 \geqslant 2 \sum yz \frac{\sqrt{r_2 r_3}}{R_1}$$

再在上式作代换$x \to x/\sqrt{r_1}$等等,就得下述已知的(见《AGI》第319页)涉及线段$R_1, R_2, R_3, r_1, r_2, r_3$的三元二次型不等式(对应图4.1):

等价推论4.4 对$\triangle ABC$内部任意一点P与任意实数x, y, z有

$$\sum \frac{x^2}{r_1} \geqslant 2 \sum \frac{yz}{R_1} \tag{4.13}$$

等号当且仅当P为$\triangle ABC$的内心且$x : y : z = \cos \frac{A}{2} : \cos \frac{B}{2} : \cos \frac{C}{2}$时成立.

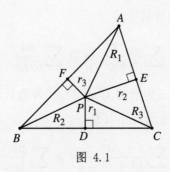

图 4.1

若在式(4.13)中令点P为$\triangle ABC$的内心,则由不等式(4.13)利用第1章的命题1.1(a)又易得出式(4.4).所以,不等式(4.13)与不等式(4.4)是等价的.

在以下常见的几何图形(图4.2)中,成立以下等式(见第2章中等式(2.57))

$$\frac{R_1}{e_1} = \frac{S_b + S_c}{S_a}$$

据此与等价推论4.1所述代数不等式,立即得到下述等价的几何不等式:

等价推论4.5 对$\triangle ABC$内部任意一点P与任意实数x, y, z有

$$\sum x^2 \frac{R_1}{e_1} \geqslant 2 \sum yz \tag{4.14}$$

等号当且仅当$x : y : z = S_a : S_b : S_c$时成立.

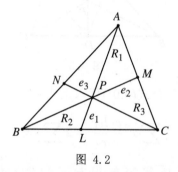

图 4.2

由于$e_1 \geqslant r_1$,所以由式(4.14)又可得到下述二次型不等式(对应图4.1):

等价推论4.6 对$\triangle ABC$内部任意一点P与任意实数x, y, z有

$$\sum x^2 \frac{R_1}{r_1} \geqslant 2 \sum yz \tag{4.15}$$

等号当且仅当P为$\triangle ABC$的垂心且$x \cot A = y \cot B = z \cot C$时成立.

注4.1 若取P为锐角$\triangle ABC$的垂心,由式(4.14)或式(4.15)利用第1章中的命题1.1(d)得

$$\sum x^2 \frac{\cos A}{\cos B \cos C} \geqslant 2 \sum yz$$

再作代换$x \to x\sqrt{\cos B \cos C / \cos A}$等等就知式(4.5)对锐角$\triangle ABC$成立,进而由命题1.2的角变换可知式(4.4)对任意$\triangle ABC$成立.因此,不等式(4.14)与不等式(4.15)都与不等式(4.4)等价.

注4.2 专著《AGI》(第319页)中给出了与不等式(4.15)显然等价的下式

$$\sum x^2 R_1 r_1 \geqslant 2 \sum yz r_2 r_3 \tag{4.16}$$

但未陈述等号成立的条件. 事实上, 上式中等号当且仅当P为$\triangle ABC$的垂心且$x:y:z=a:b:c$时成立.

设$\triangle ABC$内部一点P到垂足$\triangle DEF$的三边EF, FD, DE的距离分别为h_1, h_2, h_3, 对点P与垂足$\triangle DEF$(如图4.3)使用不等式(4.15), 则

$$\sum x^2 \frac{r_1}{h_1} \geqslant 2 \sum yz$$

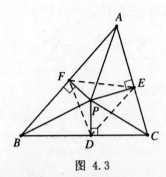

图 4.3

以$h_1 = r_2 r_3 / R_1$(见上一章公式(3.9))代入上式, 得

$$\sum x^2 \frac{r_1 R_1}{r_2 r_3} \geqslant 2 \sum yz$$

再作代换$x \to x\sqrt{r_2 r_3 / r_1}$等等, 就得专著《AGI》第319页陈述的三元二次Erdös-Mordell 不等式(对应图4.1):

等价推论 4.7　对$\triangle ABC$内部任意一点P与任意实数x, y, z有

$$\sum x^2 R_1 \geqslant 2 \sum yz r_1, \tag{4.17}$$

等号当且仅当P为$\triangle ABC$的外心且$x:y:z=\sin A:\sin B:\sin C$时成立.

取P为锐角$\triangle ABC$的外心, 由式(4.17)即易知式(4.5)对锐角$\triangle ABC$成立, 进而同上可推断不等式(4.17)与不等式(4.4)等价.

注4.3　上面推导不等式(4.17)的方法(出自文献[24])实际上使用了附录A中定理A1的几何变换T_1, 根据附录A中定理A3也可判断式(4.17)与式(4.15)是等价的. 另外, 若对不等式(4.13)使用附录A中定理A1的变换T_3, 则可直接得出不等式(4.17).

在不等式(4.15)中, 作代换$x \to x\sqrt{R_2 R_3 / R_1}$等等, 然后利用公式

$$R_a = \frac{R_2 R_3}{2r_1} \tag{4.18}$$

又得下述等价不等式(对应图4.4):

等价推论 4.8 对△ABC内部任意一点P与任意实数x, y, z有

$$\sum x^2 R_a \geqslant \sum yz R_1 \tag{4.19}$$

等号当且仅当P为△ABC的垂心且$x \tan A = y \tan B = z \tan C$时成立.

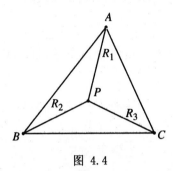

图 4.4

现在,我们再来推导涉及三角形内部任意一点到三边距离的一个几何不等式.

在不等式(4.4)中,取$x = \sqrt{ar_1}, y = \sqrt{br_2}, z = \sqrt{cr_3}$,利用公式(4.3)与恒等式

$$\sum ar_1 = 2S \tag{4.20}$$

(见第0章中等式(0.9))得

$$\sum \sqrt{(s-b)(s-c)r_2 r_3} \leqslant S$$

两边除以S,利用Heron公式

$$S = \sqrt{s(s-a)(s-b)(s-c)} \tag{4.21}$$

并注意到$r_b r_c = s(s-a)$,便得下述不等式(对应图4.5):

等价推论 4.9[44] 对△ABC内部任意一点P有

$$\sum \sqrt{\frac{r_2 r_3}{r_b r_c}} \leqslant 1 \tag{4.22}$$

等号当且仅当点P的重心坐标为$a(s-a) : b(s-b) : c(s-c)$时成立.

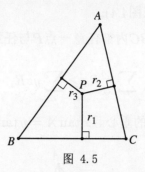

图 4.5

注4.4　由不等式(4.22)又可推导出不等式(4.4)(从而说明两者等价),如下:

设$\triangle ABC$内部点P的重心坐标为$x:y:z(x,y,z>0)$,则有

$$r_1 = \frac{xh_a}{\sum x}$$

等等,代入式(4.22)中,然后利用等式

$$\sin \frac{A}{2} = \frac{1}{2}\sqrt{\frac{h_b h_c}{r_b r_c}} \tag{4.23}$$

可知对任意正数x,y,z有

$$2\sum \sqrt{yz}\sin \frac{A}{2} \leqslant \sum x$$

由此通过代换$x \to x^2$等等即知式(4.4)对正数x,y,z成立,进而根据第0章注0.1中指出的结论可知不等式(4.4)对任意实数x,y,z成立.

在这一节最后,我们来再来推导一个与不等式(4.4)相等价的加权三角不等式.

在不等式(4.4)中作代换$x \to x\sin \frac{A}{2}$等等,即得等价不等式

$$\sum x^2 \sin^2 \frac{A}{2} - 2\sum yz \prod \sin \frac{A}{2} \geqslant 0 \tag{4.24}$$

记上式左边的值为M_0,利用已知等式

$$\sum \cos^2 \frac{A}{2} = 2 + 2\prod \sin \frac{A}{2} \tag{4.25}$$

可得

$$M_0 = \sum x^2 \sin^2 \frac{A}{2} - \left(\sum \cos^2 \frac{A}{2} - 2 \right) \sum yz$$

$$= \sum x^2 \sin^2 \frac{A}{2} - \sum yz \cos^2 \frac{A}{2} - \sum x(y+z) \cos^2 \frac{A}{2} + 2 \sum yz$$

$$= \sum x^2 \sin^2 \frac{A}{2} - \sum yz \cos^2 \frac{A}{2} - \sum x(y+z)$$

$$\quad + \sum x(y+z) \sin^2 \frac{A}{2} + 2 \sum yz$$

$$= \sum \left[x^2 + x(y+z) \right] \sin^2 \frac{A}{2} - \sum yz \cos^2 \frac{A}{2}$$

$$= \sum x \sum x \sin^2 \frac{A}{2} - \sum yz \cos^2 \frac{A}{2}$$

于是根据不等式 $M_0 \geqslant 0$ 可得下述不等式:

等价推论 4.10[45]　对 $\triangle ABC$ 与任意实数 x, y, z 有

$$\sum x \sum x \sin^2 \frac{A}{2} \geqslant \sum yz \cos^2 \frac{A}{2} \tag{4.26}$$

等号当且仅当 $x \tan \dfrac{A}{2} = y \tan \dfrac{B}{2} = z \tan \dfrac{C}{2}$ 时成立.

在下一章中,我们将由不等式(4.26)进一步推导出一个涉及三角形边长的加权不等式,并把它作为主推论进行讨论.

(二)

在这一小节中,我们将给出推论四的两则应用,同时对等价推论4.6~4.8进行简单的讨论.

在第1章中,我们曾提到专著《AGI》中出现的有关中线与内切圆半径的不等式

$$\sum \frac{m_a}{m_b m_c} \leqslant \frac{1}{r} \tag{4.27}$$

作者发现将上式中的中线换成内角平分线后不等式反向成立.应用不等式(4.4)可以给出这个结论简洁的证明,为此先证明下面的恒等式

$$\sum \frac{\sin \dfrac{A}{2}}{w_a} = \frac{1}{2r} \tag{4.28}$$

由角平分线公式

$$w_a = \frac{2bc}{b+c} \cos \frac{A}{2} \tag{4.29}$$

与面积公式 $S = \dfrac{1}{2}bc\sin A$ 可得 $w_a\sin\dfrac{A}{2} = \dfrac{2S}{b+c}$，于是

$$\sum\frac{\sin\dfrac{A}{2}}{w_a} = \frac{1}{2S}\sum(b+c)\sin^2\frac{A}{2} \tag{4.30}$$

又利用前面的公式(4.3)不难验证

$$\sum(b+c)\sin^2\frac{A}{2} = s \tag{4.31}$$

于是由式(4.30)与 $S = rs$ 就可得到等式(4.28).

现在，在推论四的不等式(4.4)中取 $x = \sqrt{w_a/(w_bw_c)}$ 等等,然后利用等式(4.28),即得我们要证的下述不等式:

推论 4.11[46]　在 $\triangle ABC$ 中有

$$\sum\frac{w_a}{w_bw_c} \geqslant \frac{1}{r} \tag{4.32}$$

接下来,我们给出推论四的第二个应用,即用推论四来建立一个类似于式(4.22)的几何不等式.

显然,以 $b+c, c+a, a+b$ 为边长可构成一个三角形,设它为 $\triangle A_0B_0C_0$,对此三角形使用公式(4.3),得

$$\sin\frac{A_0}{2} = \sqrt{\frac{bc}{(c+a)(a+b)}}$$

因此,按不等式(4.4)又可得有关 $\triangle ABC$ 的三元二次不等式

$$\sum x^2 \geqslant 2\sum yz\sqrt{\frac{bc}{(c+a)(a+b)}} \tag{4.33}$$

其中等号当且仅当 $x:y:z = \sqrt{a(b+c)}:\sqrt{b(c+a)}:\sqrt{c(a+b)}$ 时成立.

在式(4.33)中作代换 $x\to\sqrt{(s-a)(y+z)}$ 等等,注意到

$$\sum(s-a)(y+z) = \sum ax \tag{4.34}$$

即得

$$\sum\sqrt{\frac{(z+x)(x+y)bc(s-b)(s-c)}{(c+a)(a+b)}} \leqslant \frac{1}{2}\sum xa$$

取 $x = r_1, y = r_2, z = r_3$,利用恒等式(4.20)得

$$\sum \sqrt{\frac{(r_3 + r_1)(r_1 + r_2)bc(s-b)(s-c)}{(c+a)(a+b)}} \leqslant S$$

又容易证明

$$\sqrt{\frac{bc(s-b)(s-c)}{(c+a)(a+b)}} = \frac{S}{\sqrt{(r_b + h_b)(r_c + h_c)}}$$

于是可得:

推论 4.12 对 $\triangle ABC$ 内部任意一点 P 有

$$\sum \sqrt{\frac{(r_3 + r_1)(r_1 + r_2)}{(r_b + h_b)(r_c + h_c)}} \leqslant 1 \tag{4.35}$$

等号当且仅当 P 点的重心坐标为

$$a^2 \left[b^3 + c^3 + abc - (b+c)a^2 \right] : b^2 \left[c^3 + a^3 + abc - (c+a)b^2 \right] :$$
$$c^2 \left[a^3 + b^3 + abc - (a+b)c^2 \right]$$

时成立.

注 4.5 由于 $b^3 + c^3 + abc - (b+c)a^2$ 的值并不总是正的,所以式(4.35)左边并非对所有三角形能取得最大值.

现在,我们来讨论等价推论4.6~4.8.

对平面上异于顶点的任意一点 P 有

$$\sum \frac{r_2 r_3}{bc R_2 R_3} \geqslant \frac{1}{4R^2} \tag{4.36}$$

(见上章中式(3.100)),即有

$$\sum \frac{r_2 r_3}{R_2 R_3 \sin B \sin C} \geqslant 1 \tag{4.37}$$

因此在等价推论4.6中取 $x = r_1/(R_1 \sin A)$ 等等,可得:

推论 4.13[24] 对 $\triangle ABC$ 内部任意一点 P 有

$$\sum \frac{r_1}{R_1 \sin^2 A} \geqslant 2 \tag{4.38}$$

在等价推论4.7中,取 $x = y = z = 1$,立即得到下述优美的线性不等式:

推论 4.14 对$\triangle ABC$内部任意一点P有

$$\sum R_1 \geqslant 2 \sum r_1 \qquad (4.39)$$

上式即为著名的Erdös-Mordell不等式,它是P.Erdös[47]在1935年提出的,两年后被L.J.Mordell与D.F.Barrow[48]证明.此后,许多人研究了这一不等式,得出了它的推广、加强、加细以及各种各样的证明(参见文献[49]–[72] 以及这些文章引用的文献).本书作者在Erdös-Mordell不等式这个领域内也做了一些研究,见文献[19],[54],[60],[64],[66],[69],[72].

在推论4.7中令P为$\triangle ABC$的重心,利用命题1.1(b)可得有关中线与高线的下述二次型不等式:

推论 4.15 对$\triangle ABC$内部任意一点P有

$$\sum x^2 m_a \geqslant \sum yz h_a \qquad (4.40)$$

由上式与中线对偶定理(参见第1章中注1.5)易得:

推论 4.16 对$\triangle ABC$内部任意一点P有

$$\sum \frac{x^2}{h_a} \geqslant \sum \frac{yz}{m_a} \qquad (4.41)$$

显然,上式也是等价推论4.4的一个推论.

将加权Erdös-Mordell不等式(4.17)中的x, y, z分别换成y, z, x与z, x, y,把所得的两个不等式相加得

$$\sum x^2 (R_2 + R_3) \geqslant 2 \sum yz(r_2 + r_3) \qquad (4.42)$$

这个不等式其实是平凡的(对于任何一个三元二次型不等式都可进行类似的推导).下面,介绍作者在此不等式启发下提出的一个猜想:

猜想 4.1[72] 对$\triangle ABC$内部任意一点P与任意实数x, y, z有

$$\sum x^2 (R_1 + 2r_1) \geqslant 2 \sum yz(r_2 + r_3) \qquad (4.43)$$

注 4.6 如果上式成立,则将上式与加权Erdös-Mordell不等式(4.17)相加可得

$$\sum x^2 (R_1 + r_1) \geqslant \sum r_1 \sum yz \qquad (4.44)$$

这个不等式目前也未得到证明.

注 4.7 作者承诺:猜想 4.1 的第一位正确解答者可获得作者提供的悬奖 ￥10000 元.

作者在文献 [60], [69], [72], [73] 中提出了许多有关 Erdös-Mordell 不等式加强的猜想. 这里, 我们再介绍作者最近提出的一对有趣的猜想:

猜想 4.2 对 △ABC 内部任意一点 P 有

$$\sum R_1 \geqslant \sum \frac{k_a + h_a}{h_a} r_1 \tag{4.45}$$

猜想 4.3 对 △ABC 内部任意一点 P 有

$$\sum \frac{h_a}{k_a + h_a} R_1 \geqslant \sum r_1 \tag{4.46}$$

由加权 Erdös-Mordell 不等式 (4.17) 可知

$$\begin{aligned}
&\sum x^2 \sum R_1 \\
&= \sum x^2 R_1 + \sum (y^2 + z^2) R_1 \\
&\geqslant 2 \sum yz r_1 + 2 \sum yz R_1 \\
&= 2 \sum yz (R_1 + r_1)
\end{aligned}$$

再注意到 $R_1 + r_1 \geqslant h_a$, 即知下述不等式对正数 x, y, z 继而对任意实数 x, y, z 成立.

推论 4.17 对 △ABC 内部任意一点 P 与任意实数 x, y, z 有

$$\sum x^2 \sum R_1 \geqslant 2 \sum yz h_a \tag{4.47}$$

特别地, 取 $x = y = z = 1$, 得以下已知不等式:

推论 4.18 对 △ABC 内部任意一点 P 有

$$\sum R_1 \geqslant \frac{2}{3} \sum h_a \tag{4.48}$$

注 4.8 从文献 [74] 可知, 陈计曾猜测较上式更强的不等式

$$\sum R_1 \geqslant \frac{2}{3} \sum w_a \tag{4.49}$$

成立, 这已被褚小光[75]证明. 另外, 作者与褚小光还在合作的文献 [76] 中证明了较式 (4.48) 显然更强的线性不等式

$$\sum R_1 \geqslant \frac{1}{3} \left(\sum m_a + \sum h_a \right) \tag{4.50}$$

这与不等式(4.49)是不分强弱的.

由等价推论4.8显然有:

推论4.19 对△ABC内部任意一点P有

$$\sum R_a \geqslant \sum R_1 \tag{4.51}$$

由公式(4.18)易知上式等价于已知不等式

$$\sum \frac{1}{r_1 R_1} \geqslant 2 \sum \frac{1}{R_2 R_3} \tag{4.52}$$

(见《GI》中不等式12.34)这易由等价推论4.6得出.由附录A中定理A3可知式(4.51)与式(4.52)本质上与Erdös-Mordell不等式等价.

针对不等式(4.51),作者提出下述猜想:

猜想4.4 对△ABC内部任意一点P有

$$\sum R_a \geqslant \sqrt{2 \sum m_a R_a} \geqslant \sum R_1 \geqslant 2\sqrt{\sum m_a r_1} \tag{4.53}$$

在后面第6章中,我们将证明较最后一个不等式稍弱的不等式成立,即将最后一个不等式中的中线换为高线后成立(参见推论6.23).

注4.9 作者承诺:猜想4.4的第一位正确解答者可获得作者提供的悬奖¥20000元.

(三)

这一节中,我们给出等价推论4.1所述代数不等式的一些应用.

将简单的已知不等式

$$2R_1 \sin \frac{A}{2} \geqslant r_2 + r_3 \tag{4.54}$$

(见第2章不等式(2.30))用于等价推论4.1,立得本节的主要结果:

推论4.20 对△ABC内部任意一点P与任意实数x, y, z有

$$\sum x^2 \frac{R_1}{r_1} \sin \frac{A}{2} \geqslant \sum yz \tag{4.55}$$

等号当仅当P为△ABC的内心且$x = y = z$时成立.

在不等式(4.55)中作代换$x \to \sqrt{R_2 R_3 / R_1}$等等,然后利用前面的公式(4.18)可得等价不等式

$$\sum x^2 R_a \sin \frac{A}{2} \geqslant \frac{1}{2} \sum yz R_1 \tag{4.56}$$

特别地,令$x = y = z = 1$,得到吴跃生在文献[34]中作为一个猜想提出的下述不等式:

推论 4.21　对$\triangle ABC$内部任意一点P有

$$\sum R_a \sin \frac{A}{2} \geqslant \frac{1}{2} \sum R_1 \tag{4.57}$$

考虑上式的推广,我们提出猜想:

猜想 4.5　对$\triangle ABC$内部任意一点P与任意实数k有

$$\sum R_a \sin^k \frac{A}{2} \geqslant \frac{1}{2^k} \sum R_1 \tag{4.58}$$

当$k \geqslant 2$时,似乎还成立更强的下述不等式:

猜想 4.6　设$k \geqslant 2$,则对$\triangle ABC$内部任意一点P有

$$\sum R_a (\cos B + \cos C)^k \geqslant \sum R_1 \tag{4.59}$$

这个不等式又促使作者提出了以下含指数的三角不等式:

猜想 4.7　设$k \geqslant 2$,则在$\triangle ABC$中有

$$\sum (\cos B + \cos C)^k \geqslant 2 \sum \cos A \tag{4.60}$$

注 4.10　如果猜想4.6成立,取P为锐角$\triangle ABC$的垂心,由式(4.59)利用命题1.4(c)约简后即知式(4.60)对锐角$\triangle ABC$成立.当$k = 2$时,容易证明式(4.60)等价于下一章中推论5.6所述Gerretsen不等式$s^2 \leqslant 4R^2 + 4Rr + 3r^2$.

根据不等式(4.57)与上一章中不等式(3.24)

$$\sum R_1 \geqslant 4 \sum r_1 \sin \frac{A}{2} \tag{4.61}$$

可知

$$\sum R_a \sin \frac{A}{2} \geqslant 2 \sum r_1 \sin \frac{A}{2} \tag{4.62}$$

以公式(4.18)代入上式然后对上式使用附录A中定理A1的变换T_5

$$(a, b, c, R_1, R_2, R_3, r_1, r_2, r_3) \to (a\lambda, b\lambda, c\lambda, r_1 R_1, r_2 R_2, r_3 R_3, r_2 r_3, r_3 r_1, r_1 r_2)$$

其中 $\lambda = R_1 R_2 R_3 / (4 R R_p)$,并注意到在这个变换下 $\sin \dfrac{A}{2}$ 等不变,即得下述不等式:

推论 4.22 对 $\triangle ABC$ 内部任意一点 P 有

$$\sum R_2 R_3 \sin \frac{A}{2} \geqslant 4 \sum r_2 r_3 \sin \frac{A}{2} \tag{4.63}$$

在推证下一个不等式前,先给出作者在文[24]中述而未证的一个等式:

命题 4.1 在 $\triangle ABC$ 中有

$$\sin \frac{B}{2} \sin \frac{C}{2} = \frac{h_a}{2\sqrt{(r_c + r_a)(r_a + r_b)}} \tag{4.64}$$

证明 根据 $h_a = 2R \sin B \sin C$ 与第2章中给出的等式

$$r_b + r_c = 4R \cos^2 \frac{A}{2} \tag{4.65}$$

即知

$$\frac{h_a}{\sqrt{(r_c + r_a)(r_a + r_b)}} = \frac{2R \sin B \sin C}{4R \cos \dfrac{B}{2} \cos \dfrac{C}{2}} = 2 \sin \frac{B}{2} \sin \frac{C}{2}$$

所以等式(4.64)获证. $\qquad\qquad\qquad\qquad\qquad\qquad\qquad\qquad\qquad\square$

现在,在不等式(4.55)中作代换

$$x \to \frac{x}{\sqrt{r_b + r_c} \sin \dfrac{A}{2}}$$

等等,然后利用等式(4.64),得

$$\sum x^2 \frac{R_1}{r_1(r_b + r_c) \sin \dfrac{A}{2}} \geqslant 2 \sum \frac{yz}{h_a} \tag{4.66}$$

再根据第2章中给出的不等式(2.110)

$$2(r_b + r_c) \sin \frac{A}{2} \geqslant h_b + h_c \tag{4.67}$$

并注意到注1.7中指出的结论,就得

$$\sum x^2 \frac{R_1}{r_1(h_b + h_c)} \geqslant \sum \frac{yz}{h_a} \tag{4.68}$$

应用面积公式 $S = \dfrac{1}{2}ah_a$,易知上式等价于

$$\sum x^2 \frac{bc}{b+c} \cdot \frac{R_1}{r_1} \geqslant \sum yza$$

再注意到 $4bc \leqslant (b+c)^2$,即得更优美的下述不等式:

推论 4.23　对 $\triangle ABC$ 内部任意一点 P 与任意实数 x, y, z 有

$$\sum x^2(b+c)\frac{R_1}{r_1} \geqslant 4\sum yza \qquad (4.69)$$

上式显然推广了上一章中推论3.21的不等式

$$\sum (b+c)\frac{R_1}{r_1} \geqslant 8s \qquad (4.70)$$

(四)

这一节中,我们主要应用等价推论4.1来推证一个类似于式(4.35)的几何不等式以及一个有关Cevian三角形的三元二次型不等式.

在不等式(4.6)中,先令 $u = h_a, v = h_b, w = h_c$,再作代换 $x \to x/\sqrt{h_b + h_c}$ 等等,得

$$\sum \frac{x^2}{h_a} \geqslant 2\sum \frac{yz}{\sqrt{(h_c + h_a)(h_a + h_b)}} \qquad (4.71)$$

等号当且仅当 $x:y:z = h_a\sqrt{h_b + h_c} : h_b\sqrt{h_c + h_a} : h_c\sqrt{h_a + h_b}$ 时成立.

由等式(4.20)易得

$$\sum \frac{r_1}{h_a} = 1 \qquad (4.72)$$

据此与式(4.71)立得:

推论 4.24　对 $\triangle ABC$ 内部任意一点 P 有

$$\sum \sqrt{\frac{r_2 r_3}{(h_c + h_a)(h_a + h_b)}} \leqslant \frac{1}{2} \qquad (4.73)$$

等号当且仅当 P 点的重心坐标为 $(b+c):(c+a):(a+b)$ 时成立.

由上述推论可得下述有趣的结论:对于任意给定的 $\triangle ABC$,几何表达式 $\sum \sqrt{r_2 r_3(h_b + h_c)}$ 都可取得最大值(在点 P 的重心坐标为 $(b+c):(c+a):(a+b)$ 时取得).

注4.11　若将后面第19章中命题19.1的变换K_r用于不等式(4.73),则易得

$$\sum \sqrt{\frac{(r_3+r_1)(r_1+r_2)}{(h_c+h_a)(h_a+h_b)}} \sin \frac{A}{2} \leqslant \frac{1}{2} \tag{4.74}$$

等号当且仅当P为$\triangle ABC$的外心时成立.

把前面图4.2中的L,M,N三点两两联结起来,得到$\triangle LMN$(如图4.6).

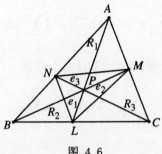

图 4.6

设三边MN,NL,LM上的高分别等于h_l,h_m,h_n.下面,我们将建立一个涉及h_l,h_m,h_n与$\triangle ABC$旁切圆半径r_a,r_b,r_c的三元二次型不等式.为此,先证明下述不等式

$$\frac{r_b r_c}{2h_l^2} \geqslant \frac{S_b+S_c}{S_a} \tag{4.75}$$

设$MN=a_l,NL=b_m,LM=c_n,\lambda_1=\dfrac{BL}{LC},\lambda_2=\dfrac{CM}{MA},\lambda_3=\dfrac{AN}{NB}$,则易得

$$MA=\frac{b}{\lambda_2+1},\ AN=\frac{c\lambda_3}{\lambda_3+1}$$

对$\triangle AMN$使用已知不等式$a \geqslant 2\sqrt{bc}\sin\dfrac{A}{2}$(见上章中不等式(3.22)),得

$$a_l \geqslant 2\sqrt{\frac{bc\lambda_3}{(\lambda_2+1)(\lambda_3+1)}} \sin \frac{A}{2}$$

两边平方并利用半角公式(4.3),得

$$a_l^2 \geqslant \frac{4\lambda_3}{(\lambda_2+1)(\lambda_3+1)}(s-b)(s-c) \tag{4.76}$$

又设$\triangle LMN$的面积为S_0,注意到已知公式

$$\frac{S_0}{S} = 2\prod \frac{\lambda_1}{\lambda_1+1} \tag{4.77}$$

由式(4.76)进而得

$$a_l^2 \geqslant \frac{2(\lambda_1 + 1)}{\lambda_1 \lambda_2} \cdot \frac{S_0}{S} \cdot \frac{S^2}{r_b r_c} = \frac{2(\lambda_1 + 1)SS_0}{\lambda_1 \lambda_2 r_b r_c}$$

再由已知的有关Cevian三角形的面积不等式

$$S \geqslant 4S_0 \tag{4.78}$$

(易由式(4.77)证出,其中等号当且仅当P为$\triangle ABC$的重心时成立),可知

$$a_l^2 \geqslant \frac{8(\lambda_1 + 1)}{\lambda_1 \lambda_2} \cdot \frac{S_0^2}{r_b r_c} \tag{4.79}$$

又注意到

$$\lambda_1 = \frac{BL}{LC} = \frac{S_{\triangle ALB}}{S_{\triangle ALC}} = \frac{S_{\triangle PLB}}{S_{\triangle PLC}} = \frac{S_{\triangle ALB} - S_{\triangle PLB}}{S_{\triangle ALC} - S_{\triangle PLC}} = \frac{S_{\triangle APB}}{S_{\triangle CPA}}$$

所以$\lambda_1 = S_c/S_b$.同理有$\lambda_2 = S_a/S_c$,从而可得

$$\frac{\lambda_1 + 1}{\lambda_1 \lambda_2} = \frac{S_b + S_c}{S_a} \tag{4.80}$$

因此,式(4.79)利用$S_0 = \frac{1}{2}a_l h_l$即易得不等式(4.75).

现在,根据等价推论4.1的不等式(4.6)与不等式(4.75)立得

$$\sum x^2 \frac{r_b r_c}{h_l^2} \geqslant 4 \sum yz \tag{4.81}$$

再作代换$x \to xh_l, y \to yh_m, z \to zh_n$,即得下述不等式:

推论4.25 对$\triangle ABC$内部任意一点P与任意实数x, y, z有

$$\sum x^2 r_b r_c \geqslant 4 \sum yz h_m h_n \tag{4.82}$$

特别地,令$x = y = z = 1$,得:

推论4.26 对$\triangle ABC$内部任意一点P有

$$\sum h_m h_n \leqslant \frac{1}{4}s^2 \tag{4.83}$$

利用简单的不等式$m_a^2 \geqslant r_b r_c$,由式(4.81)可得:

推论4.27 对$\triangle ABC$内部任意一点P与任意实数x, y, z有

$$\sum x^2 \frac{m_a^2}{h_l^2} \geqslant 4 \sum yz \tag{4.84}$$

由上式显然可得

$$\sum \frac{h_m h_n}{m_b m_c} \leqslant \frac{3}{4} \tag{4.85}$$

经过计算机验证,作者提出下述更强的猜想:

猜想 4.8 对 $\triangle ABC$ 内部任意一点 P 有

$$\sum \frac{h_l}{m_a} \leqslant \frac{3}{2} \tag{4.86}$$

下面,我们给出一个形式上类似于加权 Erdös-Mordell 不等式 (4.17) 的猜想:

猜想 4.9[77] 对 $\triangle ABC$ 内部任意一点 P 与任意实数 x, y, z 有

$$\sum x^2 r_a \geqslant 2 \sum yz h_l \tag{4.87}$$

要证明上式的特殊情形

$$\sum r_a \geqslant 2 \sum h_l \tag{4.88}$$

似乎也不容易,这式似乎又有以下加强:

猜想 4.10 对 $\triangle ABC$ 内部任意一点 P 有

$$\sum m_a \geqslant 2 \sum h_l \tag{4.89}$$

（五）

这一节中,我们继续给出等价推论 4.1 的一些应用.

在 $\triangle ABC$ 中,注意到 $\dfrac{b+c}{a} = 1 + \dfrac{h_a}{r_a}$,按不等式 (4.6) 有

$$\sum x^2 \frac{h_a + r_a}{r_a} \geqslant 2 \sum yz \tag{4.90}$$

作代换 $x \to x\sqrt{r_a}$ 等等,然后利用已知不等式 $\sqrt{r_b r_c} \geqslant w_a$(参见第 2 章中不等式 (2.49))可知,下述不等式对正数 x, y, z 继而对任意实数 x, y, z 成立.

推论 4.28[24] 对 $\triangle ABC$ 与任意实数 x, y, z 有

$$\sum x^2 (r_a + h_a) \geqslant 2 \sum yz w_a \tag{4.91}$$

注 4.12 由上式显然可得线性不等式

$$\sum r_a + \sum h_a \geqslant 2 \sum w_a \tag{4.92}$$

对于这个不等式, 作者在文献[78]中采用 "R-r-s" 方法证明了更强的不等式

$$2\sum r_a + 3\sum h_a \geqslant 5\sum w_a \tag{4.93}$$

其中左边的组合系数接近最优.

由不等式(4.6)有

$$\sum x^2\frac{r_b + r_c}{r_a} \geqslant 2\sum yz \tag{4.94}$$

在上式中作代换$x \to x\sqrt{r_a}$等等, 然后利用$r_b r_c \geqslant w_a^2$, 易得类似于推论4.28的结论:

推论 $4.29^{[24]}$ 对$\triangle ABC$与任意实数x, y, z有

$$\sum x^2(r_b + r_c) \geqslant 2\sum yzw_a \tag{4.95}$$

注 4.13 利用上式与命题4.1可以给出第2章中推论2.8的一个简单证明: 因$w_a \geqslant h_a$, 由式(4.95)有

$$\sum x^2(r_b + r_c) \geqslant 2\sum yzh_a \tag{4.96}$$

接着作代换$x \to x/\sqrt{r_b + r_c}$等等, 然后利用等式(4.64)就得推论2.8的不等式

$$\sum x^2 \geqslant 4\sum yz\sin\frac{B}{2}\sin\frac{C}{2} \tag{4.97}$$

这样, 我们也就从简单的不等式(4.94)出发给出了上式一个简单、直接的证明.

下面, 我们应用等价推论4.1来证明在式(4.90)启发下发现的一个不等式.

推论 4.30 对锐角$\triangle ABC$与任意实数x, y, z有

$$\sum x^2\frac{(m_a + r_a)^2}{r_a^2} \geqslant 4\sum yz \tag{4.98}$$

证明 根据不等式(4.6), 只需证明在锐角$\triangle ABC$中成立

$$\frac{(m_a + r_a)^2}{r_a^2} \geqslant \frac{2(b^2 + c^2)}{a^2} \tag{4.99}$$

由$r_a = S/(s - a)$与已知不等式

$$m_a \geqslant \frac{b^2 + c^2}{4R} \tag{4.100}$$

(可由 $m_a \geqslant k_a$ 得出,参见专著《AGI》第223页)可知,为证式(4.99)只需证

$$(s-a)^2 \left[m_a^2 + r_a^2 + \frac{r_a(b^2+c^2)}{2R} \right] \geqslant \frac{2(b^2+c^2)S^2}{a^2}$$

这等价于

$$(s-a)^2 m_a^2 + S^2 + \frac{(s-a)(b^2+c^2)S}{2R} \geqslant \frac{2(b^2+c^2)S^2}{a^2}$$

两边乘以 $16a^2bc$ 并利用 $abc = 4SR$,可知上式等价于

$$16a^2bc(s-a)^2 m_a^2 + 16S^2 \left[a^2bc + 2a(s-a)(b^2+c^2) - 2bc(b^2+c^2) \right] \geqslant 0$$

以中线公式 $4m_a^2 = 2b^2 + 2c^2 - a^2$ 与 $s = (a+b+c)/2$ 以及Heron公式(4.21)代入上式,经整理后知它等价于

$$(b+c-a)(b-c)^2 \left[(b^2+c^2-a^2)M_1 + M_2 \right] \geqslant 0 \tag{4.101}$$

其中

$$M_1 = a^3 - (b^2 - bc + c^2)a + bc(b+c)$$
$$M_2 = bc(b+c-a)(b^2+c^2)$$

由于

$$M_1 = 2(s-a)^3 + 2a(s-a)^2 + 4a(s-b)(s-c) + 2(s-a)(s-b)(s-c) > 0$$

于是可知不等式(4.101)对锐角 $\triangle ABC$ 成立,从而不等式(4.99)与不等式(4.98)获证.   □

在式(4.98)中作代换 $x \to xr_a$ 等等,然后利用 $r_b r_c \geqslant w_a^2$ (见第2章中不等式(2.49))可得:

推论 4.31 对锐角 $\triangle ABC$ 与任意实数 x, y, z 有

$$\sum x^2(m_a + r_a)^2 \geqslant 4 \sum yz w_a^2 \tag{4.102}$$

对于锐角 $\triangle ABC$,还可证明不等式(详略)

$$\frac{w_a^2}{r_a^2} \geqslant \frac{b^2+c^2-a^2}{a^2} \tag{4.103}$$

据此与不等式(4.6)可得:

推论 4.32 对锐角$\triangle ABC$与任意实数x, y, z有

$$\sum x^2 \frac{w_a^2 + r_a^2}{r_a^2} \geqslant 2 \sum yz \tag{4.104}$$

下面,应用等价推论4.1来证明一个代数不等式.

推论 4.33[79] 对任意实数x, y, z与正数u, v, w有

$$\sum (v + w)x^2 \geqslant \sum \frac{vw}{v + w}(y + z)^2 \tag{4.105}$$

等号当且仅当$x : y : z = (v + w)u^2 : (w + u)v^2 : (u + v)w^2$时成立.

证明 首先,通过展开容易直接验证恒等式

$$\left[\sum (v + w)x^2 - \sum \frac{vw}{v + w}(y + z)^2 \right] \prod (v + w)$$
$$= \sum (v + w) \left[(w + u)v^2 + (u + v)w^2 \right] x^2$$
$$- 2 \sum vw(w + u)(u + v)yz \tag{4.106}$$

因此,要证不等式(4.105)只需证

$$\sum (v + w) \left[(w + u)v^2 + (u + v)w^2 \right] x^2 \geqslant 2 \sum vw(w + u)(u + v)yz$$

上式等价于作代换$x \to x/[u(v + w)]$等等后的不等式,即等价于

$$\sum \frac{(w + u)v^2 + (u + v)w^2}{u^2(v + w)} x^2 \geqslant 2 \sum yz \tag{4.107}$$

由等价推论4.1容易看出上式成立,从而不等式(4.105)获证,且易知式(4.105)等号成立的条件.   □

现于不等式(4.105)中取$x = s - a, y = s - b, z = s - c$,则得

$$\sum ax^2 \geqslant \sum \frac{(s - b)(s - c)}{a}(y + z)^2 \tag{4.108}$$

两边除以S,利用$ah_a = 2S$与$(s - b)(s - c) = aS/(r_b + r_c)$,即得

$$2 \sum \frac{x^2}{h_a} \geqslant \sum \frac{(y + z)^2}{r_b + r_c} \tag{4.109}$$

等号当且仅当$x : y : z = (s - a) : (s - b) : (s - c)$时成立.

在式(4.109)中取$x = 1/r_a', y = 1/r_b', z = 1/r_c'$,易得下述涉及两个三角形的不等式:

推论$4.34^{[79]}$　在$\triangle ABC$与$\triangle A'B'C'$中有

$$\sum \frac{1}{h_a r_a'^2} \geqslant 2 \sum \frac{1}{(r_b + r_c)h_a'^2} \qquad (4.110)$$

等号当且仅当$\triangle ABC \sim \triangle A'B'C'$时成立.

在式(4.109)中取$x = \sqrt{r_1}, y = \sqrt{r_2}, z = \sqrt{r_3}$,然后利用前面的恒等式(4.72),即得下述不等式:

推论$4.35^{[79]}$　对$\triangle ABC$内部任意一点P有

$$\sum \frac{(\sqrt{r_2} + \sqrt{r_3})^2}{r_b + r_c} \leqslant 2 \qquad (4.111)$$

等号当且仅当点P的重心坐标为$a(s-a)^2 : (s-b)^2 : c(s-c)^2$时成立.

注4.14　不等式(4.105),(4.109),(4.110),(4.111)实际上彼此等价.

(六)

这一节中,我们从等价推论4.2出发来推导其他不等式.

根据等价推论4.2的不等式(4.8)与不等式(4.12),对正数x, y, z继而对任意实数x, y, z有

$$\sum x^2 \frac{h_a}{r_a} \geqslant 4 \sum yz \frac{r_2 r_3}{R_1^2} \qquad (4.112)$$

接着在上式作代换$x \to x\sqrt{r_a}/r_1$等等,然后应用$\sqrt{r_b r_c} \geqslant w_a$,得:

推论4.36　对$\triangle ABC$内部任意一点P与任意实数x, y, z有

$$\sum x^2 \frac{h_a}{r_1^2} \geqslant 4 \sum yz \frac{w_a}{R_1^2} \qquad (4.113)$$

注意到$w_a \geqslant h_a = 2S/a$,由上式即得:

推论4.37　对$\triangle ABC$内部任意一点P与任意实数x, y, z有

$$\sum \frac{x^2}{ar_1^2} \geqslant 4 \sum \frac{yz}{aR_1^2} \qquad (4.114)$$

设P到垂足$\triangle DEF$三边EF, FD, DE的距离分别为h_1, h_2, h_3,对$\triangle DEF$与点P使用不等式(4.112),得

$$\sum \frac{x^2}{a_p h_1^2} \geqslant 4 \sum \frac{yz}{a_p r_1^2}$$

以上一章中给出的关系$a_p = aR_1/(2R), h_1 = r_2r_3/R_1$等等代入上式,则

$$\sum \frac{R_1 x^2}{a(r_2r_3)^2} \geqslant 4 \sum \frac{yz}{aR_1 r_1^2}$$

再作代换$x \to xr_2r_3\sqrt{R_2R_3/R_1}$等等,即得:

推论 4.38 对$\triangle ABC$内部任意一点P与任意实数x, y, z有

$$\sum x^2 \frac{R_2R_3}{a} \geqslant 4 \sum yz \frac{r_2r_3}{a} \tag{4.115}$$

在上式中令P为$\triangle ABC$的类似重心,利用第1章中的命题1.1(e),容易推得涉及三角形中线与高线的下述二次型不等式:

推论 4.39 对$\triangle ABC$与任意实数x, y, z有

$$\sum x^2 m_b m_c \geqslant \sum yz h_a^2 \tag{4.116}$$

应用第1章中的命题1.4,由上式不难得到下述对偶不等式:

推论 4.40 对$\triangle ABC$与任意实数x, y, z有

$$\sum \frac{x^2}{h_b h_c} \geqslant \sum \frac{yz}{m_a^2} \tag{4.117}$$

采用不等式(4.115)的证法(或应用附录A中定理A1的变换T_5),由不等式(4.115)容易推得:

推论 4.41 对$\triangle ABC$内部任意一点P与任意实数x, y, z有

$$\sum x^2 \frac{R_a}{a} \geqslant 2 \sum yz \frac{r_1}{a} \tag{4.118}$$

现在,我们返回到推论4.37中来.令P为$\triangle ABC$的内心,由不等式(4.114)易得

$$\sum \frac{x^2}{a} \geqslant 4 \sum \frac{yz}{a} \sin^2 \frac{A}{2} \tag{4.119}$$

两边乘以abc,再利用半角正弦公式(4.3),即得下述涉及三角形边长的三元二次型不等式:

推论 4.42[80] 对$\triangle ABC$与任意实数x, y, z有

$$\sum bcx^2 \geqslant 4 \sum yz(s-b)(s-c) \tag{4.120}$$

在上式两边同除以 $\prod(s-a)$,然后再乘以 S,注意到 $r_a = S/(s-a)$ 与半角公式 (4.3),可得

$$\sum x^2 \frac{r_a}{\sin^2 \dfrac{A}{2}} \geqslant 4 \sum yz r_a \tag{4.121}$$

由此应用前面的不等式 (4.12) 又可得

$$\sum x^2 \frac{r_a R_1^2}{r_2 r_3} \geqslant 4 \sum yz r_a$$

再作代换 $x \to \dfrac{x}{R_1}\sqrt{\dfrac{r_2 r_3}{r_1}}$ 等等,然后利用公式 (4.18),即得类似于第 2 章中推论 2.38 的下述结果:

推论 4.43[80]   对 $\triangle ABC$ 内部任意一点 P 与任意实数 x, y, z 有

$$\sum x^2 \frac{r_a}{r_1} \geqslant 2 \sum yz \frac{r_a}{R_a} \tag{4.122}$$

令 P 为 $\triangle ABC$ 的内心,则易证此时有 $r_1 = r, R_a = 2R\sin\dfrac{A}{2}$. 又注意到 $r_a = s\tan\dfrac{A}{2}$,于是由上式易得下述二次型三角不等式:

推论 4.44   对 $\triangle ABC$ 与任意实数 x, y, z 有

$$\sum x^2 \cot\frac{B}{2}\cot\frac{C}{2} \geqslant 4 \sum yz \cos\frac{B}{2}\cos\frac{C}{2} \tag{4.123}$$

考虑不等式 (4.122) 的指数推广,我们提出下述猜想:

猜想 4.11[80]   设 $0 < k \leqslant 4$,则对 $\triangle ABC$ 内部任意一点 P 与任意实数 x, y, z 有

$$\sum x^2 \frac{r_a}{r_1^k} \geqslant 2^k \sum yz \frac{r_a}{R_a^k} \tag{4.124}$$

显然,涉及三角形边长的加权不等式 (4.120) 等价于下述代数不等式:

推论 4.45[80]   对任意正数 u, v, w 与任意实数 x, y, z 有

$$\sum (w+u)(u+v)x^2 \geqslant 4 \sum vwyz \tag{4.125}$$

注 4.15   由上式利用 $S_b + S_c \leqslant \dfrac{1}{2}aR_1$ 等易得前面的不等式 (4.115).

根据不等式 (4.125) 与前面的不等式 (4.54) 有

$$\sum x^2 R_2 R_3 \sin\frac{B}{2}\sin\frac{C}{2} \geqslant \sum yz r_2 r_3 \tag{4.126}$$

又因 $4\sin\dfrac{B}{2}\sin\dfrac{C}{2}\cos\dfrac{B}{2}\cos\dfrac{C}{2}=\sin B\sin C\leqslant\cos^2\dfrac{A}{2}$,从而有

$$\sum x^2 R_2 R_3 \frac{\cos^2\dfrac{A}{2}}{\cos\dfrac{B}{2}\cos\dfrac{C}{2}}\geqslant 4\sum yzr_2r_3$$

再作代换

$$x\to x\sqrt{\cos\dfrac{B}{2}\cos\dfrac{C}{2}\Big/\cos\dfrac{A}{2}}$$

等等,得

$$\sum x^2 R_2 R_3 \cos\frac{A}{2}\geqslant 4\sum yzr_2r_3\cos\frac{A}{2} \tag{4.127}$$

这显然等价于下述不等式:

推论 4.46[80] 对 $\triangle ABC$ 内部任意一点 P 与任意实数 x,y,z 有

$$\sum x^2\frac{R_2 R_3}{r_1^2}\cos\frac{A}{2}\geqslant 4\sum yz\cos\frac{A}{2} \tag{4.128}$$

由上式显然可得类似于推论4.22的结论:

推论 4.47 对 $\triangle ABC$ 内部任意一点 P 有

$$\sum R_2 R_3 \cos\frac{A}{2}\geqslant 4\sum r_2r_3\cos\frac{A}{2} \tag{4.129}$$

对不等式(4.127)应用前面用到的几何变换 T_5,则有

$$\sum x^2 R_2 R_3 r_2 r_3 \cos\frac{A}{2}\geqslant 4\sum yzr_2r_3r_1^2$$

两边除以 $2r_1r_2r_3$ 并利用公式 $R_a=R_2R_3/(2r_1)$,便得:

推论 4.48[80] 对 $\triangle ABC$ 内部任意一点 P 与任意实数 x,y,z 有

$$\sum x^2 R_a \cos\frac{A}{2}\geqslant 2\sum yzr_1\cos\frac{A}{2} \tag{4.130}$$

这一节最后,我们再给出一个涉及 R_1,R_2,R_3 与 r_1,r_2,r_3 的加权不等式.

在不等式(4.126)中,先作代换 $x\to yz,y\to zx,z\to xy$,然后两边乘以4并应用前面的不等式(4.97)就得:

推论 4.49 对 $\triangle ABC$ 内部任意一点 P 与任意实数 x,y,z 有

$$\sum x^4 R_1^2 \geqslant 4xyz\sum xr_2r_3 \tag{4.131}$$

在上式中取 $x=R_2R_3,y=R_3R_1,z=R_1R_2$,约简后得:

推论 4.50 对 $\triangle ABC$ 内部任意一点 P 有

$$\sum R_2^2 R_3^2 \geqslant 4\sum R_2 R_3 r_2 r_3 \tag{4.132}$$

(七)

这一节中,我们讨论由推论4.23结合上一章中的等价推论3.1得到的一个三元二次型几何不等式.

将推论4.23的不等式(4.69)与等价推论3.1的不等式

$$\sum x^2 a \frac{R_1}{r_1} \geqslant 2 \sum yza \qquad (4.133)$$

相加,立即可得本节的主要结果:

推论4.51　对$\triangle ABC$内部任意一点P与任意实数x, y, z有

$$\sum x^2 \frac{R_1}{r_1} \geqslant \frac{6 \sum yza}{\sum a} \qquad (4.134)$$

在上式中作代换$x \to x\sqrt{R_2 R_3 / R_1}$等等,再利用公式(4.18)可得等价的不等式

$$\sum x^2 R_a \geqslant \frac{3 \sum yza R_1}{\sum a} \qquad (4.135)$$

下面讨论不等式(4.134)与不等式(4.135)的应用.

在不等式(4.134)中,取$x = r_1, y = r_2, z = r_3$,得:

推论4.52　对$\triangle ABC$内部任意一点P有

$$\frac{\sum ar_2 r_3}{\sum R_1 r_1} \leqslant \frac{1}{3} s \qquad (4.136)$$

在不等式(4.134)中,取$x = \sqrt{r_1/R_1}, y = \sqrt{r_2/R_2}, z = \sqrt{r_3/R_3}$,得:

推论4.53　对$\triangle ABC$内部任意一点P有

$$\sum a \sqrt{\frac{r_2 r_3}{R_2 R_3}} \leqslant s \qquad (4.137)$$

在不等式(4.134)中,取$x = \sqrt{r_2 r_3 / r_1}$等等,再利用$\sum ar_1 = 2S = 2rs$,得:

推论4.54　对$\triangle ABC$内部任意一点P有

$$\sum \frac{r_2 r_3}{r_1^2} R_1 \geqslant 6r \qquad (4.138)$$

在不等式(4.134)中,令P为$\triangle ABC$的重心,利用命题1.1(b)得

$$\sum x^2 \frac{m_a}{h_a} \geqslant \frac{3\sum yza}{\sum a}$$

由此应用命题1.4,又易得出涉及中线与高线的下述加权不等式:

推论4.55 对$\triangle ABC$与任意实数x,y,z有

$$\sum x^2 \frac{m_a}{h_a} \geqslant \frac{3\sum yzm_a}{\sum m_a} \tag{4.139}$$

考虑上式的加强,作者提出以下猜想:

猜想4.12 对$\triangle ABC$与任意实数x,y,z有

$$\sum x^2 \frac{m_a}{h_a} \geqslant \frac{3\sum yzm_a}{\sum w_a} \tag{4.140}$$

在不等式(4.134)中,令P为$\triangle ABC$的内心,即得

$$\sum \frac{x^2}{\sin\dfrac{A}{2}} \geqslant \frac{6\sum yza}{\sum a} \tag{4.141}$$

由此利用前面的不等式(4.54),又得类似于推论4.51的结论:

推论4.56 对$\triangle ABC$内部任意一点P与任意实数x,y,z有

$$\sum x^2 \frac{R_1}{r_2+r_3} \geqslant \frac{3\sum yza}{\sum a} \tag{4.142}$$

在上式中取$x=\sqrt{r_2r_3/r_1}$,再利用$\sum ar_1 = 2S = 2rs$,得

$$\sum \frac{r_2r_3R_1}{r_1(r_2+r_3)} \geqslant 3r \tag{4.143}$$

注意到$(r_2+r_3)^2 \geqslant 4r_2r_3$,就得下述更简洁的不等式:

推论4.57 对$\triangle ABC$内部任意一点P有

$$\sum \frac{r_2+r_3}{r_1}R_1 \geqslant 12r \tag{4.144}$$

在式(4.142)中,取$x = \sqrt{R_2R_3/R_1}$等等,得

$$\sum \frac{R_2R_3}{r_2 + r_3} \geqslant \frac{3\sum aR_1}{\sum a} \tag{4.145}$$

再按已知不等式$\sum aR_1 \geqslant 4S$,可得:

推论 4.58 对$\triangle ABC$内部任意一点P有

$$\sum \frac{R_2R_3}{r_2 + r_3} \geqslant 6r \tag{4.146}$$

针对上式,我们提出以下两个更强的猜想:

猜想 4.13 对$\triangle ABC$内部任意一点P有

$$\sum \frac{R_2R_3}{r_2 + r_3} \geqslant R + 4r \tag{4.147}$$

猜想 4.14 对$\triangle ABC$内部任意一点P有

$$\sum \frac{R_2R_3}{e_2 + e_3} \geqslant 6r \tag{4.148}$$

据不等式(4.145)与后面第12章中命题12.1的不等式

$$\sum aR_1 \geqslant \frac{4}{3}s \sum r_1 \tag{4.149}$$

又可得下述涉及线段$R_1, R_2, R_3, r_1, r_2, r_3$的不等式:

推论 4.59 对$\triangle ABC$内部任意一点P有

$$\sum \frac{R_2R_3}{r_2 + r_3} \geqslant 2 \sum r_1 \tag{4.150}$$

将涉及平面上任意一点Q的林鹤一不等式

$$\sum aD_2D_3 \geqslant abc \tag{4.151}$$

(参见第12章中推论12.36)用于不等式(4.134),再利用$abc = 4Rrs$,就得:

推论 4.60 对$\triangle ABC$内部任意一点P与任意一点Q有

$$\sum \frac{R_1}{r_1}D_1^2 \geqslant 12Rr \tag{4.152}$$

特别地,当P点与Q点重合时有:

推论 4.61 对 $\triangle ABC$ 内部任意一点 P 有

$$\sum \frac{R_1^3}{r_1} \geqslant 12Rr \tag{4.153}$$

注 4.16 作者在考虑这个不等式的加强时曾提出更强的不等式

$$\sum \frac{R_1^3}{r_1} \geqslant 2\sum R_1^2 \tag{4.154}$$

同时还提出了下述问题:对于哪些 m, n 值下述不等式

$$\sum \frac{R_1^m}{r_1^n} \geqslant 2^n \sum R_1^{m-n} \tag{4.155}$$

成立? 吴跃生在文献[34]中较好地解决了这个问题,他证明了当 $m - n \geqslant 2, n > 0$ 时上式的 "r-w" 对偶不等式成立.

现在,对推论 4.51 的不等式 (4.134) 使用附录 A 中定理 A 所述几何变换 T_2

$$(a, b, c, R_1, R_2, R_3, r_1, r_2, r_3)$$
$$\rightarrow (aR_1, bR_2, cR_3, R_2R_3, R_3R_1, R_1R_2, r_1R_1, r_2R_2, r_3R_3)$$

得

$$\sum x^2 \frac{R_2R_3}{R_1r_1} \geqslant \frac{6\sum yzaR_1}{\sum aR_1}$$

再作代换 $x \rightarrow x\sqrt{R_1/(R_2R_3)}$ 等等,便得:

推论 4.62 对 $\triangle ABC$ 内部任意一点 P 与任意实数 x, y, z 有

$$\sum \frac{x^2}{r_1} \geqslant \frac{6\sum yza}{\sum aR_1} \tag{4.156}$$

设 $\triangle ABC$ 为锐角三角形且 P 为其垂心,易知此时有 $\sum aR_1 = 4S$ 与 $r_1 = 2R\cos B\cos C$ 等等,因此由上述推论可得

$$\frac{1}{2R}\sum \frac{x^2}{\cos B\cos C} \geqslant 3\sum \frac{yz}{h_a}$$

又注意到 $h_a = 2R\sin B\sin C$,于是得下述三元二次型三角不等式:

推论 4.63 对锐角 $\triangle ABC$ 与任意实数 x, y, z 有

$$\sum \frac{x^2}{\cos B\cos C} \geqslant 3\sum \frac{yz}{\sin B\sin C} \tag{4.157}$$

注4.17　由上式与前面的不等式(4.37)可知,对锐角△ABC平面上任意一点P成立不等式

$$\sum \frac{r_1^2}{R_1^2 \cos B \cos C} \geqslant 3 \tag{4.158}$$

作者用其他方法证明了更强的不等式

$$\sum \frac{r_1^2}{R_1^2 \sin^2 \dfrac{A}{2}} \geqslant 3 \tag{4.159}$$

等号当且仅当P为锐角△ABC的内心时成立.

在不等式(4.156)中,取P为△ABC的类似重心,再利用命题1.1(e),可得:

推论4.64　对△ABC与任意实数x,y,z有

$$\sum \frac{x^2}{\sin A} \geqslant \frac{\sum yza}{\sum m_a} \tag{4.160}$$

对不等式(4.134)应用前面用到的几何变换T_5,又可得

$$\sum x^2 \frac{R_1 r_1}{r_2 r_3} \geqslant \frac{6 \sum yza}{\sum a}$$

再作代换$x \to x\sqrt{r_2 r_3 / r_1}$等等,便得:

推论4.65　对△ABC内部任意一点P与任意实数x,y,z有

$$\sum x^2 R_1 \geqslant \frac{6 \sum yzar_1}{\sum a} \tag{4.161}$$

下面,我们转而讨论不等式(4.134)的等价式(4.135)的应用.

不等式(4.135)一个显然的推论是:

推论4.66　对△ABC内部任意一点P有

$$\sum aR_1 \leqslant \frac{2}{3} s \sum R_a \tag{4.162}$$

注4.18　由上式与不等式(4.149)可得第2章中推论2.17所述线性不等式的以下加细

$$\sum R_a \geqslant \frac{3 \sum aR_1}{\sum a} \geqslant 2 \sum r_1 \tag{4.163}$$

在式(4.135)中,取 $x = \sqrt{D_2 D_3/D_1}$ 等等,然后应用Bennett-Klamkin不等式

$$\sum a R_1 D_1 \geqslant abc \tag{4.164}$$

(参见后面第7章的推论7.51)便得:

推论 4.67　对 $\triangle ABC$ 内部任意一点 P 与平面上异于顶点的任意一点 Q 有

$$\sum \frac{R_a D_2 D_3}{D_1} \geqslant 6Rr \tag{4.165}$$

当 P 为 $\triangle ABC$ 的内心时,易证 $R_a = 2R\sin\dfrac{A}{2}$ 等等.因此,由上式可得

$$\sum \frac{D_2 D_3}{D_1} \sin\frac{A}{2} \geqslant 3r$$

把这个有关点 Q 的不等式换成点 P 的不等式,即得:

推论 4.68　对 $\triangle ABC$ 平面上异于顶点的任意一点 P 有

$$\sum \frac{R_2 R_3}{R_1} \sin\frac{A}{2} \geqslant 3r \tag{4.166}$$

上式促使作者提出以下更强的猜想:

猜想 4.15　对 $\triangle ABC$ 平面上任意一点 P 有

$$\sum R_1 \sqrt{\sin\frac{B}{2}\sin\frac{C}{2}} \geqslant 3r \tag{4.167}$$

令点 Q 重合于点 P,由不等式(4.165)易得:

推论 4.69　对 $\triangle ABC$ 内部任意一点 P 有

$$\sum \frac{(R_2 R_3)^2}{r_1 R_1} \geqslant 12Rr \tag{4.168}$$

下面介绍作者在研究上式时提出的一个猜想.

猜想 4.16　对 $\triangle ABC$ 内部任意一点 P 有

$$\sum a^2 r_1 R_1 \leqslant \frac{1}{3} abcs \tag{4.169}$$

如果上式成立,利用林鹤一不等式就可证得较式(4.168)更强的不等式

$$\sum \frac{(R_2 R_3)^2}{R_1 r_1} \geqslant \frac{8}{9} s^2 \tag{4.170}$$

这个不等式目前也未得到证明.

在式(4.135)中,作代换$x \to x/\sqrt{a}$等等,然后应用不等式$a \geqslant 2\sqrt{bc}\sin\dfrac{A}{2}$与不等式(4.54),可得

$$\sum x^2 \frac{R_a}{a} \geqslant \frac{3\sum yz(r_2+r_3)}{\sum a} \tag{4.171}$$

再利用公式(4.18)得

$$\sum x^2 \frac{R_2 R_3}{ar_1} \geqslant \frac{6\sum yz(r_2+r_3)}{\sum a} \tag{4.172}$$

对此不等式使用前面用到的几何变换T_5,又得

$$\sum x^2 \frac{R_2 R_3}{a} \geqslant \frac{6\sum yzr_1(r_2+r_3)}{\sum a} \tag{4.173}$$

接着作置换$x \to x/\sqrt{2r_1}$等等,然后利用公式(4.18)与简单的不等式$r_2+r_3 \geqslant 2\sqrt{r_2 r_3}$,又易得:

推论4.70 对$\triangle ABC$内部任意一点P与任意实数x,y,z有

$$\sum x^2 \frac{R_a}{a} \geqslant \frac{6\sum yzr_1}{\sum a} \tag{4.174}$$

将不等式(4.171)两边乘以2再与上式相加,又得:

推论4.71 对$\triangle ABC$内部任意一点P与任意实数x,y,z有

$$\sum x^2 \frac{R_a}{a} \geqslant 2\frac{\sum r_1}{\sum a}\sum yz \tag{4.175}$$

上式与Erdös-Mordell不等式(4.39)促使作者提出猜想:

猜想4.17 对$\triangle ABC$内部任意一点P与任意实数x,y,z有

$$\sum x^2 \frac{R_a}{a} \geqslant \frac{\sum R_1}{\sum a}\sum yz \tag{4.176}$$

注4.18 吴裕东与张志华等在文献[33]中以及吴跃生在文[34]中都证明了上式在$x=y=z=1$下的特殊情形,即

$$\sum \frac{R_a}{a} \geqslant 3\frac{\sum R_1}{\sum a} \tag{4.177}$$

上式等价于

$$\sum R_1 \leqslant \frac{s}{3} \sum \frac{1}{\sin \alpha} \tag{4.178}$$

这弱于上一章中给出的不等式 (3.119)

$$\sum R_1 \leqslant \frac{3s}{\sum \sin \alpha} \tag{4.179}$$

注 4.19 本章中有许多不等式的 "r-w" 对偶不等式值得研究. 例如, 作者发现不等式 $(4.43), (4.44), (4.63), (4.69), (4.115), (4.129), (4.134), (4.137),$ $(4.142), (4.146), (4.147), (4.150), (4.156), (4.161), (4.169)$ 等很可能有对任意 $\triangle ABC$ 成立的 "r-w" 对偶不等式, 而不等式 $(4.45), (4.46), (4.113), (4.122),$ (4.149) 等很可能有对锐角 $\triangle ABC$ 成立的 "r-w" 对偶不等式.

第 5 章 推论五及其应用

上一章中的等价推论4.10给出了下述加权三角不等式:

对 $\triangle ABC$ 与任意实数 x,y,z 有

$$\sum x \sum x \sin^2 \frac{A}{2} \geqslant \sum yz \cos^2 \frac{A}{2} \tag{5.1}$$

等号当且仅当 $x\tan\dfrac{A}{2} = y\tan\dfrac{B}{2} = z\tan\dfrac{C}{2}$ 时成立.

这一章中,我们由上述不等式推证出一个涉及三角形边长的加权不等式,给出它的三种等价结果,并着重讨论主推论与等价推论5.2的应用.

现在来推导本章的主要结果.

在式(5.1)中作代换 $x \to yz\cos^2\dfrac{A}{2}$,则得

$$\sum yz \cos^2 \frac{A}{2} \sum yz \cos^2 \frac{A}{2} \sin^2 \frac{A}{2} \geqslant xyz \sum x \prod \cos^2 \frac{A}{2}$$

两边乘以 $16R^2$ 并利用正弦定理得

$$\sum yza^2 \sum yz \cos^2 \frac{A}{2} \geqslant 16xyzR^2 \sum x \prod \cos^2 \frac{A}{2}$$

再利用等式

$$s = 4R \prod \cos \frac{A}{2} \tag{5.2}$$

就知当 x,y,z 为正数时成立

$$\sum yz \cos^2 \frac{A}{2} \geqslant \frac{s^2 xyz \sum x}{\sum yza^2} \tag{5.3}$$

根据式(5.1)中等号成立的条件易知上式等号当且仅当 $x:y:z = a:b:c$ 时成立.

由式(5.3)利用半角公式

$$\cos\frac{A}{2}=\sqrt{\frac{s(s-a)}{bc}} \tag{5.4}$$

易得

$$\sum yz\frac{s-a}{bc}\geqslant\frac{sxyz\sum x}{\sum yza^2}$$

再作代换 $x\to xa, y\to yb, z\to zc$,然后两边除以 xyz 便得作者在1992年建立的下述不等式:

推论五[45] 对 $\triangle ABC$ 与任意正数 x,y,z 有

$$\sum\frac{s-a}{x}\geqslant\frac{s\sum xa}{\sum yza} \tag{5.5}$$

等号当且仅当 $x=y=z$ 时成立.

事实上,不等式(5.5)还可延拓如下

$$\sum\frac{s-a}{x}\geqslant\frac{s\sum xa}{\sum yza}\geqslant\frac{s^2}{\sum x(s-a)} \tag{5.6}$$

等号均当且仅当 $x=y=z$ 时成立.有趣的是,第二个不等式与第一个不等式实际上是等价的,这是因为将第二个不等式中的正数 x,y,z 分别换成它们的倒数,约简后就可得出第一个不等式.

(一)

这一节中,我们给出与主推论的不等式(5.5)相等价的三个不等式.

首先来推证与不等式(5.5)等价的一个代数不等式.

设 $s-a=u, s-b=v, s-c=w$,则 $a=v+w, b=w+u, c=u+v, s=\sum u$,于是知不等式(5.5)等价于

$$\sum\frac{u}{x}\geqslant\frac{\sum u\sum x(v+w)}{\sum yz(v+w)} \tag{5.7}$$

再在上式中作代换 $x\to u/x, y\to v/y, z\to w/z$,即易得下述不等式:

等价推论 5.1 对任意正数 x, y, z 与正数 u, v, w 有

$$\frac{\sum xvw(v+w)}{\sum yzu(v+w)} \geqslant \frac{\sum u}{\sum x} \tag{5.8}$$

等号当且仅当 $x:y:z = u:v:w$ 时成立.

显然,不等式 (5.8) 等价于涉及两个三角形边长的不等式

$$\frac{\sum a(s-a)(s'-b')(s'-c')}{\sum a(s-b)(s-c)(s'-a')} \geqslant \frac{s'}{s} \tag{5.9}$$

等号当且仅当 $\triangle ABC \sim \triangle A'B'C'$ 时成立.

注 5.1 不等式 (5.8) 有以下简单的直接证法:容易验证恒等式

$$\sum x \sum xvw(v+w) - \sum u \sum yzu(v+w) = \sum u(wy-vz)^2 \tag{5.10}$$

由此可见式 (5.8) 成立且其等号成立条件如上所述.

从上面的推导易见,不等式 (5.3) 与不等式 (5.5) 是等价的.在式 (5.3) 中作代换 $x \to yz$ 等等,然后两边除以 xyz,可得

$$\sum x \cos^2 \frac{A}{2} \geqslant \frac{s^2 \sum yz}{\sum xa^2} \tag{5.11}$$

又容易证明在 $\triangle ABC$ 中成立等式

$$(r_c + r_a)(r_a + r_b) \cos^2 \frac{A}{2} = s^2 \tag{5.12}$$

于是由式 (5.11) 便得下述等价的加权三角形不等式:

等价推论 5.2 对 $\triangle ABC$ 与任意正数 x, y, z 有

$$\sum \frac{x}{(r_c + r_a)(r_a + r_b)} \geqslant \frac{\sum yz}{\sum xa^2} \tag{5.13}$$

等号当且仅当 $xa = yb = zc$ 时成立.

这一节最后,我们来推证一个有趣的与加权不等式 (5.5) 相等价的涉及两个三角形的三角不等式.

在不等式 (5.5) 中,取

$$x = \cos^2 \frac{A}{2} \tan \frac{A'}{2}, \ y = \cos^2 \frac{B}{2} \tan \frac{B'}{2}, \ z = \cos^2 \frac{C}{2} \tan \frac{C'}{2}$$

得

$$\sum a^2 \cos^2 \frac{B}{2} \cos^2 \frac{C}{2} \tan \frac{B'}{2} \tan \frac{C'}{2} \prod \cos^2 \frac{A}{2} \sum \tan \frac{B'}{2} \tan \frac{C'}{2}$$
$$\geqslant s^2 \prod \left(\cos^2 \frac{A}{2} \tan \frac{A'}{2} \right) \sum \cos^2 \frac{A}{2} \tan \frac{A'}{2}$$

两边除以 $\prod \cos^2 \frac{A}{2}$ 并利用恒等式

$$\sum \tan \frac{B'}{2} \tan \frac{C'}{2} = 1 \tag{5.14}$$

得

$$\sum a^2 \cos^2 \frac{B}{2} \cos^2 \frac{C}{2} \tan \frac{B'}{2} \tan \frac{C'}{2} \geqslant s^2 \prod \tan \frac{A'}{2} \sum \cos^2 \frac{A}{2} \tan \frac{A'}{2}$$

两边再次除以 $\prod \cos^2 \frac{A}{2}$ 并利用 $a = 4R \sin \frac{A}{2} \cos \frac{A}{2}$ 与等式(5.2)得

$$\sum \sin^2 \frac{A}{2} \tan \frac{B'}{2} \tan \frac{C'}{2} \geqslant \prod \tan \frac{A'}{2} \sum \cos^2 \frac{A}{2} \tan \frac{A'}{2}$$

两边再除以 $\prod \tan \frac{A'}{2}$,就得下述优美的三角不等式:

等价推论 5.3[45] 在 $\triangle ABC$ 与 $\triangle A'B'C'$ 中有

$$\sum \sin^2 \frac{A}{2} \cot \frac{A'}{2} \geqslant \sum \cos^2 \frac{A}{2} \tan \frac{A'}{2} \tag{5.15}$$

等号当且仅当 $\triangle ABC \sim \triangle A'B'C'$ 时成立.

由不等式(5.15)容易推导出加权不等式(5.5)(详略).因此,不等式(5.15)与不等式(5.5)是等价的.

注5.2 不等式(5.15)还可以延拓如下

$$\sum \sin^2 \frac{A}{2} \cot \frac{A'}{2} \geqslant \sum \cos^2 \frac{A}{2} \tan \frac{A'}{2} \geqslant 2 \prod \cos \frac{A}{2} \tag{5.16}$$

其中后一个不等式即为后面第10章中得出的不等式(10.7).

(二)

现在,我们应用推论五来推导三角形的一个重要不等式.

在不等式(5.5)中取 $x = a, y = b, z = c$,然后两边同乘以 abc,得

$$3 \sum (s-a)bc \geqslant s \sum a^2$$

即

$$3s \sum bc - 9abc - s \sum a^2 \geqslant 0 \qquad (5.17)$$

以已知等式

$$abc = 4Rrs \qquad (5.18)$$

$$\sum bc = s^2 + 4Rr + r^2 \qquad (5.19)$$

$$\sum a^2 = 2s^2 - 8Rr - 2r^2 \qquad (5.20)$$

代入式(5.17)中,简化后得

$$s(s^2 - 16Rr + 5r^2) \geqslant 0$$

于是得到三角形中下述著名的Gerretsen下界不等式:

推论 5.4[81]　在 $\triangle ABC$ 中有

$$s^2 \geqslant 16Rr - 5r^2 \qquad (5.21)$$

接下来,我们再由推论五来推导 $\triangle ABC$ 中有关 s^2 的一个上界不等式.

在式(5.5)中取 $x = 1/a, y = 1/b, z = 1/c$,易得

$$\sum a(s-a) \sum \frac{a}{bc} - 3s \geqslant 0$$

两边乘以 abc,则

$$\sum a^2 \left(2s^2 - \sum a^2 \right) - 3abcs \geqslant 0$$

再将式(5.18)与式(5.20)代入上式易得

$$-r(R+r)s^2 + 4r^2(4R+r)^2 \geqslant 0$$

由此得:

推论 5.5　在 $\triangle ABC$ 有

$$s^2 \leqslant \frac{r(4R+r)^2}{R+r} \qquad (5.22)$$

由 Euler 不等式 $R \geqslant 2r$ 知

$$\frac{r(4R+r)^2}{R+r} - (4R^2 + 4Rr + 3r^2) = -\frac{(R-2r)(4R^2 - r^2)}{R+r} \leqslant 0$$

于是按不等式 (5.22) 可得下述 Gerretsen 上界不等式:

推论 5.6[81] 在 $\triangle ABC$ 有

$$s^2 \leqslant 4R^2 + 4Rr + 3r^2 \tag{5.23}$$

注 5.3 在文献 [81] 中, J.Gerretsen 是通过建立三角形重心 G 与内心 I 的计算公式

$$GI^2 = s^2 - 16Rr + 5r^2 \tag{5.24}$$

以及内心 I 与垂心 H 的计算公式

$$IH^2 = 4R^2 + 4Rr + 3r^2 - s^2 \tag{5.25}$$

而分别得出不等式 (5.21) 与不等式 (5.23) 的.

Gerretsen 上、下界不等式与 Sondat 基本不等式

$$s^4 - 2(2R^2 + 10Rr - r^2)s^2 + r(4R+r)^3 \leqslant 0 \tag{5.26}$$

(见专著《GI》中不等式 13.8) 以及 Euler 不等式

$$R \geqslant 2r \tag{5.27}$$

是三角形几何不等式中强有力的 "R-r-s" 方法的基础. 在文献 [82] 中可以找到许多应用 "R-r-s" 方法证明三角形不等式的例子, 读者还可参考有关的文献 [83]–[87] 等.

由等式 (5.19) 与式 (5.23) 易得 Gerretsen 上界不等式的下述等价不等式 (即《GI》中不等式 5.17):

推论 5.7 在 $\triangle ABC$ 有

$$\sum bc \leqslant 4(R+r)^2 \tag{5.28}$$

注 5.4 由 $bc = 2Rh_a$ 可知上式等价于不等式

$$\sum h_a \leqslant \frac{2(R+r)^2}{R} \tag{5.29}$$

(见《GI》中不等式6.13).作者在文献[73]中用"$R\text{-}r\text{-}s$"方法证明了上式可加强为

$$\sum k_a \leqslant \frac{2(R+r)^2}{R} \tag{5.30}$$

Euler不等式(5.27)有多种多样的证明,它也可由不等式(5.5)得出如下:
在不等式(5.5)中,取$x=s-a, y=s-b, z=s-c$,得

$$3\sum a(s-b)(s-c) \geqslant s\sum a(s-a) \tag{5.31}$$

又利用(5.18)~(5.20)三式易得等式

$$3\sum a(s-b)(s-c) - s\sum a(s-a) = 4(R-2r)rs^2 \tag{5.32}$$

于是可知$R \geqslant 2r$成立.

考虑不等式(5.31)的推广,作者猜测当$k>0$时成立

$$3\sum a^k(s-b)(s-c) \geqslant s\sum a^k(s-a) \tag{5.33}$$

当$k<0$时上式反向成立,也即提出下述等价的猜想:

猜想5.1　当$k>0$时,在$\triangle ABC$中有

$$\sum a^k(a^2+bc-b^2-c^2) \geqslant 0 \tag{5.34}$$

当$k<0$时,上式反向成立.

我们已经知道内角平分线与面积之间成立不等式

$$\sum w_a^2 \geqslant 3\sqrt{3}S \tag{5.35}$$

(见《GI》中不等式8.10).下面,我们应用推论五来证明上式的一个加强.

推论5.8[88]　在$\triangle ABC$有

$$\sum w_b w_c \geqslant 3\sqrt{3}S \tag{5.36}$$

证明　首先,在不等式(5.5)中取$x=aw_a, y=bw_b, z=cw_c$,则有

$$\sum \frac{s-a}{aw_a} \geqslant \frac{s\sum a^2w_a}{abc\sum w_bw_c}$$

又按Cauchy不等式有

$$\sum a^2 w_a = w_a w_b w_c \sum \frac{a^2}{w_b w_c} \geqslant \frac{4 w_a w_b w_c s^2}{\sum w_b w_c}$$

所以

$$\sum \frac{s-a}{a w_a} \geqslant \frac{4 w_a w_b w_c s^3}{abc \left(\sum w_b w_c \right)^2} \tag{5.37}$$

另外,利用$s - a = r \cot \frac{A}{2}$, $abc = 4Rrs$与角平分线公式

$$w_a = \frac{2bc}{b+c} \cos \frac{A}{2} \tag{5.38}$$

易得

$$\frac{s-a}{w_a} = \frac{b+c}{2s} \cos \frac{A}{2} \tag{5.39}$$

因$\sin \frac{A}{2} \leqslant \frac{a}{b+c}$,所以

$$\sum \frac{s-a}{a w_a} = \frac{1}{2s} \sum \frac{b+c}{a} \cos \frac{A}{2} \leqslant \frac{1}{2s} \sum \cot \frac{A}{2}$$

再注意到$\sum \cot \frac{A}{2} = \frac{s}{r}$,便得

$$\sum \frac{s-a}{a w_a} \leqslant \frac{1}{2r} \tag{5.40}$$

据此与不等式(5.37)有

$$\left(\sum w_b w_c \right)^2 \geqslant \frac{8r w_a w_b w_c s^3}{abc} \tag{5.41}$$

又利用公式(5.38)与恒等式(5.2)以及等式$abc = 4SR$,易得

$$w_a w_b w_c = \frac{8abcsS}{\prod(b+c)} \tag{5.42}$$

由式(5.41)与式(5.42)以及公式$S = rs$就得

$$\left(\sum w_b w_c \right)^2 \geqslant \frac{64s^3}{\prod(b+c)} S^2 \tag{5.43}$$

按算术–几何平均不等式知

$$\prod(b+c) \leqslant \frac{64}{27}s^3$$

由此与式(5.43)得

$$\left(\sum w_b w_c\right)^2 \geqslant 27S^2$$

两边开平方就得不等式(5.36).推论5.8证毕.   □

注5.5 作者与王振在1994年各自独立发现了不等式(5.36),韩京俊在文献[89](第325页)中给出了这个不等式一个直接的证法.

(三)

下面,我们应用推论五的不等式来推导有关三角形内部一点的几个不等式.

在不等式(5.5)中,取$x = r_1, y = r_2, z = r_3$,然后利用以下恒等式

$$\sum ar_1 = 2S \tag{5.44}$$

$$\sum ar_2 r_3 = 4RS_p \tag{5.45}$$

(其中后式已在第3章中得出),即得

$$\sum \frac{s-a}{r_1} \geqslant \frac{sS}{2RS_p} \tag{5.46}$$

又注意到恒等式

$$SR_1 R_2 R_3 = 8RR_p R^2 \tag{5.47}$$

(参见附录A中引理A2),便得

$$\sum \frac{s-a}{r_1} \geqslant \frac{4sRR_p}{R_1 R_2 R_3}$$

注意到对△ABC内部一点P显然有$R_p \geqslant r$(这可推广为涉及平面任意一点的情形,参见后面第7章中推论7.58),据此与等式$abc = 4Rrs$就得:

推论5.9[45] 对△ABC内部任意一点P有

$$\sum \frac{s-a}{r_1} \geqslant \frac{abc}{R_1 R_2 R_3} \tag{5.48}$$

等号当且仅当P为$\triangle ABC$的内心时成立.

不等式(5.48)的另一种证法见文献[90].

由不等式(5.46)与已知的垂足三角形的面积不等式

$$S_p \leqslant \frac{1}{4}S \tag{5.49}$$

(等号仅当P为$\triangle ABC$的外心时成立)有

$$\sum \frac{s-a}{r_1} \geqslant \frac{2s}{R} \tag{5.50}$$

将此与推论1.25所述已知不等式

$$\sum \frac{a}{r_1} \geqslant \frac{2s}{r} \tag{5.51}$$

相加,约简后即得下述优美的不等式:

推论 5.10[45] 对$\triangle ABC$内部任意一点P有

$$\sum \frac{1}{r_1} \geqslant 2\left(\frac{1}{R}+\frac{1}{r}\right) \tag{5.52}$$

在文献[91]中,作者得出了上式的指数推广(参见附录B中不等式(B.98)).作者猜测不等式(5.52)很可能存在更强的"r-w"对偶不等式,即下述不等式(5.53)很可能是成立的.

猜想 5.2[92] 对$\triangle ABC$内部任意一点P有

$$\sum \frac{1}{w_1} \geqslant 2\left(\frac{1}{R}+\frac{1}{r}\right) \tag{5.53}$$

在不等式(5.5)中,取$x=1/r_1, y=1/r_2, z=1/r_3$,利用恒等式(5.44)与恒等式(5.45)易得

$$s\sum r_1 - 2S \geqslant \frac{2sRS_p}{S}$$

利用$S=rs$约简得

$$\sum r_1 \geqslant 2r + 2R\frac{S_p}{S} \tag{5.54}$$

又由第3章中给出的公式$a_p = aR_1/(2R)$容易得出垂足$\triangle DEF$内切圆半径r_p的以下计算公式

$$r_p = \frac{4RS_p}{\sum aR_1} \tag{5.55}$$

由此与已知不等式 $\sum aR_1 \geqslant 4S$(参见推论3.3)可得

$$\frac{S_p}{r_p} \geqslant \frac{S}{R} \tag{5.56}$$

等号当且仅当P为$\triangle ABC$的垂心时成立.因此,由不等式(5.54)进而可得下述线性不等式:

推论 5.11 对$\triangle ABC$内部任意一点P有

$$\sum r_1 \geqslant 2(r + r_p) \tag{5.57}$$

现在,我们来推导r_1, r_2, r_3与R, r之间的一个不等式.

由不等式(5.51)与$S = rs$以及恒等式(5.45)可得

$$2R\frac{S_p}{S} \geqslant \frac{r_1 r_2 r_3}{r^2}$$

由此与不等式(5.54)有

$$\sum r_1 \geqslant 2r + \frac{r_1 r_2 r_3}{r^2} \tag{5.58}$$

于是

$$\sum \frac{1}{r_2 r_3} \geqslant \frac{1}{r^2} + \frac{2r}{r_1 r_2 r_3} \tag{5.59}$$

等号当且仅当P为$\triangle ABC$的内心时成立.由上式与已知不等式

$$r_1 r_2 r_3 \leqslant \frac{1}{27} h_a h_b h_c \tag{5.60}$$

(参见《GI》中不等式12.11)以及等式$h_a h_b h_c = r^2 s^2 / (2R)$可得

$$\sum \frac{1}{r_2 r_3} \geqslant \frac{1}{r^2} + \frac{27R}{rs^2} \tag{5.61}$$

再利用简单的已知不等式$2s \leqslant 3\sqrt{3}R$,便得:

推论 5.12 对$\triangle ABC$内部任意一点P有

$$\sum \frac{1}{r_2 r_3} \geqslant \frac{1}{r^2} + \frac{4}{Rr} \tag{5.62}$$

由$\triangle ABC$中的等式

$$\sum \frac{1}{(s-b)(s-c)} = \frac{1}{r^2} \tag{5.63}$$

与简单的不等式 $4(s-b)(s-c) \leqslant a^2$ 可知

$$\frac{1}{4r^2} \geqslant \sum \frac{1}{a^2} \tag{5.64}$$

据此与等式

$$\sum \frac{1}{bc} = \frac{1}{2Rr} \tag{5.65}$$

由不等式(5.62)进而易得有关 r_1, r_2, r_3 与边长 a, b, c 的下述不等式:

推论 $5.13^{[93]}$ 对 $\triangle ABC$ 内部任意一点 P 有

$$\sum \frac{1}{r_2 r_3} \geqslant 4 \left(\sum \frac{1}{a} \right)^2 \tag{5.66}$$

由上式易知

$$\sum \frac{1}{r_1} \geqslant 2\sqrt{3} \sum \frac{1}{a} \tag{5.67}$$

这弱于前面的不等式(5.52).

在后面第7章与18章中,我们将分别给出推论5.13与推论5.12的推广(见推论7.28与推论18.16).

<h1 style="text-align:center">(四)</h1>

这一节继续讨论推论五的应用.

在推论五的不等式(5.5)中,作置换 $x \to yz, y \to zx, z \to xy$,得

$$\sum \frac{s-a}{yz} \geqslant \frac{s \sum yza}{xyz \sum xa} \tag{5.68}$$

另按Cauchy不等式可知,对任意正数 x, y, z 有

$$\sum xa \sum \frac{a}{x} \geqslant \left(\sum a \right)^2$$

即

$$\sum yza \geqslant \frac{4xyzs^2}{\sum xa} \tag{5.69}$$

由此与式(5.68)便得:

推论 $5.14^{[94]}$ 对 $\triangle ABC$ 与任意正数 x, y, z 有

$$\sum \frac{s-a}{yz} \geqslant \frac{4s^3}{\left(\sum xa \right)^2} \tag{5.70}$$

等号当且仅当$x = y = z$时成立.

显然,上述不等式等价于涉及正数x, y, z与正数u, v, w的代数不等式

$$\sum \frac{u}{yz} \geqslant \frac{4\left(\sum u\right)^3}{\left[\sum x(v+w)\right]^2} \tag{5.71}$$

其中等号当且仅当$x = y = z$时成立.

下面,我们应用不等式(5.71)来建立一个加权几何不等式.

在式(5.71)中取$u = 2S_a, v = 2S_b, w = 2S_c$,利用简单的不等式$S_b + S_c \leqslant \frac{1}{2}aR_1$并注意到$\sum S_a = S$与$S_a = \frac{1}{2}ar_1$等等,可得

$$\sum \frac{ar_1}{yz} \geqslant \frac{32S^3}{\left(\sum xaR_1\right)^2} \tag{5.72}$$

于是有

$$\sum xar_1\left(\sum xaR_1\right)^2 \geqslant 32xyzS^3 \tag{5.73}$$

在上式中作代换$x \to xR_2R_3/a$等等,然后利用$h_a = 2S/a$经约简、整理得下述加权不等式:

推论 5.15　对$\triangle ABC$内部任意一点P与任意正数x, y, z有

$$\sum xr_1R_2R_3 \geqslant \frac{4xyz}{\left(\sum x\right)^2}h_ah_bh_c \tag{5.74}$$

等号当且仅当P为$\triangle ABC$的垂心且$x : y : z = \sin 2A : \sin 2B : \sin 2C$时成立.

注 5.6　由$h_ah_bh_c = 2S^2/R$可知式(5.74)等价于

$$\sum xr_1R_2R_3 \geqslant \frac{8xyz}{\left(\sum x\right)^2} \cdot \frac{S^2}{R} \tag{5.75}$$

这是文献[95]中定理1给出的结果之一,另两个类似的结果如下

$$\sum x\frac{(R_2R_3)^3}{r_1} \geqslant \frac{32xyz}{\left(\sum x\right)^2} \cdot RS^2 \tag{5.76}$$

$$\sum x\frac{r_1^3}{R_2R_3} \geqslant \frac{2xyz}{\left(\sum x\right)^2} \cdot \frac{S^2}{R^3} \tag{5.77}$$

其中等号成立的条件与式(5.74)相同.

注 5.7 在文献[95]中,作者证明了不等式(5.75)~(5.77)对△ABC平面上任意一点P均成立.因此,下面推论5.16~5.20所述不等式实际上也对△ABC平面上任意一点P成立.

在式(5.74)中取$x = y = z = 1$,得:

推论 5.16 对△ABC内部任意一点P有

$$\sum r_1 R_2 R_3 \geqslant \frac{4}{9} h_a h_b h_c \tag{5.78}$$

直接证明较上式为弱、但更优美的不等式

$$\sum r_1 R_2 R_3 \geqslant 12r^3 \tag{5.79}$$

似乎并不容易.

现设△ABC为锐角三角形,则可在不等式(5.74)中取$x = \tan B + \tan C$等等, 利用恒等式(证略)

$$\frac{\prod(\tan B + \tan C)}{\left(\sum \tan A\right)^2} = \frac{2R^2}{S} \tag{5.80}$$

与$h_a h_b h_c = 8S^3/(abc)$以及$abc = 4SR$,即得下述有趣的不等式:

推论 5.17[95] 对锐角△ABC内部任意一点P有

$$\sum (\tan B + \tan C)r_1 R_2 R_3 \geqslant abc \tag{5.81}$$

等号当且仅当P为锐角△ABC的垂心时成立.

注 5.8 由不等式(5.76)与不等式(5.77)利用等式(5.80)分别可得以下两个涉及锐角△ABC与一点的几何不等式

$$\sum (\tan B + \tan C)\frac{(R_2 R_3)^3}{r_1} \geqslant 16SR^3 \tag{5.82}$$

$$\sum (\tan B + \tan C)\frac{r_1^3}{R_2 R_3} \geqslant \frac{S}{R} \tag{5.83}$$

上两式等号成立条件同式(5.81).

现在,我们在不等式(5.74)中取$x = a, y = b, z = c$,易得:

推论 5.18 对△ABC内部任意一点P有

$$\sum ar_1 R_2 R_3 \geqslant 8sr^3 \tag{5.84}$$

在式(5.74)中,取$x = s-a, y = s-b, z = s-c$,又易得:

推论 5.19 对$\triangle ABC$内部任意一点P有

$$\sum (s-a)r_1 R_2 R_3 \geqslant \frac{8s}{R}r^4 \tag{5.85}$$

在不等式(5.73)中作代换$x \to x/a$等等,经整理易得与式(5.74)等价的不等式

$$\sum xr_1 \left(\sum xR_1\right)^2 \geqslant 4xyzh_a h_b h_c \tag{5.86}$$

等号当且仅当P为$\triangle ABC$的垂心且$x:y:z = a:b:c$时成立.特别地,取$x = y = z = 1$得:

推论 5.20 对$\triangle ABC$内部任意一点P有

$$\sum r_1 \left(\sum R_1\right)^2 \geqslant 4h_a h_b h_c \tag{5.87}$$

现在,我们再来讨论推论5.14的一则应用.由Cauchy不等式可知

$$\left(\sum xa\right)^2 \leqslant 2s \sum ax^2$$

据此与推论5.14便得

推论 5.21[94] 对$\triangle ABC$与任意实数x,y,z有

$$\sum \frac{s-a}{yz} \geqslant \frac{2s^2}{\sum ax^2} \tag{5.88}$$

等号当且仅当$x=y=z$时成立.

在式(5.88)中取$x = 1/\sqrt{a}$等等,可得

$$\sum (s-a)\sqrt{bc} \geqslant \frac{2}{3}s^2 \tag{5.89}$$

这也是第1章中推论1.29的一个推论.

显然,不等式(5.88)等价于涉及六个正数x,y,z,u,v,w的代数不等式

$$\sum \frac{u}{yz} \geqslant \frac{2\left(\sum u\right)^2}{\sum (v+w)x^2} \tag{5.90}$$

等号当且仅当$x=y=z$时成立.

在不等式(5.90)中,取$u = S_a, v = S, w = S_c$,利用$\sum S_a = S$与$S_b + S_c \leqslant \frac{1}{2}aR_1, S_a = \frac{1}{2}ar_1$等等,得

$$\frac{1}{2}\sum \frac{ar_1}{yz} \geqslant \frac{4S^2}{\sum x^2 aR_1}$$

再作置换$x \to x/a$等等,得

$$\frac{1}{2}abc\sum \frac{r_1}{yz}\sum x^2\frac{R_1}{a} \geqslant 4S^2$$

两边乘以$2xyz/(abc)$,并利用$abc = 4SR$,即得下述加权几何不等式:

推论 5.22[94]   对$\triangle ABC$内部任意一点P与任意实数x, y, z有

$$\sum xr_1\sum x^2\frac{R_1}{a} \geqslant 2xyz\frac{S}{R} \tag{5.91}$$

等号当且仅当P为$\triangle ABC$的垂心且$x:y:z = a:b:c$时成立.

在式(5.91)中,令$x = y = z = 1$,然后两边乘以abc再利用$abc = 4SR$,得:

推论 5.23[94]   对$\triangle ABC$内部任意一点P有

$$\sum r_1\sum bcR_1 \geqslant 8S^2 \tag{5.92}$$

在式(5.91)中,取$x = 1/\sqrt{R_1}, y = 1/\sqrt{R_2}, z = 1/\sqrt{R_3}$,易得不等式[94]

$$\sum r_1\sqrt{R_2R_3} \geqslant \frac{8S^2}{\sum bc} \tag{5.93}$$

由此利用$S = rs$与不等式$4s^2 \geqslant 3\sum bc$,进而得下述简洁的不等式:

推论 5.24   对$\triangle ABC$内部任意一点P有

$$\sum r_1\sqrt{R_2R_3} \geqslant 6r^2 \tag{5.94}$$

在不等式(5.91)中,取$x = a/\sqrt{R_1}$等等,可得:

推论 5.25   对$\triangle ABC$内部任意一点P有

$$\sum \frac{r_1}{h_a}\sqrt{R_2R_3} \geqslant 2r \tag{5.95}$$

在不等式(5.91)中取$x = \sqrt{(s-b)(s-c)}$等等,利用$\sqrt{(s-b)(s-c)} \leqslant a/2$有

$$\frac{1}{2}\sum ar_1\sum \frac{R_1}{a}(s-b)(s-c) \geqslant 2\frac{S}{R}\prod(s-a)$$

再利用恒等式 $\sum ar_1 = 2S$,即易得不等式[94]

$$\sum \frac{R_1}{a(s-a)} \geqslant \frac{2}{R} \tag{5.96}$$

由此容易推得下述等价的不等式:

推论 5.26 对 $\triangle ABC$ 内部任意一点 P 有

$$\sum R_1 \sec^2 \frac{A}{2} \geqslant 8r \tag{5.97}$$

在不等式 (5.91) 中,作代换 $x \to xa/\sqrt{r_1 R_1}$ 等等,则有

$$\sum xa\sqrt{\frac{r_1}{R_1}} \sum \frac{a}{r_1} x^2 \geqslant \frac{2xyzabc}{\sqrt{r_1 r_2 r_3 R_1 R_2 R_3}} \cdot \frac{S}{R}$$

两边同乘以 $\sqrt{R_1 R_2 R_3/(r_1 r_2 r_3)}$,则

$$\sum xa\sqrt{\frac{R_2 R_3}{r_2 r_3}} \sum \frac{a}{r_1} x^2 \geqslant \frac{2xyzabc}{r_1 r_2 r_3} \cdot \frac{S}{R}$$

令 $x = y = z = 1$,再两边同乘以 $r_1 r_2 r_3$ 得

$$\sum ar_2 r_3 \sum xa\sqrt{\frac{R_2 R_3}{r_2 r_3}} \geqslant 2abc\frac{S}{R}$$

再利用前面的恒等式 (5.45),即得:

推论 5.27 对 $\triangle ABC$ 内部任意一点 P 有

$$\sum a\sqrt{\frac{R_2 R_3}{r_2 r_3}} \geqslant \frac{2S^2}{RS_p} \tag{5.98}$$

等号当且仅当 P 为 $\triangle ABC$ 的垂心时成立.

(五)

这一节中,我们给出等价推论 5.2 的一些应用.

根据命题 2.5 给出的锐角三角形不等式 $r_b + r_c \geqslant 2m_a$ 与等价推论 5.2,立即可得:

推论 5.28 对锐角 $\triangle ABC$ 与任意正数 x, y, z 有

$$\sum \frac{x}{m_b m_c} \geqslant \frac{4\sum yz}{\sum xa^2} \tag{5.99}$$

对于锐角 $\triangle ABC$,可在上式中取 $x = b^2 + c^2 - a^2$ 等等,此时有 $\sum yz = \sum xa^2$,从而得:

推论 5.29 在锐角 $\triangle ABC$ 中有

$$\sum \frac{b^2 + c^2 - a^2}{m_b m_c} \geqslant 4 \tag{5.100}$$

注 5.9 事实上,上式对任意 $\triangle ABC$ 成立,且可加细为不等式链

$$\sum \frac{b^2 + c^2 - a^2}{m_b m_c} \geqslant 4 \sum \frac{b^2 + c^2 - a^2}{(m_b + m_c)^2} \geqslant 2 \sum \frac{b^2 + c^2 - a^2}{m_b^2 + m_c^2} \geqslant 4 \tag{5.101}$$

证明从略.

由已知不等式 $w_a \leqslant \sqrt{r_b r_c}$ 与 Cauchy 不等式易得

$$(r_c + r_a)(r_a + r_b) \geqslant (w_a + r_a)^2 \tag{5.102}$$

由此与等价推论5.2即得:

推论 5.30 对 $\triangle ABC$ 与任意正数 x, y, z 有

$$\sum \frac{x}{(w_a + r_a)^2} \geqslant \frac{\sum yz}{\sum xa^2} \tag{5.103}$$

由上式又易得类似于(5.100)的下述不等式:

推论 5.31 在锐角 $\triangle ABC$ 中有

$$\sum \frac{b^2 + c^2 - a^2}{(w_a + r_a)^2} \geqslant 1 \tag{5.104}$$

由 $w_b \leqslant \sqrt{r_c r_a}, w_c \leqslant \sqrt{r_a r_b}$ 与 Cauchy 不等式还易得类似于式(5.102)的不等式

$$(r_c + r_a)(r_a + r_b) \geqslant (w_b + w_c)^2 \tag{5.105}$$

所以,由等价推论5.2还可得:

推论 5.32 对 $\triangle ABC$ 与任意正数 x, y, z 有

$$\sum \frac{x}{(w_b + w_c)^2} \geqslant \frac{\sum yz}{\sum xa^2} \tag{5.106}$$

由上式又易得:

推论 5.33 在锐角 $\triangle ABC$ 中有

$$\sum \frac{b^2 + c^2 - a^2}{(w_b + w_c)^2} \geqslant 1 \tag{5.107}$$

下面,我们还将给出一个类似于推论5.28的推论.为此,先证不等式

$$(r_c + r_a)(r_a + r_b) \geqslant 4m_a r_a \tag{5.108}$$

利用公式 $r_a = S/(s-a)$ 易知上式等价于

$$bcS \geqslant 4(s-a)(s-b)(s-c)m_a$$

两边平方利用Heron公式

$$S = \sqrt{s(s-a)(s-b)(s-c)} \tag{5.109}$$

与中线公式 $4m_a^2 = 2b^2 + 2c^2 - a^2$ 进而可知要证的不等式等价于

$$(a+b+c)b^2c^2 - (b+c-a)(c+a-b)(a+b-c)(2b^2 + 2c^2 - a^2)$$
$$\geqslant 0 \tag{5.110}$$

令 $b+c-a = 2x, c+a-b = 2y, a+b-c = 2z$,从而有 $a = y+z, b = z+x, c = x+y(x,y,z > 0)$,代入上式并在两边除以2,则知上式等价于

$$Q_0 \equiv (x+y+z)(z+x)^2(x+y)^2$$
$$- 4xyz\left[2(z+x)^2 + 2(x+y)^2 - (y+z)^2\right] \geqslant 0 \tag{5.111}$$

因上式关于 y, z 对称,不妨假设 $y \geqslant z$ 且令 $y = z + t(t \geqslant 0)$,代入上式整理后为

$$Q_0 \equiv (x-z)^2 t^3 + (3x^3 - 6x^2z + 7xz^2 + 4z^3)t^2 + (x-z)(3x^3 - 5z^3$$
$$- 23xz^2 + x^2z)t + (2z+x)(z^2 + 6xz + x^2)(x-z)^2 \geqslant 0 \tag{5.112}$$

为证 $Q_0 \geqslant 0$ 只需证

$$Q_1 \equiv (3x^3 - 6x^2z + 7xz^2 + 4z^3)t^2 + (x-z)(3x^3 - 5z^3 - 23xz^2 + x^2z)t$$
$$+ (2z+x)(z^2 + 6xz + x^2)(x-z)^2 \geqslant 0 \tag{5.113}$$

注意到$3x^3 - 6x^2z + 7xz^2 > 0$,为证上式只需证Q_1关于t的二次判别式F_t不大于零,容易算得

$$F_t = -(3x^6 + 66x^5z + 129x^4z^2 + 28x^3z^3 - 75x^2z^4 + 34xz^5 + 7z^6)(x - z)^2$$

又由于

$$129x^4z^2 + 28x^3z^3 - 75x^2z^4 + 34xz^5 + 7z^6$$
$$= z^2 \left[129x^4 - 60z^2x^2 + 7z^4 + xz(28x^2 - 15zx + 34z^2) \right]$$

而$129x^4 - 60z^2x^2 + 7z^4 > 0, 28x^2 - 15zx + 34z^2 > 0$,从而可知$F_t \leqslant 0$.于是$Q_1 \geqslant 0$与$Q_0 \geqslant 0$以及不等式(5.108)获证.

注 5.10 不等式(5.108)实际上等价于第1章用到的Panaitopol不等式

$$\frac{m_a}{h_a} \leqslant \frac{R}{2r} \tag{5.114}$$

还等价于

$$m_a r_a \cos^2 \frac{A}{2} \leqslant \frac{1}{4}s^2 \tag{5.115}$$

现在,根据等价推论5.2与不等式(5.108)即得:

推论 5.34[96] 对$\triangle ABC$与任意正数x, y, z有

$$\sum \frac{x}{m_a r_a} \geqslant \frac{4 \sum yz}{\sum xa^2} \tag{5.116}$$

特别地,在上式中取$x = bc, y = ca, z = ab$,即得:

推论 5.35[96] 在$\triangle ABC$中有

$$\sum \frac{bc}{m_a r_a} \geqslant 4 \tag{5.117}$$

在式(5.116)中取$x = r_b r_c$等等,利用$r_b r_c = s(s - a)$与恒等式

$$\sum r_a = 4R + r \tag{5.118}$$

$$\sum a^2(s - a) = 4(R + r)rs \tag{5.119}$$

可得:

推论 $5.36^{[96]}$　在 $\triangle ABC$ 中有

$$\sum \frac{r_b r_c}{m_a r_a} \geqslant \frac{4R+r}{R+r} \tag{5.120}$$

由推论 5.34 还易得类似于式 (5.100) 的下述不等式:

推论 $5.37^{[96]}$　在锐角 $\triangle ABC$ 中有

$$\sum \frac{b^2+c^2-a^2}{m_a r_a} \geqslant 4 \tag{5.121}$$

注 5.11　类似于不等式链 (5.101),在 $\triangle ABC$ 成立不等式链

$$\sum \frac{b^2+c^2-a^2}{m_a r_a} \geqslant 4 \sum \frac{b^2+c^2-a^2}{(m_a+r_a)^2} \geqslant 2 \sum \frac{b^2+c^2-a^2}{m_a^2+r_a^2} \geqslant 4 \tag{5.122}$$

在 $\triangle ABC$ 中,可以证明(详略)类似于式 (5.108) 的不等式

$$(r_c+r_a)(r_a+r_b) \geqslant 4 k_b k_c \tag{5.123}$$

因此,由等价推论 5.2 可得有关类似中线与边长的下述加权不等式:

推论 5.38　对 $\triangle ABC$ 与任意正数 x, y, z 有

$$\sum \frac{x}{k_b k_c} \geqslant \frac{4 \sum yz}{\sum xa^2} \tag{5.124}$$

特别地,有

$$\sum \frac{1}{k_b k_c} \geqslant \frac{12}{\sum a^2} \tag{5.125}$$

这个不等式是较弱的,事实上成立更强的不等式

$$\sum \frac{1}{k_b k_c} \geqslant \sum \frac{1}{a^2} + \frac{1}{3} \sum \frac{1}{bc} \tag{5.126}$$

我们把上式的证明留给读者完成.

第6章 推论六及其应用

本章中,我们由第2章中给出的推论2.40来推证重要的Oppenheim代数不等式,并将讨论与之等价的一些重要不等式以及它们的应用.

为方便起见,先将推论2.40重述如下:

对任意实数x, y, z与正数u, v, w有

$$\sum (v+w)x^2 \geqslant 2\sum yzu \tag{6.1}$$

等号当且仅当$x = y = z$时成立.

现在,我们来推导我们想获得的结果.

在式(6.1)中作代换$x \to x/(v+w)(u,v,w > 0)$等等,然后两边同乘以$\prod (v+w)$,得

$$\sum (w+u)(u+v)x^2 \geqslant 2\sum yzu(v+w) \tag{6.2}$$

从而

$$\sum u^2 x^2 + \sum vw \sum x^2 \geqslant 2\sum yz \sum vw - 2\sum yzvw$$

于是

$$\left(\sum xu\right)^2 \geqslant \left(2\sum yz - \sum x^2\right)\sum vw \tag{6.3}$$

按式(6.1)等号成立的条件可知上式等号当且仅当$x : y : z = (v+w) : (w+u) : (u+v)$时成立.

不等式(6.3)中x, y, z为任意实数,将它们分别换为$y+z, z+x, x+y$,即易得下述Oppenheim代数不等式:

推论六 对任意实数x, y, z与任意正数u, v, w有

$$\left[\sum x(v+w)\right]^2 \geqslant 4\sum vw \sum yz \tag{6.4}$$

等号当且仅当 $x:y:z = u:v:w$ 时成立.

注 6.1 不等式 (6.4) 成立的条件还可放宽. 事实上, 若实数 u, v, w 满足 $v + w > 0, w + u > 0, u + v > 0, vw + wu + uv > 0$, 则不等式 (6.4) 对任意实数 x, y, z 成立, 参见下一节的讨论.

代数不等式 (6.4) 是一个重要的初等不等式, 遗憾的是尚不清楚它最初的出处. 我们之所以将不等式 (6.4) 称为 Oppenheim 代数不等式, 乃是由于此不等式可由下面已知的 Oppenheim 加权三角形不等式 (6.6) 导出.

推论六一个显然的、便于应用的推论如下:

对任意正数 x, y, z 与正数 u, v, w 有

$$\sum x(v + w) \geqslant 2\sqrt{\sum vw \sum yz} \tag{6.5}$$

随后, 我们将证明: 当实数 u, v, w 满足 $v + w > 0, w + u > 0, u + v > 0, vw + wu + uv > 0$, 且实数 x, y, z 也满足类似的条件时, 上式仍成立.

在文献 [97] 中, 施恩伟给出了不等式 (6.4) 的一个推广; 在文献 [98] 中, 黄汉生给出不等式 (6.5) 的一个加强 (读者还可参考相关的文献 [99]、[100] 等).

(一)

下面, 我们先指出代数不等式 (6.4) 可由 Oppenheim 加权三角形不等式导出, 然后再给出推论六的两个等价推论.

1965 年, A. Oppenheim 首先在文献 [5] 中给出了有关三角形边长与面积的加权不等式

$$\left(\sum xa^2\right)^2 \geqslant 16S^2 \sum yz \tag{6.6}$$

其中 x, y, z 为任意实数, 等号当且仅当 $x:y:z = (b^2 + c^2 - a^2) : (c^2 + a^2 - b^2) : (a^2 + b^2 - c^2)$ 时成立.

不等式 (6.6) 一个直接的证明见文献 [101].

在文献 [102] 中, 作者给出了下述简单的、但似乎一直未被人注意到的结论:

命题 6.1 设实数 u, v, w 满足 $v + w > 0, w + u > 0, u + v > 0, vw + wu + uv > 0$. 记 $a_0 = \sqrt{v + w}, b_0 = \sqrt{w + u}, c_0 = \sqrt{u + v}$, 则以 a_0, b_0, c_0 为边长可构成一个 $\triangle A_0 B_0 C_0$, 且其面积为 $S_0 = \dfrac{1}{2}\sqrt{vw + wu + uv}$.

如果将上述结论用于Oppenheim不等式(6.6),立即可知不等式(6.4) 对于满足$v+w>0, w+u>0, u+v>0, vw+wu+uv>0$的实数$u, v, w$与任意实数$x, y, z$成立.可见,推论六是Oppenheim不等式(6.6)经代数化(应用命题6.1)并弱化条件而得出的一个推论.

根据Oppenheim不等式(6.6),容易得出下述推论(参见文献[103]、[104]):设实数x, y, z满足$y+z>0, z+x>0, x+y>0, \sum yz>0$,则

$$\sum xa^2 \geqslant 4S\sqrt{\sum yz} \tag{6.7}$$

等号当且仅当$x:y:z=(b^2+c^2-a^2):(c^2+a^2-b^2):(a^2+b^2-c^2)$时成立.据此与命题6.1进而可知代数不等式(6.5)在前面注6.1中陈述的条件下成立.

注意到Heron公式的等价式

$$\sum(c^2+a^2-b^2)(a^2+b^2-c^2)=16S^2 \tag{6.8}$$

根据命题6.1又容易说明加权不等式(6.7)等价于著名的涉及两个三角形的Neuberg-Pedoe 不等式

$$\sum a^2(b'^2+c'^2-a'^2) \geqslant 16SS' \tag{6.9}$$

其中等号当且仅当$\triangle ABC \sim \triangle A'B'C'$时成立.显然,代数不等式(6.5)也可视为Neuberg-Pedoe不等式代数化(应用命题6.1)的结果.

注6.2 在Wolstenholme[43]早在1867年出版的书中就已给出了不等式(6.6)的等价式

$$\left(\sum x\sin^2 A\right)^2 \geqslant 4\sum yz\prod\sin^2 A \tag{6.10}$$

等号当且仅当$x\tan A=y\tan B=z\tan C$时成立.在上式两边乘以$16R^2$,利用$a=2R\sin A$与面积公式

$$S=2R^2\prod\sin A \tag{6.11}$$

即得Oppenheime不等式(6.6).在式(6.10)中作代换$x \to x/\sin A$等等,得

$$\left(\sum x\right)^2 \geqslant 4\sum yz\sin^2 A \tag{6.12}$$

这等价于Kooi在1958年给出的下式[4]

$$R^2 \left(\sum x \right)^2 \geqslant \sum yz a^2 \qquad (6.13)$$

此不等式与Oppenheim不等式(6.6)在文献中出现之晚令人费解.

注6.3 由$\triangle ABC$中的等式$a^2 = 2(\cot B + \cot C)S$,可知Oppenheim加权不等式(6.6)等价于

$$\left[\sum x(\cot B + \cot C) \right]^2 \geqslant 4 \sum yz \qquad (6.14)$$

作者在文献[104]中给出了此式的一个证明.

注6.4 Oppenheim不等式(6.6)也是高维空间几何不等式中重要的张-杨不等式的一个简单推论,参见文献[105].

在Oppenheim代数不等式(6.4)中,我们作代换$u \to vw, v \to wu, w \to uv, x \to x/u, y \to y/v, z \to z/w$,即得下述等价的不等式:

等价推论6.1 对任意实数x, y, z与正数u, v, w有

$$\left[\sum x(v + w) \right]^2 \geqslant 4 \sum u \sum yzu \qquad (6.15)$$

等号当且仅当$x = y = z$时成立.

由不等式(6.15)利用Cauchy不等式又容易推得不等式(6.1).因此,推论2.40与推论六以及等价推论6.1本质上是互相等价的.顺便指出,就作者所知不等式(6.15)最早的出处是文献[106].

在不等式(6.15)中,取$u = s - a, v = s - b, w = s - c$,得

$$\left(\sum xa \right)^2 \geqslant 4s \sum yz(s - a) \qquad (6.16)$$

作代换$x \to x/a, y \to y/b, z \to z/c$,则

$$\left(\sum x \right)^2 \geqslant 4s \sum yz \frac{s - a}{bc}$$

再利用半角的余弦公式

$$\cos \frac{A}{2} = \sqrt{\frac{s(s - a)}{bc}} \qquad (6.17)$$

便得

$$\left(\sum x \right)^2 \geqslant 4 \sum yz \cos^2 \frac{A}{2} \qquad (6.18)$$

由上式利用$\cos^2\dfrac{A}{2}=\dfrac{1+\cos A}{2}$展开、整理,就得下述常见的Wolstenholme不等式

$$\sum x^2 \geqslant 2\sum yz\cos A \tag{6.19}$$

等号当且仅当$x:y:z=\sin A:\sin B:\sin C$时成立.

显然,如果对以$v+w,w+u,u+v(u,v,w>0)$为边长的三角形使用不等式(6.16),又可推得不等式(6.15).可见, 不等式(6.15)与Wolstheholme不等式(6.19)等价.因此,我们将不等式(6.15)称为Wolstenholme代数不等式. 在下一章中,我们将把这个重要不等式列为主要结果并着重讨论它的应用.

在推论六的不等式(6.4)中,取$u=(b+c-a)/2,v=(c+a-b)/2,w=(a+b-c)/2$,即易得下述涉及三角形边长的加权不等式:

等价推论6.2 对$\triangle ABC$与任意实数x,y,z有

$$\left(\sum xa\right)^2 \geqslant \left(2\sum bc-\sum a^2\right)\sum yz \tag{6.20}$$

等号当且仅当$x:y:z=(b+c-a):(c+a-b):(a+b-c)$时成立.

当x,y,z均为正数时,不等式(6.20)显然是前面推导的不等式(6.3)的推论.

注6.5 在$\triangle ABC$中成立以下等式

$$2\sum bc-\sum a^2=4(4R+r)r \tag{6.21}$$

故不等式(6.20)还有如下等价形式

$$\left(\sum xa\right)^2 \geqslant 4(4R+r)r\sum yz \tag{6.22}$$

其中等号成立条件同式(6.20).

(二)

这一节中,我们主要讨论推论六的一些应用.

在正数情形的Oppenheim不等式(6.5)中,取

$$x=(s-b)(s-c),\ y=(s-c)(s-a),\ z=(s-a)(s-b)$$
$$u=(s'-b')(s'-c'),\ v=(s'-c')(s'-a'),\ z=(s'-a')(s'-b')$$

然后应用Heron公式

$$S = \sqrt{s(s-a)(s-b)(s-c)} \qquad (6.23)$$

立得下述优美的涉及两个三角形的不等式:

推论6.3[107]　在任意$\triangle ABC$与$\triangle A'B'C'$中

$$\sum a(s-a)(s'-b')(s'-c') \geqslant 2SS' \qquad (6.24)$$

等号当且仅当$\triangle ABC \sim \triangle A'B'C'$时成立.

显然,不等式(6.24)与正数情形的Oppenheim代数不等式(6.5)是等价的.

不等式(6.24)是安振平在1987年首先建立的(证明应用了不等式(6.18)).
陈计与何明秋在文献[108]中指出安振平不等式等价于

$$\sum a^2(b'^2 + c'^2 - a'^2)$$
$$\geqslant 16SS' + a'b'c' \sum (b'+c'-a')\left(\frac{b}{b'} - \frac{c}{c'}\right)^2 \qquad (6.25)$$

这个不等式在形式上强于Neuberg-Pedoe不等式(6.9),但实质上与Neuberg-Pedoe不等式(6.9)是等价的(两者可互相推导).

有关Neuberg-Pedoe不等式的研究已有很丰富的成果,读者可参考专著《AGI》第12章与文献[109]～[123]以及这些文献引用的相关文献等.

设x_0, y_0, z_0为任意正数,在不等式(6.4)中作代换$x \to x^2/x_0, y \to y^2/y_0$, $z \to z^2/z_0$,然后应用Cauchy不等式得

$$\left[\sum (v+w)\frac{x^2}{x_0}\right]^2 \geqslant 4 \sum vw \sum \frac{(yz)^2}{y_0 z_0} \geqslant 4 \sum vw \frac{\left(\sum yz\right)^2}{\sum y_0 z_0}$$

于是可知,对任意实数x, y, z与正数x, y, z及正数x_0, y_0, z_0有

$$\sum (v+w)\frac{x^2}{x_0} \geqslant 2 \sum yz \sqrt{\frac{\sum vw}{\sum y_0 z_0}} \qquad (6.26)$$

等号当且仅当$x:y:z = u:v:w = x_0:y_0:z_0$时成立.

注6.6　不等式(6.26)是正数情形下的Oppenheim不等式(6.5)显然的推广,也是第4章中等价推论4.1 的不等式

$$\sum x^2 \frac{v+w}{u} \geqslant 2 \sum yz \qquad (6.27)$$

的一个推广.

设 $\triangle A_0B_0C_0$ 的边长为 a_0, b_0, c_0, 其半周长与面积分别为 s_0, S_0. 由不等式(6.26)利用 Heron 公式易得下述涉及三个三角形的不等式:

推论 6.4 在 $\triangle ABC, \triangle A'B'C, \triangle A_0B_0C_0$ 中有

$$\sum a(s-a)\frac{(s'-b')^2(s'-c')^2}{(s_0-b_0)(s_0-c_0)} \geqslant 2S\frac{S'^2}{S_0} \tag{6.28}$$

等号当且仅当 $\triangle ABC \sim \triangle A'B'C' \sim \triangle A_0B_0C_0$ 时成立.

令 $\triangle A_0B_0C_0 \cong \triangle A'B'C'$, 由上式即得安振平不等式(6.24). 将式(6.28)中的 $\triangle A'B'C'$ 与 $\triangle A_0B_0C_0$ 互换, 然后再令 $\triangle A_0B_0C_0 \cong \triangle ABC$ 并利用 Heron 公式, 约简后得下述不等式:

推论 6.5 在 $\triangle ABC$ 与 $\triangle A'B'C'$ 中有

$$\sum a\frac{(s-b)(s-c)}{(s'-b')(s'-c')} \geqslant 2s\frac{S}{S'} \tag{6.29}$$

等号当且仅当 $\triangle ABC \sim \triangle A'B'C'$ 时成立.

推论六一个明显的推论是:

推论 6.6 若正数 u, v, w 与 λ 满足 $\sum vw \geqslant \lambda^2$, 则对任意正数 x, y, z 有

$$\sum u(y+z) \geqslant 2\lambda\sqrt{\sum yz} \tag{6.30}$$

根据这个推论可迅速将型如 $\sum vw \geqslant \lambda^2$ 的三角形不等式推广到涉及两个三角形的情形. 例如, 根据第 5 章中推论 5.8 的不等式

$$\sum w_b w_c \geqslant 3\sqrt{3}S \tag{6.31}$$

可得上式的推广:

推论 6.7 在 $\triangle ABC$ 与 $\triangle A'B'C'$ 中有

$$\sum w_a(w'_b + w'_c) \geqslant 6\sqrt{3SS'} \tag{6.32}$$

下面, 我们应用推论六来推导式(6.31)的一个反向不等式, 即给出和式 $\sum w_b w_c$ 的一个上界.

根据 Oppenheim 代数不等式(6.4)可知

$$\left[\sum \left(\frac{1}{b} + \frac{1}{c}\right) w_a\right]^2 \geqslant 4\sum \frac{1}{bc} \sum w_b w_c$$

利用角平分线公式

$$w_a = \frac{2bc}{b+c} \cos \frac{A}{2} \tag{6.33}$$

与已知等式 $\sum 1/(bc) = 1/(2Rr)$ 进而得

$$\left(2 \sum \cos \frac{A}{2}\right)^2 \geqslant \frac{2}{Rr} \sum w_b w_c$$

所以

$$\sum w_b w_c \leqslant 2Rr \left(\sum \cos \frac{A}{2}\right)^2$$

再应用简单的代数不等式 $(\sum x)^2 \leqslant 3 \sum x^2$ 与 $\triangle ABC$ 中的恒等式

$$\sum \cos^2 \frac{A}{2} = 2 + \frac{r}{2R} \tag{6.34}$$

便得:

推论6.8[88]　在 $\triangle ABC$ 中有

$$\sum w_b w_c \leqslant 3(4R+r)r \tag{6.35}$$

接下来,我们应用推论六来研究涉及三角形内部一点的几何不等式.

由推论六与简单的重要不等式

$$r_2 + r_3 \leqslant 2R_1 \sin \frac{A}{2} \tag{6.36}$$

(见第2章中不等式(2.30))有

$$4 \sum r_2 r_3 \sum \frac{1}{R_2 R_3} \leqslant \left(\sum \frac{r_2 + r_3}{R_1}\right)^2 \leqslant \left(2 \sum \sin \frac{A}{2}\right)^2$$

另按Cauchy不等式有

$$\sum r_2 r_3 \sum \frac{1}{R_2 R_3} \geqslant \left(\sum \sqrt{\frac{r_2 r_3}{R_2 R_3}}\right)^2$$

于是可得:

推论6.9　对 $\triangle ABC$ 内部任意一点 P 有

$$\sum \sqrt{\frac{r_2 r_3}{R_2 R_3}} \leqslant \sum \sin \frac{A}{2} \tag{6.37}$$

根据推论六与下一章中推论7.43的结果

$$\sum \frac{w_2 + w_3}{R_1} \leqslant 3 \tag{6.38}$$

有

$$4\sum w_2 w_3 \sum \frac{1}{R_2 R_3} \leqslant \left(\sum \frac{w_2 + w_3}{R_1}\right)^2 \leqslant 9$$

于是可得:

推论 6.10　对$\triangle ABC$内部任意一点P有

$$\sum w_2 w_3 \sum \frac{1}{R_2 R_3} \leqslant \frac{9}{4} \tag{6.39}$$

根据这个不等式与简单的代数不等式,容易得出第2章提及的Carlitz的不等式

$$\sum R_2 R_3 \geqslant 4 \sum w_2 w_3 \tag{6.40}$$

(见《GI》中不等式12.50)以及下述不等式:

推论 6.11　对$\triangle ABC$内部任意一点P有

$$\sum \frac{1}{w_2 w_3} \geqslant 4 \sum \frac{1}{R_2 R_3} \tag{6.41}$$

上式显然强于J.M.Child早年的结果(见《GI》中不等式12.50)

$$\sum \frac{1}{r_2 r_3} \geqslant 4 \sum \frac{1}{R_2 R_3} \tag{6.42}$$

另外,由式(6.39)与Cauchy不等式还易得:

推论 6.12　对$\triangle ABC$内部任意一点P有

$$\sum \sqrt{\frac{w_2 w_3}{R_2 R_3}} \leqslant \frac{3}{2} \tag{6.43}$$

这启发作者提出了猜想:

猜想 6.1　对$\triangle ABC$内部任意一点P有

$$\sum \sqrt{\frac{w_2 + w_3}{R_2 + R_3}} \leqslant \frac{3}{\sqrt{2}} \tag{6.44}$$

较上式显然为弱的不等式

$$\sum \sqrt{\frac{r_2 + r_3}{R_2 + R_3}} \leqslant \frac{3}{\sqrt{2}} \tag{6.45}$$

目前也未得到证明.

对 $\triangle ABC$ 平面上任意一点 P,我们有林鹤一不等式

$$\sum \frac{R_2 R_3}{bc} \geqslant 1 \tag{6.46}$$

据此与推论6.6立得下述加权几何不等式:

推论 6.13 对 $\triangle ABC$ 平面上任意一点 P 与任意正数 x, y, z 有

$$\sum (y + z) \frac{R_1}{a} \geqslant 2 \sqrt{\sum yz} \tag{6.47}$$

等号当且仅当 $\triangle ABC$ 为锐角三角形,点 P 为其垂心且 $x : y : z = \cot A : \cot B : \cot C$ 时成立.

根据不等式(6.47)与林鹤一不等式(6.46),显然可得涉及两个动点的不等式

$$\sum \left(\frac{D_2}{b} + \frac{D_3}{c} \right) \frac{R_1}{a} \geqslant 2 \tag{6.48}$$

这等价于下述不等式:

推论 6.14[124] 对 $\triangle ABC$ 平面上任意两点 P 与 Q 有

$$\sum a(R_2 D_3 + R_3 D_2) \geqslant 2abc \tag{6.49}$$

等号当且仅当 P 与 Q 均于 $\triangle ABC$ 的一个顶点重合或 $\triangle ABC$ 为锐角三角形且 P 与 Q 均重合于其垂心时成立.

在文献[125]中,吴裕东与张志华等证明了笔者提出的几何不等式

$$\sum R_1 D_1 \geqslant 4 \sum r_2 r_3 \tag{6.50}$$

下面,我们来推证上式的 "r-w" 对偶不等式成立.

根据作者在文献[92]中建立的不等式

$$\sum \frac{(w_2 w_3)^2}{S_b S_c} \leqslant 1 \tag{6.51}$$

(参见后面第15章中不等式(15.3))与Cauchy不等式有

$$\sum S_b S_c \geqslant \left(\sum w_2 w_3 \right)^2 \tag{6.52}$$

在不等式(6.5)中取 $u = S_a, v = S_b, w = S_c$,应用简单的不等式 $S_b + S_c \leqslant \frac{1}{2} a R_1$ 与上式即知对任意正数 x, y, z 有

$$\sum x a R_1 \geqslant 4 \sqrt{\sum yz} \sum w_2 w_3 \tag{6.53}$$

再在上式中取 $x = D_1/a$ 等等,然后应用林鹤一不等式,即得式(6.50)的下述 "r-w" 对偶不等式:

推论 6.15 对 $\triangle ABC$ 平面上任意一点 Q 与 $\triangle ABC$ 内部任意一点 P 有

$$\sum R_1 D_1 \geqslant 4 \sum w_2 w_3 \tag{6.54}$$

我们还可从另外的角度来研究不等式(6.50)的加强,下面针对式(6.50)给出三个彼此不分强弱的加强猜想:

猜想 6.2 对 $\triangle ABC$ 内部任意一点 P 与平面上任意一点 Q 有

$$\frac{\sum D_1 R_1}{\sum r_2 r_3} \geqslant 2 \left(\sqrt{\frac{r_b}{r_c}} + \sqrt{\frac{r_c}{r_b}} \right) \tag{6.55}$$

猜想 6.3 对 $\triangle ABC$ 内部任意一点 P 与平面上任意一点 Q 有

$$\frac{\sum D_1 R_1}{\sum r_2 r_3} \geqslant 2 \left(\frac{m_b}{m_c} + \frac{m_c}{m_b} \right) \tag{6.56}$$

猜想 6.4 对 $\triangle ABC$ 内部任意一点 P 与平面上任意一点 Q 有

$$\frac{\sum D_1 R_1}{\sum r_2 r_3} \geqslant \frac{R + 2r}{r} \tag{6.57}$$

注 6.7 *作者承诺:猜想6.4的第一位正确解答者可获得作者提供的悬奖* ￥10000元.

下面,应用推论六与林鹤一不等式等再建立一个涉及两个动点的几何不等式.在此之前先给出一个重要的已知结论:

命题 6.2 对 $\triangle ABC$ 内部任意一点 P 有

$$aR_1 \geqslant br_3 + cr_2 \tag{6.58}$$

等号当且仅当 P 位于直线 AO(O 是 $\triangle ABC$ 的外心)上时成立.

不等式(6.58)可以用来快速地导出著名的Erdös-Mordell不等式.在许多有关Erdös-Mordell不等式的文献中,可以找到它各种各样精巧的证明,如文献[48],[49],[55],[56],[59],[65]等.下面给出一种简单的证明,其主要的想法来自文献[59].

证明 如图6.1,设AS是$\angle BAC$的平分线,点P关于AS的对称点为P'(这点可以位于$\triangle ABC$ 外),则$P'A = PA = R_1, P'E' = PE = r_2, P'F' = PF = r_3$,从而有

$$S_{\triangle AP'B} = \frac{1}{2}cr_2, \quad S_{\triangle CP'A} = \frac{1}{2}br_3$$

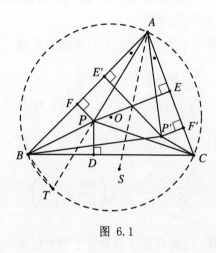

图 6.1

由于到四边形(包括凹的)面积小于或等于其对角线乘积的一半,所以有

$$S_{\triangle AP'B} + S_{\triangle CP'A} \leqslant \frac{1}{2}BC \cdot P'A$$

于是得

$$\frac{1}{2}cr_2 + \frac{1}{2}br_3 \leqslant \frac{1}{2}aR_1$$

故不等式(6.58)获证.

从上可见,式(6.58)中等号当且仅当$P'A \perp BC$也即$\angle CAP' = \pi/2 - C$时成立.延长AP交$\triangle ABC$的外接圆于T,则有$\angle BAP = \angle CAP', \angle ATB = C$,所以式(6.58)中等号当且仅当$\angle BAT + \angle ATB = \pi/2$,也即仅当$\angle ABT = \pi/2$时成立,这表明$AT$为$\triangle ABC$外接圆的直径.因此,式(6.58)中等号当且仅当$P$位于线段$AO$上时成立.命题6.2证毕. □

现在,依次应用命题6.2的不等式(6.58)、正数情形的Oppenheim代数不等式(6.5)、林鹤一不等式(6.46)、Cauchy不等式、简单的代数不等式$3\sum yz \leqslant$

$(\sum x)^2$ 以及恒等式 $\sum ar_1 = 2S$,得

$$\sum \frac{D_1 R_1}{r_2 r_3} \geqslant \sum \frac{D_1}{a} \left(\frac{b}{r_2} + \frac{c}{r_3} \right)$$

$$\geqslant 2\sqrt{\sum \frac{D_2 D_3}{bc} \sum \frac{bc}{r_2 r_3}}$$

$$\geqslant 2\sqrt{\sum \frac{bc}{r_2 r_3}} \geqslant 2\sqrt{\frac{\left(\sum bc\right)^2}{\sum bc r_2 r_3}}$$

$$\geqslant 2\sqrt{\frac{3\left(\sum bc\right)^2}{\left(\sum ar_1\right)^2}} = 2\sqrt{\frac{3\left(\sum bc\right)^2}{(2S)^2}}$$

$$= 2\sqrt{3} \sum \frac{1}{\sin A}$$

因此,我们有:

推论 6.16[124] 对 $\triangle ABC$ 内部任意一点 P 与平面上任意一点 Q 有

$$\sum \frac{R_1 D_1}{r_2 r_3} \geqslant 2\sqrt{3} \sum \frac{1}{\sin A} \tag{6.59}$$

由上述推论容易进一步证明:

推论 6.17 对 $\triangle ABC$ 内部任意一点 P 与平面上任意一点 Q 有

$$\sum \frac{R_1 D_1}{r_2 r_3} \geqslant \frac{12 w_a}{h_a} \tag{6.60}$$

证明 根据不等式(6.59),为证上式只需要证明

$$\sum \frac{1}{\sin A} \geqslant 2\sqrt{3} \frac{w_a}{h_a} \tag{6.61}$$

易知这等价于

$$\sum bc \geqslant 2\sqrt{3} a w_a \tag{6.62}$$

两边平方并利用角平分线公式

$$w_a = \frac{2}{b+c} \sqrt{bcs(s-a)} \tag{6.63}$$

可知证明化为

$$(b+c)^2 \left(\sum bc\right)^2 \geqslant 48 sbc(s-a)a^2$$

注意到$(b+c)^2 \geqslant 8a(s-a)$与$(\sum bc)^2 \geqslant 6abcs$,即知上式成立,从而不等式(6.60)获证. □

下面,我们利用不等式(6.59)进一步证明下述有趣的结论:

推论6.18 对$\triangle ABC$内部任意一点P与平面上任意一点Q有

$$\sum \frac{R_1 D_1}{r_2 r_3} \geqslant \frac{3(b+c)^2}{bc} \tag{6.64}$$

证明 按不等式(6.59),只需证明

$$\sum \frac{1}{\sin A} \geqslant \frac{\sqrt{3}(b+c)^2}{2bc} \tag{6.65}$$

在上式两边乘以$2bcS$,即知它等价于

$$bc \sum bc \geqslant \sqrt{3}S(b+c)^2 \tag{6.66}$$

两边平方并乘以16再相减,利用Heron面积公式的等价式

$$16S^2 = 2\sum b^2 c^2 - \sum a^4 \tag{6.67}$$

可知证明化为

$$16b^2 c^2 \left(\sum bc\right)^2 - 3(b+c)^4 \left(2\sum b^2 c^2 - \sum a^4\right) \geqslant 0 \tag{6.68}$$

令$b+c-a=2x, c+a-b=2y, a+b-c=2z$,则$a=y+z, b=z+x, c=x+y$(其中$x,y,z>0$),代入上式并在两边同时除以16,整理后得以下等价的需要证明的代数不等式

$$\begin{aligned}
&x^8 + (8y+8z)x^7 + (24y^2 + 4yz + 24z^2)x^6 + 2(y+z)(17y^2 - 26yz \\
&+17z^2)x^5 + (24y^4 - 22y^3 z - 86y^2 z^2 - 22yz^3 + 24z^4)x^4 \\
&+4(y+z)(2y^2 + 3yz + 2z^2)(y^2 - 4yz + z^2)x^3 \\
&+(y^6 - 5y^5 z - y^4 z^2 + 14y^3 z^3 - y^2 z^4 - 5yz^5 + z^6)x^2 \\
&-yz(y+z)(y^4 - 6y^3 z - 22y^2 z^2 - 6yz^3 + z^4)x \\
&+(y^2 + 3yz + z^2)^2 y^2 z^2 \geqslant 0
\end{aligned} \tag{6.69}$$

因上式左边是关于 y, z 对称的,为证上式不妨设 $y \geqslant z$ 并令 $y = z + m (m \geqslant 0)$,以此代入上式整理后为

$$(x^2 - xz + z^2)m^6 + (8x^3 + x^2z - xz^2 + 12z^3)m^5$$
$$+(24x^4 + 28x^3z - 11x^2z^2 + 38xz^3 + 56z^4)m^4$$
$$+2(x+z)(17x^4 + 20x^3z - 30x^2z^2 + 20xz^3 + 65z^4)m^3$$
$$+4(6x^4 + 9x^3z - 26x^2z^2 - 7xz^3 + 40z^4)(x+z)^2m^2$$
$$+4(x-z)(2x^3 + 9x^2z - 6xz^2 - 25z^3)(x+z)^3m$$
$$+(x^2 + 14xz + 25z^2)(x-z)^2(x+z)^4 \geqslant 0 \tag{6.70}$$

注意到 $m \geqslant 0$,又易知上式 m^6, m^5, m^4, m^3 前的系数均为正,因此只需证

$$4(6x^4 + 9x^3z - 26x^2z^2 - 7xz^3 + 40z^4)(x+z)^2m^2$$
$$+4(x-z)(2x^3 + 9x^2z - 6xz^2 - 25z^3)(x+z)^3m$$
$$+(x^2 + 14xz + 25z^2)(x-z)^2(x+z)^4 \geqslant 0$$

显然,上式的证明化为

$$4(6x^4 + 9x^3z - 26x^2z^2 - 7xz^3 + 40z^4)m^2 + 4(x-z)(2x^3 + 9x^2z$$
$$-6xz^2 - 25z^3)(x+z)m + (x^2 + 14xz + 25z^2)(x-z)^2(x+z)^2$$
$$\geqslant 0 \tag{6.71}$$

为此先证

$$6x^4 + 9x^3z - 26x^2z^2 - 7xz^3 + 40z^4 > 0 \tag{6.72}$$

设上式左边的值为 Q_0,由等式

$$Q_0 = 6x^4 - 26z^2x^2 + 30z^4 + z(9x^3 - 7z^2x + 10z^3) \tag{6.73}$$

易见当 $z > x$ 时有 $Q_0 > 0$.另外,注意到 Q_0 可变形为

$$Q_0 = 6x^4 - 26z^2x^2 + 29z^4 + z(9x^3 - 7z^2x + 11z^3) \tag{6.74}$$

而 $6x^4 - 26z^2x^2 + 29z^4 > 0$,因此当 $z \leqslant x$ 时有 $Q_0 > 0$.总之,不等式 $Q_0 > 0$ 对任意正数 x, y, z 成立. 现在,容易算出式 (6.71) 左边关于 m 的二次三项式的判别式 F_m 的值为

$$F_m = -16(2x^6 + 57zx^5 + 193z^2x^4 + 62z^3x^3 - 294z^4x^2 + 85z^5x + 375z^6)(x^2 - z^2)^2$$

而

$$2x^6 + 57zx^5 + 193z^2x^4 + 62z^3x^3 - 294z^4x^2 + 85z^5x + 375z^6$$
$$= 2x^6 + 57zx^5 + xz^3(62x^2 + 85z^2) + z^2(193x^4 - 294z^2x^2 + 375z^4) > 0$$

于是知 $F_m \leqslant 0$, 从而不等式 (6.71), (6.70), (6.69), (6.68), (6.65), (6.64) 获证. □

注 6.8 采用上面证明不等式 (6.65) 的方法, 作者还证明了 (此处从略) 类似的不等式

$$\sum \frac{1}{\sin A} \geqslant \frac{\sqrt{3}(l_b + l_c)^2}{2l_bl_c} \tag{6.75}$$

其中 l_b, l_c 分别是 $\triangle ABC$ 边 b, c 上的中线或内角平分线或类似中线.

根据推论 6.16 与不等式 (6.75) 又可得:

推论 6.19 对 $\triangle ABC$ 内部任意一点 P 与平面上任意一点 Q 有

$$\sum \frac{R_1D_1}{r_2r_3} \geqslant \frac{3(l_b + l_c)^2}{l_bl_c} \tag{6.76}$$

其中 l_b, l_c 是边 b, c 上相应的中线或内角平分线或类似中线.

在文献 [124] 中, 作者猜测推论 6.16 的不等式 (6.59) 可以推广为涉及两个三角形的情形

$$\sum \frac{R_1D_1}{r_2r_3} \geqslant 4\sum \frac{\sin A'}{\sin A} \tag{6.77}$$

这个不等式还未得到证明. 这里, 进一步提出更强的下述猜想:

猜想 6.5 对 $\triangle ABC$ 内部任意一点 P 与平面上任意一点 Q 有

$$\sum \frac{R_1D_1}{r_2r_3} \geqslant \frac{2\sqrt{\sum bc}}{r} \tag{6.78}$$

注 6.9 后面第 14 章中推论 14.12 的不等式

$$\sum \frac{\sin A'}{\sin A} \leqslant \frac{\sqrt{\sum bc}}{2r} \tag{6.79}$$

表明不等式 (6.78) 强于不等式 (6.77).

在文献 [124] 中, 作者还猜测不等式

$$\sum \frac{R_1D_1}{r_2r_3} \geqslant 12 \tag{6.80}$$

可以加强为

$$\sum \frac{R_1D_1}{(r_2 + r_3)^2} \geqslant 3 \tag{6.81}$$

最近,作者发现此式并不成立,但将上式中 D_1R_1 换成更大的值 $(R_1^2 + D_1^2)/2$ 很可能成立,从而提出以下猜想:

猜想 6.6 对 $\triangle ABC$ 内部任意一点 P 与平面上任意一点 Q 有

$$\sum \frac{R_1^2 + D_1^2}{(r_2 + r_3)^2} \geqslant 6 \tag{6.82}$$

(三)

这一节中,我们给出等价推论6.1的几则应用.

在Wolstenholme代数不等式(6.15)中,取 $u = S_a, v = S_b, w = S_c$,利用简单的已知不等式 $S_b + S_c \leqslant \frac{1}{2} a R_1$,并注意到恒等式 $\sum S_a = S$,即得:

推论 6.20 对 $\triangle ABC$ 内部任意一点 P 与任意正数 x, y, z 有

$$\left(\sum x a R_1 \right)^2 \geqslant 16 S \sum y z S_a \tag{6.83}$$

等号当且仅当 $x = y = z$ 且 P 为 $\triangle ABC$ 的垂心时成立.

注 6.10 由上式应用Cauchy不等式容易推得上一章推论5.22的结果

$$\sum x r_1 \sum x^2 \frac{R_1}{a} \geqslant 2 x y z \frac{S}{R} \tag{6.84}$$

等号当且仅当 P 为 $\triangle ABC$ 的垂心且 $x : y : z = a : b : c$ 时成立.

根据Wolstenholme代数不等式(6.15)与前面的不等式(6.38),有

$$\sum w_1 \sum \frac{w_1}{R_2 R_3} \leqslant \frac{1}{4} \left[\sum (w_2 + w_3) \frac{1}{R_1} \right]^2 \leqslant 9$$

注意到 $w_1 \geqslant r_1, R_a = R_2 R_3/(2r_1)$,即得:

推论 6.21 对 $\triangle ABC$ 内部任意一点 P 有

$$\sum w_1 \sum \frac{1}{R_a} \leqslant \frac{9}{2} \tag{6.85}$$

上式显然强于第3章注3.8中已提到但未证明的不等式

$$\sum r_1 \sum \frac{1}{R_a} \leqslant \frac{9}{2} \tag{6.86}$$

以及推论3.14的结果

$$\sum R_a \geqslant 2 \sum w_1 \tag{6.87}$$

在第2章中,推论2.17给出了弱于上式的不等式

$$\sum R_a \geqslant 2 \sum r_1 \tag{6.88}$$

下面,我们来推证上式的一个加强.

根据等价推论6.1与简单的已知不等式 $r_2 + r_3 \leqslant 2R_1 \sin \dfrac{A}{2}$,即知

$$\left(\sum x R_1 \sin \frac{A}{2}\right)^2 \geqslant \sum r_1 \sum y z r_1 \tag{6.89}$$

在上式中取 $x = 1/R_1, y = 1/R_2, z = 1/R_3$,再利用公式 $R_a = R_2 R_3/(2r_1)$ 就得

$$\left(\sum x \sin \frac{A}{2}\right)^2 \geqslant \frac{1}{2} \sum r_1 \sum \frac{yz}{R_a} \tag{6.90}$$

特别地,令 $x = y = z = 1$,得

$$\sum r_1 \sum \frac{1}{R_a} \leqslant 2 \left(\sum \sin \frac{A}{2}\right)^2 \tag{6.91}$$

根据后面第9章中的不等式(9.44)与等式(9.42),可知

$$\left(\sum \sin \frac{A}{2}\right)^2 \leqslant \frac{4R+r}{2R} \tag{6.92}$$

由式(6.91)与式(6.92)利用 $\sum R_a \sum 1/R_a \geqslant 9$,即易得:

推论 6.22 对 $\triangle ABC$ 内部任意一点 P 有

$$\frac{\sum R_a}{\sum r_1} \geqslant \frac{9R}{4R+r} \tag{6.93}$$

由Euler不等式 $R \geqslant 2r$ 易知上式加强了不等式(6.88).

在第4章中,推论4.14给出了著名的Erdös-Mordell不等式

$$\sum R_1 \geqslant 2 \sum r_1 \tag{6.94}$$

下面,我们将应用等价推论6.1与命题6.2来推证Erdös-Mordell不等式的一个加强,进而讨论所得结果的应用.

将Wolstenholme代数不等式(6.15)中的两组数 (x, y, z) 与 (u, v, w) 互换,则有

$$\left[\sum u(y+z)\right]^2 \geqslant 4 \sum x \sum vwx \tag{6.95}$$

由此可知

$$\left[\sum a^2(y+z)\right]^2 \geqslant 4\sum x\sum xb^2c^2$$

再作代换 $x \to x/(bc), y \to y/(ca), z \to z/(ab)$, 得

$$\left[\sum a\left(\frac{y}{c}+\frac{z}{b}\right)\right]^2 \geqslant 4\sum \frac{x}{bc}\sum xbc$$

即有

$$\sum x\left(\frac{b}{c}+\frac{c}{b}\right) \geqslant 2\sqrt{\sum xa\sum \frac{x}{a}} \tag{6.96}$$

在这式中取 $x=r_1, y=r_2, z=r_3$, 然后再利用恒等式 $\sum ar_1 = 2S$ 与 $ah_a = 2S$, 得

$$\sum r_1\left(\frac{b}{c}+\frac{c}{b}\right) \geqslant 2\sqrt{\sum h_a r_1} \tag{6.97}$$

即

$$\sum \frac{br_3+cr_2}{a} \geqslant 2\sqrt{\sum h_a r_1} \tag{6.98}$$

再按命题6.2便得:

推论 $6.23^{[60]}$ 对 $\triangle ABC$ 内部任意一点 P 有

$$\sum R_1 \geqslant 2\sqrt{\sum h_a r_1} \tag{6.99}$$

注 6.11 应用Cauchy不等式与恒等式

$$\sum \frac{r_1}{h_a} = 1 \tag{6.100}$$

易知

$$\sum h_a r_1 \geqslant \left(\sum r_1\right)^2 \tag{6.101}$$

这表明不等式(6.99)强于Erdös-Mordell不等式(6.94).事实上,从上面的推证可知Erdös-Mordell不等式有如下加细

$$\sum R_1 \geqslant \sum r_1\left(\frac{b}{c}+\frac{c}{b}\right) \geqslant 2\sqrt{\sum h_a r_1} \geqslant 2\sum r_1 \tag{6.102}$$

顺便指出,作者在几年前还证明了不等式(6.99)的 "r-w" 对偶不等式成立.

注 6.12 设点 P 到 $\triangle ABC$ 外接圆分别过顶点 A, B, C 的切线的距离分别为 H_1, H_2, H_3(见图6.2).

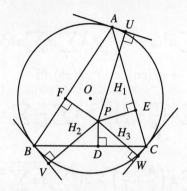

图 6.2

最近,Dao Thanh Oai[70]等人出人意外地发现了等式关系

$$H_1 = PU = \frac{br_3 + cr_2}{a} \tag{6.103}$$

(类似地成立另两式),他们据此得出了Erdös-Mordell不等式新的加强

$$\sum H_1 \geqslant 2 \sum r_1 \tag{6.104}$$

我们在此指出,根据式(6.98),(6.101),(6.103)可知上式还可加细为

$$\sum H_1 \geqslant 2\sqrt{\sum h_a r_1} \geqslant 2 \sum r_1 \tag{6.105}$$

在推论6.23中,取P为$\triangle ABC$的重心,利用命题1.1(b)可得:

推论 6.24　在$\triangle ABC$中有

$$\left(\sum m_a\right)^2 \geq 3 \sum h_a^2 \tag{6.106}$$

接下来,我们应用推论6.23的结果来建立一个几何不等式链.

首先,应用Cauchy不等式与面积公式$S = \frac{1}{2}ah_a$得

$$\left(\sum r_1 R_1\right)^2 \leqslant \frac{1}{2S} \sum h_a r_1 \sum a r_1 R_1^2$$

再利用不等式(6.99)与恒等式

$$\sum a r_1 R_1^2 = 8 S_p R^2 \tag{6.107}$$

(见附录A中引理A1),便知

$$\left(\sum r_1 R_1\right)^2 \leqslant \left(\sum R_1\right)^2 R^2 \frac{S_p}{S}$$

从而

$$\frac{\sum r_1 R_1}{\sum R_1} \leqslant R\sqrt{\frac{S_p}{S}} \tag{6.108}$$

接着,对上式应用附录A中定理A1的几何变换T_2

$$(R_1, R_2, R_3, r_1, r_2, r_3) \rightarrow (R_2 R_3, R_3 R_1, R_1 R_2, R_1 r_1, R_2 r_2, R_3 r_3)$$

同时利用变换T_2下的以下转换关系

$$R \rightarrow 2RR_p, \ S \rightarrow 4R^2 S_p, \ S_p \rightarrow \frac{4R^2 S_p^2}{S}$$

(见附录A中定理A2),易得

$$\frac{R_1 R_2 R_3 \sum r_1}{\sum R_2 R_3} \leqslant 2RR_p \sqrt{\frac{S_p}{S}}$$

再利用恒等式

$$8 S_p R_p = R_1 R_2 R_3 \frac{S}{R^2} \tag{6.109}$$

(见附录A中引理A2),经约简、整理得

$$\frac{\sum R_2 R_3}{\sum r_1} \geqslant 4R\sqrt{\frac{S_p}{S}} \tag{6.110}$$

最后,由不等式(6.108)与不等式(6.110)得到下述不等式链:

推论6.25[60]   对$\triangle ABC$内部任意一点P有

$$\frac{\sum r_1 R_1}{\sum R_1} \leqslant R\sqrt{\frac{S_p}{S}} \leqslant \frac{\sum R_2 R_3}{4\sum r_1} \tag{6.111}$$

根据上式的第一个不等式与已知的垂足三角形面积不等式

$$S_p \leqslant \frac{1}{4}S \tag{6.112}$$

得:

推论6.26   对$\triangle ABC$内部任意一点P有

$$\frac{\sum r_1 R_1}{\sum R_1} \leqslant \frac{1}{2}R \tag{6.113}$$

设点P在$\triangle ABC$三边上的垂足分别为D, E, F,由三角形不等式$PE + PF \geqslant EF$易得

$$r_2 + r_3 \geqslant R_1 \sin A \tag{6.114}$$

(等号当且仅当P位于AC边或AB边上时成立)于是

$$\sum R_1 \leqslant \sum \frac{r_2 + r_3}{\sin A} = \sum r_1 \left(\frac{1}{\sin B} + \frac{1}{\sin C} \right)$$
$$= \sum (b + c) \frac{r_1}{h_a} \leqslant \max\{b + c, c + a, a + b\} \sum \frac{r_1}{h_a}$$

再注意到恒等式(6.100),就知对$\triangle ABC$内部任意一点P有

$$\sum R_1 \leqslant \max\{b + c, c + a, a + b\} \tag{6.115}$$

由此易知

$$\sum R_1 < 4R \tag{6.116}$$

于是由不等式(6.113)得下述严格不等式:

推论6.27 对$\triangle ABC$内部任意一点P有

$$\sum r_1 R_1 < 2R^2 \tag{6.117}$$

事实上,作者早在1996年就已提出了较上式更强的至今仍未解决的下述不等式:

猜想6.7[26] 对$\triangle ABC$内部任意一点P有

$$\sum r_1 R_1 \leqslant \frac{3}{2} R^2 \tag{6.118}$$

注6.13 *作者承诺*:第一位正确解决上述猜想者可获得作者提供的悬奖￥3000元.

由不等式(6.113)与简单的已知不等式

$$\sum R_1 < 2s \tag{6.119}$$

(见《GI》中不等式12.7)还可得下述严格不等式:

推论6.28 对$\triangle ABC$内部任意一点P有

$$\sum r_1 R_1 < sR \tag{6.120}$$

考虑上式的加强,作者提出以下猜想:

猜想 6.8　对△ABC内部任意一点P有

$$\sum r_1 R_1 < \frac{3}{5} sR \tag{6.121}$$

注 6.14　在文献[126]中,作者建立了不等式

$$\sum \frac{r_1(r_2 + r_3)}{r_a(r_b + r_c)} \leqslant \frac{1}{3} \tag{6.122}$$

由此利用不等式(6.114)与等式$r_a(r_b + r_c) = sa$,可得较式(6.120)为强但较式(6.121)为弱的不等式

$$\sum r_1 R_1 < \frac{2}{3} sR \tag{6.123}$$

在这一节最后,我们根据推论6.25来导出有关三角形中线、高线与边长的一个不等式链.

由面积关系$S_{\triangle EPF} + S_{\triangle FPD} + S_{\triangle DPE} = S_{\triangle DEF}$,容易得出等式

$$S_p = \frac{1}{2} \sum r_2 r_3 \sin A \tag{6.124}$$

当点P重合于△ABC的重心G时,利用第1章中的命题1.1(b)与上式易证

$$S_p = S_G = \frac{S}{36R^2} \sum a^2$$

因此在推论6.25中令P为△ABC的重心,利用命题1.1(b)与上式易得下述结论:

推论 6.29[60]　在△ABC中有

$$\frac{\sum m_a h_a}{\sum m_a} \leqslant \frac{1}{2} \sqrt{\sum a^2} \leqslant \frac{\sum m_b m_c}{\sum h_a} \tag{6.125}$$

(四)

这一节中,我们给出等价推论6.2的几则应用.

根据与等价推论6.2的不等式(6.20)相等价的不等式(6.22)以及推论6.8的不等式(6.35)有

$$\left(\sum a w_a \right)^2 \geqslant 4(4R + r) \sum w_b w_c \geqslant \frac{4}{3} \left(\sum w_b w_c \right)^2$$

于是可得:

推论 6.30[127] 在$\triangle ABC$中有

$$\frac{\sqrt{3}}{2}\sum aw_a \geqslant \sum w_b w_c \tag{6.126}$$

注 6.15 事实上,上式很可能可延拓为不等式链

$$\frac{1}{3}\sum m_a \sum r_a \geqslant \sum w_a^2 \geqslant \frac{1}{3}\sum h_a \sum r_a \geqslant \frac{1}{3}\left(\sum w_a\right)^2$$

$$\geqslant \frac{\sqrt{3}}{2}\sum aw_a \geqslant \sum w_b w_c \geqslant 3\sqrt{3}S \tag{6.127}$$

其中前三个不等式早被作者与褚小光证明(参见文献[82]第369~380页),最后一个不等式即为推论5.8的结果,但第4个不等式多年来未得到证明.

注意到以$\triangle ABC$的中线m_a, m_b, m_c为边长可构成三角形(参见命题1.4),且成立已知不等式[128]

$$2\sum m_b m_c - \sum m_a^2 \geqslant \sum h_a^2 \tag{6.128}$$

因此根据等价推论6.2可得推论6.24的下述加权推广:

推论 6.31 对$\triangle ABC$与任意正数x, y, z有

$$\left(\sum xm_a\right)^2 \geqslant \sum yz\sum h_a^2 \tag{6.129}$$

由式(6.128)易知

$$\sum m_b m_c \geqslant \sum h_a^2 \tag{6.130}$$

据此由式(6.129)可得下述优美的涉及两个三角形的不等式:

推论 6.32 在$\triangle ABC$与$\triangle A'B'C'$中有

$$\left(\sum m_a m_a'\right)^2 \geqslant \sum h_a^2 \sum h_a'^2 \tag{6.131}$$

由上式与简单的幂平均不等式易得:

推论 6.33 在$\triangle ABC$与$\triangle A'B'C'$中有

$$3\sum m_a m_a' \geqslant \sum h_a \sum h_a' \tag{6.132}$$

注 6.16 尹华焱曾猜测在$\triangle ABC$中有

$$2\sum \sqrt{m_b m_c} - \sum m_a \geqslant \sum h_a \tag{6.133}$$

如果此不等式成立,则利用等价推论6.2容易得出不等式(6.132)的以下加强

$$\left(\sum \sqrt{m_a m_a'} \right)^2 \geqslant \sum h_a \sum h_a' \tag{6.134}$$

上两式目前都未得到证明.

令 $\triangle A'B'C' \cong \triangle ACB$,从而有 $\sum h_a'^2 = \sum h_a^2, m_a' = m_a, m_b' = m_c, m_c' = m_b$,于是由式(6.131) 得:

推论6.34 在 $\triangle ABC$ 中有

$$\sum h_a^2 \leqslant m_a^2 + 2m_b m_c \tag{6.135}$$

现在,我们在等价推论6.2的不等式(6.20)中取 $x = r_1, y = r_2, z = r_3$,利用恒等式 $\sum ar_1 = 2S$ 立得不等式[106]

$$\sum r_2 r_3 \leqslant \frac{4S^2}{2\sum bc - \sum a^2} \tag{6.136}$$

再利用前面给出的等式(6.21)与 $S^2 = rr_a r_b r_c$ 以及已知等式 $\sum r_a = 4R+r$,便得:

推论6.35 对 $\triangle ABC$ 内部任意一点 P 有

$$\sum r_2 r_3 \leqslant \frac{r_a r_b r_c}{r_a + r_b + r_c} \tag{6.137}$$

等号当且仅当点 P 的重心坐标为 $a(s-a) : b(s-b) : c(s-c)$ 时成立.

上述推论表明了下述有趣的结论:对于任意给定的 $\triangle ABC$,其内部存在一点 P 使得和式 $\sum r_2 r_3$ 取得最大值.

注6.17 由不等式(6.137)出发,利用重心坐标容易推得正数情形的不等式(6.20)(参见第4章中的注4.4以及文献[129]).因此,不等式(6.137)与不等式(6.20)在 $x, y, z > 0$ 的情况下是等价的.

不等式(6.137)还可加细为不等式链

$$\sum r_2 r_3 \leqslant \sum (r_3 + r_1)(r_1 + r_2) \sin^2 \frac{A}{2} \leqslant \frac{r_a r_b r_c}{r_a + r_b + r_c} \tag{6.138}$$

其中第一个不等式易由Wolstenholme不等式(6.19)得出;将后面第19章中命题19.1的变换 K_r 用于式(6.137),即得第二个不等式.

注6.18 由不等式(6.137)的等价式

$$\sum r_2 r_3 \sum \frac{1}{r_b r_c} \leqslant 9 \tag{6.139}$$

与Cauchy不等式可知第4章中等价推论4.9的不等式

$$\sum \sqrt{\frac{r_2 r_3}{r_b r_c}} \leqslant 1 \tag{6.140}$$

成立,上式中等号成立条件同式(6.137).

现在,我们来给出有关和式$\sum R_1$的一个有趣的下界.

在等价推论6.2中令$x = R_1/a$等等,再应用林鹤一不等式(6.46)即得:

推论 6.36[130] 对$\triangle ABC$平面上任意一点P有

$$\sum R_1 \geqslant \sqrt{2 \sum bc - \sum a^2} \tag{6.141}$$

上式也是前面给出的推论6.13的一个推论,只要在不等式(6.47)中取$x = s - a, y = s - b, z = s - c$,就不难得到上式.

为了进一步讨论不等式(6.141),我们先证明下述命题:

命题 6.3[131] 在$\triangle ABC$中有

$$\left(2 \sum bc - \sum a^2\right) \sum \frac{1}{a^2} \geqslant 9 \tag{6.142}$$

上述不等式有许多不同的证法,下面是作者给出的一种有别于文献[131]中的证法.

证明 为证不等式(6.142)只需证

$$\left(2 \sum bc - \sum a^2\right) \sum b^2 c^2 - 9(abc)^2 \geqslant 0$$

令$b+c-a = 2x, c+a-b = 2y, a+b-c = 2z$,则$a = y+z, b = z+x, c = x+y$,代入上式可知不等式化为代数不等式

$$\left[2 \sum (z+x)(x+y) - \sum (y+z)^2\right] \sum (z+x)^2(x+y)^2 - 9 \prod (y+z)^2 \geqslant 0$$

展开整理为

$$4 \sum (y+z)x^5 - \sum (y^2+z^2)x^4 + 2xyz \sum x^3 - 6 \sum y^3 z^3$$
$$-2xyz \sum x(y^2+z^2) + 6(xyz)^2 \geqslant 0 \tag{6.143}$$

不难验证上式可以等价变形为

$$\sum yz(y^2+yz+z^2)(y-z)^2$$
$$+ \left[3 \sum x(y^2+z^2) + 8xyz\right] \sum (x-y)(x-z)x \geqslant 0 \tag{6.144}$$

注意到

$$\sum (x-y)(x-z)x \geqslant 0 \tag{6.145}$$

这是著名的Schur不等式(参见专著[132]第146页)的特殊情形.于是可知式(6.144)成立,从而不等式(6.143)与不等式(6.142)获证. □

注6.19 令$a = y+z, b = z+x, c = x+y(x,y,z > 0)$,即知不等式(6.142)等价于涉及三个正数$x, y, z$的代数不等式

$$\sum \frac{1}{(y+z)^2} \geqslant \frac{9}{4\sum yz} \tag{6.146}$$

陈计[133]与笔者[131]在1994年各自独立地发现了这个不等式.1996年,这个不等式被选为伊朗数学奥林匹克竞赛题,此后引起了许多人的兴趣,给出了各种各样的证法(网上的一篇匿名文章就收集了二十多种繁简不一的证法).事实上,代数不等式(6.146)等价于下面两个涉及三角形旁切圆半径与边长的几何不等式

$$\sum \frac{r_a^2}{a^2} \geqslant \frac{9}{4} \tag{6.147}$$

$$\sum \frac{1}{(r_b+r_c)^2} \geqslant \frac{9}{4s^2} \tag{6.148}$$

还等价于涉及锐角三角形高线与面积的不等式

$$\sum h_a^4 \geqslant 9S^2 \tag{6.149}$$

此式早曾出现在文献[134]中.

注6.20 本书作者[26]曾猜测不等式(6.146)可以推广为涉及六个正数x, y, z, u, v, w的不等式

$$\sum \frac{1}{(y+z)(v+w)} \geqslant \frac{9}{2\sum x(v+w)} \tag{6.150}$$

并指出这个不等式等价于涉及三角形内部一点的几何不等式

$$\sum \frac{h_a}{r_2+r_3} \geqslant \frac{9}{2} \tag{6.151}$$

杨学枝给出了不等式(6.150)两种精巧的证法,见文献[82](第538~539页)与他的著作[135](第155页).

根据不等式(6.141)与不等式(6.142)立即可得:

推论 6.37[136]   对 $\triangle ABC$ 平面上任意一点 P 有

$$\sum R_1 \sqrt{\sum \frac{1}{a^2}} \geqslant 3 \tag{6.152}$$

利用前面的等式(6.22)与 $\sum 1/(bc) = 1/(2Rr)$ 易知不等式(6.142)等价于

$$\left(2\sum bc - \sum a^2\right)\left(\sum \frac{1}{a}\right)^2 \geqslant 25 + \frac{4r}{R} \tag{6.153}$$

由此与推论6.36立即可得W.Gmeiner与W.Janous在1988年建立的下述严格不等式:

推论 6.38[137]   对 $\triangle ABC$ 平面上任意一点 P 有

$$\sum R_1 \sum \frac{1}{a} > 5 \tag{6.154}$$

其中右边的常数5是最佳的.

有关不等式(6.154)的证明,读者还可参考文献[138]–[140].顺便指出,不等式(6.154)还启示作者发现并证明了类似的涉及中线的不等式[141]

$$\sum R_1 \sum \frac{1}{m_a} > 5 \tag{6.155}$$

有趣的是,上式右边的常数5也是最佳的.

在式(6.154)中取 P 为 $\triangle ABC$ 的重心,利用命题1.1(b)可得

$$\sum m_a \sum \frac{1}{a} > \frac{15}{2} \tag{6.156}$$

由此根据第1章中的命题1.4,易得下述Janous不等式:

推论 6.39[142]   在 $\triangle ABC$ 中有

$$\sum \frac{1}{m_a} > \frac{5}{s} \tag{6.157}$$

其中右边的常数5是最佳的.

有关Janous不等式的证明与加强结果,读者可参考文献[143]、文献[144].

注 6.21   笔者在多年前曾发现并证明了与Janous不等式不分强弱的不等式

$$\sum \frac{1}{m_a} \geqslant \frac{5}{2R+r} \tag{6.158}$$

最近,刘保乾猜测Janous不等式(6.157)可以加强为

$$\sum \frac{1}{m_a} \geqslant \frac{5}{s} \sqrt{\frac{\sum h_a + 18r}{\sum h_a + 16r}} \tag{6.159}$$

笔者证明了此不等式及其延拓

$$\frac{2}{3}\left(\frac{1}{R} + \frac{1}{r}\right) \geqslant \sum \frac{1}{m_a} \geqslant \frac{5}{s} \sqrt{\frac{\sum h_a + 18r}{\sum h_a + 16r}} \geqslant \frac{5}{s} \sqrt{\frac{2R + 23r}{2R + 21r}}$$
$$\geqslant \frac{5}{2R + r} \tag{6.160}$$

其中第一个不等式的证明见文献[145],第二个不等式的证明应用了杨学枝在文献[144]中给出的引理3(详略).

下面,我们转而讨论一个加权三角形不等式.

由等价推论6.2的不等式(6.20)与命题6.3的不等式(6.142),立即可得下述加权三角形不等式:

推论 6.40[131] 对△ABC与任意正数 x, y, z 有

$$\left(\sum xa\right)^2 \sum \frac{1}{a^2} \geqslant 9 \sum yz \tag{6.161}$$

在文献[146]中,A.Oppenheim曾证明:当 $0 < k < 1$ 时,以 a^k, b^k, c^k 为边长可构成一个三角形.据此结论由上式可得

$$\left(\sum xa^k\right)^2 \sum \frac{1}{a^{2k}} \geqslant 9 \sum yz \tag{6.162}$$

其中 $0 < k \leqslant 1$.于是有

$$\left(\sum a^k r_1^k\right)^2 \sum \frac{1}{a^{2k}} \geqslant 9 \sum (r_2 r_3)^k \tag{6.163}$$

又注意到,当 $0 < k \leqslant 1$ 时,利用幂平均不等式与恒等式 $\sum ar_1 = 2S$ 易得不等式

$$\sum (ar_1)^k \leqslant 3 \left(\frac{2}{3}S\right)^k \tag{6.164}$$

(当 $k = 1$ 时上式为恒等式,当 $0 < k < 1$ 时等号当且仅当 P 为△ABC的重心时成立).因此,由式(6.163)与式(6.164)利用 $ah_a = 2S$ 易得:

推论 6.41[131]　设 $0 < k \leqslant 1$, 则对 $\triangle ABC$ 内部任意一点 P 有

$$\sum (r_2 r_3)^k \leqslant \frac{1}{9^k} \sum h_a^{2k} \tag{6.165}$$

最后, 我们将应用推论 6.40 来建立一个涉及角平分线 w_1, w_2, w_3 与距离 R_1, R_2, R_3 以及三角形边长的含指数的几何不等式, 为此先给出需用到的下述不等式:

命题 6.4[147]　对 $\triangle ABC$ 内部任意一点 P 有

$$\sum a w_1 R_1 \leqslant \frac{1}{2} abc \tag{6.166}$$

等号当且仅当 P 为 $\triangle ABC$ 的外心时成立.

证明　在 $\triangle ABC$ 中, 我们有已知不等式

$$2 \sin \frac{A}{2} \leqslant \frac{a}{\sqrt{bc}} \tag{6.167}$$

(这个不等式已在第 3 章中等多处用到) 其中等号仅当 $b = c$ 时成立.

现设 $\angle BPC = \alpha, \angle CPA = \beta, \angle APB = \gamma$. 对 $\triangle CPA$ 与 $\triangle APB$ 使用不等式 (6.167)(参见图 6.3), 分别得以下两式

$$2 \sin \frac{\beta}{2} \leqslant \frac{b}{\sqrt{R_3 R_1}}, \quad 2 \sin \frac{\gamma}{2} \leqslant \frac{c}{\sqrt{R_1 R_2}}$$

于是

$$4 \sin \frac{\beta}{2} \sin \frac{\gamma}{2} \leqslant \frac{bc}{R_1 \sqrt{R_2 R_3}} \tag{6.168}$$

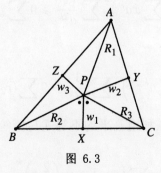

图 6.3

另一方面, 对 $\triangle BPC$ 使用第 2 章中命题 2.4 的不等式 $w_a \leqslant \sqrt{bc} \cos \frac{A}{2}$, 又得

$$w_1 \leqslant \sqrt{R_2 R_3} \cos \frac{\alpha}{2} \tag{6.169}$$

由式(6.168)与(6.169)两式可得

$$4\frac{w_1 R_1}{bc} \leqslant \frac{\cos\dfrac{\alpha}{2}}{\sin\dfrac{\beta}{2}\sin\dfrac{\gamma}{2}} \tag{6.170}$$

所以

$$4\sum\frac{w_1 R_1}{bc} \leqslant \frac{\sum\sin\alpha}{2\prod\sin\dfrac{\alpha}{2}}$$

又注意到$\sum\alpha = 2\pi$,由此易证恒等式

$$\sum\sin\alpha = 4\prod\sin\frac{\alpha}{2} \tag{6.171}$$

于是可得

$$\sum\frac{w_1 R_1}{bc} \leqslant \frac{1}{2} \tag{6.172}$$

也即不等式(6.166)获证,且易知其等号当且仅当$R_1 = R_2 = R_3$时成立,即当P为$\triangle ABC$的外心时成立.命题6.4证毕. □

注6.22 根据第3章中推论3.22的不等式

$$\sum R_1\sin\alpha \leqslant R\sum\sin\alpha \tag{6.173}$$

与上面的不等式(6.170)容易证得类似于式(6.172)的不等式

$$\sum\frac{w_1 R_1^2}{bc} \leqslant \frac{1}{2}R \tag{6.174}$$

等号当且仅当P为$\triangle ABC$的外心时成立.

现在,应用幂平均不等式与不等式(6.166)易得

$$\sum(aw_1 R_1)^k \leqslant \frac{3}{6^k}(abc)^k \tag{6.175}$$

其中$0 < k \leqslant 1$.在推论6.40中,取$x = (w_1 R_1)^k (0 < k \leqslant 1)$等等,利用上式易得下述不等式:

推论6.42 设$0 < k \leqslant 1$,则对$\triangle ABC$内部任意一点P有

$$\sum(w_2 w_3 R_2 R_3)^k \leqslant \frac{1}{36^k}\sum(bc)^{2k} \tag{6.176}$$

特别地,当$k = 1/2$时有

$$\sum\sqrt{w_2 w_3 R_2 R_3} \leqslant \frac{1}{6}\sum bc \tag{6.177}$$

(五)

这一节中,我们应用等价推论6.2与林鹤一不等式来推证一个严格的几何不等式,继而由它展开讨论.

将林鹤一不等式(6.46)的等价式

$$\sum aR_2R_3 \geqslant abc \tag{6.178}$$

与显然的不等式$\sum(s-a)R_2R_3 > 0$相加,利用$abc = 4Rrs$,得

$$\sum R_2R_3 > 4Rr \tag{6.179}$$

于是,根据等价推论6.2的等价不等式(6.22)有

$$\left(\sum aR_1\right)^2 \geqslant 4(4R+r)r\sum R_2R_3 > 16R(4R+r)r^2 > 64R^2r^2$$

从而得:

推论6.43[130] 对$\triangle ABC$平面上任意一点P有

$$\sum aR_1 > 8Rr \tag{6.180}$$

注6.23 上式右边系数8是最优的,这可证明如下:令P为$\triangle ABC$的重心,则利用命题1.1(b)得

$$\sum am_a > 12Rr \tag{6.181}$$

这等价于

$$\sum am_a \sum \frac{1}{bc} > 6$$

考虑边长为1,1,2的退化三角形,它的中线为$m_a = 0, m_b = m_c = 3/2$,这时上式左边的值恰为6.因此,式(6.181)中右边的系数12是最优的,从而断定式(6.180)中右边系数8也是最优的.

这一节余下部分的讨论将由推论6.43展开.

令P为$\triangle ABC$的类似重心,利用命题1.1(e),由不等式(6.180)可得有关三角形中线之和与边长的下述不等式:

推论6.44 在$\triangle ABC$中有

$$\sum m_a > \frac{2\sum a^2}{\sum a} \tag{6.182}$$

注 6.24 容易说明上式右边 $\sum a^2$ 前的系数2是最佳的.事实上,在 $\triangle ABC$ 中很可能成立以下更强的但欠优美的不等式

$$\sum m_a \geqslant \frac{2 \sum a^2}{\sum a} + \left(9 - 4\sqrt{3}\right)\frac{2r^2}{R} \tag{6.183}$$

由等式 $\sum 1/(bc) = 1/(2Rr)$ 可知不等式(6.180)等价于

$$\sum aR_1 \sum \frac{1}{bc} > 4 \tag{6.184}$$

对此不等式使用附录A中定理A1所述变换 T_1

$$(a, b, c, R_1, R_2, R_3) \to \left(\frac{aR_1}{2R}, \frac{bR_2}{2R}, \frac{cR_3}{2R}, r_1, r_2, r_3\right)$$

则

$$\frac{1}{2R} \sum aR_1 r_1 \sum \frac{4R^2}{bcR_2R_3} > 4$$

即有

$$\sum ar_1R_1 \sum \frac{1}{bcR_2R_3} > \frac{2}{R} \tag{6.185}$$

另由命题6.4知

$$\sum ar_1R_1 \leqslant \frac{1}{2}abc \tag{6.186}$$

于是可得:

推论 6.45 对 $\triangle ABC$ 内部任意一点 P 有

$$\sum \frac{a}{R_2R_3} > \frac{4}{R} \tag{6.187}$$

注 6.25 上式右端的常数4是最优的.这可证明如下:取 P 为锐角 $\triangle ABC$ 的外心,则由式(6.187)可得 $s > 2R$,而此式右边系数2显然为最佳值,因此式(6.187)中右端常数4也是最佳值.

利用前面已给出的不等式 $r_2 + r_3 \geqslant R_1 \sin A$ 易证:对 $\triangle ABC$ 内部任意一点 P 成立严格不等式

$$\sum aR_1 < 4sR \tag{6.188}$$

(右端系数4是最佳的),据此与不等式(6.187)又易得:

推论 6.46 对 $\triangle ABC$ 内部任意一点 P 有

$$R_1R_2R_3 < sR^2 \tag{6.189}$$

上式右端的系数1不是最佳值,最佳系数可能等于3/5,但作者未得出证明,所以提出下述猜想:

猜想 6.9　对△ABC内部任意一点P有

$$R_1 R_2 R_3 < \frac{3}{5} s R^2 \tag{6.190}$$

对于△ABC内部任意一点P,我们有严格不等式

$$\sum a r_1 R_1 < r s^2 \tag{6.191}$$

事实上,利用$r_2 + r_3 \geqslant R_1 \sin A$有

$$\sum a r_1 R_1 \leqslant \sum a r_1 \frac{r_2 + r_3}{\sin A} = 4R \sum r_2 r_3$$

又根据推论6.35的不等式(6.137),由等式$r_a r_b r_c = r s^2$与$\sum r_a = 4R + r$可得严格不等式

$$\sum r_2 r_3 < \frac{r}{4R} s^2 \tag{6.192}$$

进而可知不等式(6.191)成立.

由式(6.185)与式(6.191)得

$$r s^2 \sum \frac{1}{bc R_2 R_3} > \frac{2}{R}$$

两边乘以abc再利用$abc = 4Rrs$,约简后得下述不等式:

推论 6.47[148]　对△ABC内部任意一点P有

$$\sum \frac{a}{R_2 R_3} > \frac{8}{s} \tag{6.193}$$

注 6.26　采用上一注中的方法,容易说明上式中右边的系数8是最优的.

由不等式(6.188)与不等式(6.193)还易得

推论 6.48　对△ABC内部任意一点P有

$$R_1 R_2 R_3 < \frac{1}{2} R s^2 \tag{6.194}$$

针对这个不等式,我们提出与式(6.190)不分强弱的下述不等式:

猜想 6.10　对△ABC内部任意一点P有

$$R_1 R_2 R_3 < \frac{3}{10} s R^2 \tag{6.195}$$

现在,对不等式(6.184)使用附录A中定理A1所述变换T_5

$$(a,b,c,R_1,R_2,R_3) \rightarrow (a\lambda,b\lambda,c\lambda,R_1r_1,R_2r_2,R_3r_3)$$

其中$\lambda = (R_1R_2R_3)/(4RR_p)$,可得

$$\sum ar_1R_1 \sum \frac{1}{bc} > \frac{R_1R_2R_3}{RR_p}$$

再利用$\sum 1/(bc) = 1/(2Rr)$与前面的恒等式(6.109)及$S=rs$进而得

$$\sum ar_1R_1 > \frac{16R^2}{s}S_p \tag{6.196}$$

由此与不等式(6.186)以及等式$abc = 4Rrs$可得:

推论 6.49 对$\triangle ABC$内部任意一点P有

$$S_p < \frac{r}{8R}s^2 \tag{6.197}$$

由不等式(6.191)与不等式(6.196)还可得类似的结论:

推论 6.50 对$\triangle ABC$内部任意一点P有

$$S_p < \frac{r}{16R^2}s^3 \tag{6.198}$$

注 6.27 容易说明式(6.197)与式(6.198)中右边的系数1/8与1/16是最佳值,详略.

最后,将不等式(6.198)用于推论6.25的第一个不等式并利用$S=rs$,得

$$\frac{\sum r_1R_1}{\sum R_1} < \frac{1}{4}s \tag{6.199}$$

再注意到已知不等式$\sum R_1 < 2s$,由上式就得:

推论 6.51 对$\triangle ABC$内部任意一点P有

$$\sum r_1R_1 < \frac{1}{2}s^2 \tag{6.200}$$

针对此不等式,作者提出更强的猜想:

猜想 6.11 对$\triangle ABC$内部任意一点P有

$$\sum r_1R_1 < \frac{1}{4}s^2 \tag{6.201}$$

右端的系数1/4为最优.

注 6.28 本章中许多不等式的 "r-w" 对偶不等式值得研究,例如,不等式(6.55),(6.56),(6.78),(6.82),(6.113),(6.121),(6.122),(6.201)等很可能存在对任意$\triangle ABC$成立的 "r-w" 对偶不等式,而不等式(6.57),(6.59),(6.165)等等很可能存在对锐角$\triangle ABC$成立的 "r-w" 对偶不等式.

第7章 推论七及其应用

上一章中等价推论6.1给出了下述Wolstenholme代数不等式:

对任意实数x, y, z与正数u, v, w有

$$\left[\sum x(v+w)\right]^2 \geqslant 4 \sum u \sum yzu \tag{7.1}$$

等号当且仅当$x : y : z = u : v : w$时成立.

我们还在上一章中推导了与式(7.1)等价的不等式,即下述通常所指的Wolstenholme不等式:

推论七 对$\triangle ABC$与任意实数x, y, z有

$$\sum x^2 \geqslant 2 \sum yz \cos A \tag{7.2}$$

等号当且仅当$x : y : z = \sin A : \sin B : \sin C$时成立.

不等式(7.2)最早以数学问题的形式出现在英国数学家J.Wolstenholme于1867年出版的一本收集数学问题的书籍[43]中,因此被称为Wolstenholme不等式,但其知名度远不如Wolstenholme本人在1862年建立的Wolstheholme质数定理.近几十年来,随着三角形几何不等式的迅速发展,人们才逐渐意识到这个不等式的重要性.

1971年,M.S.Klamkin在文献[149]中给出了Wolstenholme不等式的推广

$$\sum x^2 \geqslant 2 \cdot (-1)^{n+1} \sum yz \cos nA \tag{7.3}$$

其中x, y, z为任意实数,n是自然数,上式中等号当且仅当$x : y : z = \sin nA : \sin nB : \sin nC$时成立.

不等式(7.3)不仅推广了Wolstenholme不等式,实际上也包含了重要的Kooi三角不等式,即下面的不等式(7.11)(可由式(7.3)取$n = 2$得出).

在Klamkin之前,N.Oazeki[50]在研究Erdös-Mordell不等式的多边形推广时,从另一个角度得出了Wolstheholme不等式的推广,这里就不详细介绍了,有兴趣的读者也可参见专著《AGI》第十五章.

<h1 style="text-align:center">(一)</h1>

这一节中,我们给出推论七的一些等价推论.

首先,我们给出上一章已推证出的下述不等式:

等价推论 7.1 对△ABC与任意实数x, y, z有

$$\left(\sum x\right)^2 \geqslant 4 \sum yz \cos^2 \frac{A}{2} \tag{7.4}$$

等号当且仅当$x : y : z = \sin A : \sin B : \sin C$时成立.

由$\cos A = 1 - 2\sin^2 \dfrac{A}{2}$可得到式(7.2)的等价变形

$$\sum yz \sin^2 \frac{A}{2} \geqslant 2 \sum yz - \sum x^2 \tag{7.5}$$

再将上式中的x, y, z分别换成$y + z, z + x, x + y$,即得:

等价推论 7.2 对△ABC与任意正数x, y, z有

$$\sum (z + x)(x + y) \sin^2 \frac{A}{2} \geqslant \sum yz \tag{7.6}$$

等号当且仅当$x : y : z = \cot \dfrac{A}{2} : \cot \dfrac{B}{2} : \cot \dfrac{C}{2}$时成立.

在推论七的不等式(7.2)中作代换$x \to xa, y \to yb, z \to zc$,然后应用余弦定理,即得有关三角形边长的下述三元二次不等式:

等价推论 7.3 对△ABC与任意正数x, y, z有

$$\sum x^2 a^2 \geqslant \sum yz(b^2 + c^2 - a^2) \tag{7.7}$$

等号当且仅当$x = y = z$时成立.

注 7.1 Wolstenholme不等式(7.7)还有以下已知的等价变形

$$\sum (x - y)(x - z)a^2 \geqslant 0 \tag{7.8}$$

Oppenheim与Davies在文献[150]中给出了不等式(7.8)一个精巧的证法:不妨设$x \geqslant y \geqslant z$,则

$$\sum (x-y)(x-z)a^2$$
$$= (x-y)(x-z)\left[(c+a)^2 - b^2\right] + \left[(x-y)a - (y-z)b\right]^2 \geqslant 0$$

顺便指出,将后面Kooi不等式(7.14)中的实数x, y, z分别换成$y-z, z-x, x-y$即可得出不等式(7.8). 不等式(7.8)的一些应用参见文献[151].

现在,我们指出,由上一章的命题6.1与不等式(7.7)易得下述代数不等式:

等价推论7.4 设实数u, v, w满足$v+w>0, w+u>0, u+v>0, vw+wu+uv>0$,则对任意实数$x, y, z$有

$$\sum (v+w)x^2 \geqslant 2\sum yzu \tag{7.9}$$

等号当且仅当$x=y=z$时成立.

注意到在$\triangle ABC$中有

$$\sum (c^2+a^2-b^2)(a^2+b^2-c^2) = 16S^2 > 0$$

因此可在式(7.9)中取$u=(b^2+c^2-a^2)/2$等等,于是又得到式(7.7).可见,推论7.4与推论7.3是等价的.

注7.2 当u, v, w为正数时,等价推论7.4就成为第2章中的推论2.40.注意到在上一章已用推论2.40推证了Wolstenholme不等式(7.2),所以我们可以得出以下让人感到惊奇的结论:推论2.40与等价推论7.4是等价的.另外,从第4章中推论四的不等式

$$\sum x^2 \geqslant 2\sum yz\sin\frac{A}{2} \tag{7.10}$$

的推证可见推论四与推论2.40也是等价的.因此还可得出结论:Wolstenholme不等式(7.2)与不等式(7.10)是等价的.

Wolstenholme不等式(7.2)还等价于本书第0章中就已提及的下述Kooi三角不等式:

等价推论7.5 对$\triangle ABC$与任意实数x, y, z有

$$\left(\sum x\right)^2 \geqslant 4\sum yz\sin^2 A \tag{7.11}$$

等号当且仅当$x:y:z = \sin 2A : \sin 2B : \sin 2C$时成立.

在Kooi不等式(7.11)中作角代换$A \to (\pi - A)/2$等等,再展开、整理就易得出Wolstenholme不等式(7.2).但是反过来,用角变换只能证明Kooi不等式(7.11)对锐角$\triangle ABC$成立,这似乎说明Wolstenholme不等式(7.2)是Kooi不等式的推论,但事实上并非如此.下面,我们应用Wolstenholme不等式(7.2)来推证出包含了Kooi不等式的"Klamkin惯性极矩不等式",从而间接地证明了Wolstenholme不等式(7.2)与Kooi不等式(7.11)是等价的.

设P是$\triangle ABC$平面上任意一点,过顶点A, B, C分别作分别垂直于PA, PB, PC的三条直线,设这三条直线构成$\triangle A_0 B_0 C_0$(参见图7.1).

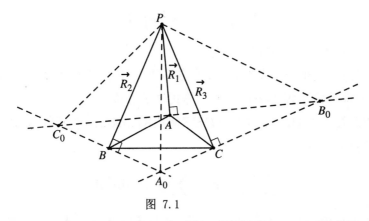

图 7.1

记有向线段$\overrightarrow{PA}$, $\overrightarrow{PB}$, $\overrightarrow{PC}$分别为$\vec{R}_1$, $\vec{R}_2$, $\vec{R}_3$(它们的正负取值依$\triangle B_0 P C_0$, $\triangle C_0 P A_0$, $\triangle A_0 P B_0$顶点的绕向而定,绕向为逆时针、顺时针时分别取正、负值).无论点P分别处于何位置(在图7.1的情形下有$\vec{R}_1 > 0, \vec{R}_2 < 0, \vec{R}_3 < 0$),利用余弦定理均可得

$$\begin{cases} a^2 = \vec{R}_2^{\,2} + \vec{R}_3^{\,2} + 2\vec{R}_2\vec{R}_3 \cos A_0 \\ b^2 = \vec{R}_3^{\,2} + \vec{R}_1^{\,2} + 2\vec{R}_3\vec{R}_1 \cos B_0 \\ c^2 = \vec{R}_1^{\,2} + \vec{R}_2^{\,2} + 2\vec{R}_1\vec{R}_2 \cos C_0 \end{cases} \tag{7.12}$$

于是由上式与Wolstenholme不等式(7.2),即知对任意实数x, y, z有

$$\sum yz(a^2 - \vec{R}_2^{\,2} - \vec{R}_3^{\,2}) = 2\sum yz\vec{R}_2\vec{R}_3 \cos A \leqslant \sum (x\vec{R}_1)^2$$

注意到$\vec{R}_1^{\,2} = R_1^2$等等,即得

$$\sum x^2 R_1^2 \geqslant \sum yz(a^2 - R_2^2 - R_3^2)$$

由此整理得下述不等式:

等价推论 7.6[152]　对 $\triangle ABC$ 平面上任意一点 P 与任意正数 x, y, z 有

$$\sum x \sum x R_1^2 \geqslant \sum yza^2 \tag{7.13}$$

等号当且仅当 $x : y : z = \vec{S}_{\triangle BPC} : \vec{S}_{\triangle CPA} : \vec{S}_{\triangle APB}$ 时成立.

不等式 (7.13) 即是 M.S.Klamkin 在 1975 年建立的 "惯性极矩不等式", 用其他方法还容易得出它的一般推广, 参见专著《AGI》第 18 章以及文献 [153].

令 P 为 $\triangle ABC$ 的外心, 则 $R_1 = R_2 = R_3 = R$, 于是由式 (7.13) 即得 Kooi 不等式

$$\sum yza^2 \leqslant \left(\sum x\right)^2 R^2 \tag{7.14}$$

再由正弦定理就知不等式 (7.11) 成立.

因由 Kooi 三角不等式 (7.11) 可得出不等式 (7.2), 所以不等式 (7.13) 与不等式 (7.11) 都等价于 Wolstenholme 不等式 (7.2) 等价.

对点 P 关于 $\triangle ABC$ 的垂足 $\triangle DEF$ 使用 Klamkin 惯性极矩不等式, 注意到 $a_p = R_1 \sin A$, 便得

$$\sum x \sum x r_1^2 \geqslant \sum yz R_1^2 \sin^2 A \tag{7.15}$$

在上式中作代换 $x \to xa^2$ 等等, 然后利用 $S_a = \dfrac{1}{2} a r_1$ 与 $S = \dfrac{1}{2} bc \sin A$, 得:

等价推论 7.7[154]　对 $\triangle ABC$ 平面上任意一点 P 与任意正数 x, y, z 有

$$\sum xa^2 \sum x S_a^2 \geqslant S^2 \sum yz R_1^2 \tag{7.16}$$

等号当且仅当 $x\vec{S}_{\triangle BPC} = y\vec{S}_{\triangle CPA} = z\vec{S}_{\triangle APB}$ 时成立.

根据附录 A 中定理 A3 可知不等式 (7.16) 与不等式 (7.13) 是等价的.

对平面上一点 P 关于 $\triangle ABC$ 的垂足 $\triangle DEF$ 使用 Kooi 不等式 (7.14), 则

$$\sum yz a_p^2 \leqslant \left(\sum x\right)^2 R_p^2$$

注意到 $a_p = R_1 \sin A$ 等等, 即得

$$\sum yz R_1^2 \sin^2 A \leqslant \left(\sum x\right)^2 R_p^2$$

再作代换 $x \to xa, y \to yb, z \to zc$, 并利用 $bc \sin A = 2S$ 得

$$2S \sum yz R_1^2 \sin A \leqslant \left(\sum xa\right)^2 R_p^2$$

在上式两边除以$4S^2$,利用$2S = bc\sin A$即得下述加权几何不等式:

等价推论 7.8 对$\triangle ABC$平面上任意一点P与任意实数x, y, z有

$$\sum yz\frac{R_1^2}{bc} \leqslant \frac{\left(\sum xa\right)^2}{4S^2}R_p^2 \tag{7.17}$$

等号成立当且仅当$x : y : z = \dfrac{\sin 2D}{a} : \dfrac{\sin 2E}{b} : \dfrac{\sin 2F}{c}$,其中$D, E, F$是点$P$关于$\triangle ABC$的垂足$\triangle DEF$的三个内角(下同此).

如果令P为$\triangle ABC$的外心,则有$R_1 = R_2 = R_3 = R, R_p = R/2$,于是由式(7.17)又可得与Kooi不等式(7.11)显然等价的不等式

$$\sum \frac{yz}{bc} \leqslant \frac{\left(\sum xa\right)^2}{16S^2} \tag{7.18}$$

等号当且仅当$x : y : z = \cos A : \cos B : \cos C$时成立.因此,可知不等式(7.17)与Wolstenholme不等式(7.2)也是等价的.

下面,我们将介绍专著《AGI》(第317页)中应用Wolstenholme不等式(7.2)推导的一个加权几何不等式.

设$\angle BPC = 2\delta_1, \angle CPA = 2\delta_2, \angle APB = 2\delta_3$.将角平分线公式

$$w_a = \frac{2bc}{b+c}\cos\frac{A}{2} \tag{7.19}$$

用于$\triangle BPC$,易得

$$w_1\left(\frac{1}{R_2} + \frac{1}{R_3}\right) = 2\cos\delta_1 \tag{7.20}$$

又注意到$\delta_1, \delta_2, \delta_3$可构成一个三角形的内角,于是由不等式(7.2)可知

$$\sum yzw_1\left(\frac{1}{R_2} + \frac{1}{R_3}\right) = 2\sum yz\cos\delta_1 \leqslant x^2$$

从而得:

等价推论 7.9[2] 对$\triangle ABC$内部任意一点P与任意实数x, y, z有

$$\sum yzw_1\left(\frac{1}{R_2} + \frac{1}{R_3}\right) \leqslant \sum x^2 \tag{7.21}$$

等号当且仅当$x : y : z = \sin\dfrac{1}{2}\angle BPC : \sin\dfrac{1}{2}\angle CPA : \sin\dfrac{1}{2}\angle APB$时成立.

如果设P为锐角$\triangle ABC$的外心,则有$R_1 = R, w_1 = R\cos A$等等,于是由式(7.21)可知式(7.2)对锐角$\triangle ABC$成立,进而使用命题1.1的角变换K_1就知

式(7.10)对任意△ABC成立.由于前面已指出不等式(7.10)与Wolstenholme
不等式是等价的,从而可知不等式(7.21)也等价于Wolstenholme不等式(7.2).

在不等式(7.21)中作代换$x \to x\sqrt{R_1}$等等,再注意到$R_2+R_3 \geqslant 2\sqrt{R_2 R_3}$,可
知下述不等式对正数x, y, z进而对任意实数x, y, z成立:

等价推论7.10[2]　对△ABC内部任意一点P与任意实数x, y, z有

$$\sum x^2 R_1 \geqslant 2 \sum yz w_1 \tag{7.22}$$

等号当且仅当P为△ABC的外心且$x : y : z = \cos A : \cos B : \cos C$时成立.

注7.3　根据第1章的注1.7中给出的简单结论可知,由式(7.22)可得第4章
中等价推论4.7所述三元二次Erdös-Mordell不等式

$$\sum x^2 R_1 \geqslant 2 \sum yz r_1 \tag{7.23}$$

另外,如上面指出式(7.21)与式(7.2)等价一样,我们容易得知不等式(7.22)与
不等式(7.23)均等价于Wolstenholme不等式(7.2).

现在,我们在不等式(7.2)中,作代换$x \to x\sqrt{\sin A'/(\sin B' \sin C')}$等等,得

$$\sum x^2 \frac{\sin A'}{\sin B' \sin C'} \geqslant 2 \sum yz \frac{\cos A}{\sin A'}$$

注意到

$$\frac{\sin A'}{\sin B' \sin C'} = \cot B' + \cot C'$$

于是

$$\sum x^2 (\cot B' + \cot C') \geqslant 2 \sum yz \frac{\cos A}{\sin A'}$$

将上式中的两个三角形互换并注意到

$$\sum x^2 (\cot B + \cot C) = \sum (y^2 + z^2) \cot A$$

便得下述与式(7.2)显然等价的涉及两个三角形的加权三角不等式:

等价推论7.11　对△ABC与△A'B'C'以及任意正数x, y, z有

$$\sum (y^2 + z^2) \cot A \geqslant 2 \sum yz \frac{\cos A'}{\sin A} \tag{7.24}$$

等号当且仅当$x \dfrac{\sin A}{\sin A'} = y \dfrac{\sin B}{\sin B'} = z \dfrac{\sin C}{\sin C'}$时成立.

注7.4　杨学枝[155]在1988年得出了较上述推论更一般的下述不等式:

设 $\theta_1, \theta_2, \theta_3$ 满足 $\sum \theta_1 = \pi$，又实数 $\alpha_1, \alpha_2, \alpha_3$ 满足 $\sum \alpha_1 = (2k+1)\pi(k \in \mathbf{Z})$，则对任意实数 x_1, x_2, x_3 有

$$\sum (x_2^2 + x_3^2) \cot \theta_1 \geqslant 2 \sum x_2 x_3 \frac{\cos \alpha_1}{\sin \theta_1} \tag{7.25}$$

等号当且仅当 $x_2 x_3 \dfrac{\sin \alpha_1}{\sin \alpha_1} = x_3 x_1 \dfrac{\sin \alpha_2}{\sin \alpha_2} = x_1 x_2 \dfrac{\sin \alpha_3}{\sin \alpha_3}$ 时成立.

在杨学枝发表不等式(7.25)后不久, 叶军在文献[156]中得出了进一步的推广(详略).

(二)

从这一节起, 我们着重讨论Wolstenholme不等式(7.2)及其等价不等式的应用.

下面, 我们先利用推论七来推证一个被许多作者讨论的三角不等式.

在式(7.2)中, 取 $x = \tan \dfrac{A}{2}$ 等等, 则有

$$\begin{aligned}
&\sum \tan^2 \frac{A}{2} \\
&\geqslant 2 \sum \tan \frac{B}{2} \tan \frac{C}{2} \cos A \\
&= 2 \sum \tan \frac{B}{2} \tan \frac{C}{2} \left(1 - 2\sin^2 \frac{A}{2} \right) \\
&= 2 - 4 \sum \tan \frac{B}{2} \tan \frac{C}{2} \sin^2 \frac{A}{2} \\
&= 2 - 4 \prod \sin \frac{A}{2} \sum \frac{\sin \dfrac{A}{2}}{\cos \dfrac{B}{2} \cos \dfrac{C}{2}} \\
&= 2 - \frac{2 \prod \sin \dfrac{A}{2}}{\prod \cos \dfrac{A}{2}} \sum \sin A \\
&= 2 - 8 \prod \sin \frac{A}{2}
\end{aligned}$$

于是可得:

推论 7.12[157] 在 $\triangle ABC$ 中有

$$\sum \tan^2 \frac{A}{2} \geqslant 2 - 8 \prod \sin \frac{A}{2} \tag{7.26}$$

注 7.5　上式被称为Garfunkel-Bankoff不等式,它有多种等价形式.

L.Bankoff[157]指出不等式(7.26)等价于Kooi不等式

$$s^2 \leqslant \frac{R(4R+r)^2}{2(2R-r)} \tag{7.27}$$

(见《GI》中不等式5.7),这也可在前面的不等式(7.14)中取$x = a(s-a)$等等,再经计算得出.另外, 在式(7.2)中,取$x = \sin^2\frac{A}{2}$等等,通过计算可得较式(7.27)为弱的Gerretsen上界不等式$s^2 \leqslant 4R^2 + 4Rr + 3r^2$.

安振平[158]指出不等式(7.26)等价于

$$\sum a^2 \geqslant 8\sqrt{\sum \sin^2\frac{A}{2}}\,S + \sum(b-c)^2 \tag{7.28}$$

也等价于

$$\sum a^2 \geqslant 4\sqrt{4 - \frac{2r}{R}}\,S + \sum(b-c)^2 \tag{7.29}$$

这强于Finsler-Hadwiger不等式[159]

$$\sum a^2 \geqslant 4\sqrt{3}S + \sum(b-c)^2 \tag{7.30}$$

陶平生[160]用代数方法证明了不等式(7.25)等价于

$$\sum \frac{\cos^2 A}{\cos^2\frac{A}{2}} \geqslant 1 \tag{7.31}$$

事实上,容易证明三角恒等式

$$\sum \frac{\cos^2 A}{\cos^2\frac{A}{2}} = \sum \tan^2\frac{A}{2} + 8\prod \sin\frac{A}{2} - 1 \tag{7.32}$$

由此知式(7.31)与式(7.26)是等价的.事实上,不等式(7.31)是下面涉及两个三角形的不等式(7.37)的一个推论.

Garfunkel-Bankoff不等式(7.26)还等价于

$$\left(\sum \tan\frac{A}{2}\right)^2 \geqslant 4\sum \sin^2\frac{A}{2} \tag{7.33}$$

后面给出的推论7.66以及第18章中给出的推论18.14从两个不同的角度推广了上式.

有关Garfunkel-Bankoff不等式的讨论,读者还可参见文献[87],[161]–[164]等.

下面,我们来推导不等式(7.31)的一个推广.

显然,由Kooi三角不等式(7.11)易得类似于(7.6)的等价不等式

$$\sum (z+x)(x+y)\cos^2 A \geqslant \sum yz \tag{7.34}$$

其中等号当且仅当$x:y:z = \tan A:\tan B:\tan C$时成立.在式(7.34)中取$x = (b'^2 + c'^2 - a'^2)/2$等等, 然后应用Heron公式的等价式

$$2\sum b^2 c^2 - \sum a^4 = 16S^2 \tag{7.35}$$

得

$$\sum (b'c')^2 \cos^2 A \geqslant 4S'^2 \tag{7.36}$$

两边除以$4S'^2$再利用面积公式$S' = \frac{1}{2}b'c'\sin A'$,即得下述涉及两个三角形的三角不等式:

推论7.13   在$\triangle ABC$与$\triangle A'B'C'$中有

$$\sum \frac{\cos^2 A}{\sin^2 A'} \geqslant 1 \tag{7.37}$$

等号当且仅当$\sin 2A:\sin 2B:\sin 2C = \sin^2 A':\sin^2 B':\sin^2 C'$时成立.

显然,在式(7.37)中令$A' = (\pi - A)/2$等等,就得不等式(7.31).

注7.6   不等式(7.37)等价于S.Bilčev与H.Lesov得出的不等式

$$\sum \frac{4R^2 - a^2}{a'^2} \geqslant \frac{R^2}{R'^2} \tag{7.38}$$

见专著《AGI》第383页.

由Heron公式(7.35)与$\triangle ABC$中的等式

$$2\sum bc - \sum a^2 = 4(4R+r)r \tag{7.39}$$

可知以$\sqrt{a'}, \sqrt{b'}, \sqrt{c'}$为边长可构成面积为$\sqrt{(4R'+r')r'}/2$的三角形,因此根据不等式(7.36)可得

$$\sum b'c'\cos^2 A \geqslant (4R'+r')r'$$

两边同除以$2S'$可得

$$\sum \frac{\cos^2 A}{\sin A'} \geqslant \frac{4R' + r'}{2s'}$$

在上式中作角代换$A \to (\pi - A)/2$等等,并利用等式$\sum r_a' = 4R' + r'$与公式$r_a' = s' \tan \frac{A'}{2}$就得下述涉及两个三角形的三角不等式:

推论 7.14 在$\triangle ABC$与$\triangle A'B'C'$中有

$$\sum \frac{\sin^2 \frac{A}{2}}{\sin A'} \geqslant \frac{1}{2} \sum \tan \frac{A'}{2} \tag{7.40}$$

等号当且仅当$\triangle ABC \sim \triangle A'B'C'$时成立.

在第1章中,推论1.10给出了涉及锐角$\triangle ABC$与任意$\triangle A'B'C'$的不等式

$$\sum \frac{\sin A'}{\cos A} \leqslant \sum \tan A \tag{7.41}$$

等号当且仅当$\triangle ABC \sim \triangle A'B'C'$时成立.这里我们指出,由等价推论7.11显然可得与上式成对偶的下述不等式:

推论 7.15 在$\triangle ABC$与$\triangle A'B'C'$中有

$$\sum \frac{\cos A'}{\sin A} \leqslant \sum \cot A \tag{7.42}$$

等号当且仅当$\triangle ABC \sim \triangle A'B'C'$时成立.

不等式(7.42)是R.P.Ušhukov[165]在1987年建立的(另见《AGI》第687页).事实上,由推论7.13也可推证出这一不等式(从略).

下面,我们应用等价推论7.1来建立有关三角形边长的一个加权不等式.

设x, y, z均为正数,应用Cauchy不等式与Wolstenholme不等式(7.4)有

$$\left(\sum \cot \frac{A}{2}\right)^2 \leqslant \sum yz \cos^2 \frac{A}{2} \sum \frac{1}{yz \sin^2 \frac{A}{2}}$$

$$\leqslant \frac{1}{4}\left(\sum x\right)^2 \sum \frac{1}{yz \sin^2 \frac{A}{2}}$$

于是

$$\sum \frac{x}{\sin^2 \frac{A}{2}} \geqslant \frac{xyz}{\left(\sum x\right)^2}\left(\sum \cot \frac{A}{2}\right)^2 \tag{7.43}$$

再利用半角的正弦公式

$$\sin \frac{A}{2} = \sqrt{\frac{(s-b)(s-c)}{bc}} \tag{7.44}$$

与等式 $\sum \cot \dfrac{A}{2} = \dfrac{s}{r}$ 就得

$$\sum \frac{xbc}{(s-b)(s-c)} \geqslant \frac{xyz}{\left(\sum x\right)^2} \cdot \frac{s^2}{r^2}$$

两边乘以 $\prod(s-a)$,然后利用 $r = S/s$ 与 Heron 公式

$$S = \sqrt{s(s-a)(s-b)(s-c)} \tag{7.45}$$

即得:

推论 7.16[166] 对 $\triangle ABC$ 与任意正数 x, y, z 有

$$\sum xbc(s-a) \geqslant \frac{4xyz}{\left(\sum x\right)^2} s^3 \tag{7.46}$$

等号当且仅当 $x : y : z = a : b : c$ 时成立.

接下来,我们给出上述不等式的几则应用.

在式(7.46)中取 $x = 1/(s-a)$ 等等,可得

$$\sum bc \left(\sum \frac{1}{s-a}\right)^2 \geqslant \frac{4s^3}{\prod(s-a)}$$

两边开平方再乘以 S,再利用 $r_a = S/(s-a)$ 与 Heron 公式,整理后得:

推论 7.17[166] 在 $\triangle ABC$ 中有

$$\sum r_a \geqslant \frac{2s^2}{\sqrt{\sum bc}} \tag{7.47}$$

注 7.7 上式启发作者发现并证明了有关中线的不等式

$$\sum m_a \leqslant \frac{2s^2}{\sqrt{\sum bc}} \tag{7.48}$$

因此,由上两式可得已知不等式 $\sum r_a \geqslant \sum m_a$(见《GI》中不等式8.20)的以下加细

$$\sum r_a \geqslant \frac{2s^2}{\sqrt{\sum bc}} \geqslant \sum m_a \tag{7.49}$$

在式(7.46)中,取$x = a(s' - a')/(s - a)$等等,然后利用$S = rs$与Heron公式,容易得到下述涉及两个三角形的不等式:

推论 7.18[166]　在$\triangle ABC$与$\triangle A'B'C'$中有

$$\sum a\frac{s' - a'}{s - a} \geqslant 2s\frac{r'}{r} \tag{7.50}$$

等号当且仅当$\triangle ABC \sim \triangle A'B'C'$时成立.

在不等式(7.46)中取$x = a', y = b', z = c'$,然后两边除以abc,得

$$s\sum\frac{a'}{a} - 2s' \geqslant \frac{4a'b'c'}{(2s')^2}\cdot\frac{s^3}{abc}$$

于是

$$\sum\frac{a'}{a} \geqslant 2\frac{s}{s'} + \frac{a'b'c'}{abc}\cdot\frac{s^2}{s'^2}$$

将上式中的两个三角形互换,则有

$$\sum\frac{a}{a'} \geqslant 2\frac{s'}{s} + \frac{abc}{a'b'c'}\cdot\frac{s'^2}{s^2}$$

将上两式相加并注意到

$$\frac{abc}{a'b'c'}\cdot\frac{s'^2}{s^2} + \frac{a'b'c'}{abc}\cdot\frac{s^2}{s'^2} \geqslant 2$$

即得下述有趣的不等式:

推论 7.19[166]　在$\triangle ABC$与$\triangle A'B'C'$中有

$$\sum\frac{a'}{a} + \sum\frac{a}{a'} \geqslant 2\left(1 + \frac{\sum a'}{\sum a} + \frac{\sum a}{\sum a'}\right) \tag{7.51}$$

等号当且仅当$\triangle ABC \cong \triangle A'B'C'$时成立.

由上述不等式易得弱化的不等式

$$\sum\frac{a'}{a} + \sum\frac{a}{a'} - \frac{\sum a'}{\sum a} - \frac{\sum a}{\sum a'} \geqslant 4 \tag{7.52}$$

这个不等式促使作者提出了下述代数不等式猜想:

猜想 7.1　对任意两组正实数$(x_1, x_2, ..., x_n)$与$(y_1, y_2, ..., y_n)(n \geqslant 2)$有

$$\sum_{i=1}^{n}\frac{x_i}{y_i} + \sum_{i=1}^{n}\frac{y_i}{x_i} - \frac{\displaystyle\sum_{i=1}^{n}x_i}{\displaystyle\sum_{i=1}^{n}y_i} - \frac{\displaystyle\sum_{i=1}^{n}y_i}{\displaystyle\sum_{i=1}^{n}x_i} \geqslant 2(n - 1) \tag{7.53}$$

注 7.8　作者证明了上述猜想在$n = 2$与$n = 3$两种情形下成立($n = 3$情形的证明参见后面第13章中推论13.17).在考虑$n = 2$的情形时,作者发现并证明了以下有趣的涉及四个正数的不等式:对任意正数x, y, m, n有

$$\frac{1}{mx} + \frac{1}{ny} \geqslant \frac{2(nx + my)}{n^2 x^2 + m^2 y^2} \tag{7.54}$$

等号当且仅当$m = n, x = y$时成立.

(三)

这一节中,我们先应用Hölder不等式给出正数情形的Wolstenholme不等式(7.4)的指数推广,然后应用得到的结果来建立有关三角形角平分线与边长的一个加权不等式,并讨论它的应用.

首先,根据Wolstenholme不等式(7.4)与Hölder不等式可知,当正数p与q满足$p + q = 1$时对任意正数x, y, z与$\triangle ABC$以及$\triangle A'B'C'$有

$$\sum \left(yz \cos^2 \frac{A}{2} \right)^p \left(yz \cos^2 \frac{A'}{2} \right)^q$$
$$\leqslant \left(\sum yz \cos^2 \frac{A}{2} \right)^p \left(\sum yz \cos^2 \frac{A'}{2} \right)^q$$
$$\leqslant \left[\frac{1}{4} \left(\sum x \right)^2 \right]^p \left[\frac{1}{4} \left(\sum x \right)^2 \right]^q$$

所以

$$\sum (yz)^{p+q} \cos^{2p} \frac{A}{2} \cos^{2q} \frac{A'}{2} \leqslant \left[\frac{1}{4} \left(\sum x \right)^2 \right]^{p+q}$$

利用$p + q = 1$即得

$$\left(\sum x \right)^2 \geqslant 4 \sum yz \cos^{2p} \frac{A}{2} \cos^{2q} \frac{A'}{2} \tag{7.55}$$

令$\triangle A'B'C'$为正三角形,则$\cos \dfrac{A'}{2} = \cos \dfrac{B'}{2} = \cos \dfrac{C'}{2} = \dfrac{\sqrt{3}}{2}$,于是由上式得

$$\left(\sum x \right)^2 \geqslant 4 \left(\frac{\sqrt{3}}{2} \right)^{2-2p} \sum yz \cos^{2p} \frac{A}{2}$$

将上式中的p换为k即知,当$0 < k < 1$时对任意正数x, y, z有

$$\left(\sum x \right)^2 \geqslant 3 \left(\frac{4}{3} \right)^k \sum yz \cos^{2k} \frac{A}{2} \tag{7.56}$$

当$k = 1$时上式化为式(7.4).因此,上式实际对$0 < k \leqslant 1$与正数x, y, z成立.

其次,在推广的Wolstenholme不等式(7.56)中进行置换$x \to xa^k$等等,则

$$\left(\sum xa^k \right)^2 \geqslant 3 \left(\frac{4}{3} \right)^k \sum yz \left(bc \cos^2 \frac{A}{2} \right)^k$$

根据第2章命题2.4的不等式$\sqrt{bc} \cos \dfrac{A}{2} \geqslant w_a$,进而可知当$0 < k \leqslant 1$时有

$$\left(\sum xa^k \right)^2 \geqslant 3 \left(\frac{4}{3} \right)^k \sum yzw_a^{2k} \tag{7.57}$$

另一方面,由Cauchy不等式可知对任意正数x, y, z与正数u, v, w以及任意实数k有

$$\sum yzw_a^{2k} \sum \frac{u^2}{yzw_a^{2k}} \geqslant \left(\sum u \right)^2 \tag{7.58}$$

于是由式(7.57)与式(7.58)有

$$\sum \frac{u^2}{yzw_a^{2k}} \geqslant 3 \left(\frac{4}{3} \right)^k \frac{\left(\sum u \right)^2}{\left(\sum xa^k \right)^2} \tag{7.59}$$

再在上式中作代换$u \to uw_a^k$等等,即得作者在文献[167]中得出的主要结果:

推论 7.20 设$0 < k \leqslant 1$,则对$\triangle ABC$与任意正数x, y, z以及正数u, v, w有

$$\sum \frac{u^2}{yz} \geqslant 3 \left(\frac{4}{3} \right)^k \left(\frac{\sum uw_a^k}{\sum xa^k} \right)^2 \tag{7.60}$$

这一节余下部分来讨论上述推论的应用.

由推论7.20显然可得:

推论 7.21[167] 设$0 < k \leqslant 1$,正数x, y, z与正数u, v, w满足

$$\sum \frac{u^2}{yz} \leqslant 3 \tag{7.61}$$

则在$\triangle ABC$中有

$$\sum xa^k \geqslant \left(\frac{2}{\sqrt{3}} \right)^k \sum uw_a^k \tag{7.62}$$

在上述推论中先作代换$x \to x^2$等等,再令$u = yz, v = zx, w = xy$,则可知下述二次型不等式对任意正数继而对任意实数x, y, z成立.

推论 7.22[167]　设 $0 < k \leqslant 1$,则对 $\triangle ABC$ 与任意实数 x, y, z 有

$$\sum x^2 a^k \geqslant \left(\frac{2}{\sqrt{3}}\right)^k \sum yz w_a^k \tag{7.63}$$

注 7.9　应用第 2 章中的命题 2.1 与命题 2.2,作者证明了上式中 k 的范围可拓展为 $0 < k \leqslant 4$.

在推论 7.21 中,可令 $u = v = w = \sqrt{3xyz / \sum x}$,即得

$$\sum x a^k \geqslant \left(\frac{2}{\sqrt{3}}\right)^k \sqrt{\frac{3xyz}{x+y+z}} \sum w_a^k \tag{7.64}$$

接着在上式取 $x = \cot \dfrac{A'}{2}$ 等等,利用恒等式

$$\sum \cot \frac{A'}{2} = \prod \cot \frac{A'}{2} \tag{7.65}$$

就得:

推论 7.23　设 $0 < k \leqslant 1$,则在 $\triangle ABC$ 与 $\triangle A'B'C'$ 中有

$$\sum a^k \cot \frac{A'}{2} \geqslant \left(\frac{2}{\sqrt{3}}\right)^k \sum w_a^k \tag{7.66}$$

根据后面第 16 章中证明的不等式

$$\sum \frac{w_b w_c}{a^2} \leqslant \frac{9}{4} \tag{7.67}$$

由幂平均不等式易知,当 $0 < t \leqslant 1$ 时有

$$\sum \left(\frac{w_b w_c}{a^2}\right)^t \leqslant 3 \left(\frac{3}{4}\right)^t \tag{7.68}$$

因此,可在推论 7.21 中令 $x = \left(\dfrac{\sqrt{3}}{2w_a}\right)^t$, $u = \dfrac{1}{a^t}$ 等等,从而得:

推论 7.24[167]　设 $0 < k \leqslant 1, 0 < t \leqslant 1$,则在 $\triangle ABC$ 中有

$$\sum \frac{a^k}{w_a^t} \geqslant \left(\frac{2}{\sqrt{3}}\right)^{k+t} \sum \frac{w_a^k}{a^t} \tag{7.69}$$

在 $\triangle ABC$ 中,易证

$$\sum \sin \frac{B}{2} \sin \frac{C}{2} \leqslant \frac{3}{4} \tag{7.70}$$

应用半角公式(7.44)易知上式等价于代数不等式

$$\sum \frac{x}{y+z}\sqrt{\frac{yz}{(z+x)(x+y)}} \leqslant \frac{3}{4} \tag{7.71}$$

据此与推论7.21便得:

推论 7.25[167]　设$0 < k \leqslant 1$,则对$\triangle ABC$与任意正数x, y, z有

$$\sum \sqrt{\frac{y+z}{x}}a^k \geqslant 2\left(\frac{2}{\sqrt{3}}\right)^k \sum \sqrt{\frac{x}{y+z}}w_a^k \tag{7.72}$$

现在,我们在推论7.20的不等式(7.60)中作代换$x \to x/a^k$等等,得

$$\left(\sum x\right)^2 \sum \frac{u^2}{yz}(bc)^k \geqslant 3\left(\frac{4}{3}\right)^k \left(\sum uw_a^k\right)^2 \tag{7.73}$$

取$u = \sqrt{yz}, v = \sqrt{zx}, w = \sqrt{xy}$,又得

$$3\left(\frac{4}{3}\right)^k \left(\sum \sqrt{yz}w_a^k\right)^2 \leqslant \left(\sum x\right)^2 \sum (bc)^k$$

两边开平方并作代换$x \to yz/x$等等,整理得

$$\sum xw_a^k \leqslant \left(\frac{\sqrt{3}}{2}\right)^k \sqrt{\frac{1}{3}\sum (bc)^k} \sum \frac{yz}{x} \tag{7.74}$$

当$0 < k \leqslant 1$时易证

$$\sum (bc)^k \leqslant 3\left(\frac{2}{3}s\right)^{2k} \tag{7.75}$$

于是有:

推论 7.26[167]　设$0 < k \leqslant 1$,则对$\triangle ABC$与任意正数x, y, z有

$$\sum xw_a^k \leqslant \left(\frac{s}{\sqrt{3}}\right)^k \sum \frac{yz}{x} \tag{7.76}$$

根据第5章中推论5.7所述已知不等式

$$\sum bc \leqslant 4(R+r)^2 \tag{7.77}$$

与幂平均不等式易知,当$0 < k \leqslant 1$时有

$$\sum (bc)^k \leqslant 3\left[\frac{4(R+r)}{3}\right]^k \tag{7.78}$$

据此与不等式(7.74)即易得第1章提到的已知不等式$\sum w_a \leqslant 3(R+r)$的一般推广:

推论 7.27[167] 设$0 < k \leqslant 1$,则对$\triangle ABC$与任意正数x, y, z有

$$\sum x w_a^k \leqslant (R+r)^k \sum \frac{yz}{x} \tag{7.79}$$

注 7.10 上式以及前面的不等式(7.76)实际上分别等价于以下涉及任意实数x, y, z的三元二次型不等式

$$(R+r)^k \sum x^2 \geqslant \sum yz w_a^k \tag{7.80}$$

$$\left(\frac{s}{\sqrt{3}}\right)^k \sum x^2 \geqslant \sum yz w_a^k \tag{7.81}$$

其中$0 < k \leqslant 1$.

因$w_a \geqslant h_a$等等,由推论7.20有

$$\sum \frac{u^2}{yz} \geqslant 3\left(\frac{4}{3}\right)^k \left(\frac{\sum u h_a^k}{\sum x a^k}\right)^2 \tag{7.82}$$

先在上式中取$x = r_1^k, y = r_2^k, z = r_3^k$,然后将$u, v, w$分别换成$x, y, z$得

$$\sum \frac{x^2}{(r_2 r_3)^k} \geqslant 3\left(\frac{4}{3}\right)^k \left(\frac{\sum x h_a^k}{\sum a^k r_1^k}\right)^2 \tag{7.83}$$

又由幂平均不等式与恒等式$\sum a r_1 = 2S$可知,当$0 < k \leqslant 1$时有

$$\sum (a r_1)^k \leqslant 3\left(\frac{2}{3}\right)^k S^k \tag{7.84}$$

因此由式(7.83)利用$h_a = 2S/a$与不等式(7.84)可得下述几何不等式:

推论 7.28[167] 设$0 < k \leqslant 1$,对$\triangle ABC$内部任一点P与任意正数x, y, z有

$$\sum \frac{x^2}{(r_2 r_3)^k} \geqslant \frac{12^k}{3} \left(\sum \frac{x}{a^k}\right)^2 \tag{7.85}$$

上式显然推广了第5章中推论5.13的结果

$$\sum \frac{1}{r_2 r_3} \geqslant 4 \left(\sum \frac{1}{a}\right)^2 \tag{7.86}$$

注 7.12　在不等式 (7.98) 中,取 P 为 $\triangle ABC$ 的重心,然后利用第 1 章中命题 1.1(b),易得以下较强的涉及三角形中线的不等式

$$\sum m_b m_c \sin \frac{A}{2} \geqslant \frac{1}{2} s^2 \tag{7.100}$$

现在,将附录 A 中定理 A1 的 T_5 变换

$$(a, b, c, R_1, R_2, R_3, r_1, r_2, r_3) \to (a\lambda, b\lambda, c\lambda, R_1 r_1, R_2 r_2, R_3 r_3, r_2 r_3, r_3 r_1, r_1 r_2)$$

(其中 $\lambda = R_1 R_2 R_3 / (4RR_p)$)用于不等式 (7.98)(注意到在此变换下 $\sin \frac{A}{2}$ 的值不变),可得

$$\sum r_2 r_3 r_1^2 \leqslant \frac{r}{R} \sum R_2 R_3 r_2 r_3 \sin \frac{A}{2}$$

在上式两边除以 $r_1 r_2 r_3$ 并利用公式 $R_a = R_2 R_3/(2r_1)$,就得下述不等式:

推论 7.36[168]　对 $\triangle ABC$ 平面上任意一点 P 有

$$\sum R_a \sin \frac{A}{2} \geqslant \frac{R}{2r} \sum r_1 \tag{7.101}$$

显然,由上式有严格不等式

$$\frac{\sum R_a}{\sum r_1} > \frac{R}{2r} \tag{7.102}$$

考虑此不等式的加强,作者提出猜想:

猜想 7.2　对 $\triangle ABC$ 内部任意一点 P 有

$$\frac{\sum R_a}{\sum r_1} \geqslant \frac{R + 2r}{2r} \tag{7.103}$$

注 7.13　根据由上面用到的几何变换 T_5 与附录 A 中定理 A3,可知上式等价于

$$\frac{\sum R_2 R_3}{\sum r_2 r_3} \geqslant \frac{R + 2r}{2r} \tag{7.104}$$

上式与不等式 (7.103) 以及不等式 (7.99) 很可能存在对锐角 $\triangle ABC$ 成立的 "r-w" 对偶不等式.

注意到 $\sum r_1 > 2r$,由式 (7.101) 可得严格不等式

$$\sum R_a \sin \frac{A}{2} > R \tag{7.105}$$

这促使作者提出了下述猜想:

猜想 7.3 对 $\triangle ABC$ 内部任意一点 P 有

$$\sum R_a^2 \sin^2 \frac{A}{2} \geqslant \frac{3}{4} R^2 \tag{7.106}$$

接下来,我们应用等价推论 7.1 来推证一个涉及三角形内部一点的含有指数的加权几何不等式.

首先,应用 Cauchy 不等式与 Wolstenholme 不等式 (7.4) 可知,对任意正数 x, y, z 与正数 u, v, w 有

$$\sum \frac{u^2}{yz \cos^2 \frac{A}{2}} \geqslant \frac{4 \left(\sum u \right)^2}{\left(\sum x \right)^2} \tag{7.107}$$

等号当且仅当 $u : v : w = (s-a) : (s-b) : (s-c)$ 且 $x : y : z = a : b : c$ 时成立.

在式 (7.107) 中,取

$$u = \frac{s-a}{(r_2 r_3)^{m/2}}, \quad v = \frac{s-b}{(r_3 r_1)^{m/2}}, \quad w = \frac{s-c}{(r_1 r_2)^{m/2}}$$

其中 $m > 0$. 根据第 1 章中推论 1.28,可知

$$u + v + w \geqslant \frac{s}{r^m}$$

注意到当 $m = 0$ 时上式为恒等式. 因此,当 $m \geqslant 0$ 时有

$$\sum \frac{(s-a)^2}{yz(r_2 r_3)^m \cos^2 \frac{A}{2}} \geqslant \frac{4s^2}{r^{2m} \left(\sum x \right)^2}$$

两边乘以 xyz 并利用 $s - a = r \cot \frac{A}{2}$,得

$$\sum \frac{x}{(r_2 r_3)^m \sin^2 \frac{A}{2}} \geqslant \frac{4xyzs^2}{r^{2m+2} \left(\sum x \right)^2}$$

再利用命题 2.3 的不等式

$$\sin \frac{A}{2} \geqslant \frac{\sqrt{r_2 r_3}}{R_1} \tag{7.108}$$

即可得

$$\left(\sum x\right)^2 \sum x\frac{R_1^2}{(r_2r_3)^{m+1}} \geqslant 4xyz\frac{s^2}{r^{2(m+1)}}$$

再作代换$x \to x/(R_1^2r_1^{m+1})$等等,然后两边乘以$(r_1r_2r_3)^{m+1}$,得

$$\sum x\left(\sum \frac{x}{R_1^2r_1^{m+1}}\right)^2 \geqslant \frac{4xyzs^2}{(R_1R_2R_3)^2r^{2(m+1)}}$$

两边开平方并整理得

$$\sum x\frac{R_2R_3}{R_1r_1^{m+1}} \geqslant 2\sqrt{\frac{xyz}{\sum x}}\frac{s}{r^{m+1}}$$

注意到$m \geqslant 0$,于是得到下述结论:

推论 7.37[15]　设$k \geqslant 1$,则对$\triangle ABC$内部任意一点P与任意正数x, y, z有

$$\sum x\frac{R_2R_3}{R_1r_1^k} \geqslant 2\sqrt{\frac{xyz}{x+y+z}}\frac{s}{r^k} \tag{7.109}$$

等号当且仅当$x:y:z = (s-a):(s-b):(s-c)$且$P$为$\triangle ABC$的内心时成立.

容易知道(参见后面第11章中命题11.1)不等式(7.109)等价于涉及两个三角形的不等式

$$\sum \frac{R_2R_3}{R_1r_1^k}\cot\frac{A'}{2} \geqslant \frac{2s}{r^k} \tag{7.110}$$

等号当且仅当P为$\triangle ABC$的内心,$\triangle A'B'C' \sim \triangle ABC$,$x:y:z = (s-a):(s-b):(s-c)$时成立.

令$\triangle A'B'C' \sim \triangle ABC$,由不等式(7.110)可知下述不等式当$k \geqslant 1$时成立.

推论 7.38[15]　对$\triangle ABC$内部任意一点P与非负实数k有

$$\sum (s-a)\frac{R_2R_3}{R_1r_1^k} \geqslant \frac{2s}{r^{k-1}} \tag{7.111}$$

等号当且仅当P为$\triangle ABC$的内心且$x:y:z = (s-a):(s-b):(s-c)$时成立.

注 7.14　在后面第12章中,我们还将利用有关结果补充证明:当$0 \leqslant k < 1$时,不等式(7.111)成立(参见第12章中注12.6).由此结合上面$k \geqslant 1$情形的证明可知,不等式(7.111)对非负实数k成立.

在不等式(7.111)中取$k = 1$,便得:

推论 7.39[169] 对$\triangle ABC$内部任意一点P有

$$\sum (s-a)\frac{R_2 R_3}{R_1 r_1} \geqslant 2s \qquad (7.112)$$

等号当且仅当P为$\triangle ABC$的内心时成立.

不等式(7.112)等价于更简洁的下式

$$\sum (s-a)\frac{R_a}{R_1} \geqslant s \qquad (7.113)$$

当$k = 0$时,不等式(7.109)也成立(化为文献[15]中不等式(28)),这很自然地促使我们提出了下述猜想:

猜想 7.4[15] 当$0 < k < 1$时不等式(7.109)成立.

注 7.15 若上述猜想成立,则可知不等式(7.109)与不等式(7.110)对任意非负实数k成立,不等式(7.110)也就给出了后面第12章中推论十二的推广.

注 7.16 作者承诺:猜想7.4的第一位正确解答者可获得作者提供的悬奖¥3000元.

现在,我们指出Kooi不等式的一则应用.

在Kooi不等式的等价式(7.18)中,取$x = r_1, y = r_2, z = r_3$,利用恒等式$\sum ar_1 = 2S$即得下述Gerasimov不等式:

推论 7.40[170] 对$\triangle ABC$内部任意一点P有

$$\sum \frac{r_2 r_3}{bc} \leqslant \frac{1}{4} \qquad (7.114)$$

等号当且仅当P为$\triangle ABC$的外心时成立.

注 7.17 利用重心坐标容易说明,Gerasimov不等式(7.114)与正数情形的Kooi不等式是等价的.事实上,严格来说两者是完全等价的.

下面,我们讨论等价推论7.9与等价推论7.10.

在等价推论7.9的不等式(7.21)中作代换$x \to xR_1$等等,则得等价式

$$\sum x^2 R_1^2 \geqslant \sum yzw_1(R_2 + R_3) \qquad (7.115)$$

特别地,有:

推论 7.41[19] 对$\triangle ABC$内部任意一点P有

$$\sum R_1^2 \geqslant \sum w_1(R_2 + R_3) \qquad (7.116)$$

等号当且仅当$R_1 : R_2 : R_3 = \sin\frac{1}{2}\angle BPC : \sin\frac{1}{2}\angle CPA : \sin\frac{1}{2}\angle APB$ 时成立.

注7.18 上述不等式等号成立的条件还需进一步讨论.我们可以提出问题:对任意给定的$\triangle ABC$,在其中内部是否存在一点P使得式(7.116)中等号成立?等号成立时点P的重心坐标的表达式是什么?

显然,由推论7.41有:

推论7.42 对$\triangle ABC$内部任意一点P有

$$\sum R_1^2 \geqslant \sum r_1(R_2 + R_3) \tag{7.117}$$

尽管上式是式(7.116)显然的弱化结果,但仍不失其价值,参见文献[19]与文献[69].

在不等式(7.115)中取$x = 1/R_1, y = 1/R_2, z = 1/R_3$,易得上一章用到的下述不等式:

推论7.43 对$\triangle ABC$内部任意一点P有

$$\sum \frac{w_2 + w_3}{R_1} \leqslant 3 \tag{7.118}$$

等号当且仅当$\angle BPC = \angle CPA = \angle APB = \frac{2}{3}\pi$时成立.

应用第2章中命题2.1,容易证明含有二次项正系数p_1, p_2, p_3与q_1, q_2, q_3的三元二次型不等式

$$p_1 x^2 + p_2 y^2 + p_3 z^2 \geqslant q_1 yz + q_2 zx + q_3 xy \tag{7.119}$$

具有下述性质: 若不等式(7.119)对任意实数x, y, z成立,则$p_1 p_2 p_3 \geqslant q_1 q_2 q_3$. 据此与等价推论7.9,得:

推论7.44 对$\triangle ABC$内部任意一点P有

$$\prod w_1 \left(\frac{1}{R_2} + \frac{1}{R_3}\right) \leqslant 1 \tag{7.120}$$

等号当且仅当$\angle BPC = \angle CPA = \angle APB = \frac{2}{3}\pi$时成立.

注7.19 应用常见的三角形不等式$\prod \cos A \leqslant 1/8$与前面的等式(7.20)也可得出不等式(7.120).

根据$\triangle ABC$中的恒等式

$$\sum \cos^2 A + 2\prod \cos A = 1 \tag{7.121}$$

与等式(7.20)可得恒等式

$$\sum w_1^2 \left(\frac{1}{R_2} + \frac{1}{R_3} \right)^2 + \prod w_1 \left(\frac{1}{R_2} + \frac{1}{R_3} \right) = 4 \qquad (7.122)$$

据此与不等式(7.120)即可得:

推论 7.45 对 $\triangle ABC$ 内部任意一点 P 有

$$\sum w_1^2 \left(\frac{1}{R_2} + \frac{1}{R_3} \right)^2 \geqslant 3 \qquad (7.123)$$

等号当且仅当 $\angle BPC = \angle CPA = \angle APB = \frac{2}{3}\pi$ 时成立.

由式(7.123)进而易得类似于(7.118)的下述反向不等式:

推论 7.46 对 $\triangle ABC$ 内部任意一点 P 有

$$\sum \frac{w_2^2 + w_3^2}{R_1^2} \geqslant \frac{3}{2} \qquad (7.124)$$

这一节最后给出等价推论7.10的两个推论.由不等式(7.22)显然有:

推论 7.47[47] 对 $\triangle ABC$ 内部任意一点 P 有

$$\sum R_1 \geqslant 2 \sum w_1 \qquad (7.125)$$

上述不等式即为Barrow不等式.作者在2014年证明了本人在文献[66]中提出的一个猜想:

$$R_2 + R_3 \geqslant 2w_1 + \frac{(w_2 + w_3)^2}{R_1} \qquad (7.126)$$

其中等号当且仅当 $b = c$ 且 P 为 $\triangle ABC$ 的外心时成立.不等式(7.126)强于不等式(7.125),这是因为在式(7.126)两边加上 R_1 再利用简单的算术–几何平均不等式就可得出式(7.125).在文献[19]中,作者还给出了Barrow不等式的几个加细(此处从略).

在不等式(7.22)中取 $x = \sqrt{R_2 R_3 / R_1}$ 等等,即得下述已知不等式(见《GI》中不等式12.49):

推论 7.48 对 $\triangle ABC$ 内部任意一点 P 有

$$\sum R_2 R_3 \geqslant 2 \sum w_1 R_1 \qquad (7.127)$$

(五)

这一节中,我们将讨论涉及三角形平面上任意一点的不等式.

我们先应用Wolstenholme不等式(7.4)建立有关R_a, R_b, R_c与r_a, r_b, r_c的一个三元二次型几何不等式,然后再给出等价推论7.6~7.8的一些推论.

在文献[171]中,姜卫东得出了涉及三角形内部一点的二次型不等式

$$\sum x^2 R_a \geqslant \frac{2}{3} \sum yz w_a \tag{7.128}$$

事实上这个不等式对平面上任意一点P都成立.下面,我们应用等价推论7.1来证明更强的结论:

推论7.49　对$\triangle ABC$平面上任意一点P与任意实数x, y, z有

$$\sum x^2 \frac{R_a^2}{r_a^2} \geqslant \frac{4}{9} \sum yz \tag{7.129}$$

证明　由$\triangle A'B'C'$中的不等式$\sum \sin^2 A' \leqslant 9/4$与Cauchy不等式可知,对任意正数$x, y, z$有

$$\left(\sum x\right)^2 \leqslant \sum \sin^2 A' \sum \frac{x^2}{\sin^2 A'} \leqslant \frac{9}{4} \sum \frac{x^2}{\sin^2 A'}$$

于是根据Wolstenholme不等式(7.4)便知

$$\sum \frac{x^2}{\sin^2 A'} \geqslant \frac{16}{9} \sum yz \cos^2 \frac{A}{2} \tag{7.130}$$

接下来,我们由上式来证明不等式(7.129).

对于$\triangle ABC$平面上任意一点P,记$\angle BPC = \alpha, \angle CPA = \beta, \angle APB = \gamma$.下分两种情形来证明与式(7.129)等价的不等式

$$\sum x^2 \frac{R_a^2}{a^2} \geqslant \frac{4}{9} \sum yz \cos^2 \frac{A}{2} \tag{7.131}$$

情形1　点P位于$\triangle ABC$内部.

如图7.2,此时显然$\pi - \alpha, \pi - \beta, \pi - \gamma$可构成一个三角形的内角,所以可令$A' = \pi - \alpha, B' = \pi - \beta, C' = \pi - \gamma$,由正弦定理得

$$\begin{cases} a = 2R_a \sin A' \\ b = 2R_b \sin B' \\ c = 2R_c \sin C' \end{cases} \tag{7.132}$$

于是由式(7.130)立得不等式(7.131).

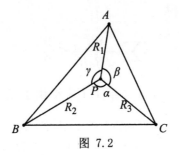

图 7.2

情形 2 点 P 位于 $\triangle ABC$ 外部.

这时只需考虑 P 点位于图7.3与图7.4所示区域的两种情形.在这两种情形下,$\pi - \alpha, \beta, \gamma$(注意到 $\beta + \gamma = \alpha$)均可视为一个三角形的内角,故可令 $A' = \pi - \alpha, B' = \beta, C' = \gamma$,此时式(7.132)仍成立,从而由式(7.130)也可得出不等式(7.131).

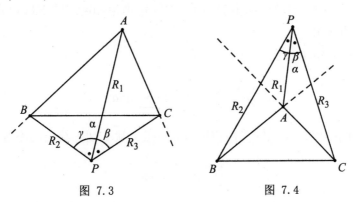

图 7.3   图 7.4

综上以上两种情形的讨论可知,不等式(7.131)对平面上任意一点 P 成立.

最后,在式(7.131)中作代换 $x \to xa/r_a$ 等等,再利用 $\cos^2 \dfrac{A}{2} = \dfrac{r_b r_c}{bc}$, 即得不等式(7.129). 推论7.49证毕. $\qquad \square$

在式(7.129)中作代换 $x \to xr_a$ 等等,然后利用简单的已知不等式 $r_b r_c \geqslant w_a^2$(参见第2章中不等式(2.49)),即知下述不等式对正数 x, y, z 继而对任意实数 x, y, z 成立:

推论 7.50 对 $\triangle ABC$ 平面上任意一点 P 与任意实数 x, y, z 有

$$\sum x^2 R_a^2 \geqslant \frac{4}{9} \sum yz w_a^2 \tag{7.133}$$

根据三元二次不等式的降幂定理(见第2章中命题2.2),由上式立即知不等式(7.128)对平面上任意一点 P 都成立. 所以,不等式(7.133)强于不等式(7.128).

由式(7.127)显然可得

$$\sum \frac{w_a}{\sqrt{R_b R_c}} \leqslant \frac{9}{2} \tag{7.134}$$

这个不等式是很弱的,姜卫东在文献[171]中给出了更强的结果:

$$\sum \frac{w_a}{\sqrt{R_b R_c}} \leqslant 3\sqrt{2 + \frac{r}{2R}} \tag{7.135}$$

这里,我们从另一个角度针对式(7.134)提出以下更强、更优美的不等式:

猜想 7.5　对$\triangle ABC$平面上任意一点P有

$$\sum \frac{w_b + w_c}{R_a} \leqslant 9 \tag{7.136}$$

在这一节余下部分,我们简略地讨论等价推论7.6给出的Klamkin惯性极矩不等式的应用.

在惯性极矩不等式

$$\sum x \sum x R_1^2 \geqslant \sum yz a^2$$

中取$x = a, y = b, z = c$,约简后得Klamkin在文献[152]中给出的不等式

$$\sum a R_1^2 \geqslant abc \tag{7.137}$$

等号当且仅当P为$\triangle ABC$的内心时成立.不等式(7.137)是一个有价值的结果,我们把有关它的讨论放到第12章中(参见推论12.27～推论12.31).

下面,我们由惯性极矩不等式来推导Klamkin不等式(7.136)的一个推广,即Bennett-Klamkin不等式.

在惯性极矩不等式中取$x = a D_1/R_1$等等,则得

$$\left(\sum \frac{a D_1}{R_1} \right) \sum a R_1 D_1 \geqslant \sum \frac{bc D_2 D_3}{R_2 R_3} a^2$$

从而

$$\sum a D_1 R_2 R_3 \sum a R_1 D_1 \geqslant abc \sum a R_1 D_2 D_3$$

类似地有

$$\sum a R_1 D_2 D_3 \sum a R_1 D_1 \geqslant abc \sum a D_1 R_2 R_3$$

将上两式相加,约简后便得下述优美的涉及两个动点的Bennett-Klamkin不等式:

推论 7.51 对△ABC平面上任意两点P与Q有

$$\sum aR_1D_1 \geqslant abc \tag{7.138}$$

等号当且仅当P与Q两点是△ABC的一对等角共轭点时成立.

显然,当点Q重合于P时,不等式(7.138)就化为Klamkin不等式(7.136).

B.Bennett[172]与M.S.Klamkin[173]同时在1977年发现了不等式(7.138),前者用精巧的几何方法证明了(7.138)对△ABC内部任意两点成立,后者则应用复数方法给出了不等式(7.138)简洁的证明.上面推导Bennett-Klamkin不等式(7.138)的方法出自专著《AGI》.

注 7.20 由面积公式$S = \dfrac{1}{2}bc\sin A$可知Bennett-Klamkin不等式(7.138)有以下等价形式

$$\sum R_1D_1\sin A \geqslant 2S \tag{7.139}$$

笔者在1991年得出了上式的一般推广(参见文献[174]与[175]):对于面积为S的凸多边形$A_1A_2\cdots A_n$平面上任意两点P与Q,有

$$\sum_{i=1}^{n} PA_i \cdot QA_i\sin A_i \geqslant 2S \tag{7.140}$$

蒋明斌在同一年也独立地将上式作为猜想提出,见《数学通讯》1991年第6期第42页.

在Bennett-Klamkin不等式(7.138)中,我们令Q为△ABC的内心,则易知$aD_1 = 4Rr\cos\dfrac{A}{2}$,于是利用$abc = 4Rrs$约简后即得下述不等式:

推论 7.52 对△ABC平面上任意一点P有

$$\sum R_1\cos\frac{A}{2} \geqslant s \tag{7.141}$$

等号当且仅当P为△ABC的内心时成立.

上述不等式也是一个重要的几何不等式(由此应用Cauchy不等式也易得出Klamkin不等式(7.136)),后面第12章中主推论的证明就将用到它.但是,作者不清楚此不等式最早出自何处?容易知道不等式(7.141)等价于

$$\sum R_1\sqrt{a(s-a)} \geqslant 2s\sqrt{Rr} \tag{7.142}$$

(见《AGI》第335页),也等价于

$$\sum \frac{R_1}{\sqrt{(r_c + r_a)(r_a + r_b)}} \geqslant 1 \tag{7.143}$$

注意到在△ABC中成立不等式

$$\sqrt{(r_c + r_a)(r_a + r_b)} \geqslant w_a + r_a \tag{7.144}$$

因此由式(7.143)可得

推论 7.53　对△ABC平面上任意一点P有

$$\sum \frac{R_1}{w_a + r_a} \geqslant 1 \tag{7.145}$$

考虑上式的推广,作者提出以下猜想:

猜想 7.6　设$k > 1$,则对△ABC平面上任意一点P有

$$\sum \frac{R_1}{w_a + kr_a} \geqslant \frac{2}{k+1} \tag{7.146}$$

在Bennett-Klamkin不等式(7.138)中,令点Q为△ABC的类似重心,利用命题1.1(e)易得:

推论 7.54　对△ABC平面上任意一点P有

$$\sum m_a R_1 \geqslant \frac{1}{2} \sum a^2 \tag{7.147}$$

等号当且仅当P为△ABC的重心时成立.

设$x, y, z > 0$,在等价推论7.7的不等式

$$\sum x a^2 \sum x S_a^2 \geqslant S^2 \sum yz R_1^2$$

中,作代换$x \to x/a$等等,利用$S_a = ar_1/2, abc = 4Rrs, S = rs$,整理后得下述不等式:

推论 7.55[154]　对△ABC平面上任意一点P与任意正数x, y, z有

$$\frac{\sum yza R_1^2}{\sum xar_1^2} \leqslant \frac{2R}{r} \cdot \frac{\sum xa}{\sum a} \tag{7.148}$$

等号当且仅当$xr_1 = yr_2 = zr_3$时成立.

特别地,令$x = y = z = 1$,由上述推论得:

推论 7.56 对 $\triangle ABC$ 平面上任意一点 P 有

$$\frac{\sum aR_1^2}{\sum ar_1^2} \leqslant \frac{2R}{r} \tag{7.149}$$

等号当且仅当 P 为 $\triangle ABC$ 的内心时成立.

显然,上述不等式可与前面得出的不等式 (7.99) 连成不等式链

$$\frac{\sum aR_1^2}{\sum ar_1^2} \leqslant \frac{2R}{r} \leqslant \frac{\sum R_1^2}{\sum r_2r_3} \tag{7.150}$$

在不等式 (7.16) 中,作代换 $x \rightarrow x(bc)^{k-1}$ 等等 (k 为任意实数),再应用等式 $abc = 4SR$ 与 $S_a = ar_1/2$,整理后可得下述等价不等式:

推论 7.57[176] 对 $\triangle ABC$ 平面上任意一点 P 与任意正数 x, y, z 以及任意实数 k 有

$$\frac{\sum yza^kR_1^2}{\sum xa^{2-k}r_1^2} \leqslant 4R^2 \sum xb^{k-2}c^{k-2} \tag{7.151}$$

等号当且仅当 $xS_{\triangle BPC} : yS_{\triangle CPA} : zS_{\triangle APB} = a^k : b^k : c^k$ 时成立.

以上推论 7.51～推论 7.57 均是 Klamkin 惯性极矩不等式 (7.13) 的推论. 事实上,由 Klamkin 惯性极矩不等式及其推论还可导出其他许多有趣的几何不等式,读者可以参见专著《AGI》(第 278～287 页) 以及文献 [176]–[180].

(六)

这一节中,我们给出等价推论 7.8 的一些应用.

在等价推论 7.8 的不等式 (7.17)

$$\sum yz\frac{R_1^2}{bc} \leqslant \frac{\left(\sum xa\right)^2}{4S^2} R_p^2$$

中取 $x = y = z = 1$,得:

推论 7.58 对 $\triangle ABC$ 平面上任意一点 P 有

$$\sum \frac{R_1^2}{bc} \leqslant \frac{R_p^2}{r^2} \tag{7.152}$$

等号当且仅当 P 为 $\triangle ABC$ 的内心时成立.

由上式与Klamkin不等式(7.143)可得:

推论 7.59　对△ABC平面上任意一点P有

$$R_p \geqslant r \tag{7.153}$$

等号当且仅当P为△ABC的内心时成立.

若令P为△ABC的外心,则有$R_p = R/2$,于是由式(7.153)得Euler不等式$R \geqslant 2r$. 因此,不等式(7.153)是Euler不等式一个简洁的推广.

在不等式(7.17)中,取$x = \cos A, y = \cos B, z = \cos C$,利用等式

$$\sum a \cos A = \frac{2S}{R} \tag{7.154}$$

可得:

推论 7.60　对△ABC平面上任意一点P有

$$\sum R_1^2 \cot B \cot C \leqslant 4R_p^2 \tag{7.155}$$

等号当且仅当P为△ABC的外心时成立.

由上述推论与△ABC中的恒等式

$$\sum \tan A = \prod \tan A \tag{7.156}$$

可得:

推论 7.61　对锐角△ABC平面上任意一点P有

$$\sum R_1^2 \tan A \leqslant 4R_p^2 \sum \tan A \tag{7.157}$$

等号当且仅当P为△ABC的外心时成立.

将前面不等式(7.101)的推证中用到的几何变换T_5用于不等式(7.157),并利用附录A中定理A2指出的转换关系$R_p \rightarrow R_1 R_2 R_3/(4R)$与公式$R_a = R_2 R_3/(2r_1)$,可得

推论 7.62　对锐角△ABC平面上任意一点P有

$$\sum \frac{\tan A}{R_a^2} \leqslant \frac{\sum \tan A}{R^2} \tag{7.158}$$

等号当且仅当P为锐角△ABC的垂心时成立.

在等价推论7.8的不等式(7.17)中,取$x = a, y = b, z = c$,利用等式

$$\sum \cot A = \frac{\sum a^2}{4S} \tag{7.159}$$

即得

推论7.63 对$\triangle ABC$平面上任意一点P有

$$\sum R_1^2 \leqslant 4 \left(\sum \cot A \right)^2 R_p^2 \tag{7.160}$$

等号当且仅当$a^2 : b^2 : c^2 = \sin 2D : \sin 2E : \sin 2F$时成立.

在不等式(7.17)中取$x = (s-a)/a$等等,然后两边乘以$(abc)^2$并利用$abc = 4Rrs$,得:

推论7.64 对$\triangle ABC$平面上任意一点P有

$$\sum (s-b)(s-c)a^2 R_1^2 \leqslant 4(sRR_p)^2 \tag{7.161}$$

等号当且仅当$(s-a) : (s-b) : (s-c) = \sin 2D : \sin 2E : \sin 2C$时成立.

在不等式(7.17)中,取$x = b+c, y = c+a, z = a+b$,易得:

推论7.65 对$\triangle ABC$平面上任意一点P有

$$\sum \frac{(c+a)(a+b)}{bc} R_1^2 \leqslant 4 \left(\sum \csc A \right)^2 R_p^2 \tag{7.162}$$

等号当且仅当$a(b+c) : b(c+a) : c(a+b) = \sin 2D : \sin 2E : \sin 2F$时成立.

在不等式(7.17)中,取$x = s-a, y = s-b, z = s-c$,再利用半角的正弦公式与$S = rs$以及已知等式

$$\sum a(s-a) = 2(4R+r)r \tag{7.163}$$

$$\sum \tan \frac{A}{2} = \frac{4R+r}{r} \tag{7.164}$$

可得:

推论7.66 对$\triangle ABC$平面上任意一点P有

$$\sum R_1^2 \sin^2 \frac{A}{2} \leqslant R_p^2 \left(\sum \tan \frac{A}{2} \right)^2 \tag{7.165}$$

等号当且仅当$a(s-a) : b(s-b) : c(s-c) = \sin 2D : \sin 2E : \sin 2F$时成立.

若取P为$\triangle ABC$的外心,由上式即可得前面提到的Garfunkel-Bankoff不等式的等价式(7.33).

注7.21 已经知道不等式(7.160),(7.161),(7.162),(7.165)中等号成立不必要求$\triangle ABC$为正三角形,但尚不清楚这些不等式取等号时点P关于$\triangle ABC$的重心坐标是什么?这是值得探讨的问题.

第8章 推论八及其应用

第2章至第7章的讨论都是由推论二展开而来的.本章返回到第1章的主要结果——推论一中来,给出推论一的一个推论并讨论它的应用.

我们先把推论一重述如下:

对$\triangle ABC$内部任意一点P与$\triangle A'B'C'$及任意实数x,y,z有

$$\sum x^2 \frac{s-a}{r_1} \geqslant 2\sum yz\sin A' \qquad (8.1)$$

等号当且仅当P为$\triangle ABC$的内心且$A' = \dfrac{\pi-A}{2}$, $B' = \dfrac{\pi-B}{2}$, $C' = \dfrac{\pi-C}{2}$, $x:y:z = \sin\dfrac{A}{2}:\sin\dfrac{B}{2}:\sin\dfrac{C}{2}$时成立.

在代换$x\to x/\sqrt{s-a}$, $y\to y/\sqrt{s-b}$, $z\to z/\sqrt{s-c}$下,上式变为

$$\sum \frac{x^2}{r_1} \geqslant 2\sum \frac{yz\sin A'}{\sqrt{(s-b)(s-c)}}$$

由简单的算术–几何平均不等式易知$\sqrt{(s-b)(s-c)}\leqslant a/2$,于是由上式可知下述不等式对正数$x,y,z$继而对任意实数$x,y,z$成立:

推论八[9] 对$\triangle ABC$内部任意一点P与$\triangle A'B'C'$以及任意实数x,y,z有

$$\sum \frac{x^2}{r_1} \geqslant 4\sum yz\frac{\sin A'}{a} \qquad (8.2)$$

等号当且仅当$x=y=z$,$\triangle ABC$与$\triangle A'B'C'$均为正三角形且P为前者的中心时成立.

显然,不等式(8.2)也等价于

$$\sum \frac{x^2}{r_1} \geqslant \frac{2}{R}\sum yz\frac{\sin A'}{\sin A} \qquad (8.3)$$

(一)

下面,我们来推证推论八两个不明显的等价推论.

设点P关于$\triangle ABC$的垂足三角形为$\triangle DEF$(图8.1),它到三边EF, FD, DE的距离分别为h_1, h_2, h_3. 对点P与垂足$\triangle DEF$使用不等式(8.2),则

$$\sum \frac{x^2}{h_1} \geqslant 4 \sum yz \frac{\sin A'}{a_p}$$

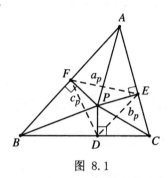

图 8.1

以已知公式$h_1 = r_2 r_3/R_1, a_p = R_1 \sin A$(见第3章中式(3.8)与式(3.9))代入上式,则

$$\sum x^2 \frac{R_1}{r_2 r_3} \geqslant 4 \sum yz \frac{\sin A'}{R_1 \sin A}$$

再作代换$x \to x\sqrt{R_2 R_3/R_1}$等等,即得下述优美的几何不等式:

等价推论 8.1[40] 对$\triangle ABC$内部任意一点P与$\triangle A'B'C'$以及任意实数x, y, z有

$$\sum x^2 \frac{R_2 R_3}{r_2 r_3} \geqslant 4 \sum yz \frac{\sin A'}{\sin A} \tag{8.4}$$

等号当且仅当$x = y = z$,$\triangle ABC$与$\triangle A'B'C'$均为正三角形且P为前者的中心时成立.

注8.1 上面不等式(8.4)的推证实际上对不等式(8.2)使用了附录A中定理A1的T_1变换,根据附录A中定理A3即知不等式(8.4)等价于不等式(8.2).

注8.2 在式(8.4)中作代换$x \to \sqrt{r_2 r_3/r_1}$等等,然后利用公式

$$R_a = \frac{R_2 R_3}{2r_1} \tag{8.5}$$

又可得以下等价不等式

$$\sum x^2 R_a \geqslant 2 \sum yz r_1 \frac{\sin A'}{\sin A} \tag{8.6}$$

这显然推广了第2章中推论2.16的结果

$$\sum x^2 R_a \geqslant 2 \sum yzr_1 \tag{8.7}$$

现在,我们对不等式(8.4)应用附录A中定理A1的变换T_5

$$(a, b, c, R_1, R_2, R_3, r_1, r_2, r_3) \to (a\lambda, b\lambda, c\lambda, R_1 r_1, R_2 r_2, R_3 r_3, r_2 r_3, r_3 r_1, r_1 r_2)$$

其中$\lambda = R_1 R_2 R_3 / (4 R R_p)$,注意在$T_5$变换下$\sin A, \sin B, \sin C$之值不变,即得下述不等式:

等价推论$8.2^{[40]}$ 对$\triangle ABC$内部任意一点P与$\triangle A'B'C'$以及任意实数x, y, z有

$$\sum x^2 \frac{R_2 R_3}{r_1^2} \geqslant 4 \sum yz \frac{\sin A'}{\sin A} \tag{8.8}$$

等号当且仅当$x = y = z$,$\triangle ABC$与$\triangle A'B'C'$均为正三角形且P为前者的中心时成立.

根据附录A中定理A3即知不等式(8.8)等价于不等式(8.4),从而可知不等式(8.8)与不等式(8.2)等价.

显然,不等式(8.8)等价于

$$\sum x^2 R_2 R_3 \geqslant 4 \sum yzr_2 r_3 \frac{\sin A'}{\sin A} \tag{8.9}$$

这推广了第2章中推论2.15的结果

$$\sum x^2 R_2 R_3 \geqslant 4 \sum yzr_2 r_3 \tag{8.10}$$

(三)

这一节中,我们讨论推论八的不等式(8.2)及其等价式(8.3)的应用.

令$\triangle ABC \sim \triangle A'B'C'$,由式(8.3)立得:

推论8.3 对$\triangle ABC$内部任意一点P与任意实数x, y, z有

$$\sum \frac{x^2}{r_1} \geqslant \frac{2}{R} \sum yz \tag{8.11}$$

在文献[13]中,推论2.1(也即附录B中推论B15.8)给出了较上式更强、更一般的结果.

在式(8.11)中取 $x = r_1, y = r_2, z = r_3$,得:

推论 8.4 对 $\triangle ABC$ 内部任意一点 P 有

$$\frac{\sum r_2 r_3}{\sum r_1} \leqslant \frac{1}{2} R \tag{8.12}$$

上式显然是 Euler 不等式 $R \geqslant 2r$ 的推广,这是因为在上式取 P 为 $\triangle ABC$ 的内心,则有 $r_1 = r_2 = r_3 = r$,从而得出 Euler 不等式.不等式(8.12)类似于第 6 章中推论 6.26 的结果

$$\frac{\sum r_1 R_1}{\sum R_1} \leqslant \frac{1}{2} R \tag{8.13}$$

顺便指出,作者还证明了类似的不等式

$$\frac{\sum r_2 r_3}{\sum R_1} \leqslant \frac{1}{2} r \tag{8.14}$$

设 $\triangle ABC$ 为锐角三角形且 P 为其外心,由不等式(8.3)与命题 1.1(c)得:

推论 8.5[9] 对锐角 $\triangle ABC$ 与任意 $\triangle A'B'C'$ 有

$$\sum \frac{x^2}{\cos A} \geqslant 2 \sum yz \frac{\sin A'}{\sin A} \tag{8.15}$$

取 P 为 $\triangle ABC$ 的内心,由式(8.3)又得:

推论 8.6[9] 对 $\triangle ABC$ 与 $\triangle A'B'C'$ 以及任意实数 x, y, z 有

$$\frac{R}{r} \sum x^2 \geqslant 2 \sum yz \frac{\sin A'}{\sin A} \tag{8.16}$$

在上式中取 $A' = (\pi - A)/2$ 等等,然后利用已知等式

$$r = 4R \prod \sin \frac{A}{2} \tag{8.17}$$

易得推论 2.8 的不等式

$$\sum x^2 \geqslant 4 \sum yz \sin \frac{B}{2} \sin \frac{C}{2} \tag{8.18}$$

因此,推论 8.6 实为推论 2.8 的推广.

设 $\triangle A'B'C'$ 全等于 $\triangle ABC$ 平面上任一点 P 关于 $\triangle ABC$ 的垂足 $\triangle DEF$,此时有 $a' = 2R_p \sin A' = a_p = R_1 \sin A$,从而有

$$\frac{\sin A'}{\sin A} = \frac{R_1}{2R_p} \tag{8.19}$$

等等,于是由推论8.6可得:

推论8.7   对$\triangle ABC$平面上任意一点P与任意实数x,y,z有

$$\sum yzR_1 \leqslant \frac{RR_p}{r} \sum x^2 \tag{8.20}$$

若令P为$\triangle ABC$的内心,则由上式容易得出不等式(8.18).因此,推论8.7也为推论2.8的推广. 由式(8.20)显然可得

$$\sum \frac{R_1}{R_p} \leqslant 3\frac{R}{r} \tag{8.21}$$

这弱于下一章中推论9.16的结果.

注8.3   类似于不等式(8.20)的推导,将带条件$\triangle A'B'C' \cong \triangle DEF$的等式(8.19)用于本章中其他涉及了$\sin A'/\sin A$等的不等式,还可得出一些新的结果(从略).

在不等式(8.2)中,对$\triangle A'B'C'$作第1章中命题1.2所述角变换K_1

$$A' \to \frac{\pi - A'}{2}, \ B' \to \frac{\pi - B'}{2}, \ C' \to \frac{\pi - C'}{2}$$

即得本节余下部分主要讨论的下述不等式:

推论8.8   对$\triangle ABC$内部任一点P与$\triangle A'B'C'$以及任意实数x,y,z有

$$\sum \frac{x^2}{r_1} \geqslant 4 \sum \frac{yz}{a} \cos \frac{A'}{2} \tag{8.22}$$

在上式中进行代换$x \to x/\sqrt{\sin A'}$等等,然后利用简单的三角不等式$\cos \frac{A'}{2} \geqslant \sqrt{\sin B' \sin C'}$,可知下述不等式对正数$x,y,z$继而对任意实数$x,y,z$成立:

推论8.9   对$\triangle ABC$内部任一点P与$\triangle A'B'C'$以及任意实数x,y,z有

$$\sum \frac{x^2}{r_1 \sin A'} \geqslant 4 \sum \frac{yz}{a} \tag{8.23}$$

上式给出了上一章中推论7.32所述不等式的加权推广.

现在,设$\triangle ABC$为锐角三角形,则可在式(8.16)中取$A' = \pi - 2A, B' = \pi - 2B, C' = \pi - 2C$,从而得:

推论8.10   对锐角$\triangle ABC$内部任意一点P与任意实数x,y,z有

$$\sum \frac{x^2}{r_1} \geqslant \frac{4}{R} \sum yz \cos A \tag{8.24}$$

注意到在 $\triangle ABC$ 中成立

$$\sum bc \cos A = \frac{1}{2} \sum a^2 \qquad (8.25)$$

于是由推论 8.10 得:

推论 8.11 对锐角 $\triangle ABC$ 内部任意一点 P 有

$$\sum \frac{a^2}{r_1} \geqslant \frac{2 \sum a^2}{R} \qquad (8.26)$$

在推论 8.8 的不等式 (8.22) 中, 作代换 $x \to x\sqrt{a'}, y \to y\sqrt{b'}, z \to z\sqrt{c'}$, 然后对 $\triangle A'B'C'$ 应用第 2 章命题 2.4 所述有关角平分线的不等式

$$\sqrt{bc} \cos \frac{A}{2} \geqslant w_a \qquad (8.27)$$

即得:

推论 8.12 对 $\triangle ABC$ 与 $\triangle A'B'C'$ 以及任意实数 x, y, z 有

$$\sum x^2 \frac{a'}{r_1} \geqslant 4 \sum yz \frac{w'_a}{a} \qquad (8.28)$$

特别地, 当 $\triangle A'B'C' \sim \triangle ABC$ 时, 上式化为第 2 章中给出的不等式

$$\sum x^2 \frac{a}{r_1} \geqslant 4 \sum yz \frac{w_a}{a} \qquad (8.29)$$

从而可知推论 8.12 实为推论 2.24 的推广.

在推论 8.12 中, 取 P 为 $\triangle ABC$ 的重心, 则有 $r_1 = h_a/3$ 等等, 于是

$$\sum x^2 \frac{a'}{h_a} \geqslant \frac{4}{3} \sum yz \frac{w'_a}{a} \qquad (8.30)$$

两边同乘以 $2S$, 利用 $ah_a = 2S$ 即得:

推论 8.13 对 $\triangle ABC$ 与 $\triangle A'B'C'$ 以及任意实数 x, y, z 有

$$\sum x^2 aa' \geqslant \frac{4}{3} \sum yz h_a w'_a \qquad (8.31)$$

注 8.4 事实上, 作者证明了较上式更强的不等式

$$\sum x^2 (aa')^2 \geqslant \frac{16}{9} \sum yz (w_a w'_a)^2 \qquad (8.32)$$

考虑不等式 (8.30) 的加强, 我们提出下述猜想:

猜想8.1 对$\triangle ABC$与$\triangle A'B'C'$以及任意实数x, y, z有

$$\sum x^2 \frac{a'}{w_a} \geqslant \frac{4}{3} \sum yz \frac{w'_a}{a} \tag{8.33}$$

因$w'_a \geqslant h'_a$,由式(8.31)有

$$\sum x^2 aa' \geqslant \frac{4}{3} \sum yz h_a h'_a \tag{8.34}$$

两边除以$4SS'$然后使用面积公式$S = \frac{1}{2}ah_a$,得:

推论8.14 对$\triangle ABC$与$\triangle A'B'C'$以及任意实数x, y, z有

$$\sum \frac{x^2}{h_a h'_a} \geqslant \frac{4}{3} \sum yz \frac{yz}{aa'} \tag{8.35}$$

由不等式(8.34)有

$$\sum aa' \geqslant \frac{4}{3} \sum h_a h'_a \tag{8.36}$$

在这式中令$a' = a, b' = c, c' = b$,从而有$h'_a = h_a, h'_b = h_c, h'_c = h_b$,于是可得下述有趣的不等式:

推论8.15 在$\triangle ABC$中有

$$h_a^2 + 2h_b h_c \leqslant \frac{4}{3}(a^2 + 2bc) \tag{8.37}$$

注8.5 上式启发作者发现并证明了其它一些不等式.例如,强于上式的不等式

$$m_a^2 + 2w_b w_c \leqslant \frac{4}{3}(a^2 + 2bc) \tag{8.38}$$

$$2w_a^2 + (w_b + w_c)^2 \leqslant \frac{3}{2}(a^2 + 2bc) \tag{8.39}$$

$$2m_a^2 + (h_b + h_c)^2 \leqslant \frac{3}{2}(a^2 + 2bc) \tag{8.40}$$

现在,我们指出由推论8.8还可得出第2章中推论2.2的结果

$$\sum \frac{x^2}{r_1 \sin^2 \frac{A}{2}} \geqslant \frac{4}{r} \sum yz \tag{8.41}$$

事实上,在推论8.8中令$\triangle A'B'C' \sim \triangle ABC$,易得

$$\sum \frac{x^2}{r_1} \geqslant \frac{1}{R} \sum \frac{yz}{\sin \frac{A}{2}} \tag{8.42}$$

再作代换$x \to x/\sin\dfrac{A}{2}$等等,然后利用等式(8.17)就得不等式(8.41).

在文献[181]中,褚小光与肖振纲证明了作者提出的以下不等式

$$\sum R_1^2 \geqslant 2R \sum r_1 \tag{8.43}$$

(杨学枝在其著[135](第15页)中也给出了两种证法).这里,我们指出上式还可延拓为不等式链

$$\sum R_1^2 \geqslant 2R \sum r_1 \geqslant 4 \sum r_2 r_3 \frac{\sin A'}{\sin A} \tag{8.44}$$

其中第二个不等式可在式(8.3)中取$x = r_1, y = r_2, z = r_3$,再在两边同乘以2得出.顺便指出,不等式(8.43)很可能存在对锐角$\triangle ABC$成立的"$r\text{-}w$"对偶不等式.

(四)

这一节中,我们给出等价推论8.1与等价推论8.2的一些应用.

在等价推论8.1中,取$A' = (\pi - A)/2$等等,得:

推论8.16　对$\triangle ABC$内部任意一点P与任意实数x, y, z有

$$\sum x^2 \frac{R_2 R_3}{r_2 r_3} \geqslant 2 \sum \frac{yz}{\sin\dfrac{A}{2}} \tag{8.45}$$

同不等式(8.4)等价于不等式(8.6)一样,易知上式等价于

$$\sum x^2 R_a \geqslant \sum yz \frac{r_1}{\sin\dfrac{A}{2}} \tag{8.46}$$

这与推论2.55的结果

$$\sum x^2 \frac{R_a}{\sin\dfrac{A}{2}} \geqslant 4 \sum yzr_1 \tag{8.47}$$

比较起来颇为有趣.

在式(8.45)中作代换$x \to x\sqrt{h_a}$等等,然后利用不等式

$$\sin\frac{A}{2} \leqslant \frac{\sqrt{h_b h_c}}{2w_a} \tag{8.48}$$

(这等价于第2章中的不等式$w_a \leqslant \sqrt{r_b r_c}$),即得:

推论8.17　对△ABC内部任意一点P与任意实数x,y,z有

$$\sum x^2 h_a \frac{R_2 R_3}{r_2 r_3} \geqslant 4 \sum yzw_a \tag{8.49}$$

同上可知上式等价于

$$\sum x^2 h_a R_a \geqslant 2 \sum yzw_a r_1 \tag{8.50}$$

这给出了作者在文献[168]中猜测成立的不等式

$$\sum h_a R_a \geqslant 2 \sum w_a r_1 \tag{8.51}$$

的加权推广.另外,注意到$w_a \geqslant h_a$,由式(8.50)还易推得推论4.41的不等式

$$\sum x^2 \frac{R_a}{a} \geqslant 2 \sum yz \frac{r_1}{a} \tag{8.52}$$

显然,由式(8.49)可得:

推论8.18　对△ABC内部任意一点P有

$$\sum h_a \frac{R_2 R_3}{r_2 r_3} \geqslant 4 \sum w_a \tag{8.53}$$

在第1章与第5章中,我们曾用到Panaitopol不等式

$$\frac{m_a}{h_a} \leqslant \frac{R}{2r} \tag{8.54}$$

容易证明上式等价于

$$\sin \frac{A}{2} \leqslant \frac{\sqrt{(r_c + r_a)(r_a + r_b)}}{4m_a} \tag{8.55}$$

据此采用推论8.17的证法易得:

推论8.19　对△ABC内部任意一点P与任意实数x,y,z有

$$\sum x^2 (r_b + r_c) \frac{R_2 R_3}{r_2 r_3} \geqslant 8 \sum yzm_a \tag{8.56}$$

在文献[182]中,吴裕东与张志华等证明了作者提出的锐角三角形不等式

$$\sin \frac{A}{2} \leqslant \frac{\sqrt{m_b m_c}}{2m_a} \tag{8.57}$$

据此由推论8.16又易推得下述结论:

推论 8.20 对锐角△ABC内部任意一点P与任意实数x, y, z有

$$\sum x^2 m_a \frac{R_2 R_3}{r_2 r_3} \geqslant 4 \sum yz m_a \tag{8.58}$$

上式等价于

$$\sum x^2 m_a R_a \geqslant 2 \sum yz m_a r_1 \tag{8.59}$$

特别地有:

推论 8.21 对锐角△ABC内部任意一点P有

$$\sum m_a R_a \geqslant 2 \sum m_a r_1 \tag{8.60}$$

在上式的启发下,作者提出了第4章中的猜想4.4.

针对不等式(8.59),作者提出以下更强的猜想:

猜想 8.2 对△ABC内部任意一点P与任意实数x, y, z有

$$\sum x^2 w_a R_a \geqslant 2 \sum yz m_a r_1 \tag{8.61}$$

在文献[183]中,作者证明了不等式

$$\sin \frac{A}{2} \leqslant \frac{(c+a)(a+b)}{2(b+c)^2} \tag{8.62}$$

据此由不等式(8.46)易得:

推论 8.22 对△ABC内部任意一点P与任意实数x, y, z有

$$\sum x^2 R_a (b+c)^2 \geqslant 2 \sum yz r_1 (b+c)^2 \tag{8.63}$$

在锐角△ABC中,成立类似于式(8.62)的半对称不等式[39]

$$\sin \frac{A}{2} \leqslant \frac{\sqrt{(c^2+a^2)(a^2+b^2)}}{2(b^2+c^2)} \tag{8.64}$$

由此与式(8.46)可得类似于推论8.22的结论:

推论 8.23 对锐角△ABC内部任意一点P与任意实数x, y, z有

$$\sum x^2 R_a (b^2+c^2) \geqslant 2 \sum yz r_1 (b^2+c^2) \tag{8.65}$$

现在,设△ABC为锐角三角形,则可在不等式(8.4)中取$A' = \pi - 2A$等等,从而得:

推论 8.24　对锐角 $\triangle ABC$ 内部任意一点 P 与任意实数 x, y, z 有

$$\sum x^2 \frac{R_2 R_3}{r_2 r_3} \geqslant 8 \sum yz \cos A \tag{8.66}$$

由此利用前面的等式(8.25)得:

推论 8.25　对锐角 $\triangle ABC$ 内部任意一点 P 有

$$\sum a^2 \frac{R_2 R_3}{r_2 r_3} \geqslant 4 \sum a^2 \tag{8.67}$$

不等式(8.66)实际上等价于

$$\sum x^2 R_a \geqslant 4 \sum yz r_1 \cos A \tag{8.68}$$

特别地,可得下述简洁的不等式:

推论 8.26　对锐角 $\triangle ABC$ 内部任意一点 P 有

$$\sum R_a \geqslant 4 \sum r_1 \cos A \tag{8.69}$$

设 P 是 $\triangle ABC$ 的内心,由不等式(8.4)利用命题1.1(a)易得:

推论 8.27　对 $\triangle ABC$ 与 $\triangle A'B'C'$ 以及任意实数 x, y, z 有

$$\sum x^2 \csc \frac{B}{2} \csc \frac{C}{2} \geqslant 4 \sum yz \frac{\sin A'}{\sin A} \tag{8.70}$$

如果取 P 为锐角 $\triangle ABC$ 的外心,则由式(8.4)与命题1.1(c)还易得类似于上式的不等式

$$\sum \frac{x^2}{\cos B \cos C} \geqslant 4 \sum yz \frac{\sin A'}{\sin A} \tag{8.71}$$

在上式中作代换 $x \to x\sqrt{\cos B \cos C / \cos A}$ 等等,即得下述不等式:

推论 8.28[40]　对锐角 $\triangle ABC$ 与 $\triangle A'B'C'$ 以及任意实数 x, y, z 有

$$\sum \frac{x^2}{\cos A} \geqslant 4 \sum yz \frac{\sin A'}{\tan A} \tag{8.72}$$

在上式取 $A' = \pi - 2A, B' = \pi - 2B, C' = \pi - 2C$,得:

推论 8.29[40]　对锐角 $\triangle ABC$ 与任意实数 x, y, z 有

$$\sum \frac{x^2}{\cos A} \geqslant 4 \sum yz \cos^2 A \tag{8.73}$$

在不等式(8.72)中取$A' = (\pi - A)/2$等等,得

$$\sum \frac{x^2}{\cos A} \geqslant 4 \sum yz \frac{\cos \dfrac{A}{2}}{\tan A} \tag{8.74}$$

再作代换$x \to x/\sin A$等等,然后利用$\cos \dfrac{A}{2} \geqslant \sqrt{\sin B \sin C}$,便得锐角三角形的二次型不等式

$$\sum \frac{x^2}{\sin 2A} \geqslant 2 \sum \frac{yz}{\tan A} \tag{8.75}$$

接着对上式使用命题1.2的角变换K_1,即得类似于第2章中推论2.32的下述结论:

推论8.30 对$\triangle ABC$与任意实数x, y, z有

$$\sum \frac{x^2}{\sin A} \geqslant 2 \sum yz \tan \frac{A}{2} \tag{8.76}$$

注8.6 由面积公式$S = \dfrac{1}{2}bc \sin A$与公式

$$\tan \frac{A}{2} = \frac{(s-b)(s-c)}{S} \tag{8.77}$$

可知式(8.76)等价于第4章中推论4.42所述有关三角形边长的二次型不等式

$$\sum x^2 bc \geqslant 4 \sum yz(s-b)(s-c) \tag{8.78}$$

设$\triangle ABC$为锐角三角形,在式(8.76)中作代换$x \to x/\sqrt{\cos A}$等等,然后利用$\sqrt{\cos B \cos C} \leqslant \sin \dfrac{A}{2}$,即易得:

推论8.31 对锐角$\triangle ABC$与任意实数x, y, z有

$$\sum x^2 \csc 2A \geqslant \sum yz \sec \frac{A}{2} \tag{8.79}$$

在这一节最后,我们给出等价推论8.2的一则应用.

令P为锐角$\triangle ABC$的外心,由式(8.8)利用命题1.1(c)得:

推论8.32[184] 对锐角$\triangle ABC$与任意$\triangle A'B'C'$以及任意实数x, y, z有

$$\sum \frac{x^2}{\cos^2 A} \geqslant 4 \sum yz \frac{\sin A'}{\sin A} \tag{8.80}$$

这显然又推广推论2.10的不等式

$$\sum \frac{x^2}{\cos^2 A} \geqslant 4 \sum yz \tag{8.81}$$

注8.7 由于将等价推论8.1的不等式(8.4)中的r_2r_3, r_3r_1, r_1r_2分别换为r_1^2, r_2^2, r_3^2就得到等价推论8.2.所以从上面有关不等式的推导可知,将不等式(8.45),(8.49),(8.53),(8.56),(8.58),(8.66),(8.67)中的r_2r_3, r_3r_1, r_1r_2分别换成r_1^2, r_2^2, r_3^2后不等式仍成立,这里就不详细写出有关结果了.

(五)

这一节中,我们主要讨论等价推论8.1显然的下述推论:

推论8.33 对$\triangle ABC$内部任意一点P与$\triangle A'B'C'$有

$$\sum \frac{R_2R_3}{r_2r_3} \geqslant 4 \sum \frac{\sin A'}{\sin A} \tag{8.82}$$

基于"$r\text{-}w$"对偶现象,针对上式提出更强的猜想:

猜想8.3 对$\triangle ABC$内部任意一点P有

$$\sum \frac{R_2R_3}{w_2w_3} \geqslant 4 \sum \frac{\sin A'}{\sin A} \tag{8.83}$$

注8.8 若上述猜想得到证明,则可知下面的不等式(8.85),(8.86),(8.89),(8.91),(8.98),(8.101),(8.103), (8.105)也都存在对任意$\triangle ABC$成立的"$r\text{-}w$"对偶不等式.

令P为$\triangle ABC$的重心,利用第1章中命题1.1(b),由式(8.82)得:

推论8.34[39] 在$\triangle ABC$与$\triangle A'B'C'$中有

$$\sum \frac{m_bm_c}{h_bh_c} \geqslant \sum \frac{\sin A'}{\sin A} \tag{8.84}$$

在式(8.82)中,令$A' = B, B' = C, C' = A$,利用正弦定理得:

推论8.35 对$\triangle ABC$内部任意一点P有

$$\sum \frac{R_2R_3}{r_2r_3} \geqslant 4 \sum \frac{b}{c} \tag{8.85}$$

在不等式(8.82)中,令$A' = (\pi - A)/2$等等,得:

推论8.36 对$\triangle ABC$内部任意一点P有

$$\sum \frac{R_2R_3}{r_2r_3} \geqslant 2 \sum \csc \frac{A}{2} \tag{8.86}$$

注 8.9 作者证明(此处从略)了 $\triangle ABC$ 中成立不等式链

$$2\sum \csc \frac{A}{2} \geqslant 4\sum \frac{b}{c} \geqslant \frac{9\sum a^2}{\left(\sum a\right)^2} \geqslant 8\sum \frac{a}{b+c} \geqslant \frac{4\left(\sum a\right)^2}{\sum bc} \qquad (8.87)$$

其中第一个不等式表明不等式(8.86)强于不等式(8.85).

在式(8.82)中令 $A' = A, B' = C, C' = B$,又得

$$\sum \frac{R_2 R_3}{r_2 r_3} \geqslant 4\left(1 + \frac{c}{b} + \frac{b}{c}\right) \qquad (8.88)$$

由此进而容易证得下述不等式:

推论 8.37 对 $\triangle ABC$ 内部任意一点 P 有

$$\sum \frac{R_2 R_3}{r_2 r_3} \geqslant \frac{3(b+c)^2}{bc} \qquad (8.89)$$

注 8.10 作者证明(此处从略)了在 $\triangle ABC$ 中成立

$$\sum \csc \frac{A}{2} \geqslant \frac{3(b+c)^2}{2bc} \qquad (8.90)$$

这表明不等式(8.89)弱于不等式(8.86).

根据不等式(8.89)与简单的代数不等式 $\left(\sum x\right)^2 \geqslant 3\sum yz$ 可得:

推论 8.38 对 $\triangle ABC$ 内部任意一点 P 有

$$\sum \frac{R_1}{r_1} \geqslant 3\left(\sqrt{\frac{b}{c}} + \sqrt{\frac{c}{b}}\right) \qquad (8.91)$$

注 8.11 上式还可延拓为不等式链

$$\frac{1}{4}\sum \frac{R_1^3}{r_1^3} \geqslant \frac{1}{2}\sum \frac{R_2 R_3}{r_2 r_3} \geqslant \sum \frac{R_1}{r_1} \geqslant 3\left(\sqrt{\frac{b}{c}} + \sqrt{\frac{c}{b}}\right) \qquad (8.92)$$

其中第一个不等式可在等价推论4.6的不等式

$$\sum x^2 \frac{R_1}{r_1} \geqslant 2\sum yz \qquad (8.93)$$

中取 $x = R_1/r_1$ 等等再两边同除以4得出,第二个不等式可在上式中取 $x = \sqrt{R_2 R_3 r_1/(R_1 r_2 r_3)}$ 等等再两边除以2得出.

对不等式(8.91)使用前面用到的几何变换 T_5,即得:

推论 8.39　对△ABC内部任意一点P有

$$\sum \frac{R_1 r_1}{r_2 r_3} \geqslant 3\left(\sqrt{\frac{b}{c}} + \sqrt{\frac{c}{b}}\right) \tag{8.94}$$

考虑不等式(8.91)的加强,作者提出:

猜想 8.4　对△ABC内部任意一点P有

$$\sum \frac{R_1}{r_1} \geqslant 6\sqrt{\frac{m_a}{w_a}} \tag{8.95}$$

不等式链(8.92)启发作者提出了几个猜想,以下是其中之一:

猜想 8.5　对△ABC内部任意一点P有

$$\sum \frac{R_1^3}{r_1^3} \geqslant 12\frac{R}{r} \tag{8.96}$$

显然,将式(8.90)中的边长换成对应边上的高线后不等式也成立,这促使作者进而提出以下猜想:

猜想 8.6　在△ABC中有

$$\sum \csc \frac{A}{2} \geqslant \frac{3(l_b + l_c)^2}{2 l_b l_c} \tag{8.97}$$

其中l_b, l_c是△ABC相应于边b, c上的中线或内角平分线或类似中线.

令△$A'B'C'$为正三角形,则由推论8.33又得与式(8.86)不分强弱的下述不等式:

推论 8.40　对△ABC内部任意一点P有

$$\sum \frac{R_2 R_3}{r_2 r_3} \geqslant 2\sqrt{3} \sum \frac{1}{\sin A} \tag{8.98}$$

在第6章中,我们证明了在△ABC中成立不等式

$$\sum \frac{1}{\sin A} \geqslant \frac{\sqrt{3}(b+c)^2}{2bc} \tag{8.99}$$

这表明不等式(8.98)强于不等式(8.89).

在第6章中,我们还给出了不等式

$$\sum \frac{1}{\sin A} \geqslant \frac{\sqrt{3}(l_b + l_c)^2}{2 l_b l_c} \tag{8.100}$$

其中 l_b, l_c 分别是 $\triangle ABC$ 的边 b, c 上的中线或内角平分线或类似中线. 因此, 由式(8.98)进而可得类似于推论8.37的结论:

推论 8.41   对 $\triangle ABC$ 内部任意一点 P 有

$$\sum \frac{R_2 R_3}{r_2 r_3} \geqslant \frac{3(l_b + l_c)^2}{l_b l_c} \tag{8.101}$$

其中 l_b, l_c 分别是 $\triangle ABC$ 的边 b, c 上的中线或内角平分线或类似中线.

由上述推论又易得类似于式(8.91)的下述不等式:

推论 8.42   对 $\triangle ABC$ 内部任意一点 P 有

$$\sum \frac{R_1}{r_1} \geqslant 3 \left(\sqrt{\frac{l_b}{l_c}} + \sqrt{\frac{l_c}{l_b}} \right) \tag{8.102}$$

其中 l_b, l_c 分别是 $\triangle ABC$ 的边 b, c 上的中线或内角平分线或类似中线.

根据推论8.40与第6章中证明的不等式

$$\sum \frac{1}{\sin A} \geqslant 2\sqrt{3} \frac{w_a}{h_a} \tag{8.103}$$

立得:

推论 8.43   对 $\triangle ABC$ 内部任意一点 P 有

$$\sum \frac{R_2 R_3}{r_2 r_3} \geqslant 12 \frac{w_a}{h_a} \tag{8.104}$$

根据上式又易得到与式(8.91)以及式(8.102)不分强弱的下述不等式:

推论 8.44   对 $\triangle ABC$ 内部任意一点 P 有

$$\sum \frac{R_1}{r_1} \geqslant 2 \sum \sqrt{\frac{w_a}{h_a}} \tag{8.105}$$

在 $\triangle ABC$ 中, 容易证明(从略)不等式

$$\sqrt{\frac{r_b}{r_c}} + \sqrt{\frac{r_b}{r_c}} \geqslant 2 \frac{w_a}{h_a} \tag{8.106}$$

这促使作者提出强于式(8.104)的下述不等式:

猜想 8.7   对 $\triangle ABC$ 内部任意一点 P 有

$$\sum \frac{R_2 R_3}{r_2 r_3} \geqslant 6 \left(\sqrt{\frac{r_b}{r_c}} + \sqrt{\frac{r_c}{r_b}} \right) \tag{8.107}$$

此外,作者还提出了以下猜想:

猜想 8.8[40]　对锐角 $\triangle ABC$ 内部任意一点 P 有

$$\sum \frac{R_2 R_3}{r_2 r_3} \geqslant \frac{4(R+r)}{r} \tag{8.108}$$

这个猜想现在仍未解决,下面我们将给出较之稍弱的一个类似结果.为此,先证明在锐角 $\triangle ABC$ 中有

$$\sum \frac{1}{\sin A} \geqslant \frac{\sqrt{3}(R+2r)}{2r} \tag{8.109}$$

在上式两边同乘以 $2S$,利用面积公式 $S = \frac{1}{2}bc\sin A$ 与 $S = rs$ 可知上式等价于

$$\sum bc \geqslant \sqrt{3}(R+2r)s \tag{8.110}$$

两边平方并利用已知等式 $\sum bc = s^2 + 4Rr + r^2$(可由 Heron 公式与 $S = rs$ 导出)可知上式等价于

$$s^4 - (3R^2 + 4Rr + 10r^2)s^2 + (4R+r)^2 r^2 \geqslant 0 \tag{8.111}$$

这可化为

$$(s^2 - h_1)(s^2 - h_2) \geqslant 0 \tag{8.112}$$

其中

$$h_1 = \left[3R^2 + 4Rr + 10r^2 + (R+2r)\sqrt{3(3R^2 - 4Rr + 8r^2)}\right]/2$$
$$h_2 = \left[3R^2 + 4Rr + 10r^2 - (R+2r)\sqrt{3(3R^2 - 4Rr + 8r^2)}\right]/2$$

可见,为证式 (8.111) 只需证 $s^2 \geqslant h_1$.根据陈胜利在文献 [84] 中证明的锐角三角形不等式

$$s^2 \geqslant 4R^2 - Rr + 13r^2 \tag{8.113}$$

我们只需证明

$$2(4R^2 - Rr + 13r^2) \geqslant 3R^2 + 4Rr + 10r^2 + (R+2r)\sqrt{3(3R^2 - 4Rr + 8r^2)}$$

即

$$5R^2 - 6Rr + 16r^2 \geqslant (R+2r)\sqrt{3(3R^2 - 4Rr + 8r^2)}$$

注意到上式左边为正,两边平方相减后不等式化为

$$4(4R^2 - 5Rr + 10r^2)(R - 2r)^2 \geqslant 0$$

上式显然成立,从而不等式(8.109)获证.

现在,根据锐角三角形不等式(8.109)与推论8.40立得:

推论 8.45 对锐角 $\triangle ABC$ 内部任意一点 P 有

$$\sum \frac{R_2 R_3}{r_2 r_3} \geqslant \frac{3(R + 2r)}{r} \tag{8.114}$$

注 8.12 在 $\triangle ABC$ 中易证不等式

$$\frac{R + 2r}{r} \geqslant 4 \frac{w_a}{h_a} \tag{8.115}$$

这表明对于锐角 $\triangle ABC$ 推论8.45强于推论8.43.

在后面第14章中,推论14.12给出了不等式

$$\sum \frac{\sin A'}{\sin A} \leqslant \frac{\sqrt{\sum bc}}{2r} \tag{8.116}$$

由此受到启发,作者提出强于推论8.33的下述猜想:

猜想 8.9 对 $\triangle ABC$ 内部任意一点 P 有

$$\sum \frac{R_2 R_3}{r_2 r_3} \geqslant \frac{2\sqrt{\sum bc}}{r} \tag{8.117}$$

这又启发作者提出了类似的猜想:

猜想 8.10 对 $\triangle ABC$ 内部任意一点 P 有

$$\frac{\sum R_2 R_3}{\sum r_2 r_3} \geqslant \frac{2\sqrt{\sum bc}}{3r} \tag{8.118}$$

最后再介绍一个有趣的与上式不分强弱的猜想:

猜想 8.11 对 $\triangle ABC$ 内部任意一点 P 有

$$\frac{\sum R_2 R_3}{\sum r_2 r_3} \geqslant \frac{2(r_b + r_c)}{w_a} \tag{8.119}$$

注 8.13　在 $\triangle ABC$ 中,作者证明了不等式

$$\frac{r_b + r_c}{w_a} \geqslant \sqrt{\frac{l_b}{l_c}} + \sqrt{\frac{l_c}{l_b}} \tag{8.120}$$

其中 l_b, l_c 表示 $\triangle ABC$ 的边 b, c 或相应边上的中线、内角平分线、类似中线与旁切圆半径. 因此,如果式 (8.119) 成立,就有

$$\frac{\sum R_2 R_3}{\sum r_2 r_3} \geqslant 2 \left(\sqrt{\frac{l_b}{l_c}} + \sqrt{\frac{l_c}{l_b}} \right) \tag{8.121}$$

这一组较弱的不等式目前也未得到证明.

注 8.14　根据附录 A 中定理 A1 所述 T_5 变换与定理 A3,可知猜想不等式 (8.118) 与 (8.119) 分别等价于

$$\frac{\sum R_a}{\sum r_1} \geqslant \frac{\sqrt{\sum bc}}{3r} \tag{8.122}$$

$$\frac{\sum R_a}{\sum r_1} \geqslant \frac{r_b + r_c}{w_a} \tag{8.123}$$

注 8.15　猜想 8.3 表明不等式 (8.82) 与注 8.8 中指出的相关的不等式很可存在 "r-w" 对偶不等式. 此外,本章中的不等式 (8.13), (8.14), (8.26), (8.28), (8.45), (8.49), (8.56), (8.58), (8.61), (8.63), (8.65), (8.67), (8.69), (8.95), (8.96), (8.107), (8.117), (8.118), (8.119) 等等也很可能都存在对任意 $\triangle ABC$ 成立的 "r-w" 对偶不等式.

第9章 推论九及其应用

本章中,我们讨论推论一的一个重要推论,即在第1章中就已给出的涉及两个三角形的三元二次型三角不等式(1.7),现将此不等式作为本章的主要结果重新陈述如下:

推论九[9] 对$\triangle ABC$与$\triangle A'B'C'$以及任意实数x, y, z有

$$\sum x^2 \cot \frac{A}{2} \geqslant 2 \sum yz \sin A' \tag{9.1}$$

等号当且仅当$A' = \dfrac{\pi - A}{2}, B' = \dfrac{\pi - B}{2}, C' = \dfrac{\pi - C}{2}, x : y : z = \sin \dfrac{A}{2} : \sin \dfrac{B}{2} : \sin \dfrac{C}{2}$时成立.

由第2章中给出的等式(2.6)

$$\cot \frac{A}{2} = \frac{r_b + r_c}{a} \tag{9.2}$$

可知不等式(9.1)等价于

$$\sum x^2 \frac{r_b + r_c}{a} \geqslant 2 \sum yz \sin A' \tag{9.3}$$

(一)

除了式(9.3)外,不等式(9.1)还有多种等价形式.下面,先证明三角形中的一个连等式,然后再在下面的等价推论9.1中给出与不等式(9.1)等价的另外几个不等式.

命题9.1 在$\triangle ABC$中有

$$\frac{\cos^2 \dfrac{A}{2}}{\sin B \sin C} = \frac{a^2}{4(s-b)(s-c)} = \frac{r_b r_c}{h_a^2} = \frac{r_b + r_c}{2h_a} = \frac{(r_b + r_c)^2}{4r_b r_c} \tag{9.4}$$

证明 根据半角公式

$$\cos\frac{A}{2} = \sqrt{\frac{s(s-a)}{bc}} \tag{9.5}$$

与已知等式 $abc = 4SR, r_b r_c = s(s-a)$，正弦定理以及Heron面积公式

$$S = \sqrt{s(s-a)(s-b)(s-c)} \tag{9.6}$$

可得

$$\frac{\cos^2\frac{A}{2}}{\sin B \sin C} = \frac{s(s-a)}{bc \sin B \sin C} = \frac{4s(s-a)R^2}{b^2 c^2} = \frac{4s(s-a)a^2 R^2}{(4SR)^2}$$

$$= \frac{s(s-a)a^2}{4S^2} = \frac{a^2}{4(s-b)(s-c)} = \frac{r_b r_c a^2}{4S^2} = \frac{r_b r_c}{h_a^2}$$

最后一步利用了 $ah_a = 2S$.这样,我们证明了式(9.4)的前三个等式.

又由 $2r_b(s-b) = 2r_c(s-c) = ah_a = 2S$可知

$$\frac{1}{r_b} + \frac{1}{r_c} = \frac{2}{h_a} \tag{9.7}$$

显然,连等式(9.4)的第三个与第四个等式等价于上式.命题9.1证毕. □

现在,我们在推论九的不等式(9.1)中作代换 $x \to x\sqrt{\sin A/(\sin B \sin C)}$,则易得等价不等式

$$\sum x^2 \frac{\cos^2\frac{A}{2}}{\sin B \sin C} \geqslant 2\sum yz\frac{\sin A'}{\sin A} \tag{9.8}$$

由此与命题9.1可得与式(9.1)等价的下述几个不等式:

等价推论 9.1 对 $\triangle ABC$ 与 $\triangle A'B'C'$ 以及任意实数 x, y, z有

$$\sum x^2 \frac{r_b r_c}{h_a^2} \geqslant \sum yz\frac{\sin A'}{\sin A} \tag{9.9}$$

$$\sum x^2 \frac{r_b + r_c}{h_a} \geqslant 2\sum yz\frac{\sin A'}{\sin A} \tag{9.10}$$

$$\sum x^2 \frac{(r_b + r_c)^2}{r_b r_c} \geqslant 8\sum yz\frac{\sin A'}{\sin A} \tag{9.11}$$

$$\sum x^2 \frac{a^2}{(s-b)(s-c)} \geqslant 4\sum yz\frac{\sin A'}{\sin A} \tag{9.12}$$

等号均当且仅当 $A' = \frac{\pi-A}{2}, B' = \frac{\pi-B}{2}, C' = \frac{\pi-C}{2}, x:y:z = \sin\frac{A}{2} : \sin\frac{B}{2} : \sin\frac{C}{2}$ 时成立.

(二)

这一节中,我们讨论推论九及其等价推论的一些应用.

注意到以m_a, m_b, m_c为边长可构成面积为$\frac{3}{4}S$的三角形(见第1章中命题1.4),设此三角形为$\triangle A'B'C'$,则易知

$$\sin A' = \frac{3S}{2m_b m_c}$$

于是根据推论九可得

$$\sum x^2 \cot \frac{A}{2} \geqslant 3S \sum \frac{yz}{m_b m_c}$$

再利用公式

$$\cot \frac{A}{2} = \frac{S}{(s-b)(s-c)} \tag{9.13}$$

即得:

推论 9.2 对$\triangle ABC$与任意实数x, y, z有

$$\sum \frac{x^2}{(s-b)(s-c)} \geqslant 3 \sum \frac{yz}{m_b m_c} \tag{9.14}$$

利用已知等式

$$\prod (s-a) = sr^2 \tag{9.15}$$

与公式$S = rs$以及第一章中证明了的等式

$$\sum a^2(s-a) = 4(R+r)S \tag{9.16}$$

易得

$$\sum \frac{a^2}{(s-b)(s-c)} = \frac{4(R+r)}{r} \tag{9.17}$$

因此由推论9.2可得:

推论 9.3 在$\triangle ABC$中有

$$\sum \frac{bc}{m_b m_c} \leqslant \frac{3(R+r)}{4r} \tag{9.18}$$

利用$r_a = S/(s-a), S = rs, r_a r_b r_c = rs^2$与已知等式

$$\sum r_a = 4R + r \tag{9.19}$$

易证

$$\sum \frac{r_a^2}{(s-b)(s-c)} = \frac{4R+r}{r} \tag{9.20}$$

于是,由推论9.2又可得:

推论9.4 在△ABC中有

$$\sum \frac{r_b r_c}{m_b m_c} \leqslant \frac{4R+r}{3r} \tag{9.21}$$

现在,我们注意到不等式(9.14)等价于

$$\sum \frac{x^2}{a^2-(b-c)^2} \geqslant \frac{3}{4}\sum \frac{yz}{m_b m_c} \tag{9.22}$$

应用第1章中命题1.4,易得上式的中线对偶不等式

$$\sum \frac{x^2}{m_a^2-(m_b-m_c)^2} \geqslant \frac{4}{3}\sum \frac{yz}{bc} \tag{9.23}$$

由此与涉及△ABC平面上任意一点的林鹤一不等式

$$\sum \frac{R_2 R_3}{bc} \geqslant 1 \tag{9.24}$$

即得有关R_1, R_2, R_3与m_a, m_b, m_c的下述不等式:

推论9.5 对△ABC平面上任意一点P有

$$\sum \frac{R_1^2}{m_a^2-(m_b-m_c)^2} \geqslant \frac{4}{3} \tag{9.25}$$

上式促使作者猜测不等式

$$\sum \frac{R_1}{m_b+m_c-m_a} \geqslant 2 \tag{9.26}$$

成立,进而提出以下更一般的含参数的不等式:

猜想9.1 设$0 < k \leqslant 1$,则对△ABC平面上任意一点P有

$$\sum \frac{R_1}{m_b+m_c-km_a} \geqslant \frac{2}{2-k} \tag{9.27}$$

在文献[185]中,作者证明了上式在$k=0$时成立,即

$$\sum \frac{R_1}{m_b+m_c} \geqslant 1 \tag{9.28}$$

在建立上式之前,作者在文献[186]还证明了

$$\sum \frac{R_1^2}{m_b^2 + m_c^2} \geqslant \frac{2}{3} \tag{9.29}$$

考虑上两式的统一的指数推广,作者提出了以下困难的猜想:

猜想 9.2[185] 设 $0 < k \leqslant 7$,则对 $\triangle ABC$ 平面上任意一点 P 有

$$\sum \frac{R_1^k}{m_b^k + m_c^k} \geqslant \left(\frac{2}{3}\right)^{k-1} \tag{9.30}$$

下面,我们来讨论推论九的等价推论.

由等价推论9.1给出的不等式(9.9)与简单的已知不等式 $m_a^2 \geqslant r_b r_c$,得:

推论 9.6 对 $\triangle ABC$ 与 $\triangle A'B'C'$ 以及任意实数 x, y, z 有

$$\sum x^2 \frac{m_a^2}{h_a^2} \geqslant \sum yz \frac{\sin A'}{\sin A} \tag{9.31}$$

这个不等式与第8章中推论8.34的不等式

$$\sum x^2 \frac{m_b m_c}{h_b h_c} \geqslant \sum yz \frac{\sin A'}{\sin A} \tag{9.32}$$

比较起来饶为有趣.

在不等式(9.10)中,取 $A' = (\pi - A)/2$ 等等,得:

推论 9.7 对 $\triangle ABC$ 与任意实数 x, y, z 有

$$\sum x^2 \frac{r_b + r_c}{h_a} \geqslant \sum yz \csc \frac{A}{2} \tag{9.33}$$

等号当且仅当 $x \cos \dfrac{A}{2} = y \cos \dfrac{B}{2} = z \cos \dfrac{C}{2}$ 时成立.

注 9.1 在不等式(9.3)中,取 $A' = (\pi - A)/2$ 等等,可得

$$\sum x^2 \frac{r_b + r_c}{a} \geqslant 2 \sum yz \cos \frac{A}{2} \tag{9.34}$$

其中等号当且仅当 $x : y : z = \sin \dfrac{A}{2} : \sin \dfrac{B}{2} : \sin \dfrac{C}{2}$ 时成立.容易知道不等式(9.34)与不等式(9.33)是等价的.另外,由式(9.33)或式(9.34)还易推得第4章中推论4.28的不等式.

现在,我们在等价推论9.1所述不等式(9.12)中令 $x = y = z = 1$,利用恒等式(9.17),即得第1章已给出但未详细讨论的下述不等式:

推论 9.8 在 $\triangle ABC$ 与 $\triangle A'B'C'$ 中有

$$\sum \frac{\sin A'}{\sin A} \leqslant \frac{R+r}{r} \tag{9.35}$$

在上式中可令 $A' = (\pi - A)/2$ 等等,从而得

$$\sum \csc \frac{A}{2} \leqslant \frac{2(R+r)}{r} \tag{9.36}$$

两边乘以 $2\prod \sin \frac{A}{2}$,利用恒等式

$$\prod \sin \frac{A}{2} = \frac{r}{4R} \tag{9.37}$$

便得

$$2\sum \sin \frac{B}{2} \sin \frac{C}{2} \leqslant 1 + \frac{r}{R} \tag{9.38}$$

两边加上 $2\sum \sin^2 \frac{A}{2}$,并利用已知等式

$$\sum \sin^2 \frac{A}{2} = 1 - \frac{r}{2R} \tag{9.39}$$

便得下述三角不等式:

推论 9.9 在 $\triangle ABC$ 中有

$$\sum \left(\sin \frac{B}{2} + \sin \frac{C}{2} \right)^2 \leqslant 3 \tag{9.40}$$

注 9.2 根据 $\triangle ABC$ 中的等式

$$\sum \cos A = 1 + \frac{r}{R} \tag{9.41}$$

$$\sum \cos^2 \frac{A}{2} = 2 + \frac{r}{2R} \tag{9.42}$$

易知不等式 (9.40) 还等价于下两式

$$2\sum \sin \frac{B}{2} \sin \frac{C}{2} \leqslant \sum \cos A \tag{9.43}$$

$$\left(\sum \sin \frac{A}{2} \right)^2 \leqslant \sum \cos^2 \frac{A}{2} \tag{9.44}$$

这两个不等式已出现在专著GI中(见《GI》中不等式2.56).不等式(9.43)还可以加细延拓为

$$2 \sum \sin \frac{B}{2} \sin \frac{C}{2} \leqslant \sqrt{\sum \sin B \sin C} \leqslant \sum \cos A$$
$$\leqslant \frac{1}{2} \sum (\cos B + \cos C)^2 \tag{9.45}$$

其中第一个与第二个不等式早为M.S.Klamkin发现(见专著《AGI》第156页),最后一个则是笔者发现的.通过计算可知,不等式链(9.45)的第二个与第三个不等式都与推论5.6给出的Gerretsen上界不等式

$$s^2 \leqslant 4R^2 + 4Rr + r^2 \tag{9.46}$$

是等价的.

根据角变换(参见命题1.2与命题1.3)易知推论9.9等价于:

推论9.10 在锐角$\triangle ABC$中有

$$\sum (\cos B + \cos C)^2 \leqslant 3 \tag{9.47}$$

等号当且仅当$\triangle ABC$为正三角形或等腰直角三角形时成立.

对不等式(9.44)使用命题1.3中的角变换K_2,立得锐角三角形不等式

$$\left(\sum \cos A \right)^2 \leqslant \sum \sin^2 A \tag{9.48}$$

(这与式(9.47)是等价的)由正弦定理与等式(9.41)可知上式等价于

$$\sum a^2 \geqslant 4(R + r)^2 \tag{9.49}$$

再利用恒等式

$$\sum a^2 = 2(s^2 - 4Rr - r^2) \tag{9.50}$$

简化后可得A.W.Walker[187]首先在1972年提出的下述不等式:

推论9.11 在锐角$\triangle ABC$中有

$$s^2 \geqslant 2R^2 + 8Rr + 3r^2 \tag{9.51}$$

等号当且仅当$\triangle ABC$为正三角形或等腰直角三角形时成立.

注9.3 在$\triangle ABC$中,易证等式

$$\sum (\cos B + \cos C)^2 = \frac{8R^2 + 8Rr + 3r^2 - s^2}{2R^2} \tag{9.52}$$

由此与不等式(9.47)也可得出Walker不等式(9.51).

注9.4 在文献[69]中,作者得出了不等式(9.47)的一个推广,即下述强于Erdös-Mordell不等式的几何不等式:对△ABC内部任意一点P有

$$\sum \frac{(r_2 + r_3)^2}{R_1} \leqslant \sum R_1 \tag{9.53}$$

等号当且仅当△ABC为正三角形且P为其中心或△ABC为等腰直角三角形且P为其外心时成立.设△ABC为锐角△ABC且P为其外心,由上述结论即得推论9.10.最近,作者证明了不等式(9.53)的"r-w"对偶不等式

$$\sum \frac{(w_2 + w_3)^2}{R_1} \leqslant \sum R_1 \tag{9.54}$$

成立.

最后顺便指出,陈胜利[84]与杨学枝[188]在1996年几乎同时得出了有关锐角△ABC几何元素s, R, r含参数的不等式,他们的结果包含了Walker不等式,同时得出了与Walker不等式不分强弱的一些结果.例如,上一章中用到的不等式

$$s^2 \geqslant 4R^2 - Rr + 13r^2 \tag{9.55}$$

与

$$s^2 \geqslant R^2 + (11 + 2\sqrt{2})Rr - (2\sqrt{2} - 1)r^2 \tag{9.56}$$

等.

(三)

由正弦定理可知,推论9.8有下述显然的等价形式

$$\sum \frac{a'}{a} \leqslant \left(\frac{1}{R} + \frac{1}{r}\right) R' \tag{9.57}$$

这个不等式最先由吴善和在文献[189]中得出,下面讨论它的应用.

令△$A'B'C'$为正三角形,由式(9.57)得:

推论9.12 在△ABC中有

$$\sum \frac{1}{a} \leqslant \frac{1}{\sqrt{3}}\left(\frac{1}{R} + \frac{1}{r}\right) \tag{9.58}$$

对于上述不等式,一个自然的问题是:求使不等式

$$\sum \frac{1}{a} \leqslant \frac{1}{\sqrt{3}}\left(\frac{k}{R} + \frac{3-k}{2r}\right) \tag{9.59}$$

成立的最大k值.应用中科院杨路教授研发的有关不等式研究的高效软件BOTTEMA(参见文献[190]),我们容易发现$k_{\max} = \sqrt[3]{2}$(值得一提的是,BOTTEMA软件能够有效地解决许多涉及三角形不等式的最大值与最小值问题).吴善和与褚玉明在文献[191]中证明了$k_{\max} = \sqrt[3]{2}$.有关不等式(9.58)的研究还可参考文献[192]–[198].

下面,介绍有关不等式(9.58)的一个指数推广猜想.

猜想 9.3[91]　当$0 < k < 1$时,在$\triangle ABC$中有

$$\sum \frac{1}{a^k} \leqslant \frac{1}{3^{k/2}}\left(\frac{1}{R^k} + \frac{1}{2^{k-1}r^k}\right) \tag{9.60}$$

注 9.5　1992年,作者在文献[91]中建立了"五圆不等式":对$\triangle ABC$内部任意一点P有

$$\sum R_a^k \geqslant R^k + 2^{k+1}R_p^k \tag{9.61}$$

其中$k \geqslant 1$.根据这个不等式与有关三角形的Fermat点的结论,容易得出推论:当$k \geqslant 1$且$\max\{A, B, C\} \leqslant \frac{2}{3}\pi$时有

$$\sum a^k \geqslant 2^{k/2}\left(R^k + 2^{k+1}r^k\right) \tag{9.62}$$

这促使作者提出了猜想9.3.

在式(9.57)中,令$a' = a, b' = b, c' = c$,易得:

推论 9.13[199]　在$\triangle ABC$中有

$$\frac{b}{c} + \frac{c}{b} \leqslant \frac{R}{r} \tag{9.63}$$

上式是V.Băndilă在1985年最先提出的,它显然是Euler不等式$R \geqslant 2r$的加强.近年来,人们发现了一些新的Băndilă型不等式.例如,刘保乾[200]发现并证明了

$$\frac{2a}{b+c} + \frac{b+c}{2a} \leqslant \frac{R}{r} \tag{9.64}$$

笔者[201]则建立了涉及三角形内部任意一点的Băndilă型不等式

$$\frac{d_0}{r} + \frac{r}{d_0} \leqslant \frac{R}{r} \tag{9.65}$$

其中 d_0 是 $\triangle ABC$ 内部任意一点 P 到三边的距离的平均值,即 $d_0 = \sum r_1/3$.

注 9.6 最近,笔者证明了式(9.64)与式(9.65)分别可加强如下

$$\frac{b}{c} + \frac{c}{b} \leqslant \frac{R}{r} + \frac{r}{R} - \frac{1}{2} \tag{9.66}$$

$$\frac{2a}{b+c} + \frac{b+c}{2a} \leqslant \frac{R}{r} + \frac{r}{R} - \frac{1}{2} \tag{9.67}$$

并证明了类似的不等式

$$\frac{l_b}{l_c} + \frac{l_c}{l_b} \leqslant \frac{R}{r} + \frac{r}{R} - \frac{1}{2} \tag{9.68}$$

$$\frac{2l_a}{l_b+l_c} + \frac{l_b+l_c}{2l_a} \leqslant \frac{R}{r} + \frac{r}{R} - \frac{1}{2} \tag{9.69}$$

上两式中 l_a, l_b, l_c 表示 $\triangle ABC$ 相应边的中线、内角平分线与类似中线.

在式(9.57)中,取 $a' = b, b' = c, c' = a$,立得下述轮换对称不等式:

推论 9.14[189] 在 $\triangle ABC$ 中有

$$\sum \frac{b}{c} \leqslant \frac{R+r}{r} \tag{9.70}$$

注 9.7 事实上,上式还可加细为

$$\sum \frac{b}{c} \leqslant \frac{1}{2}\sum \csc \frac{A}{2} \leqslant \frac{R+r}{r} \tag{9.71}$$

其中第一个不等式已在上一章中指出,第二个不等式即为前面的不等式(9.36).

式(9.71)的第一个不等式促使作者提出了类似的猜想:

猜想 9.4 $\triangle ABC$ 中有

$$\sum \csc \frac{A}{2} \geqslant 2\sum \frac{l_b}{l_c} \tag{9.72}$$

其中 l_a, l_b, l_c 是相应边上的中线、内角平分线与类似中线.

在推导下一个结论前,我们先给出一个已知命题,这是有关三角形边长的一个重要变换,但似乎迟至1986年才被提出来(参见专著《AGI》第113页).

命题 9.2 设 $a_0 = \sqrt{a(s-a)}, b_0 = \sqrt{b(s-b)}, c_0 = \sqrt{c(s-c)}$,则以 a_0, b_0, c_0 为边长可构成一个三角形,设其面积与外接圆半径分别为 S_0, R_0,则 $S_0 = \frac{1}{2}S, R_0 = \sqrt{Rr}$.

证明 将第1章中命题1.1所述角变换K_1用于显然成立的不等式$\sin B + \sin C > \sin A$,则

$$\cos \frac{B}{2} + \cos \frac{C}{2} > \cos \frac{A}{2}$$

再应用前面的半角公式(9.5),易得

$$\sqrt{b(s-b)} + \sqrt{c(s-c)} > \sqrt{a(s-a)}$$

即有$b_0 + c_0 > a_0$.同理可证$c_0 + a_0 > b_0, a_0 + b_0 > c_0$.故以$a_0, b_0, c_0$为边长可构成三角形.

利用Heron公式的等价式

$$16S^2 = 2\sum b^2 c^2 - \sum a^4 \tag{9.73}$$

容易验证等式

$$2\sum b_0^2 c_0^2 - \sum a_0^4 = 4\left(2\sum b^2 c^2 - \sum a^4\right) \tag{9.74}$$

这表明$16S_0^2 = 64S^2$,于是有$S_0 = S/2$.

由等式$abc = 4SR$与Heron公式以及刚证明的关系$S_0 = S/2$,得

$$R_0 = \frac{a_0 b_0 c_0}{4S_0} = \frac{\sqrt{abc(s-a)(s-b)(s-c)}}{2S} = \frac{\sqrt{4RrS^2}}{2S} = \sqrt{Rr}$$

因此$R_0 = \sqrt{Rr}$获证.至此,命题9.2获证. □

现在,我们在不等式(9.57)中令$a' = \sqrt{a(s-a)}, b' = \sqrt{b(s-b)}, c' = \sqrt{c(s-c)}$,同时应用命题9.2的结论,立即可得:

推论9.15 在$\triangle ABC$中有

$$\sum \sqrt{\frac{s-a}{a}} \leqslant \sqrt{\frac{r}{R}} + \sqrt{\frac{R}{r}} \tag{9.75}$$

注9.8 作者在文献[202]中证明了上式的反向不等式

$$\sum \sqrt{\frac{s-a}{a}} \geqslant \sqrt{4 + \frac{r}{R}} \tag{9.76}$$

对于锐角$\triangle ABC$,作者在文献[203]中证明了

$$\sum \sqrt{\frac{s-a}{a}} \geqslant \frac{3}{\sqrt{2}} \tag{9.77}$$

在不等式(9.75)与不等式(9.76)的启示下,作者还证明了下述不等式链

$$\frac{1}{2}\sum\sqrt{\frac{a}{s-a}}\geqslant\sqrt{\frac{r}{R}}+\sqrt{\frac{R}{r}}\geqslant\sum\sqrt{\frac{a}{b+c}}\geqslant\sqrt{4+\frac{r}{R}} \qquad (9.78)$$

下面,我们应用不等式(9.57)来推导一个有关垂足三角形的几何不等式. 如图9.1,设$\triangle DEF$是点P关于$\triangle ABC$上的垂足三角形.

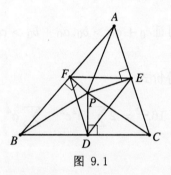

图 9.1

令$\triangle A'B'C'\cong\triangle DEF$,则由不等式(9.57)得

$$\sum\frac{a_p}{a}\leqslant\left(\frac{1}{R}+\frac{1}{r}\right)R_p \qquad (9.79)$$

以已知公式$a_p=aR_1/(2R)$代入上式,得:

推论9.16　对$\triangle ABC$内部任意一点P有

$$\sum R_1\leqslant 2\left(\frac{R}{r}+1\right)R_p \qquad (9.80)$$

由显然的不等式$R_p\geqslant r$可见,不等式(9.80)弱于笔者猜测成立的下式

$$\sum R_1\leqslant 2(R+R_p) \qquad (9.81)$$

这个不等式在2008年被中科院王振研究员证明,但一般的指数推广[26]

$$\sum R_1^k\leqslant 2R^k+(2R_p)^k \qquad (9.82)$$

(其中$0<k\leqslant 1$)尚未得到解决.

在文献[91]中,作者证明了当$k\leqslant-1$时不等式(9.82)反向成立,也即当$k\geqslant 1$时成立

$$\sum\frac{1}{R_1^k}\geqslant\frac{2}{R^k}+\frac{1}{(2R_p)^k} \qquad (9.83)$$

特别地,当 $k = 1$ 时上式成为

$$\sum \frac{1}{R_1} \geqslant \frac{2}{R} + \frac{1}{2R_p} \tag{9.84}$$

接下来,我们建立上式的一个反向不等式.

将不等式 (9.57) 中的两个三角形互换,则有

$$\frac{a}{a'} + \frac{b}{b'} + \frac{c}{c'} \leqslant \left(\frac{1}{R'} + \frac{1}{r'} \right) R \tag{9.85}$$

再令 $\triangle A'B'C' \cong \triangle DEF$,再利用 $a_p = aR_1/(2R)$ 等等,就得下述不等式:

推论 9.17[203] 对 $\triangle ABC$ 内部任意一点 P 有

$$\sum \frac{1}{R_1} \leqslant \frac{1}{2} \left(\frac{1}{R_p} + \frac{1}{r_p} \right) \tag{9.86}$$

事实上,作者在文献 [203] 中还研究了上式的指数推广,建立了不等式

$$\sum R_1^k \geqslant (2R_p)^k + 2(4r_p)^k \tag{9.87}$$

其中 $k \geqslant 1$.不等式 (9.86) 表明当 $k = -1$ 时上式反向成立.当 $k = 1$ 时,上式成为线性不等式

$$\sum R_1 \geqslant 2R_p + 8r_p \tag{9.88}$$

这与著名的 Erdös-Mordell 不等式

$$\sum R_1 \geqslant 2 \sum r_1 \tag{9.89}$$

(见推论 4.14) 是不分强弱的.

注 9.9 由于对于平面上任意一点 P 都有 $a_p = aR_1/(2R)$,从上面的推证易知推论 9.16 与推论 9.17 的不等式实际上对 $\triangle ABC$ 平面上任意一点 P 都成立.不等式 (9.82) 也很可能对平面上任意一点 P 成立.

在文献 [73] 中,作者提出了有关 Erdös-Mordell 不等式的涉及三角形高线与类似中线的两个猜想.这里,再介绍作者提出的两个有趣的猜想来结束本章.

猜想 9.5 对 $\triangle ABC$ 内部任意一点 P 有

$$\frac{\sum R_1}{\sum r_1} \geqslant \frac{k_a}{h_a} + 1 \tag{9.90}$$

猜想 9.6 对 $\triangle ABC$ 内部任意一点 P 有

$$\frac{\sum R_1}{\sum r_1} \geqslant \frac{k_b + k_c}{h_b + h_c} + 1 \tag{9.91}$$

注 9.10 作者承诺:猜想 9.5 的第一位正确解答者可获得作者提供的悬奖¥10000 元.

第10章 推论十及其应用

在上一章中,推论九给出了下述涉及两个三角形的三元二次型三角不等式:

对 $\triangle ABC$ 与 $\triangle A'B'C'$ 以及任意实数 x, y, z 有

$$\sum x^2 \cot \frac{A}{2} \geqslant 2 \sum yz \sin A' \tag{10.1}$$

等号当且仅当 $A' = \dfrac{\pi - A}{2}, B' = \dfrac{\pi - B}{2}, C' = \dfrac{\pi - C}{2}, x : y : z = \sin \dfrac{A}{2} :$ $\sin \dfrac{B}{2} : \sin \dfrac{C}{2}$ 时成立.

本章给出不等式(10.1)一个简单的推论,由此推论推证一个与之等价的涉及两个三角形的三元二次 Erdös-Mordell 型不等式,并讨论它们的应用.

将不等式(10.1)中的 $\triangle ABC$ 与 $\triangle A'B'C'$ 互换,则得

$$\sum x^2 \cot \frac{A'}{2} \geqslant 2 \sum yz \sin A \tag{10.2}$$

接着在上式作角变换 $A \to (\pi - A)/2$ 等等,即得本章的主要结果:

推论十 对 $\triangle ABC$ 与 $\triangle A'B'C'$ 以及任意实数 x, y, z 有

$$\sum x^2 \cot \frac{A'}{2} \geqslant 2 \sum yz \cos \frac{A}{2} \tag{10.3}$$

等号当且仅当 $\triangle A'B'C' \sim \triangle ABC, x : y : z = \sin \dfrac{A}{2} : \sin \dfrac{B}{2} : \sin \dfrac{C}{2}$ 时成立.

不等式(10.3)即为

$$\sum x^2 \cot \frac{A'}{2} \geqslant 2 \sum yz \cot \frac{A}{2} \sin \frac{A}{2}$$

由此与第2章中命题2.3给出的已知不等式

$$\sin \frac{A}{2} \geqslant \frac{\sqrt{r_2 r_3}}{R_1} \tag{10.4}$$

便知,对正数x, y, z继而对任意实数x, y, z有

$$\sum x^2 \cot \frac{A'}{2} \geqslant 2 \sum yz \cot \frac{A}{2} \cdot \frac{\sqrt{r_2 r_3}}{R_1}$$

再作置换$x \to x/\sqrt{r_1}, y \to y/\sqrt{r_2}, z \to z/\sqrt{r_3}$,就得下述涉及两个三角形的三元二次型Erdös-Mordell型不等式:

等价推论$10.1^{[205]}$ 对$\triangle ABC$内部任意一点P与$\triangle A'B'C'$以及任意实数$x, y\ z$有

$$\sum x^2 \frac{\cot \dfrac{A'}{2}}{r_1} \geqslant 2 \sum yz \frac{\cot \dfrac{A}{2}}{R_1} \tag{10.5}$$

等号当且仅当P为$\triangle ABC$的内心,$\triangle A'B'C' \sim \triangle ABC, x : y : z = \sin \dfrac{A}{2} : \sin \dfrac{B}{2} : \sin \dfrac{C}{2}$时成立.

在不等式(10.5)中,令P为$\triangle ABC$的内心,则有

$$R_1 \sin \frac{A}{2} = R_2 \sin \frac{B}{2} = R_3 \sin \frac{C}{2} = r$$

从而易得不等式(10.3).可见,涉及了一个动点的不等式(10.5)与未涉及动点的不等式(10.3)实际上是等价的.

(一)

这一节中,我们讨论推论十的应用.

首先由推论十的不等式(10.3)来推导一个简洁的涉及两个三角形的不等式.

在式(10.3)中,取$x = \tan \dfrac{A'}{2} \cos \dfrac{A}{2}$等等,然后利用$\triangle A'B'C'$中的等式

$$\sum \tan \frac{B'}{2} \tan \frac{C'}{2} = 1 \tag{10.6}$$

即得

$$\sum \tan \frac{A'}{2} \cos^2 \frac{A}{2} \geqslant 2 \prod \cos \frac{A}{2} \tag{10.7}$$

两边乘以$4R$,利用等式

$$r_b + r_c = 4R \cos^2 \frac{A}{2} \tag{10.8}$$

$$\prod \cos \frac{A}{2} = \frac{s}{4R} \tag{10.9}$$

得

$$\sum (r_b + r_c) \tan \frac{A'}{2} \geqslant 2s \tag{10.10}$$

由此再利用简单的公式

$$r_a = s \tan \frac{A}{2} \tag{10.11}$$

即得下述简洁的涉及两个三角形的几何不等式:

推论 10.2　在 $\triangle ABC$ 与 $\triangle A'B'C'$ 中有

$$\sum (r_b + r_c) r_a' \geq 2ss' \tag{10.12}$$

等号当且仅当 $\triangle ABC \sim \triangle A'B'C'$ 时成立.

注 10.1　从上面的推证可见,不等式(10.12)与式(10.7)以及式(10.10)都是等价的.根据公式(10.11)还易知不等式(10.12)等价于涉及两个三角形的三角不等式

$$\sum \left(\tan \frac{B}{2} + \tan \frac{C}{2} \right) \tan \frac{A'}{2} \geqslant 2 \tag{10.13}$$

也等价于加权 $(x, y, z > 0)$ 三角不等式

$$\sum x \left(\tan \frac{B}{2} + \tan \frac{C}{2} \right) \geqslant 2 \sqrt{\sum yz} \tag{10.14}$$

还等价于正数情形的 Oppenheim 不等式

$$\sum x(v + w) \geqslant 2 \sqrt{\sum vw \sum yz} \tag{10.15}$$

(参见第6章).不等式(10.12)的一个推广见附录B中推论B5.3.

下面,我们先应用推论十的一个显然的推论来推导涉及三角形内部任意一点到三边距离的一个几何不等式.

显然,由推论十有

$$\sum x^2 \cot \frac{A}{2} \geqslant 2 \sum yz \cos \frac{A}{2} \tag{10.16}$$

(上式也为第2章中等价推论2.1的一个推论)因 $\cot \dfrac{A}{2} = \dfrac{s-a}{r}$,所以

$$\sum (s-a) x^2 \geqslant 2r \sum yz \cos \frac{A}{2} \tag{10.17}$$

取 $x = \sqrt{r_2 + r_3}, y = \sqrt{r_3 + r_1}, z = \sqrt{r_1 + r_2}$,得

$$2r \sum \sqrt{(r_3 + r_1)(r_1 + r_2)} \cos \frac{A}{2} \leqslant \sum (s-a)(r_2 + r_3) = \sum a r_1$$

再利用恒等式

$$\sum a r_1 = 2S \tag{10.18}$$

与 $S = rs$ 即得

$$\sum \sqrt{(r_3 + r_1)(r_1 + r_2)} \cos \frac{A}{2} \leqslant s \tag{10.19}$$

又根据等式(10.8)与等式(10.9)可得

$$\sqrt{(r_c + r_a)(r_a + r_b)} \cos \frac{A}{2} = s \tag{10.20}$$

于是由式(10.19)得:

推论 10.3　对 $\triangle ABC$ 内部任意一点 P 有

$$\sum \sqrt{\frac{(r_3 + r_1)(r_1 + r_2)}{(r_c + r_a)(r_a + r_b)}} \leqslant 1 \tag{10.21}$$

等号当且仅当点 P 的重心坐标为

$$a(\sin^2 \frac{B}{2} + \sin^2 \frac{C}{2} - \sin^2 \frac{A}{2}) : b(\sin^2 \frac{C}{2} + \sin^2 \frac{A}{2} - \sin^2 \frac{B}{2}) :$$
$$c(\sin^2 \frac{A}{2} + \sin^2 \frac{B}{2} - \sin^2 \frac{C}{2})$$

时成立.

注 10.2　上述等号成立条件表明:只有当以 $\sin^2 \frac{A}{2}, \sin^2 \frac{B}{2}, \sin^2 \frac{C}{2}$ 为边长可构成三角形时,式(10.21)的左边才能取得最大值.

不等式(10.21)的一个应用将在后面第14章中给出(参见推论14.31).

接下来,我们应用不等式(10.3)与不等式(10.4)来建立一个三元二次型几何不等式.

根据不等式(10.3)可知下两式成立

$$\sum x^2 \cot \frac{B}{2} \geqslant 2 \sum yz \cos \frac{A}{2}$$
$$\sum x^2 \cot \frac{C}{2} \geqslant 2 \sum yz \cos \frac{A}{2}$$

两式相加,则

$$\sum x^2 \left(\cot \frac{B}{2} + \cot \frac{C}{2} \right) \geqslant 4 \sum yz \cos \frac{A}{2} \tag{10.22}$$

注意到 $\cot \frac{A}{2} = \dfrac{s-a}{r}$ 等等,易知上式等价于

$$\sum x^2 a \geqslant 4 \sum yz(s-a) \sin \frac{A}{2} \tag{10.23}$$

据此与不等式(10.4)可知,对正数x, y, z继而对任意实数x, y, z有

$$\sum x^2 a \geqslant 4 \sum yz(s-a)\frac{\sqrt{r_2 r_3}}{R_1}$$

再作代换$x \to x/\sqrt{r_1}$等等,即得:

推论 10.4 对$\triangle ABC$内部任意一点P与任意实数x, y, z有

$$\sum x^2 \frac{a}{r_1} \geqslant 4 \sum yz \frac{s-a}{R_1} \tag{10.24}$$

由上式显然有:

推论 10.5 对$\triangle ABC$内部任意一点P有

$$\sum \frac{a}{r_1} \geqslant 4 \sum \frac{s-a}{R_1} \tag{10.25}$$

在式(10.24)中取$x = \sqrt{R_2 R_3 / R_1}$等等,得:

推论 10.6 对$\triangle ABC$内部任意一点P有

$$\sum a \frac{R_2 R_3}{R_1 r_1} \geqslant 4s \tag{10.26}$$

(二)

这一节中,我们由等价推论10.1展开讨论.

令$\triangle A'B'C' \sim \triangle ABC$,注意到$\cot\dfrac{A}{2} = \dfrac{s-a}{r}$等等,由不等式(10.5)立得:

推论 10.7[169] 对$\triangle ABC$内部任意一点P与任意实数x, y, z有

$$\sum x^2 \frac{s-a}{r_1} \geqslant 2 \sum yz \frac{s-a}{R_1} \tag{10.27}$$

等号当且仅当$x : y : z = \sin\dfrac{A}{2} : \sin\dfrac{B}{2} : \sin\dfrac{C}{2}$且$P$为$\triangle ABC$的内心时成立.

上述不等式类似于笔者在文献[183]中建立的三元二次Erdös-Mordell型不等式

$$\sum x^2 \frac{(b+c)^2}{r_1^2} \geqslant 4 \sum yz \frac{(b+c)^2}{R_1^2} \tag{10.28}$$

不等式(10.27)一个简单而优美的推论是:

推论 10.8[169] 对$\triangle ABC$内部任意一点P有

$$\sum \frac{s-a}{r_1} \geqslant 2 \sum \frac{s-a}{R_1} \tag{10.29}$$

这个不等式一般的指数推广形式是

$$\sum \frac{(s-a)^m}{r_1^n} \geqslant 2^n \sum \frac{(s-a)^m}{R_1^n} \tag{10.30}$$

已知当 $m=2, n=3$ 或 $m=3, n=4$ 时,上式很可能成立.上式对哪些实数 m, n 成立?这是一个困难的、尚待解决的问题.

考虑不等式(10.27)的指数推广,作者提出了下述猜想:

猜想 10.1[169] 设 $0 < k < 4$,则对 $\triangle ABC$ 内部任一点 P 与实数 x, y, z 有

$$\sum x^2 \frac{s-a}{r_1^k} \geqslant 2^k \sum yz \frac{s-a}{R_1^k} \tag{10.31}$$

注 10.3 当 $k=2$ 时,上式是平凡的三元二次型不等式(有关的定义参见第2章中的注2.4).作者在文献[206]中证明了上式当 $k=3$ 与 $k=4$ 时成立.

在不等式(10.27)中取 $x = \sqrt{R_2 R_3 / R_1}$ 等等,可得第7章中推论7.39的结果

$$\sum (s-a) \frac{R_2 R_3}{R_1 r_1} \geqslant 2s \tag{10.32}$$

在上式两边乘以2再与前面的式(10.26)相加,又得:

推论 10.9 对 $\triangle ABC$ 内部任一点 P 有

$$\sum (b+c) \frac{R_2 R_3}{R_1 r_1} \geqslant 8s \tag{10.33}$$

令 P 为 $\triangle ABC$ 的重心,由式(10.27)利用命题1.1(b)得

$$\sum x^2 \frac{s-a}{h_a} \geqslant \sum yz \frac{s-a}{m_a} \tag{10.34}$$

两边除以 S,即得:

推论 10.10[169] 对 $\triangle ABC$ 与任意实数 x, y, z 有

$$\sum \frac{x^2}{r_a h_a} \geqslant \sum \frac{yz}{r_a m_a} \tag{10.35}$$

注 10.4 上式启发作者发现并证明了涉及锐角 $\triangle ABC$ 的以下两个三元二次型不等式

$$\sum \frac{x^2}{r_a + h_a} \geqslant \sum \frac{yz}{r_a + m_a} \tag{10.36}$$

$$\sum x^2 (r_a + m_a) \geqslant \sum yz(r_a + h_a) \tag{10.37}$$

在等价推论10.1中,令P为$\triangle ABC$的类似重心,利用命题1.1(e)可得

$$\sum x^2 \frac{\cot \frac{A'}{2}}{2aS} \geqslant \sum yz \frac{\cot \frac{A}{2}}{bcm_a}$$

两边乘以abc,然后利用$S = \frac{1}{2}bc\sin A$与等式

$$\cot \frac{A}{2} = \frac{r_b + r_c}{a} \tag{10.38}$$

即得:

推论 $10.11^{[204]}$ 对$\triangle ABC$与任意实数x, y, z有

$$\sum x^2 \frac{\cot \frac{A'}{2}}{\sin A} \geqslant \sum yz \frac{r_b + r_c}{m_a} \tag{10.39}$$

注 10.5 由上式与锐角$\triangle ABC$中的线性不等式$r_b + r_c \geqslant 2m_a$(见命题2.5),易得涉及锐角$\triangle ABC$与任意$\triangle A'B'C'$的不等式

$$\sum x^2 \frac{\cot \frac{A'}{2}}{\sin A} \geqslant 2 \sum yz \tag{10.40}$$

在下一章中,我们将证明上式对任意两个三角形均成立.

令$\triangle A'B'C' \sim \triangle ABC$,由推论10.11得:

推论 $10.12^{[169]}$ 对$\triangle ABC$与任意实数x, y, z有

$$\sum \frac{x^2}{\sin^2 \frac{A}{2}} \geqslant \sum yz \frac{r_b + r_c}{m_a} \tag{10.41}$$

现设$\triangle ABC$为锐角三角形且P为其外心,由等价推论10.1与命题1.1(c)得:

推论 $10.13^{[169]}$ 对锐角$\triangle ABC$与任意$\triangle A'B'C'$以及任意实数x, y, z有

$$\sum x^2 \frac{\cot \frac{A'}{2}}{\cos A} \geqslant 2 \sum yz \cot \frac{A}{2} \tag{10.42}$$

令$\triangle A'B'C' \sim \triangle ABC$,则上式成为涉及锐角$\triangle ABC$的二次型不等式

$$\sum x^2 \frac{\cot \frac{A}{2}}{\cos A} \geqslant 2 \sum yz \cot \frac{A}{2} \tag{10.43}$$

因 $\cot\dfrac{A}{2}=\dfrac{s-a}{r}$,所以由上式可得:

推论 10.14[169] 对锐角 $\triangle ABC$ 与任意实数 x,y,z 有

$$\sum x^2\frac{s-a}{\cos A}\geqslant 2\sum yz(s-a) \tag{10.44}$$

特别地,取 $x=y=1$,可得推论 1.5 的不等式

$$\sum\frac{s-a}{\cos A}\geqslant 2s \tag{10.45}$$

下面,我们把这个不等式推广到涉及三角形内部一点的情形.

在不等式 (10.44) 中,取 $x=1/r_1^{k/2}(k>0)$ 等等,则得

$$\sum\frac{s-a}{r_1^k\cos A}\geqslant 2\sum\frac{s-a}{(r_2r_3)^{k/2}}$$

又根据第 1 章中推论 1.28 知,当 $k>0$ 时有

$$\sum\frac{s-a}{(r_2r_3)^{k/2}}\geqslant\frac{2s}{r^k} \tag{10.46}$$

于是得:

推论 10.15 对锐角 $\triangle ABC$ 内部任意一点 P 与任意正数 k 有

$$\sum\frac{s-a}{r_1^k\cos A}\geqslant\frac{2s}{r^k} \tag{10.47}$$

显然,取 P 为 $\triangle ABC$ 的内心,由上式又可得出式 (10.45).因此,推论 10.15 是推论 1.5 的推广.

接下来,先给出一个简单的三角不等式,然后将它用于不等式 (10.43) 得出新的不等式.在后面第 13 章与第 17 章中,还将用到这个简单的不等式 (参见推论 13.10 与推论 17.16 的推导).

命题 10.1[28] 在锐角 $\triangle ABC$ 中有

$$\tan B\tan C\geqslant\cot^2\frac{A}{2} \tag{10.48}$$

等号当且仅当 $B=C$ 时成立.

证明 由于

$$\begin{aligned}
&\tan B\tan C\\
&=\frac{\cos(B-C)-\cos(B+C)}{\cos(B-C)+\cos(B+C)}\\
&=\frac{\cos(B-C)+\cos A}{\cos(B-C)-\cos A}\\
&=1+\frac{2\cos A}{\cos(B-C)-\cos A}
\end{aligned}$$

在锐角 $\triangle ABC$ 中显然有 $\cos A > 0, 0 < \cos(B-C) \leqslant 1$,所以

$$\tan B \tan C \geqslant 1 + \frac{2\cos A}{1 - \cos A} = \cot^2 \frac{A}{2}$$

不等式 (10.48) 获证. □

现设 $\triangle ABC$ 为锐角三角形,则可在不等式 (10.43) 中作代换 $x \to x\sqrt{\tan A}$ 等等,然后利用不等式 (10.48) 并注意到第 1 章注 1.7 给出的结论,即得:

推论 10.16 对锐角 $\triangle ABC$ 与任意实数 x, y, z 有

$$\sum x^2 \frac{\cos^2 \frac{A}{2}}{\cos^2 A} \geqslant \sum yz \cot^2 \frac{A}{2} \tag{10.49}$$

在上式中取 $x = 1/a, y = 1/b, z = 1/c$,利用 $\cot\dfrac{A}{2} = \dfrac{s-a}{r}$ 得

$$\sum \frac{\cos^2 \frac{A}{2}}{a^2 \cos^2 A} \geqslant \frac{1}{r^2} \sum \frac{(s-a)^2}{bc}$$

即有

$$\sum \frac{1}{\cos^2 A \sin^2 \frac{A}{2}} \geqslant \frac{16R^2}{r^2} \sum \frac{(s-a)^2}{bc}$$

再利用第 3 章中证明的等式 (3.127)

$$\sum \frac{(s-a)^2}{bc} = \sum \sin^2 \frac{A}{2} \tag{10.50}$$

与已知等式

$$r = 4R \prod \sin \frac{A}{2} \tag{10.51}$$

就得下述三角不等式:

推论 10.17 在锐角 $\triangle ABC$ 中有

$$\sum \frac{1}{\cos^2 A \sin^2 \frac{A}{2}} \geqslant \sum \frac{1}{\sin^2 \frac{B}{2} \sin^2 \frac{C}{2}} \tag{10.52}$$

考虑上式的指数推广,作者提出猜想:

猜想 10.2 设 $k > 0$,则在锐角 $\triangle ABC$ 中有

$$\sum \left(\sin \frac{B}{2} \sin \frac{C}{2} \right)^k \geqslant \sum \left(\cos A \sin \frac{A}{2} \right)^k \tag{10.53}$$

当$k < 0$时,上式反向成立.

由前面的等式(10.8)易知式(10.49)等价于

$$\sum x^2 \frac{r_b + r_c}{\cos^2 A} \geqslant \sum yz \frac{r_b + r_c}{\sin^2 \dfrac{A}{2}} \tag{10.54}$$

在上式中作代换$x \to x/\cos^{k-2} A\, (k > 2)$等等,然后再利用 $\cos B \cos C \leqslant \sin^2 \dfrac{A}{2}$,即知当$k > 2$时有

$$\sum x^2 \frac{r_b + r_c}{\cos^k A} \geqslant \sum yz \frac{r_b + r_c}{\sin^k \dfrac{A}{2}}$$

由此与式(10.54)就知,上式一般地当$k \geqslant 2$时成立.根据上式与三元二次型不等式的降幂定理(参见命题2.2),当$0 < p \leqslant 1$时有

$$\sum x^2 \frac{(r_b + r_c)^p}{\cos^{pk} A} \geqslant \sum yz \frac{(r_b + r_c)^p}{\sin^{pk} \dfrac{A}{2}}$$

于是易得下述结论:

推论 10.18　设实数p, q满足$0 < p \leqslant 1, q \geqslant 2p$,则对锐角$\triangle ABC$与任意实数$x, y, z$有

$$\sum x^2 \frac{(r_b + r_c)^p}{\cos^q A} \geqslant \sum yz \frac{(r_b + r_c)^p}{\sin^q \dfrac{A}{2}} \tag{10.55}$$

下面,我们将应用等价推论10.1来推导一个涉及两个三角形同时涉及其中一个三角形内部两个动点的三元二次型几何不等式.

由简单的已知不等式$aR_1 \geqslant br_2 + cr_3$(见第3章中式(3.2))易知$(aR_1)^2 \geqslant 4bcr_2r_3$,因此对于$\triangle ABC$内部任一点$Q$有

$$4bcd_2d_3 \leqslant a^2 D_1^2 \tag{10.56}$$

在不等式(10.5)中作代换$x \to x/\sqrt{ad_1}$等等,然后应用上式,就知下述不等式对正数x, y, z继而对任意实数x, y, z成立:

推论 10.19[204]　对$\triangle ABC$内部任意两点P与Q以及任意实数x, y, z有

$$\sum x^2 \frac{\cot \dfrac{A'}{2}}{ad_1r_1} \geqslant 4 \sum yz \frac{\cot \dfrac{A}{2}}{aD_1R_1} \tag{10.57}$$

令$\triangle A'B'C' \sim \triangle ABC$,注意到$a = 4R\sin\dfrac{A}{2}\cos\dfrac{A}{2}$,由上式易得:

推论 10.20[204]　对$\triangle ABC$内部任意两点P与Q以及任意实数x, y, z有

$$\sum \frac{x^2}{d_1 r_1 \sin^2 \dfrac{A}{2}} \geqslant 4 \sum \frac{yz}{D_1 R_1 \sin^2 \dfrac{A}{2}} \tag{10.58}$$

再特别地令点Q与点P重合,又得:

推论 10.21[204]　对$\triangle ABC$内部任一点P与任意实数x, y, z有

$$\sum \frac{x^2}{r_1^2 \sin^2 \dfrac{A}{2}} \geqslant 4 \sum \frac{yz}{R_1^2 \sin^2 \dfrac{A}{2}} \tag{10.59}$$

易知上式推广了第2章中推论2.6的结果

$$\sum \frac{x^2}{\sin^2 \dfrac{A}{2}} \geqslant 4 \sum yz \tag{10.60}$$

类似于第8章推论8.17的推导,利用第8章中的不等式(8.48)由式(10.58)容易推得

$$\sum \frac{x^2 h_a^2}{r_1 d_1 \sin^2 \dfrac{A}{2}} \geqslant 16 \sum \frac{yz w_a^2}{R_1 D_1} \tag{10.61}$$

设$\triangle ABC$内部任意一点U到三边BC, CA, AB与顶点A, B, C的距离分别为u_1, u_2, u_3和U_1, U_2, U_3,根据不等式(10.4)有

$$\sin \frac{A}{2} \geqslant \frac{\sqrt{u_2 u_3}}{U_1} \tag{10.62}$$

据此与不等式(10.61)即易得到下述涉及三个动点的三元二次型不等式:

推论 10.22　对$\triangle ABC$内部任意三个点P, Q, U与任意实数x, y, z有

$$\sum \frac{x^2 h_a^2}{r_1 d_1 u_2 u_3} \geqslant 16 \sum \frac{yz w_a^2}{R_1 D_1 U_2 U_3} \tag{10.63}$$

注意到$w_a \geqslant h_a$,由上式易得

推论 10.23　对$\triangle ABC$内部任意三个点P, Q, U与任意实数x, y, z有

$$\sum \frac{x^2}{a^2 r_1 d_1 u_2 u_3} \geqslant 16 \sum \frac{yz}{a^2 R_1 D_1 U_2 U_3} \tag{10.64}$$

本章对主推论的不等式(10.3)的讨论到此结束.在下两章中,我们还将分别讨论应用不等式(10.3)与其他不等式得出的两个主要结果.

注 10.6 在后面第15章中,我们将证明不等式(10.26)与不等式(10.33)的 "$r\text{-}w$" 对偶不等式成立.不等式(10.28)与不等式(10.29)很可能分别存在对锐角三角形与任意三角形成立的 "$r\text{-}w$" 对偶不等式.不等式(10.59)不存在 "$r\text{-}w$" 对偶不等式,但由此与降幂定理得到的不等式

$$\sum \frac{x^2}{r_1 \sin\frac{A}{2}} \geqslant 2\sum \frac{yz}{R_1 \sin\frac{A}{2}} \tag{10.65}$$

很可能存在对任意三角形成立的 "$r\text{-}w$" 对偶不等式.

第11章 推论十一及其应用

上一章的主要结果(推论十)给出了下述三元二次型三角不等式:

对$\triangle ABC$与任意$\triangle A'B'C'$以及任意实数x, y, z有

$$\sum x^2 \cot \frac{A'}{2} \geqslant 2 \sum yz \cos \frac{A}{2} \tag{11.1}$$

其中等号当且仅当$\triangle A'B'C' \sim \triangle ABC, x:y:z = \sin \frac{A}{2} : \sin \frac{B}{2} : \sin \frac{C}{2}$时成立.

本章中,我们应用上述不等式与第2章的命题2.4推导出本章的主要结果,同时给出此结果的几个等价不等式并讨论它们的应用.

根据不等式(11.1)与第2章中命题2.4的不等式

$$w_a \leqslant \sqrt{bc} \cos \frac{A}{2} \tag{11.2}$$

可知对正数x, y, z继而对任意实数x, y, z有

$$\sum x^2 \cot \frac{A'}{2} \geqslant 2 \sum yz \frac{w_a}{\sqrt{bc}}$$

接着在上式中作代换$x \to x\sqrt{a}, y \to y\sqrt{b}, z \to z\sqrt{c}$,便得

$$\sum x^2 a \cot \frac{A'}{2} \geqslant 2 \sum yzw_a \tag{11.3}$$

因$w_a \geqslant h_a$,于是可得下述不等式:

推论十一 对$\triangle ABC$与$\triangle A'B'C'$以及任意实数x, y, z有

$$\sum x^2 a \cot \frac{A'}{2} \geqslant 2 \sum yzh_a \tag{11.4}$$

等号当且仅当$\triangle ABC$与$\triangle A'B'C'$均为正三角形且$x = y = z$时成立.

不等式(11.3)显然强于不等式(11.4),但是从下面的讨论可见后者应用起来更为方便.因此,我们把不等式(11.4)作为本章的主要结果.

（一）

在这一节中,我们推导与推论十一的不等式相等价的几个不等式.

由于在$\triangle ABC$中有$a = 2R\sin A$, $h_a = 2R\sin B\sin C$等等,可见不等式(11.4)等价于

$$\sum x^2\sin A\cot\frac{A'}{2} \geqslant 2\sum yz\sin B\sin C \qquad (11.5)$$

再在上式作置换$x \to x/\sin A$等等,便得以下优美的涉及两个三角形的三元二次型三角不等式:

等价推论11.1[205]　对$\triangle ABC$与$\triangle A'B'C'$以及任意实数x,y,z有

$$\sum x^2\frac{\cot\dfrac{A'}{2}}{\sin A} \geqslant 2\sum yz \qquad (11.6)$$

注11.1　在文献[205]中,作者只证明了上式对锐角$\triangle ABC$成立(方法见上一章中注10.5).

令$\triangle A'B'C' \sim \triangle ABC$,则由式(11.6)可得推论2.6的不等式

$$\sum\frac{x^2}{\sin^2\dfrac{A}{2}} \geqslant 4\sum yz \qquad (11.7)$$

可见,等价推论11.1是推论2.6的推广.

将不等式(11.6)中的两个三角形互换,则

$$\sum x^2\frac{\cot\dfrac{A}{2}}{\sin A'} \geqslant 2\sum yz \qquad (11.8)$$

接着作代换$x \to x\sin\dfrac{A}{2}$等等,即得下述不等式:

等价推论11.2　对$\triangle ABC$与$\triangle A'B'C'$以及任意实数x,y,z有

$$\sum x^2\frac{\sin A}{\sin A'} \geqslant 4\sum yz\sin\frac{B}{2}\sin\frac{C}{2} \qquad (11.9)$$

上式显然是第2章中推论2.8的不等式

$$\sum x^2 \geqslant 4\sum yz\sin\frac{B}{2}\sin\frac{C}{2} \qquad (11.10)$$

的推广.

注 11.2 在式 (11.9) 中作代换 $x \to x\sqrt{r_b + r_c}$ 等等,然后利用第 4 章中命题 4.1 的恒等式

$$\sin \frac{B}{2} \sin \frac{C}{2} = \frac{h_a}{2\sqrt{(r_c + r_a)(r_a + r_b)}} \tag{11.11}$$

便得等价不等式

$$\sum x^2 (r_b + r_c) \frac{\sin A}{\sin A'} \geqslant 2 \sum yzh_a \tag{11.12}$$

这是第 4 章中不等式 (4.96)

$$\sum x^2 (r_b + r_c) \geqslant 2 \sum yzh_a \tag{11.13}$$

的推广.

由于

$$\cot \frac{A'}{2} = \frac{s' - a'}{r'}, \ r' = \sqrt{\frac{\prod(s' - a')}{s'}}$$

所以不等式 (11.6) 等价于

$$\sum x^2 \frac{s' - a'}{\sin A} \geqslant 2\sqrt{\frac{\prod(s' - a')}{s'}} \sum yz$$

令 $s' - a' = u, s' - b' = v, s' - c' = w$,则 $u, v, w > 0$ 且 $u + v + w = s'$,从而知上式等价于

$$\sum x^2 \frac{u}{\sin A} \geqslant 2\sqrt{\frac{uvw}{u + v + w}} \sum yz$$

再将上式中的 u, v, w 分别换成它们的倒数,即得:

等价推论 11.3 对 $\triangle ABC$ 与任意实数 x, y, z 及任意正数 u, v, w 有

$$\sum \frac{x^2}{u \sin A} \geqslant \frac{2 \sum yz}{\sqrt{\sum vw}} \tag{11.14}$$

在 $\triangle A'B'C'$ 中有

$$\sum \tan \frac{B'}{2} \tan \frac{C'}{2} = 1 \tag{11.15}$$

因此在式 (11.14) 中取 $u = \tan \dfrac{A'}{2}$ 等等又可得出式 (11.6). 可见,不等式 (11.14) 与不等式 (11.6) 是等价的.

从上面等价推论 11.3 的推导可以得知下述结论成立:

命题 11.1 若成立有关 $\triangle ABC$ 的不等式

$$f_1\left(\cot\frac{A}{2},\cot\frac{B}{2},\cot\frac{C}{2}\right)\geqslant 0 \tag{11.16}$$

则此不等式等价于涉及正数 x,y,z 的不等式

$$f_1\left(\frac{\lambda}{x},\frac{\lambda}{y},\frac{\lambda}{z}\right)\geqslant 0 \tag{11.17}$$

其中 $\lambda=\sqrt{yz+zx+xy}$.

根据这个结论与第1章中命题1.3的角变换 K_2,又易得:

命题 11.2 若成立有关锐角 $\triangle ABC$ 的不等式

$$f_2(\tan A,\tan B,\tan C)\geqslant 0 \tag{11.18}$$

则此不等式等价于涉及正数 x,y,z 的不等式

$$f_2\left(\frac{\lambda}{x},\frac{\lambda}{y},\frac{\lambda}{z}\right)\geqslant 0 \tag{11.19}$$

其中 $\lambda=\sqrt{yz+zx+xy}$.

根据角变换(参见第1章中命题1.2与命题1.3)可知,不等式(11.6)等价于涉及锐角 $\triangle A'B'C'$ 与任意 $\triangle ABC$ 的不等式

$$\sum x^2\frac{\tan A'}{\sin A}\geqslant 2\sum yz \tag{11.20}$$

在上式中,取 $x=\cot A_0,y=\cot B_0,z=\cot C_0$,利用恒等式

$$\sum\cot B_0\cot C_0=1 \tag{11.21}$$

即得下述简洁的涉及三个三角形的三角不等式:

等价推论 11.4 在任意 $\triangle ABC$ 与 $\triangle A_0B_0C_0$ 以及锐角 $\triangle A'B'C'$ 中有

$$\sum\frac{\tan A'}{\sin A\tan^2 A_0}\geqslant 2 \tag{11.22}$$

根据命题11.2,由上式容易推知不等式(11.20)对正数 x,y,z 进而对任意实数 x,y,z 成立.因此,不等式(11.22)与不等式(11.20)以及不等式(11.6)都是等价的.

(二)

下面,我们对推论十一及其等价推论的应用进行讨论.

由推论十一显然有:

推论 11.5 在 $\triangle ABC$ 与 $\triangle A'B'C'$ 中有

$$\sum a \cot \frac{A'}{2} \geqslant 2 \sum h_a \tag{11.23}$$

注 11.3 从不等式 (11.23) 出发可以推导出第 5 章中推论 5.13 给出的几何不等式

$$\sum \frac{1}{r_2 r_3} \geqslant 4 \left(\sum \frac{1}{a} \right)^2 \tag{11.24}$$

事实上,由命题 11.1 可知式 (11.23) 等价于加权不等式

$$\sum \frac{a}{x} \geqslant \frac{2 \sum h_a}{\sqrt{\sum yz}} \tag{11.25}$$

其中 x, y, z 为任意正数,取 $x = 1/r_1, y = 1/r_2, z = 1/r_3$,可得

$$\sqrt{\sum \frac{1}{r_2 r_3}} \sum a r_1 \geqslant 2 \sum h_a$$

两边平方并利用恒等式

$$\sum a r_1 = 2S \tag{11.26}$$

与面积公式 $h_a = 2S/a$,约简后即得不等式 (11.24).

现在,我们将不等式 (11.20) 中的两个三角形互换,则知对锐角 $\triangle ABC$ 与任意 $\triangle A'B'C'$ 有

$$\sum x^2 \frac{\tan A}{\sin A'} \geqslant 2 \sum yz \tag{11.27}$$

接着在上式作代换 $x \to x/\sin A$ 等等,即得

$$\sum \frac{x^2}{\sin A' \sin 2A} \geqslant \sum \frac{yz}{\sin B \sin C} \tag{11.28}$$

据此与林鹤一不等式

$$\sum \frac{R_2 R_3}{bc} \geqslant 1 \tag{11.29}$$

有

$$\sum \frac{R_1^2}{\sin A' \sin 2A} \geqslant \sum \frac{R_2 R_3}{\sin B \sin C} = 4R^2 \sum \frac{R_2 R_3}{bc} \geqslant 4R^2$$

于是得:

推论 11.6　对锐角 $\triangle ABC$ 平面任意一点 P 与任意 $\triangle A'B'C'$ 有

$$\sum \frac{R_1^2}{\sin A' \sin 2A} \geqslant 4R^2 \tag{11.30}$$

若对点 P 关于 $\triangle ABC$ 的垂足三角形使用林鹤一不等式(11.29),则易知对 $\triangle ABC$ 平面上异于顶点的任一点 P 有

$$\sum \frac{r_2 r_3}{R_2 R_3 \sin B \sin C} \geqslant 1 \tag{11.31}$$

因此,在式(11.28)中取 $x = r_1/R_1, y = r_2/R_2, z = r_3/R_3$,再使用上式就得:

推论 11.7　对锐角 $\triangle ABC$ 平面上异于顶点的任意一点 P 与 $\triangle A'B'C'$ 有

$$\sum \frac{r_1^2}{R_1^2 \sin 2A \sin A'} \geqslant 1 \tag{11.32}$$

在上式取 $A' = \pi - 2A$ 等等,又得:

推论 11.8　对锐角 $\triangle ABC$ 平面上异于顶点的任意一点 P 有

$$\sum \frac{r_1^2}{R_1^2 \sin^2 2A} \geqslant 1 \tag{11.33}$$

设 $\triangle A'B'C'$ 全等于平面上一点 P 关于 $\triangle ABC$ 的垂足 $\triangle DEF$,则易知

$$\frac{\sin A'}{\sin A} = \frac{R_1}{2R_p}$$

于是由等价推论11.2得

$$\sum \frac{x^2}{R_1} \geqslant \frac{2}{R_p} \sum yz \sin \frac{B}{2} \sin \frac{C}{2} \tag{11.34}$$

这等价于下述不等式:

推论 11.9　对 $\triangle ABC$ 平面上异于顶点的任意一点 P 与任意实数 x, y, z 有

$$\sum \frac{x^2}{R_1 \sin^2 \frac{A}{2}} \geqslant \frac{2}{R_p} \sum yz \tag{11.35}$$

上式类似于推论2.2的结果

$$\sum \frac{x^2}{r_1 \sin^2 \frac{A}{2}} \geqslant \frac{4}{r} \sum yz \tag{11.36}$$

(但这不等式只对△ABC内部一点P成立).不等式(11.35)与不等式(11.36)均推广了推论2.6的结果,即不等式(11.7).

不等式(11.35)有以下显然的推论:

推论 11.10 对△ABC平面上异于顶点的任意一点P有

$$\sum \frac{1}{R_1 \sin^2 \frac{A}{2}} \geqslant \frac{6}{R_p} \tag{11.37}$$

在不等式(11.35)中取$x = \tan \frac{A}{2}$等等,应用前面的等式(11.15)得:

推论 11.11 对△ABC平面上异于顶点的任意一点P有

$$\sum \frac{1}{R_1 \cos^2 \frac{A}{2}} \geqslant \frac{2}{R_p} \tag{11.38}$$

利用恒等式

$$R_p = \frac{SR_1R_2R_3}{8R^2S_p} \tag{11.39}$$

(见附录A中引理A2),容易证明:当P重合△ABC的重心G时有

$$R_p = R_G = \frac{4m_am_bm_c}{3\sum a^2} \tag{11.40}$$

因此令P为△ABC的重心,利用第1章命题1.1(b),由推论11.9可得:

推论 11.12 对△ABC与任意实数x, y, z有

$$\sum x^2 \frac{m_bm_c}{\sin^2 \frac{A}{2}} \geqslant \sum yz \sum a^2 \tag{11.41}$$

在等价推论11.3的不等式(11.14)中,令$u = x, v = y, w = z$,则得:

推论 11.13[207] 对△ABC与任意正数x, y, z有

$$\sum \frac{x}{\sin A} \geqslant 2\sqrt{\sum yz} \tag{11.42}$$

注 11.4 在文献[167]中,作者得出了加权不等式

$$\left(\sum \frac{x}{\sin^k A}\right)^2 \sum \frac{u^2}{yz} \geqslant 3\left(\frac{4}{3}\right)^k \left(\sum u\right)^2 \tag{11.43}$$

其中$0 < k \leqslant 1$(见第7章中不等式(7.88)).在上式中令$k = 1, u = yz, v = zx, w = xy$,即易得到不等式(11.42).因此,推论11.13也是第7章中推论7.20的一个推论.

注 11.5　根据推论11.13与前面的不等式(11.24)可得推论7.32的不等式

$$\sum \frac{1}{r_1 \sin A'} \geqslant 4 \sum \frac{1}{a} \tag{11.44}$$

由推论11.13与命题11.2易知不等式(11.42)等价于下述涉及两个三角形的不等式:

推论 11.14　在△ABC与锐角△A'B'C'中有

$$\sum \frac{\cot A'}{\sin A} \geqslant 2 \tag{11.45}$$

上式显然也是等价推论11.4的一个推论.

从不等式(11.42)出发,采用第7章中不等式(7.131)的证法,容易证得下述加权几何不等式:

推论 11.15　对△ABC平面上任意一点P与任意正数x, y, z有

$$\sum x \frac{R_a}{a} \geqslant \sqrt{\sum yz} \tag{11.46}$$

注 11.6　当P位于△ABC内部时,文献[168]中(定理2)给出了不等式

$$\sum \frac{\tan \dfrac{A}{2}}{\sin \alpha} \geqslant 2 \tag{11.47}$$

由此与命题11.1易知式(11.46)对△ABC内部任意一点P成立.

在本节余下部分,我们主要讨论推论11.15的应用.

由推论11.15显然可得和式$\sum R_a$的一个下界,即张善立在文献[207]中对△ABC内部一点P证明的下述不等式:

推论 11.16　对△ABC平面上任意一点P有

$$\sum R_a \geqslant \sqrt{\sum bc} \tag{11.48}$$

由已知等式$\sum bc = s^2 + 4Rr + r^2$与Euler不等式$R \geqslant 2r$以及已在第8章中用到的锐角三角形的不等式$s^2 \geqslant 4R^2 - Rr + 13r^2$,易知在锐角△ABC中有

$$\sum bc \geqslant \frac{9}{4}(R + 2r)^2 \tag{11.49}$$

由此与式(11.48)即得:

推论 11.17 对锐角 $\triangle ABC$ 平面上任意一点 P 有

$$\sum R_a \geqslant \frac{3}{2}(R + 2r) \tag{11.50}$$

注 11.8 已经知道上式并不对任意 $\triangle ABC$ 成立. 由作者建立的"五圆不等式"(见第 9 章中不等式 (9.61)) 易得到关于任意 $\triangle ABC$ 的线性不等式

$$\sum R_a \geqslant R + 6r \tag{11.51}$$

其中右端的组合系数 1 与 6 是最佳的.

下面, 介绍作者在研究 $\sum R_a$ 的下界时提出的一个涉及和式 $\sum bc$ 的双向不等式猜想:

猜想 11.1 在 $\triangle ABC$ 中有

$$\sum m_a + \sum w_a \leqslant 3\sqrt{\sum bc} \leqslant \sum r_a + \sum w_a \tag{11.52}$$

如果上式的第一个不等式成立, 则由式 (11.48) 可得

$$\sum R_a \geqslant \frac{1}{3}\left(\sum m_a + \sum w_a\right) \tag{11.53}$$

目前此不等式也未得到证明.

考虑不等式 (11.48) 的推广, 作者提出以下猜想:

猜想 11.2 对 $\triangle ABC$ 与任意实数 k 有

$$\sum R_a(\cos B + \cos C)^k \geqslant \sqrt{\sum bc} \tag{11.54}$$

现在, 我们将有关 $\triangle ABC$ 平面上任意一点 Q 的林鹤一不等式

$$\sum \frac{D_2 D_3}{bc} \geqslant 1 \tag{11.55}$$

用于推论 11.15, 立即得到下述涉及两个点的几何不等式:

推论 11.18 对 $\triangle ABC$ 平面上任意两点 P 与 Q 有

$$\sum \frac{D_1 R_a}{a^2} \geqslant 1 \tag{11.56}$$

令点 Q 重合于点 P, 利用简单的公式

$$R_a = \frac{R_2 R_3}{2r_1} \tag{11.57}$$

可得:

推论11.19 对△ABC平面非边界上任意一点P有

$$\sum \frac{1}{a^2 r_1} \geqslant \frac{2}{R_1 R_2 R_3} \tag{11.58}$$

当P为△ABC的内心时,易证$R_a = 2R\sin\dfrac{A}{2}$.因此,由式(11.56)可得

$$\sum \frac{D_1}{a^2}\sin\frac{A}{2} \geqslant \frac{1}{2R}$$

注意到$\sin\dfrac{A}{2} \leqslant \dfrac{a}{b+c}$,进而有

$$\sum \frac{D_1}{a(b+c)} \geqslant \frac{1}{2R}$$

把上式中的Q点换为P点,并利用$a(b+c) = 2R(h_b + h_c)$约简得:

推论11.20[30] 对△ABC平面上任意一点P有

$$\sum \frac{R_1}{h_b + h_c} \geqslant 1 \tag{11.59}$$

考虑这个不等式的推广,笔者提出下述含有一个参数的不等式猜想:

猜想11.3 设$0 < k \leqslant 2$,则对△ABC平面上任意一点P有

$$\sum \frac{R_1}{h_b + h_c + kh_a} \geqslant \frac{2}{k+2} \tag{11.60}$$

当$k = 1$时,上式化为第4章中推论4.18的线性不等式

$$\sum R_1 \geqslant \frac{2}{3}\sum h_a \tag{11.61}$$

下面,我们继续讨论推论11.15的应用.

根据第2章中给出的等式(2.6)

$$\cot\frac{A}{2} = \frac{r_b + r_c}{a} \tag{11.62}$$

与前面的等式(11.15),可得

$$\sum \frac{bc}{(r_c + r_a)(r_a + r_b)} = 1 \tag{11.63}$$

因此,在推论11.15的不等式(11.46)中取$x = a/(r_b + r_c)$等等,便得:

推论11.21 对△ABC平面上任意一点P有

$$\sum \frac{R_a}{r_b + r_c} \geqslant 1 \tag{11.64}$$

在推论11.15中,取$x = a/m_a, y = b/m_b, z = c/m_c$,利用林鹤一不等式的推论

$$\sum \frac{bc}{m_b m_c} \geqslant 4 \tag{11.65}$$

(见下一章中推论12.38),即得下述简洁的涉及外接圆半径R_a, R_b, R_c与中线m_a, m_b, m_c的不等式:

推论11.22 对△ABC平面上任意一点P有

$$\sum \frac{R_a}{m_a} \geqslant 2 \tag{11.66}$$

下述推论11.23给出了一个含参数的几何不等式,它是作者在2004年首先提出并证明的.吴裕东与张志华等在文献[33]中对点P位于△ABC内部的情形给出了证明.下面介绍笔者给出的不同于文献[33]中的证明.

推论11.23 设$k \geqslant 1$,对△ABC平面上任意一点P有

$$\sum \frac{R_a}{r_a + kh_a} \geqslant \frac{2}{k+1} \tag{11.67}$$

证明 根据推论11.15的不等式(11.46),为证上式只需证明

$$\sum \frac{bc}{(r_b + kh_b)(r_c + kh_c)} \geqslant \frac{4}{(k+1)^2} \tag{11.68}$$

这等价于

$$(k+1)^2 \sum bc(r_a + kh_a) \geqslant 4 \prod (r_a + kh_a)$$

利用公式$r_a = S/(s-a), h_a = 2S/a$,可知上式等价于

$$(k+1)^2 \sum bc \left(\frac{1}{s-a} + \frac{2k}{a} \right) \geqslant 4S^2 \prod \left(\frac{1}{s-a} + \frac{2k}{a} \right)$$

两边乘以$\prod a(s-a)$,可知上式即

$$(k+1)^2 \sum b^2 c^2 (s-b)(s-c)[a + 2k(s-a)] \geqslant 4S^2 \prod [a + 2k(s-a)]$$

因$k \geqslant 1$,可令$k = t + 1(t \geqslant 0)$.利用Heron公式

$$S = \sqrt{s(s-a)(s-b)(s-c)} \tag{11.69}$$

可知,上面需证的不等式化为

$$(t+2)^2 \sum b^2 c^2 (s-b)(s-c)[a+2(t+1)(s-a)]$$
$$-4s(s-a)(s-b)(s-c) \prod [a+2(t+1)(s-a)] \geqslant 0 \quad (11.70)$$

再令 $s-a=x, s-b=y, s-c=z$,则知 $x,y,z>0, a=y+z, b=z+x, c=x+y, s=x+y+z$.于是知上式等价于

$$(t+2)^2 \sum yz(z+x)^2(x+y)^2[y+z+2(t+1)x]$$
$$-4(x+y+z)xyz \prod [y+z+2(t+1)x] \geqslant 0 \quad (11.71)$$

展开整理后为

$$k_3 t^3 + k_2 t^2 + k_1 t_1 + k_0 \geqslant 0 \quad (11.72)$$

其中

$$k_3 = 2xyz \left[\sum x^4 + 2 \sum (y+z)x^3 + 3 \sum y^2 z^2 - 8xyz \sum x \right]$$
$$k_2 = \sum (y^3 + z^3)x^4 + xyz \left[10 \sum x^4 + 8 \sum (y+z)x^3 + 6 \sum y^2 z^2 \right]$$
$$\qquad - 34(xyz)^2 \sum x$$
$$k_1 = 4 \sum (y^3 + z^3 + 2xyz)x^4 - 16(xyz)^2 \sum x$$
$$k_0 = 4 \sum (y^3 + z^3)x^4 - 4xyz \sum (y+z)x^3$$

容易验证 k_3, k_2, k_1, k_0 可以分别变形如下

$$k_3 = xyz \sum (2x+y+z)^2(y-z)^2$$
$$k_2 = \sum x \left[(y^2 + 10yz + z^2)x^2 + 8yz(y+z)x + 5yz(y+z)^2 \right](y-z)^2$$
$$k_1 = 4 \sum x \left[(y^2 + 3yz + z^2)x^2 + yz(y+z)^2 \right](y-z)^2$$
$$k_0 = 4 \sum (y+z)x^4(y-z)^2$$

可见 k_3, k_2, k_1, k_0 均不小于零,从而不等式(11.72)与不等式(11.67)获证. $\quad\square$

应用推论11.15,我们还可证明类似于(11.67)的下述含参不等式:

推论 11.24 设 $k \geqslant 0$,则对 $\triangle ABC$ 平面上任意一点 P 有

$$\sum \frac{R_a}{r_b + r_c + kh_a} \geqslant \frac{2}{k+2} \quad (11.73)$$

特别地,当 $k = 0$ 时上式化为不等式(11.64).因此,推论11.24是推论11.21的推广.我们把不等式(11.73)详细的证明留给读者完成.

事实上,应用推论11.15还可建立其他许多有关 R_a, R_b, R_c 的不等式,这里就不多介绍了.

第12章 推论十二及其应用

本章中,我们应用第10章中主推论的不等式与第7章中推论7.52的不等式,快速导出一个涉及两个三角形以及其中一个三角形平面上一点的几何不等式,给出所得结果的一些等价推论并讨论它们的应用.

为便于读者阅读,再次将推论十重新陈述如下:

对$\triangle ABC$与$\triangle A'B'C'$以及任意实数x, y, z有

$$\sum x^2 \cot \frac{A'}{2} \geqslant 2 \sum yz \cos \frac{A}{2} \tag{12.1}$$

等号当且仅当$\triangle A'B'C' \sim \triangle ABC$且$x : y : z = \sin \dfrac{A}{2} : \sin \dfrac{B}{2} : \sin \dfrac{C}{2}$时成立.

假设点P不重合于$\triangle ABC$的顶点,在不等式(12.1)中取

$$x = \sqrt{\frac{R_2 R_3}{R_1}}, y = \sqrt{\frac{R_3 R_1}{R_2}}, z = \sqrt{\frac{R_1 R_2}{R_3}}$$

然后应用推论7.52给出的不等式

$$\sum R_1 \cos \frac{A}{2} \geqslant s \tag{12.2}$$

(等号当且仅当P为$\triangle ABC$的内心时成立),即得:

推论十二 对$\triangle ABC$平面上异于顶点的任意一点P与$\triangle A'B'C'$有

$$\sum \frac{R_2 R_3}{R_1} \cot \frac{A'}{2} \geqslant 2s \tag{12.3}$$

等号当且仅当$\triangle A'B'C' \sim \triangle ABC$且$P$为$\triangle ABC$的内心时成立.

注意到$\cot \dfrac{A'}{2} = \dfrac{s'}{r'_a}$,可知不等式(12.3)等价于

$$\sum \frac{R_2 R_3}{r'_a R_1} \geqslant 2 \frac{s}{s'} \tag{12.4}$$

(一)

这一节中,我们给出不等式(12.3)一些不明显的等价不等式.

根据上一章中的命题11.1,不等式(12.3)等价于下述便于应用的加权不等式:

等价推论 12.1 对△ABC平面上异于顶点的任意一点P与任意正数x, y, z有

$$\sum \frac{R_2 R_3}{x R_1} \geqslant \frac{2s}{\sqrt{\sum yz}} \tag{12.5}$$

等号当且仅当P为△ABC的内心且$x(s-a) = y(s-b) = z(s-c)$时成立.

注 12.1 在式(12.5)中作代换$x \to R_2 R_3/(x R_1)$等等,然后两边平方,整理后又可得到以下等价形式

$$\sum \frac{R_1^2}{yz} \geqslant \frac{4s^2}{\left(\sum x\right)^2} \tag{12.6}$$

等号当且仅当P为△ABC的内心且$x : y : z = a : b : c$时成立.

这里指出,在第7章给出的加权不等式(7.107)中取$u = R_1 \cos \dfrac{A}{2}$等等,然后应用不等式(12.2),也可迅速得到不等式(12.6).

下设△A'B'C'内部任意一点P'到三边B'C', C'A', A'B'的距离分别为r_1', r_2', r_3',又∠B'P'C', ∠C'P'A', ∠A'P'B'的平分线长分别为w_1', w_2', w_3'.

在式(12.5)中,取$x = w_1'/a', y = w_2'/b', z = w_3'/c'$,根据后面第15章中推论15.3可知

$$\sum \frac{w_2' w_3'}{b' c'} \leqslant \frac{1}{4} \tag{12.7}$$

(等号当且仅当P'为△A'B'C'的外心时成立),于是得下述不等式:

等价推论 12.2 对△ABC平面异于顶点的任意一点P与△A'B'C'内部任意一点P'有

$$\sum \frac{a'}{w_1'} \cdot \frac{R_2 R_3}{R_1} \geqslant 4s \tag{12.8}$$

等号当且仅当P为△ABC的内心,P'为△A'B'C'的外心,$A' = \dfrac{\pi - A}{2}, B' = \dfrac{\pi - B}{2}, C' = \dfrac{\pi - C}{2}$时成立.

在上述推论中,令△A'B'C'为锐角三角形且取P'为其外心,则易得

$$\sum \frac{R_2 R_3}{R_1} \tan A' \geqslant 2s \tag{12.9}$$

根据第11章中的命题11.2,上式与加权不等式(12.5)是等价的,从而可知不等式(12.8)与不等式(12.5)又是等价的.

注12.2 同上易知,较式(12.8)为弱的下式

$$\sum \frac{a'}{r_1'} \cdot \frac{R_2 R_3}{R_1} \geqslant 4s \tag{12.10}$$

实际上与不等式(12.5)以及不等式(12.3)也是等价的.

在式(12.5)中,取$x = r_1'/(s'-a'), y = r_2'/(s'-b'), z = r_3'/(s'-c')$,然后利用Carlitz-Klamkin不等式

$$\sum \frac{r_2' r_3'}{(s'-b')(s'-c')} \leqslant 1 \tag{12.11}$$

(见第1章中推论1.27),即得下述不等式:

等价推论 12.3 对任意$\triangle ABC$平面异于顶点的任意一点P与$\triangle A'B'C'$内部任意一点P'有

$$\sum \frac{s'-a'}{r_1'} \cdot \frac{R_2 R_3}{R_1} \geqslant 2s \tag{12.12}$$

等号当且仅当P为$\triangle ABC$的内心,P'为$\triangle A'B'C'$的内心,$\triangle A'B'C' \sim \triangle ABC$时成立.

在上述推论中,取P'为$\triangle A'B'C'$的内心,立得式(12.3).故不等式(12.12)与不等式(12.3)是等价的.

根据附录A中定理A3可知,不等式(12.5)等价于对它应用附录A中定理A1的变换T_2

$$(a,b,c,R_1,R_2,R_3) \to (aR_1, bR_2, cR_3, R_2 R_3, R_3 R_1, R_1 R_2)$$

后得到的不等式,也即等价于下述不等式:

等价推论 12.4[18] 对$\triangle ABC$平面上任意一点P与任意正数x, y, z有

$$\sum \frac{R_1^2}{x} \geqslant \frac{\sum a R_1}{\sqrt{\sum yz}} \tag{12.13}$$

等号当且仅当P为$\triangle ABC$的垂心且$x:y:z = \cot A : \cot B : \cot C$时成立.

注12.3 在不等式(12.13)中,作代换$x \to R_1^2/x$等等,再两边平方并整理可得等价变形

$$\sum \frac{(R_2 R_3)^2}{yz} \geqslant \left(\frac{\sum a R_1}{\sum x} \right)^2 \tag{12.14}$$

等号当且仅当P为$\triangle ABC$的垂心且$x:y:z=\sin 2A:\sin 2B:\sin 2C$时成立.

采用不等式(12.8)与不等式(12.12)的推导方法,由不等式(12.13)又可得下面两个等价推论:

等价推论12.5 对$\triangle ABC$平面上任意一点P与$\triangle A'B'C'$内部任意一点P'有

$$\sum \frac{a'}{w_1'}R_1^2 \geqslant 2\sum aR_1 \tag{12.15}$$

等号当且仅当P为$\triangle ABC$的垂心, P'为$\triangle A'B'C'$的外心, $\triangle A'B'C' \sim \triangle ABC$时成立.

等价推论12.6 对$\triangle ABC$平面上任意一点P与$\triangle A'B'C'$内部任意一点P'有

$$\sum \frac{s'-a'}{r_1'}R_1^2 \geqslant \sum aR_1 \tag{12.16}$$

等号当且仅当P为$\triangle ABC$的垂心, P'为$\triangle A'B'C'$的内心, $A'=\pi-2A, B'=\pi-2B, C'=\pi-2C$时成立.

注12.4 较不等式(12.15)为弱的下式

$$\sum \frac{a'}{r_1'}R_1^2 \geqslant 2\sum aR_1 \tag{12.17}$$

也与不等式(12.13)是等价的.

对不等式(12.17)中的$\triangle A'B'C'$及其平面上一点P'应用附录A中定理A1所述变换T_1

$$(a,b,c,r_1,r_2,r_3) \to \left(\frac{aR_1}{2R}, \frac{bR_2}{2R}, \frac{cR_3}{2R}, \frac{r_2r_3}{R_1}, \frac{r_3r_1}{R_2}, \frac{r_1r_2}{R_3} \right)$$

又可得下述结论:

等价推论12.7 对$\triangle ABC$平面上任意一点P与$\triangle A'B'C'$内部任意一点P'有

$$\sum \frac{(R_1R_1')^2}{r_2'r_3'}\sin A' \geqslant 2\sum aR_1 \tag{12.18}$$

等号当且仅当P为$\triangle ABC$的垂心, P'为$\triangle A'B'C'$的内心, $A'=\pi-2A, B'=\pi-2B, C'=\pi-2C$时成立.

(二)

从这一节起,我们开始讨论推论十二与它的等价推论的应用.

首先我们指出,推论十二表明了下述有趣的结论:

推论12.8 过一定点引三条给定长度的三个线段(长度可以不相等),则由这三条线段另外三个端点构成的三角形周长为最大时定点为此三角形的内心.

设$\triangle A'B'C'$的顶点分别在以$\triangle ABC$的内心I为圆心以IA, IB,IC为半径的三个同心圆上(参见图12.1),上述推论表明:$\triangle A'B'C'$的周长不大于$\triangle ABC$的周长.

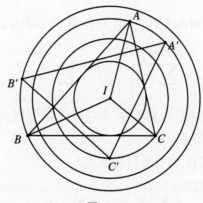

图 12.1

在推论十二中,令P为$\triangle ABC$的内心,利用命题1.1(a)、正弦定理与恒等式

$$\prod \sin \frac{A}{2} = \frac{r}{4R} \tag{12.19}$$

易得下述涉及两个三角形的三角不等式:

推论12.9 在$\triangle ABC$与$\triangle A'B'C'$中有

$$\sum \sin^2 \frac{A}{2} \cot \frac{A'}{2} \geqslant \frac{1}{2} \sum \sin A \tag{12.20}$$

等号当且$\triangle ABC \sim \triangle A'B'C'$时成立.

注12.5 上述不等式也可由第5章给出的不等式链(5.16)得出.另外,它实际上等价于加权不等式

$$\sum \frac{\sin^2 \dfrac{A}{2}}{x} \geqslant \frac{\sum \sin A}{2\sqrt{\sum yz}} \tag{12.21}$$

其中 x, y, z 为任意正数, 等号当且仅当 $x(s-a) = y(s-b) = z(s-c)$ 时成立.

令 $\triangle A'B'C' \cong \triangle ABC$, 由推论十二可得:

推论 12.10 对任意 $\triangle ABC$ 平面异于顶点的任意一点 P 有

$$\sum (s-a) \frac{R_2 R_3}{R_1} \geqslant 2S \tag{12.22}$$

等号当且仅当 P 为 $\triangle ABC$ 的内心时成立.

现在, 对点 P 关于 $\triangle ABC$ 的垂足 $\triangle DEF$ 使用推论十二的不等式 (12.3), 则

$$\sum \frac{r_2 r_3}{r_1} \cot \frac{A'}{2} \geqslant 2s_p$$

其中 s_p 是垂足 $\triangle DEF$ 的半周长, 易知其计算式为 $s_p = \sum a R_1 / (4R)$, 由此按已知不等式

$$\sum a R_1 \geqslant 4S \tag{12.23}$$

(参见推论 3.3), 可知对平面上任意一点 P 有

$$s_p \geqslant \frac{S}{R} \tag{12.24}$$

(等号当且仅当 $\triangle ABC$ 为锐角三角形且 P 为其垂心时成立), 于是可得:

推论 12.11 对 $\triangle ABC$ 平面非边界上任意一点 P 与 $\triangle A'B'C'$ 有

$$\sum \frac{r_2 r_3}{r_1} \cot \frac{A'}{2} \geqslant \frac{2S}{R} \tag{12.25}$$

等号当且仅当 $A' = \pi - 2A, B' = \pi - 2B', C = \pi - 2C', P$ 为 $\triangle ABC$ 的垂心时成立.

上述推论显然有以下推论:

推论 12.12 对锐角 $\triangle ABC$ 平面非边界上任意一点 P 有

$$\sum \frac{r_2 r_3}{r_1} \tan A \geqslant \frac{2S}{R} \tag{12.26}$$

等号当且仅当 P 为锐角 $\triangle ABC$ 的垂心时成立.

在等价推论 12.2 中, 令 P 为 $\triangle ABC$ 的内心, 然后利用第 1 章中命题 1.1(a) 与等式 (12.19), 得:

推论 12.13 对 $\triangle A'B'C'$ 内部任意一点 P' 与 $\triangle ABC$ 有

$$\sum \frac{a'}{w_1'} \sin^2 \frac{A}{2} \geqslant \frac{s}{R} \tag{12.27}$$

等号当且仅当P'为$\triangle A'B'C'$的外心, $A' = \dfrac{\pi - A}{2}$, $B' = \dfrac{\pi - B}{2}$, $C' = \dfrac{\pi - C}{2}$时成立.

由等价推论12.3显然可得涉及一个三角形与两个动点的下述不等式:

推论 12.14　对$\triangle ABC$平面上异于顶点的任意一点P与内部任意一点Q有

$$\sum (s - a) \frac{R_2 R_3}{d_1 R_1} \geqslant 2s \tag{12.28}$$

等号当且仅当P与Q均为$\triangle ABC$的内心时成立.

若令Q为$\triangle ABC$的内心, 则由不等式(12.28)立得不等式(12.22). 因此, 推论12.14是推论12.10的推广. 不等式(12.28)也显然推广了第7章推论7.39的不等式

$$\sum (s - a) \frac{R_2 R_3}{R_1 r_1} \geqslant 2s \tag{12.29}$$

注 12.6　在第7章中, 推论7.38给出了上式的指数推广

$$\sum (s - a) \frac{R_2 R_3}{R_1 r_1^k} \geqslant \frac{2s}{r^{k-1}} \tag{12.30}$$

其中k为非负实数, 但只证明了上式当$k \geqslant 1$时成立. 这里, 我们补充证明$0 \leqslant k < 1$的情形:

根据第1章中推论1.28与等式$(s-a)(s-b)(s-c) = sr^2$可知, 当$0 < k < 1$时有

$$\sum \frac{(r_2 r_3)^k}{(s-b)(s-c)} \leqslant r^{2(k-1)} \tag{12.31}$$

因此在等价推论12.1的不等式(12.5)中取$x = r_1^k/(s-a)$等等, 即知式(12.30)当$0 < k < 1$时成立. 又注意到当$k = 0$时不等式(12.30)化为不等式(12.22). 于是可知不等式(12.30)当$0 \leqslant k < 1$时成立.

这里, 针对不等式(12.30)提出以下有趣的猜想:

猜想 12.1　当$k \leqslant -1$时, 不等式(12.30)对锐角$\triangle ABC$内部任意一点P成立.

注 12.7　作者承诺: 第一位正确解决上述猜想者可获得作者提供的悬奖￥5000元.

现在, 我们指出由等价推论12.4与不等式(12.23)可得:

推论 12.15[18]　对$\triangle ABC$平面上任意一点P与任意正数x, y, z有

$$\sum \frac{R_1^2}{x} \geqslant \frac{4S}{\sqrt{\sum yz}} \tag{12.32}$$

等号当且仅当P为$\triangle ABC$的垂心且$x : y : z = \cot A : \cot B : \cot C$时成立.

注 12.8 将式(12.32)中的x, y, z分别换成它们的倒数,即得杨学枝在文献[155]中给出的等价不等式[155]

$$\sum x R_1^2 \geqslant 4\sqrt{\frac{xyz}{x+y+z}} S \tag{12.33}$$

将上式两边平方并作代换$x \to x/R_1^2$等等,经整理得以下等价变形

$$\sum \frac{(R_2 R_3)^2}{yz} \geqslant \frac{16S^2}{\left(\sum x\right)^2} \tag{12.34}$$

等号当且仅当$x : y : z = \sin 2A : \sin 2B : \sin 2C$且$P$为$\triangle ABC$的垂心时成立.不等式(12.34)也可由式(12.14)与式(12.23)得出.

注 12.9 当$x = y = z = 1$时,不等式(12.34)化为

$$\sum (R_2 R_3)^2 \geqslant \frac{16}{9} S^2 \tag{12.35}$$

这个不等式曾促使作者猜测下两式成立

$$\sum (R_2 R_3)^{3/2} \geqslant 24 r^{3/2} \tag{12.36}$$

$$\sum (R_2 R_3)^2 \geqslant 8(R^2 + 2r^2) r^2 \tag{12.37}$$

吴裕东与张志华等后来在文献[208]中给出了证明并得出了加强的结果.

根据上一章中命题11.2易知,不等式(12.32)～(12.34)都等价于下述简洁的涉及两个三角形的不等式:

推论 12.16 对锐角$\triangle A'B'C'$与任意$\triangle ABC$平面上任意一点P有

$$\sum R_1^2 \tan A' \geqslant 4S \tag{12.38}$$

等号当且仅当$\triangle ABC \sim \triangle A'B'C'$且$P$为$\triangle ABC$的垂心时成立.

在不等式(12.32)中取$x = R_1, y = R_2, z = R_3$,得

$$\sum R_1 \sqrt{\sum R_2 R_3} \geqslant 4S$$

注意到$\sqrt{3\sum R_2 R_3} \leqslant \sum R_1$,由上式易得下述已知结果(《GI》中不等式12.18):

推论 12.17 对$\triangle ABC$平面上任意一点P有

$$\sum R_1 \geqslant 2\sqrt[4]{3}\sqrt{S} \tag{12.39}$$

设$\triangle ABC$为锐角三角形,则可在式(12.34)中取$x = \sin 2A$等等,再利用面积公式

$$S = \frac{1}{2}R^2 \sum \sin 2A \tag{12.40}$$

易得:

推论 12.18　对锐角$\triangle ABC$平面上任意一点P有

$$\sum \frac{R_2^2 R_3^2}{\sin 2B \sin 2C} \geqslant 4R^4 \tag{12.41}$$

等号当且仅当P为锐角$\triangle ABC$的垂心时成立.

在不等式(12.32)中,取$x = w_1 R_1^2/(bc)$等等,再利用第6章给出的不等式(6.174)

$$\sum \frac{w_1 R_1^2}{bc} \leqslant \frac{1}{2}R \tag{12.42}$$

与等式$abc = 4SR$,可得:

推论 12.19　对$\triangle ABC$内部任意一点P有

$$\sum \frac{1}{bcw_2 w_3} \geqslant \frac{4}{R^4} \tag{12.43}$$

考虑上式的加强,作者提出以下猜想:

猜想 12.2　对$\triangle ABC$内部任意一点P有

$$\sum bcw_2 w_3 \leqslant 9R^2 r^2 \tag{12.44}$$

这一节最后指出,由等价推论12.5~12.7与不等式(12.20)分别可得以下三个推论:

推论 12.20　对$\triangle ABC$平面上任意一点P与$\triangle A'B'C'$内部任意一点P'有

$$\sum \frac{a'}{w_1'} R_1^2 \geqslant 8S \tag{12.45}$$

等号当且仅当P为$\triangle ABC$的垂心,P'为$\triangle A'B'C'$的外心,$\triangle A'B'C' \sim \triangle ABC$时成立.

推论 12.21　对$\triangle ABC$平面上任意一点P与$\triangle A'B'C'$内部任意一点P'有

$$\sum \frac{s'-a'}{r_1'} R_1^2 \geqslant 4S \tag{12.46}$$

等号当且仅当P为$\triangle ABC$的垂心,P'为$\triangle A'B'C'$的内心,$A' = \pi - 2A, B' = \pi - 2B, C' = \pi - 2C$时成立.

推论 12.22 对△ABC平面上任意一点P与△$A'B'C'$内部任意一点P'有

$$\sum \frac{(R_1R_1')^2}{r_2'r_3'} \sin A' \geqslant 8S \tag{12.47}$$

等号当且仅当P为△ABC的垂心,P'为△$A'B'C'$的内心,$A' = \pi - 2A, B' = \pi - 2B, C' = \pi - 2C$时成立.

注 12.10 事实上,不等式(12.45)~(12.47)都等价于不等式(12.36).

(三)

这一节中,我们讨论等价推论12.1的不等式(12.5)与其等价变形(12.6)的一些应用.

在等价推论12.1中,令P为△ABC的重心,利用命题1.1(b)可得涉及三角形中线与半周长的加权不等式

$$\sum \frac{m_b m_c}{x m_a} \geqslant \frac{3s}{\sqrt{\sum yz}} \tag{12.48}$$

取$x = w_1/m_a$等等,再利用后面第15章中推论15.6的不等式

$$\sum \frac{w_2 w_3}{m_b m_c} \leqslant \frac{1}{3} \tag{12.49}$$

就得:

推论 12.23 对△ABC内部任意一点P有

$$\sum \frac{m_b m_c}{w_1} \geqslant 3\sqrt{3}s \tag{12.50}$$

根据第1章中的命题1.4,可知不等式(12.48)有中线对偶不等式

$$\sum \frac{bc}{xa} \geqslant \frac{2\sum m_a}{\sqrt{\sum yz}} \tag{12.51}$$

在这式中作代换$x \to bc/(xa)$等等,然后两边平方整理得:

推论 12.24 对△ABC与任意正数x, y, z有

$$\sum \frac{a^2}{yz} \geqslant \frac{4 \left(\sum m_a \right)^2}{\left(\sum x \right)^2} \tag{12.52}$$

在式(12.51)中取$x = w_1/a$等等,应用不等式(12.7)便得:

推论12.25　对$\triangle ABC$内部任意一点P有

$$\sum \frac{bc}{w_1} \geqslant 4 \sum m_a \tag{12.53}$$

注意到$bc = 2Rh_a$与第4章中用到的已知不等式

$$m_a \geqslant \frac{b^2 + c^2}{4R} \tag{12.54}$$

由式(12.53)可得

$$\sum \frac{h_a}{w_1} \geqslant 4 \sum \sin^2 A \tag{12.55}$$

对于锐角$\triangle ABC$成立严格不等式$\sum \sin^2 A > 2$(见《GI》中不等式2.3),因此由上式得:

推论12.26　对锐角$\triangle ABC$内部任意一点P有

$$\sum \frac{h_a}{w_1} > 8 \tag{12.56}$$

考虑上式的加强,作者提出以下猜想:

猜想12.3　对锐角$\triangle ABC$内部任意一点P有

$$\sum \frac{h_a}{w_1} \geqslant 8 + \frac{2r}{R} \tag{12.57}$$

在本节余下部分,我们讨论不等式(12.6)的应用.

首先指出,在不等式(12.6)中取$x = a, y = b, z = c$,立得Klamkin在文献[152]中给出的下述不等式:

推论12.27　对$\triangle ABC$平面上任意一点P有

$$\sum \frac{R_1^2}{bc} \geqslant 1 \tag{12.58}$$

等号当且仅当P为$\triangle ABC$的内心时成立.

容易知道Klamkin不等式(12.58)等价于

$$\sum R_1^2 \sin A \geqslant 2S \tag{12.59}$$

作者在文献[209]中给出了上式一个简单的证明并给出了它的多边形推广,后在文献[174]中又进一步将不等式(12.59)推广为涉及两个点的情形(见第7章中不等式(7.138)).

令 P 为 $\triangle ABC$ 的重心,由式(12.58)可得以下已知不等式:

推论 12.28 在 $\triangle ABC$ 中有

$$\sum \frac{m_a^2}{bc} \geqslant \frac{9}{4} \tag{12.60}$$

注 12.11 以中线公式 $4m_a^2 = 2b^2 + 2c^2 - a^2$ 代入式,经整理可得不等式[209]

$$\sum a^3 - 3abc \leqslant 2 \sum a(b-c)^2 \tag{12.61}$$

这等价于已知不等式

$$2 \sum a \sum a^2 \geqslant 3 \left(\sum a^3 + 3abc \right) \tag{12.62}$$

(即《GI》中不等式1.6),由此利用 $\sum a = 2s$ 与已知恒等式

$$abc = 4Rrs \tag{12.63}$$

$$\sum a^2 = 2s^2 - 8Rr - 2r^2 \tag{12.64}$$

$$\sum a^3 = 2s(s^2 - 6Rr - 3r^2) \tag{12.65}$$

可得推论5.4所述Gerretsen下界不等式

$$s^2 \geqslant 16Rr - 5r^2 \tag{12.66}$$

马统一与胡雄[178]注意到,在Klamkin不等式(12.58)中取 P 为 $\triangle ABC$ 的垂心(此时有 $R_1^2 = 4R^2 - a^2$ 等等)可得:

推论 12.29[210] 在 $\triangle ABC$ 中有

$$R^2 \geqslant \frac{\sum a^3 + 3abc}{4 \sum a} \tag{12.67}$$

注 12.12 上式也等价于三角不等式

$$\sum \frac{\cos^2 A}{\sin B \sin C} \geqslant 1 \tag{12.68}$$

这显然弱于第7章中给出的不等式(7.31),即

$$\sum \frac{\cos^2 A}{\cos^2 \dfrac{A}{2}} \geqslant 1 \tag{12.69}$$

文献[178]的作者还指出,式(12.67)等价于Euler不等式$R \geqslant 2r$的加强形式

$$R \geqslant 2r + \frac{1}{8R}\sum(b-c)^2 \tag{12.70}$$

由此利用$\sum a = 2s$与等式(12.63)以及(12.64),又可得推论5.6所述Gerretsen上界不等式

$$s^2 \leqslant 4R^2 + 4Rr + 3r^2 \tag{12.71}$$

Klamkin不等式(12.58)可以推广为涉及平面上任意两个点的情形,即有第7章推论7.51所述的Bennett-Klamkin不等式.下面,我们从另一个角度来推广此不等式.

设$\triangle ABC$内部任意一点P到边BC, CA, AB的距离分别为d_1, d_2, d_3,则易知$\sum ad_1 = 2S = 2rs$,据此应用加权幂平均不等式容易证明:当$0 < k \leqslant 1$时有

$$\sum ad_1^k \leqslant 2sr^k \tag{12.72}$$

(当$k = 1$时上式为恒等式,当$0 < k < 1$时上式中等号当且仅当Q为$\triangle ABC$的内心时成立).又根据前面的加权几何不等式(12.6)有

$$\sum \frac{R_1^2}{bc(d_2d_3)^k} \geqslant \frac{4s^2}{\left(\sum ad_1^k\right)^2}$$

在上式两边同时乘以abc并应用不等式(12.72),便得下述涉及两个动点的几何不等式:

推论 12.30　设$0 < k \leqslant 1$,则对$\triangle ABC$平面上任意一点P与内部任意一点Q有

$$\sum \frac{aR_1^2}{(d_2d_3)^k} \geqslant \frac{abc}{r^{2k}} \tag{12.73}$$

等号当且仅当P与Q均为$\triangle ABC$的内心时成立.

在式(12.73)中,令Q为$\triangle ABC$的内心,即易得到Klamkin不等式(12.58).因此,推论12.30是推论12.27的推广.

推论12.30的一个明显的推论是:

推论 12.31　设$0 < k \leqslant 1$,则对$\triangle ABC$内部任意一点P有

$$\sum \frac{aR_1^2}{(r_2r_3)^k} \geqslant \frac{abc}{r^{2k}} \tag{12.74}$$

等号当且仅当P与Q均为$\triangle ABC$的内心时成立.

上述不等式很可能对任意正数k都是成立的,剩下的需要解决的问题如下:

猜想 12.4 设$k > 1$,则不等式(12.74)对$\triangle ABC$内部任意一点P成立.

接下来,我们将应用不等式(12.6)证明下述结论:当点P位于$\triangle ABC$内部时,将推论12.11中的距离r_1, r_2, r_3分别换成点P的Cevian线段e_1, e_2, e_3(见图12.2)后不等式仍成立.

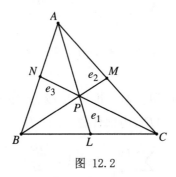

图 12.2

首先,对点P的垂足$\triangle DEF$使用不等式(12.6),得

$$\sum \frac{r_1^2}{yz} \geqslant \frac{4s_p^2}{\left(\sum x\right)^2} \tag{12.75}$$

再利用前面的不等式(12.24)就得

$$\sum xr_1^2 \geqslant \frac{4xyz}{\left(\sum x\right)^2} \cdot \frac{S^2}{R^2} \tag{12.76}$$

等号当且仅当P为$\triangle ABC$的垂心且$x : y : z = \sin 2A : \sin 2B : \sin 2C$时成立.

当点P位于$\triangle ABC$内部时,显然有$e_1 \geqslant r_1$等等,于是由不等式(12.76)可知对任意正数x, y, z有

$$\sum xe_1^2 \geqslant \frac{4xyz}{\left(\sum x\right)^2} \cdot \frac{S^2}{R^2} \tag{12.77}$$

其中等号成立条件同式(12.76).在上式作代换$x \to x/e_1^2$等等,即可得

$$\sum x \left(\sum \frac{x}{e_1^2}\right)^2 \geqslant \frac{4xyz}{(e_1 e_2 e_3)^2} \cdot \frac{S^2}{R^2}$$

两边开平方并整理即得

$$\sum x \frac{e_2 e_3}{e_1} \geqslant 2\sqrt{\frac{xyz}{x+y+z}} \cdot \frac{S}{R} \tag{12.78}$$

再由命题11.1就得到我们要证的下述不等式:

推论 12.32　对$\triangle ABC$内部任意一点P与$\triangle A'B'C'$有

$$\sum \frac{e_2 e_3}{e_1} \cot \frac{A'}{2} \geqslant \frac{2S}{R} \tag{12.79}$$

等号当且仅当P为$\triangle ABC$的垂心,$A' = \pi - 2A, B' = \pi - 2B, C' = \pi - 2C$时成立.

特别地,由上述推论可得类似于推论12.12的结论:

推论 12.33　对锐角$\triangle ABC$内部任意一点P有

$$\sum \frac{e_2 e_3}{e_1} \tan A \geqslant \frac{2S}{R} \tag{12.80}$$

等号当且仅当点P为锐角$\triangle ABC$的垂心时成立.

令$\triangle A'B'C'$为正三角形,由推论12.32又得:

推论 12.34　对$\triangle ABC$内部任意一点P有

$$\sum \frac{e_2 e_3}{e_1} \geqslant \frac{2S}{\sqrt{3}R} \tag{12.81}$$

作者猜测较上式更强、更优美的下述不等式(12.82)成立:

猜想 12.5　对$\triangle ABC$内部任意一点P有

$$\sum \frac{e_2 e_3}{e_1} \geqslant 3r \tag{12.82}$$

设$\triangle ABC$为锐角三角形,则可在不等式(12.76)中取$x = \tan B + \tan C$等等,然后利用第5章中给出的等式(5.80)

$$\frac{\left(\sum \tan A\right)^2}{\prod(\tan B + \tan C)} = \frac{S}{2R^2} \tag{12.83}$$

即得:

推论 12.35　对锐角$\triangle ABC$平面上任意一点P有

$$\sum r_1^2(\tan B + \tan C) \geqslant 2S \tag{12.84}$$

等号当且仅当 P 为锐角 $\triangle ABC$ 的垂心时成立.

注 12.13 容易推知不等式 (12.84) 等价于

$$\sum \frac{r_1^2}{\sin 2B \sin 2C} \geqslant R^2 \tag{12.85}$$

利用显然的不等式 $\sum ar_1 \geqslant 2S$ (当 P 位于 $\triangle ABC$ 内部时取等号) 与 Cauchy 不等式以及等式

$$\sum a^2 \sin 2B \sin 2C = \frac{4S^2}{R^2} \tag{12.86}$$

立即可知不等式 (12.85) 成立.

注 12.14 不等式 (12.84) 还可加细为不等式链

$$\sum r_1^2(\tan B + \tan C) \geqslant \frac{1}{2}\sum R_1^2 \tan A \geqslant 2S \tag{12.87}$$

其中第二个不等式是推论 12.16 一个明显的推论, 第一个不等式的证明在此从略.

(四)

这一节中, 我们讨论等价推论 12.4 的应用.

当点 P 重合于 $\triangle ABC$ 的一个顶点时, 则知下式 (12.88) 的左边之值为 1. 若点 P 不重合于 $\triangle ABC$ 的顶点, 则可在等价推论 12.4 的不等式 (12.13) 中取 $x = R_1/a, y = R_2/b, z = R_3/c$, 约简后可得下述不等式:

推论 12.36[16] 对 $\triangle ABC$ 平面上任意一点 P 有

$$\sum \frac{R_2 R_3}{bc} \geqslant 1 \tag{12.88}$$

等号当且仅当 P 重合于 $\triangle ABC$ 的一个顶点或 $\triangle ABC$ 为锐角三角形且 P 为其垂心时成立.

不等式 (12.88) 是日本数学家林鹤一在 1935 年发现的, 它常见的、直接的证法就是林鹤一最初给出的复数方法. 在文献 [211] 中, 作者得出了林鹤一不等式的两个推广 (此处从略).

注 12.15 林鹤一不等式 (12.88) 与 Klamkin 不等式 (12.58) 实际上是等价的. 事实上, 如果在林鹤一不等式中作附录 A 中定理 A 的 T_2 变换, 立即可得 Klamkin 不等式 (12.58)(反之亦然). 根据附录 A 中定理 A3, 就知这两个不等式是等价的.

在林鹤一不等式中,取P为$\triangle ABC$的重心,利用命题1.1(b),即得下述已知不等式:

推论 12.37　在$\triangle ABC$中有

$$\sum \frac{m_b m_c}{bc} \geqslant \frac{9}{4} \tag{12.89}$$

由上式与命题1.4又可得上一章中用到的下述不等式:

推论 12.38　在$\triangle ABC$中有

$$\sum \frac{bc}{m_b m_c} \geqslant 4 \tag{12.90}$$

由林鹤一不等式显然还可得:

推论 12.39　对$\triangle ABC$平面上任意一点P有

$$\sum R_2 R_3 \geqslant \min\{bc, ca, ab\} \tag{12.91}$$

等号当且仅当P重合于$\triangle ABC$最大角所在的顶点或$\triangle ABC$为正三角形且P为其中心时成立.

上述推论表明:对于给定的非正$\triangle ABC$,当点P位于$\triangle ABC$最大内角所在顶点时,和式$\sum R_2 R_3$取得最小值.

对点P关于$\triangle ABC$的垂足$\triangle DEF$与点P使用林鹤一不等式(12.88),利用$EF = a_p = aR_1/(2R)$等等,即得作者在文献[8]中用到的下述不等式:

推论 12.40　对$\triangle ABC$平面上异于顶点的任意一点P有

$$\sum \frac{r_2 r_3}{bc R_2 R_3} \geqslant \frac{1}{4R^2} \tag{12.92}$$

等号当且仅当$\triangle ABC$为锐角三角形且P为其外心时成立.

现在,我们在等价推论12.4的不等式(12.13)中取$x = 1/a, y = 1/b, z = 1/c$,利用恒等式

$$\sum \frac{1}{bc} = \frac{1}{2Rr} \tag{12.93}$$

整理后可得:

推论 12.41[18]　对$\triangle ABC$平面上任意一点P有

$$\frac{\sum a R_1^2}{\sum a R_1} \geqslant \sqrt{2Rr} \tag{12.94}$$

在不等式(12.13)中,令P为$\triangle ABC$的重心,利用命题1.1(b)得

$$\sum \frac{m_a^2}{x} \geqslant \frac{3 \sum am_a}{2\sqrt{\sum yz}} \tag{12.95}$$

根据命题1.4,易得上式的中线对偶不等式

$$\sum \frac{a^2}{x} \geqslant \frac{2 \sum am_a}{\sqrt{\sum yz}} \tag{12.96}$$

将上面的两个不等式相乘,就得下述有趣的不等式:

推论 12.42 对$\triangle ABC$与任意正数x, y, z有

$$\sum \frac{a^2}{x} \sum \frac{m_a^2}{x} \geqslant \frac{3 \left(\sum am_a\right)^2}{\sum yz} \tag{12.97}$$

在不等式(12.96)中,取$x = w_1/a$等等,再对$\triangle ABC$与点P使用前面的不等式(12.7),得:

推论 12.43 对$\triangle ABC$内部任意一点P有

$$\sum \frac{a^3}{w_1} \geqslant 4 \sum am_a \tag{12.98}$$

在给出下一个推论前,我们先证明一个有趣的不等式.

命题 12.1[18] 对$\triangle ABC$内部任意一点P有

$$\frac{\sum aR_1}{\sum r_1} \geqslant \frac{4}{3}s \tag{12.99}$$

证明 注意到第6章中命题6.2给出了已知不等式

$$aR_1 \geqslant br_3 + cr_2 \tag{12.100}$$

将此不等式与它相类似的另两式相加,可得

$$\sum aR_1 \geqslant \sum (b+c)r_1 = \sum (2s-a)r_1$$

再利用恒等式$\sum ar_1 = 2rs$,得

$$\sum aR_1 \geqslant 2s \sum r_1 - 2rs \tag{12.101}$$

在上式两边乘以2再与已知不等式$\sum aR_1 \geqslant 4S$相加,然后利用$S = rs$即得

$$3\sum aR_1 \geqslant 4s\sum r_1 \tag{12.102}$$

也即不等式(12.99)成立.命题12.1证毕.　　　　　　　　　　　　　　　　□

现在,根据等价推论12.4与命题12.1就得:

推论 12.44　对$\triangle ABC$内部任意一点P与任意正数x, y, z有

$$\sum \frac{R_1^2}{x} \geqslant \frac{4s\sum r_1}{3\sqrt{\sum yz}} \tag{12.103}$$

由上式利用等式$\sum r_b r_c = s^2$,立得:

推论 12.45[18]　对$\triangle ABC$内部任意一点P有

$$\sum \frac{R_1^2}{r_a} \geqslant \frac{4}{3}\sum r_1 \tag{12.104}$$

在$\triangle ABC$中,容易证明不等式(详略)

$$\sum (r_b + h_b)(r_c + h_c) \leqslant 4s^2 \tag{12.105}$$

据此与推论12.44又易得:

推论 12.46　对$\triangle ABC$内部任意一点P有

$$\sum \frac{R_1^2}{r_a + h_a} \geqslant \frac{2}{3}\sum r_1 \tag{12.106}$$

在加权不等式(12.103)中,取$x = R_1, y = R_2, z = R_3$,再利用$3\sum R_2 R_3 \leqslant (\sum R_1)^2$,易得:

推论 12.47[18]　对$\triangle ABC$内部任意一点P有

$$\frac{\left(\sum R_1\right)^2}{\sum r_1} \geqslant \frac{4}{\sqrt{3}}s \tag{12.107}$$

注 12.16　杨学枝与笔者分别证明了上式的以下两个加强

$$\frac{\left(\sum R_1\right)^2}{\sum r_1} \geqslant 2\sqrt{\sum a^2} \tag{12.108}$$

$$\frac{\sum R_2 R_3}{\sum r_1} \geqslant \frac{4\sqrt{3}}{9} s \qquad (12.109)$$

下设Q为$\triangle ABC$内部任意一点,$\angle BQC, \angle CQA, \angle AQB$的平分线长分别为$t_1, t_2, t_3$.根据后面第15章中推论15.2可知

$$\sum w_2 w_3 \leqslant \frac{\sqrt{3}}{3} S \qquad (12.110)$$

由此与简单的已知不等式$s^2 \geqslant 3\sqrt{3}S$进而有

$$\sum t_2 t_3 \leqslant \frac{1}{9} s^2 \qquad (12.111)$$

于是在式(12.103)中取$x = t_1, y = t_2, z = t_3$,利用上式即得下述优美的涉及两个动点的几何不等式:

推论 12.48[18]   对$\triangle ABC$内部任意两点P与Q有

$$\sum \frac{R_1^2}{t_1} \geqslant 4 \sum r_1 \qquad (12.112)$$

不等式(12.103)的"r-w"对偶不等式对任意三角形成立似乎是大概率事件,因此我们提出下述猜想:

猜想 12.6   对$\triangle ABC$内部任意一点P与任意正数x, y, z有

$$\sum \frac{R_1^2}{x} \geqslant \frac{4s \sum w_1}{3\sqrt{\sum yz}} \qquad (12.113)$$

显然,如果上述猜想成立,则可知推论12.45~12.48所述不等式均存在对任意$\triangle ABC$成立的"r-w"对偶不等式.

注 12.17   作者承诺:猜想12.6的第一位正确答者可获得作者提供的悬偿奖金￥5000元.

现在,将不等式$\sum aR_1 \geqslant 4S$与不等式(12.101)相加,然后两边同除以2,得

$$\sum aR_1 \geqslant s\left(r + \sum r_1\right) \qquad (12.114)$$

据此与不等式(12.111),由等价推论12.4即易得:

推论 12.49[18]   对$\triangle ABC$内部任意两点P与Q有

$$\sum \frac{R_1^2}{t_1} - 3\sum r_1 \geqslant 3r \qquad (12.115)$$

根据不等式(12.13)与不等式(12.114)还易得:

推论 12.50[18]　对 $\triangle ABC$ 内部任意一点 P 有

$$\sum \frac{R_1^2}{r_a} - \sum r_1 \geqslant r \tag{12.116}$$

最后,我们再给出不等式(12.14)的两则应用.

在不等式(12.14)中,取 $x = r_1, y = r_2, z = r_3$,利用命题12.1的不等式,立得:

推论 12.51[18]　对 $\triangle ABC$ 内部一点 P 有

$$\sum \frac{(R_2 R_3)^2}{r_2 r_3} \geqslant \frac{16}{9} s^2 \tag{12.117}$$

在不等式(12.14)中,取 $x = ar_1 R_1^2, y = br_2 R_2^2, z = cr_3 R_3^2$,得

$$\sum \frac{1}{bcr_2 r_3} \geqslant \frac{\left(\sum aR_1\right)^2}{\left(\sum ar_1 R_1^2\right)^2}$$

利用恒等式 $\sum ar_1 = 2S$ 与附录A中引理A1的恒等式

$$\sum ar_1 R_1^2 = 8R^2 S_p \tag{12.118}$$

可得

$$abcr_1 r_2 r_3 \left(\sum aR_1\right)^2 \leqslant 128S \left(R^2 S_p\right)^2$$

进而注意到 $S_p = r_p s_p$ 与 $\sum aR_1 = 4Rs_p$,约简后得作者在1992年建立的下述不等式:

推论 12.52[212]　对 $\triangle ABC$ 内部任意一点 P 有

$$\frac{r_1 r_2 r_3}{r_p^2} \leqslant 2R \tag{12.119}$$

等号当且仅当 P 为 $\triangle ABC$ 的垂心时成立.

第13章 推论十三及其应用

第9章的主推论(推论九)给出了一个重要的涉及两个三角形的三元二次型不等式:

对△ABC与△A'B'C'以及任意实数x, y, z有

$$\sum x^2 \cot \frac{A}{2} \geqslant 2 \sum yz \sin A' \tag{13.1}$$

其中等号当且仅当$A' = \dfrac{\pi - A}{2}, B' = \dfrac{\pi - B}{2}, C' = \dfrac{\pi - C}{2}, x : y : z = \sin \dfrac{A}{2} : \sin \dfrac{B}{2} : \sin \dfrac{C}{2}$时成立.

在第9章至第12章中,我们由不等式(13.1)展开了讨论,导出了大量的三角形不等式.本章中,我们讨论与不等式(13.1)明显等价的一个不等式.

设△ABC为锐角三角形,则可在不等式(13.1)中作代换$x \to \pi - 2A, y \to \pi - 2B, z \to \pi - 2C$,从而得下述结论:

推论十三 对锐角△ABC与任意△A'B'C'以及任意实数x, y, z有

$$\sum x^2 \tan A \geqslant 2 \sum yz \sin A' \tag{13.2}$$

等号当且仅当△A'B'C' ∼ △ABC且$x : y : z = \cos A : \cos B : \cos C$时成立.

如果将式(13.2)中的△ABC换成以$(\pi - A)/2, (\pi - B)/2, (\pi - C)/2$为内角的三角形,则又得不等式(13.1).因此,不等式(13.1)与不等式(13.2)是等价的.

1988年,杨学枝在文献[155]中建立了下述不等式:

设实数α, β, γ满足$\sum \alpha = n\pi (n \in \mathbf{Z})$,又设$\theta_1, \theta_2, \theta_3 \in (0, \pi/2)$且$\sum \theta_1 = \pi$,则对任意实数$x_1, x_2, x_3$有

$$\sum x_2 x_3 \sin \alpha \leqslant \frac{1}{2} \sum x_1^2 \tan \theta_1 \tag{13.3}$$

等号当且仅当$x_2x_3\cot\theta_1\sin\alpha=x_3x_1\cot\theta_2\sin\beta=x_1x_2\cot\theta_3\sin\gamma$时成立.

显然,不等式(13.2)是上述不等式(13.3)的推论.但杨学枝在文献[155]中未对两个三角形来陈述不等式(13.2).

在式(13.2)中作代换$x\to x\sqrt{\cos A/(\cos B\cos C)}$等等,则得等价不等式

$$\sum(y^2+z^2)\tan A\geqslant 2\sum yz\frac{\sin A'}{\cos A}\qquad(13.4)$$

等号当且仅当$x=y=z$且$\triangle A'B'C'\sim\triangle ABC$时成立.不等式(13.4)与第7章中等价推论7.11的结果

$$\sum(y^2+z^2)\cot A\geqslant 2\sum yz\frac{\cos A'}{\sin A}\qquad(13.5)$$

构成了一对有趣的对偶不等式.

注13.1　在文献[7]中,作者给出了涉及两个三角形的下述加权不等式(参见附录B中推论B6.7):

对$\triangle A_1B_1C_1,\triangle A_2B_2C_2$与正数$u,v,w$以及任意实数$x,y,z$有

$$\frac{\sum yz\sin A_1}{\sum(v+w)\cot A_2}\leqslant\frac{1}{4}\sum\frac{x^2}{u}\qquad(13.6)$$

等号当且仅当$\triangle A_1B_1C_1\sim\triangle A_2B_2C_2,x:y:z=\cos A_1:\cos B_1:\cos C_1,u:v:w=\cot A_1:\cot B_1:\cot C_1$时成立.

由上述不等式也可快速得出不等式(13.2),如下:设$\triangle ABC$为锐角三角形,则可在不等式(13.6)中取$u=1/\tan A,v=1/\tan B,w=1/\tan C$,然后令$\triangle A_1B_1C_1\sim\triangle A'B'C',\triangle A_2B_2C_2\sim\triangle ABC$,并利用等式

$$\sum\cot B\cot C=1\qquad(13.7)$$

即得不等式(13.2).

注13.2　事实上,推论十三与上一章的推论12.16是等价的,也即不等式(13.2)等价于推论12.16的不等式

$$\sum R_1^2\tan A'\geqslant 4S\qquad(13.8)$$

这可证明如下:

将式(13.2)中的两个三角形互换,则知对锐角$\triangle A'B'C'$与任意$\triangle ABC$有

$$\sum x^2\tan A'\geqslant 2\sum yz\sin A\qquad(13.9)$$

由此按林鹤一不等式的等价式

$$\sum R_2 R_3 \sin A \geqslant 2S \qquad (13.10)$$

立即可知式(13.8)成立(不用不等式(13.10)也易推得不等式(13.8)).反之,根据不等式(13.8)又易推证出不等式(13.9),如下:对$\triangle ABC$与任意正数x_0, y_0, z_0,可以过一个定点P引三条长度为x_0, y_0, z_0的线段PA_0, PB_0, PC_0,使得

$$\angle B_0 P C_0 = \pi - A, \ \angle C_0 P A_0 = \pi - B, \ \angle A_0 P B_0 = \pi - C$$

从而易知

$$S_{\triangle A_0 B_0 C_0} = \frac{1}{2} \sum y_0 z_0 \sin A$$

于是根据不等式(13.8)便得

$$\sum x_0^2 \tan A' \geqslant 2 \sum y_0 z_0 \sin A$$

进而易知(参见注0.1)上式对任意实数x_0, y_0, z_0成立.

综上,可知不等式(13.7)与不等式(13.8)是等价的.

在文献[184]中,作者给出了不等式(13.2)的一个直接的证明.在文献[8]中,作者已将不等式(13.2)推广到了涉及两组三角形(其中一组为锐角三角形)的情形(参见附录B中推论B13.2).在后面第16章中,我们将不等式(13.2)推广到了涉及平面上一个动点的情形(参见推论16.5).在第17章中,主推论又将不等式(13.2)推广为涉及三个三角形的情形.

(一)

这一节中,我们应用推论十三给出作者多年以前得出的两个极值公式以及一个有趣的极值结论.

推论 13.1 设x_0, y_0, z_0为给定的正数,又A, B, C是$\triangle ABC$的内角,且

$$F = \frac{\sin A}{x_0} + \frac{\sin B}{y_0} + \frac{\sin C}{z_0}$$

则F的最大值$F_{\max}$为

$$F_{\max} = \frac{1}{x_0} \sqrt{1 - \frac{x_0^2}{k^2}} + \frac{1}{y_0} \sqrt{1 - \frac{y_0^2}{k^2}} + \frac{1}{z_0} \sqrt{1 - \frac{z_0^2}{k^2}} \qquad (13.11)$$

其中k是方程

$$k^3 - (x_0^2 + y_0^2 + z_0^2)k - 2x_0y_0z_0 = 0 \tag{13.12}$$

的唯一正根.

证明 根据推论十三可知,F取最大值时x_0, y_0, z_0需满足

$$\frac{x_0}{\cos A} = \frac{y_0}{\cos B} = \frac{z_0}{\cos C} \tag{13.13}$$

设上面的连比的值为k,则有

$$\cos A = \frac{x_0}{k}, \cos B = \frac{y_0}{k}, \cos C = \frac{z_0}{k} \tag{13.14}$$

注意到在$\triangle ABC$中成立等式

$$\sum \cos^2 A + 2\prod \cos A = 1 \tag{13.15}$$

因此f取最大值时有

$$\frac{x_0^2}{k^2} + \frac{y_0^2}{k^2} + \frac{z_0^2}{k^2} + 2\frac{x_0y_0z_0}{k^3} = 1$$

上式可化为关于k的三次方程(13.12).根据Sturm定理与Viète定理容易证明方程(13.12)有三个实根且其中一个为正根、两个为负根.注意到$x_0, y_0, z_0 > 0$,所以等式(13.13)成立时k必大于零.这样,我们就完成了推论13.1的证明. □

根据推论十三,可得类似于推论13.1的下述结论:

推论 13.2 设x_0, y_0, z_0为给定的正数,又A, B, C是锐角$\triangle ABC$的内角,且

$$f = x_0^2 \tan A + y_0^2 \tan B + z_0^2 \tan C$$

则f的最小值$f_{\min}$为

$$f_{\min} = x_0\sqrt{k^2 - x_0^2} + y_0\sqrt{k^2 - y_0^2} + z_0\sqrt{k^2 - z_0^2} \tag{13.16}$$

其中k是方程

$$k^3 - (x_0^2 + y_0^2 + z_0^2)k - 2x_0y_0z_0 = 0 \tag{13.17}$$

的唯一正根.

注 13.3 应用微积分也易证明推论13.1与推论13.2(此处从略).另外,根据推论十三中等号成立的条件,可以得出推论13.1中最大值$F_{\max}$与推论13.2中的最小值$f_{\min}$之间存在以下关系

$$\frac{f_{\min}}{F_{\max}} = 2x_0y_0z_0 \tag{13.18}$$

因此,当求出 $f_{\min}$, $F_{\max}$ 中一个值后就可快速地得出另一个值.

根据推论十三,我们还容易得出类似于上一章中推论12.8的结论,即杨路教授早年发现的一个有趣结论:

推论 13.3 过一定点引三条给定长度的三个线段(长度可以不相等),则由这三条线段另外三个端点构成的锐角三角形面积为最大时定点为此锐角三角形的垂心.

设 $\triangle A'B'C'$ 的顶点分别在以锐角 $\triangle ABC$ 的垂心 H 为圆心以 HA, HB, HC 为半径的三个同心圆上(见图13.1),上述推论表明:$\triangle A'B'C'$ 的面积不大于 $\triangle ABC$ 的面积.

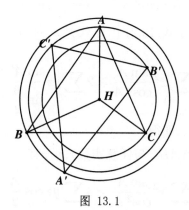

图 13.1

(二)

在第2章中,推论2.10给出了锐角 $\triangle ABC$ 的三元二次不等式

$$\sum \frac{x^2}{\cos^2 A} \geqslant 4 \sum yz \tag{13.19}$$

这一节中,我们主要从推论十三的结果出发来推导一些好于上式的三元二次型三角不等式.

在推论十三中,作以下代换 $x \to x/\sqrt{\sin A}$ 等等,然后利用简单的不等式

$$\sin B \sin C \leqslant \cos^2 \frac{A}{2} \tag{13.20}$$

即可知下述不等式对任意正数 x, y, z 继而对任意实数 x, y, z 成立:

推论 13.4 对锐角 $\triangle ABC$ 与任意 $\triangle A'B'C'$ 以及任意实数 x, y, z 有

$$\sum \frac{x^2}{\cos A} \geqslant 2 \sum yz \frac{\sin A'}{\cos \frac{A}{2}} \tag{13.21}$$

注13.4　令$\triangle A'B'C' \sim \triangle ABC$,则由上式得第3章中推论3.24的不等式

$$\sum \frac{x^2}{\cos A} \geqslant 4 \sum yz \sin \frac{A}{2} \tag{13.22}$$

另外,在式(13.21)中作代换$x \to x/\cos A$等等,再利用不等式

$$\cos B \cos C \leqslant \sin^2 \frac{A}{2} \tag{13.23}$$

又可得第8章中推论8.32的结果

$$\sum \frac{x^2}{\cos^2 A} \geqslant 4 \sum yz \frac{\sin A'}{\sin A} \tag{13.24}$$

在推论十三的不等式(13.2)中,作代换$x \to x/\sqrt{\cos A}$等等,然后利用式(13.23)可得

$$\sum x^2 \frac{\sin A}{\cos^2 A} \geqslant 2 \sum yz \frac{\sin A'}{\sin \frac{A}{2}} \tag{13.25}$$

再令$\triangle A'B'C' \sim \triangle ABC$,便得:

推论13.5　对锐角$\triangle ABC$与任意实数x,y,z有

$$\sum x^2 \frac{\sin A}{\cos^2 A} \geqslant 4 \sum yz \cos \frac{A}{2} \tag{13.26}$$

在不等式(13.25)中,作代换$x \to x\sqrt{\sin \frac{B}{2} \sin \frac{C}{2}/\sin \frac{A}{2}}$,可得

$$\sum x^2 \frac{\sin \frac{B}{2} \sin \frac{C}{2} \cos \frac{A}{2}}{\cos^2 A} \geqslant \sum yz \sin A' \tag{13.27}$$

又由$\cot \frac{A}{2} = \frac{s-a}{r}$与已知恒等式

$$\prod \sin \frac{A}{2} = \frac{r}{4R} \tag{13.28}$$

可得

$$\sin \frac{B}{2} \sin \frac{C}{2} \cos \frac{A}{2} = \frac{s-a}{4R} \tag{13.29}$$

因此,由式(13.27)可得类似于第1章中推论1.3的下述推论:

推论13.6[184]　对锐角$\triangle ABC$与任意$\triangle A'B'C'$以及任意实数x,y,z有

$$\sum x^2 \frac{s-a}{\cos^2 A} \geqslant 4R \sum yz \sin A' \tag{13.30}$$

在上式中取$x = \cos A$等等,可得下述涉及两个三角形的三角不等式:

推论 13.7 在锐角$\triangle ABC$与任意$\triangle A'B'C'$中有

$$\sum \cos B \cos C \sin A' \leqslant \frac{1}{4} \sum \sin A \tag{13.31}$$

令$\triangle A'B'C' \sim \triangle ABC$,由推论13.6又得:

推论 13.8[9] 对锐角$\triangle ABC$与任意实数x, y, z有

$$\sum x^2 \frac{s-a}{\cos^2 A} \geqslant 2 \sum yza \tag{13.32}$$

由常见的三角形不等式

$$\sin \frac{A}{2} \leqslant \frac{a}{b+c} \tag{13.33}$$

与半角的正弦公式可得有关边长的不等式

$$\frac{a}{\sqrt{(s-b)(s-c)}} \geqslant \frac{b+c}{\sqrt{bc}}$$

因此,在式(13.32)中作代换$x \to x/\sqrt{s-a}$等等后可知,对正数x, y, z进而对任意实数x, y, z有

$$\sum \frac{x^2}{\cos^2 A} \geqslant 2 \sum yz \frac{b+c}{\sqrt{bc}} \tag{13.34}$$

再作代换$x \to x\sqrt{a}$等等,又得下述不等式:

推论 13.9 对锐角$\triangle ABC$与任意实数x, y, z有

$$\sum x^2 \frac{a}{\cos^2 A} \geqslant 2 \sum yz(b+c) \tag{13.35}$$

注 13.5 由三元二次型不等式(13.22),(13.26),(13.32),(13.35)均易推得不等式(13.19).因此,这几个不等式都好于不等式(13.19).

下面,我们给出并证明不等式(13.19)的一个双指数推广.

推论 13.10 设正数p与非负实数q满足$0 < p - q \leqslant 2$,则对锐角$\triangle ABC$与任意实数x, y, z有

$$\sum \frac{x^2}{\cos^p A} \geqslant 2^{p-q} \sum \frac{yz}{\sin^q \frac{A}{2}} \tag{13.36}$$

证明 当$q = 0$时,上式化为推论2.12的结果

$$\sum \frac{x^2}{\cos^p A} \geqslant 2^p \sum yz \tag{13.37}$$

其中$0 < p \leqslant 2$.因此,剩下只需考虑$q > 0, 0 < p - q \leqslant 2$的情形.

在推论13.4的不等式(13.21)中,作代换$x \to x \tan A$等等,然后利用第10章中命题10.1给出的锐角三角形不等式

$$\tan B \tan C \geqslant \cot^2 \frac{A}{2} \tag{13.38}$$

可得

$$\sum x^2 \frac{\sin^2 A}{\cos^3 A} \geqslant 2 \sum yz \frac{\cos \dfrac{A}{2} \sin A'}{\sin^2 \dfrac{A}{2}} \tag{13.39}$$

再作代换$x \to x / \sin A$等等,然后利用前面的简单不等式(13.20)得

$$\sum \frac{x^2}{\cos^3 A} \geqslant 8 \sum yz \frac{\cos \dfrac{A}{2} \sin A'}{\sin^2 A} \tag{13.40}$$

令$\triangle A'B'C' \sim \triangle ABC$,又得

$$\sum \frac{x^2}{\cos^3 A} \geqslant 4 \sum \frac{yz}{\sin \dfrac{A}{2}} \tag{13.41}$$

接着在上式作代换$x \to x / (\cos A)^{k/2} (k > 0)$等等,然后利用简单的不等式(13.23),又得

$$\sum \frac{x^2}{\cos^{k+3} A} \geqslant 4 \sum \frac{yz}{\sin^{k+1} \dfrac{A}{2}}$$

由此根据三元二次型不等式的降幂定理(命题2.1)可知,当$0 < m \leqslant 1$时有

$$\sum \frac{x^2}{\cos^{m(k+3)} A} \geqslant 4^m \sum \frac{yz}{\sin^{m(k+1)} \dfrac{A}{2}}$$

令$m(k+3) = p, m(k+1) = q$,则由上式得不等式(13.36),且知$p - q = 2m, q > 0, 0 < p - q \leqslant 2$.

综上,推论13.10获证.　　　　　　　　　　　　　　　　　□

(三)

这一节中,我们应用推论十三来推证涉及单个三角形的一个加权三角不等式,继而给出它的指数推广.我们还将应用推论十三来推导与第5章中推

论5.15等价的一个加权几何不等式,然后再利用所得结果与上一章中最后一个推论来得出一个新的不等式.

按不等式(13.2),对锐角 $\triangle ABC$ 与任意 $\triangle A'B'C'$ 以及任意正数 x, y, z 有

$$\sum \frac{y+z}{x} \tan A \geqslant 2 \sum \sqrt{\frac{(z+x)(x+y)}{yz}} \sin A' \tag{13.42}$$

根据第6章中命题6.1,易知以 $\sqrt{x(y+z)}, \sqrt{y(z+x)}, \sqrt{z(x+y)}$ 为边长可构成一个面积为 $\frac{1}{2}\sqrt{xyz(x+y+z)}$ 的三角形,设此三角形为 $\triangle A'B'C'$,则易得

$$\sin A' = \sqrt{\frac{x(x+y+z)}{(z+x)(x+y)}} \tag{13.43}$$

以此代入式(13.42)中,得

$$\sum \frac{y+z}{x} \tan A \geqslant 2\sqrt{\sum x} \sum \sqrt{\frac{x}{yz}}$$

进而容易得到:

推论 13.11[102]　对锐角 $\triangle ABC$ 与任意正数 x, y, z 有

$$\sum \frac{y+z}{x} \tan A \geqslant 2\sqrt{\frac{(x+y+z)^3}{xyz}} \tag{13.44}$$

等号当且仅当 $x : y : z = \tan A : \tan B : \tan C$ 时成立.

接下来,我们给出并证明上述推论的指数推广:

推论 13.12　设 $k \geqslant 1$,则对锐角 $\triangle ABC$ 与任意正数 x, y, z 有

$$\sum \frac{(y+z)^k}{x^k} \tan A \geqslant 2^k \sqrt{\frac{(x+y+z)^3}{xyz}} \tag{13.45}$$

当 $k = 1$ 时,等号当且仅当 $x : y : z = \tan A : \tan B : \tan C$ 时成立;当 $k > 1$ 时,上式等号当且仅当锐角 $\triangle ABC$ 为正三角形且 $x = y = z$ 时成立.

证明　当 $k = 1$ 时不等式(13.45)化为推论13.11的结果,故只需证 $k > 1$ 的情形.根据主推论不等式(13.2), 对锐角 $\triangle ABC$ 与任意 $\triangle A'B'C'$ 以及任意正数 x, y, z 有

$$\sum \frac{(y+z)^k}{x^k} \tan A \geqslant 2 \sum \left[\frac{(z+x)(x+y)}{yz} \right]^{k/2} \sin A'$$

据此与式(13.43)可知,为证不等式(13.45)只需证代数不等式

$$2\sum\left[\frac{(z+x)(x+y)}{yz}\right]^{k/2}\sqrt{\frac{x(x+y+z)}{(z+x)(x+y)}}\geqslant 2^k\sqrt{\frac{(x+y+z)^3}{xyz}}$$

(其中$k>1$).令$x=s-a,y=s-b,z=s-c$,则易知上式等价于

$$2\sum\left[\frac{bc}{(s-b)(s-c)}\right]^{k/2}\sqrt{\frac{(s-a)s}{bc}}\geqslant 2^k\sqrt{\frac{s^3}{\prod(s-a)}}$$

利用半角公式

$$\cos\frac{A}{2}=\sqrt{\frac{s(s-a)}{bc}} \tag{13.46}$$

$$\csc\frac{A}{2}=\sqrt{\frac{bc}{(s-b)(s-c)}} \tag{13.47}$$

与等式$\prod(s-a)=sr^2$进而易知需证的不等式等价于

$$\sum\cos\frac{A}{2}\csc^k\frac{A}{2}\geqslant\frac{2^{k-1}s}{r}$$

令$k-1=t(t>0)$,则上式化为

$$\sum\cot\frac{A}{2}\csc^t\frac{A}{2}\geqslant\frac{2^t s}{r}$$

再注意到$\cot\frac{A}{2}=\frac{s-a}{r}$,又可知上式等价于

$$\sum(s-a)\csc^t\frac{A}{2}\geqslant 2^t s \tag{13.48}$$

当$t>0$时,易知数组$(s-a,s-b,s-c)$与数组$(\csc^t\frac{A}{2},\csc^t\frac{B}{2},\csc^t\frac{C}{2})$是两组同序数组,根据Chebyshev不等式有

$$\sum(s-a)\csc^t\frac{A}{2}\geqslant\frac{1}{3}\sum(s-a)\sum\csc^t\frac{A}{2}$$

即

$$\sum(s-a)\csc^t\frac{A}{2}\geqslant\frac{1}{3}s\sum\csc^t\frac{A}{2}$$

又易证$t>0$时成立

$$\sum\csc^t\frac{A}{2}\geqslant 3\cdot 2^t$$

从而知不等式(13.48)成立,于是不等式(13.45)获证. □

下面,我们应用加权三角不等式(13.44)来建立涉及两个三角形与其中一个三角形内部一点的几何不等式.

将不等式(13.44)中的$\triangle ABC$换成$\triangle A'B'C'$,并取$x = S_a, y = S_b, z = S_c$,然后利用恒等式$\sum S_a = S$与简单的已知不等式

$$br_2 + cr_3 \leqslant \frac{1}{2}aR_1 \tag{13.49}$$

(即第3章中的不等式(3.2))即得

$$\sum \frac{R_1}{r_1} \tan A' \geqslant 2\sqrt{\frac{8S^3}{abcr_1 r_2 r_3}} \tag{13.50}$$

两边乘以$\sqrt{r_1 r_2 r_3}$并利用$abc = 4SR$,即得:

推论 13.13 对$\triangle ABC$内部任意一点P与锐角$\triangle A'B'C'$有

$$\sum R_1 \sqrt{\frac{r_2 r_3}{r_1}} \tan A' \geqslant \frac{2\sqrt{2}S}{\sqrt{R}} \tag{13.51}$$

等号当且仅当$\triangle A'B'C' \sim \triangle ABC$且$P$为$\triangle ABC$的垂心时成立.

注 13.6 不等式(13.51)等价于第5章中推论5.15的加权不等式

$$\sum xr_1 R_2 R_3 \geqslant \frac{4xyz}{\left(\sum x\right)^2} h_a h_b h_c \tag{13.52}$$

其中x, y, z为任意正数.事实上,若在上式中作代换$x \to x/(r_1 R_2 R_3)$等等,然后两边开平方并利用$h_a h_b h_c = 2S^2/R$,经约简、整理就得

$$\sum xR_1 \sqrt{\frac{r_2 r_3}{r_1}} \geqslant 2\sqrt{\frac{2xyz}{\sum x} \cdot \frac{S}{\sqrt{R}}} \tag{13.53}$$

由此与第11章中的命题11.2即知上式等价于不等式(13.51).

在不等式(13.51)两边同除以$\sqrt{r_1 r_2 r_3}$,然后应用上一章中最后一个推论给出的不等式

$$\frac{r_1 r_2 r_3}{r_p^2} \leqslant 2R \tag{13.54}$$

同时利用$abc = 4SR$,可得:

推论 13.14 对锐角$\triangle ABC$内部任意一点P与锐角$\triangle A'B'C'$有

$$\sum \frac{R_1}{r_1} \tan A' \geqslant \frac{2S}{Rr_p} \tag{13.55}$$

等号当且仅当 $\triangle A'B'C' \sim \triangle ABC$ 且 P 为 $\triangle ABC$ 的垂心时成立.

注 13.7 令 $\triangle A'B'C' \sim \triangle ABC$, 则式 (13.55) 成为

$$\sum \frac{R_1}{r_1} \tan A \geqslant \frac{2S}{Rr_p} \tag{13.56}$$

根据已知不等式 $\sum aR_1 \geqslant 4S$ 易知上式强于第 3 章中得出的不等式 (3.110)

$$\sum \frac{R_1}{r_1} \tan A \geqslant \frac{2S^2}{R^2 S_p} \tag{13.57}$$

事实上, 我们还可证明 (此处从略) 较式 (13.56) 更强、更优美的不等式

$$\sum \frac{R_1}{r_1} \tan A \geqslant \sum \frac{a}{r_1} \tag{13.58}$$

其中等号当且仅当 P 为锐角 $\triangle ABC$ 的垂心时成立.

(四)

下面, 我们应用推论十三来推导一个有趣的涉及两个锐角三角形的三角不等式, 然后再对它进行讨论.

将不等式 (13.2) 中的 $\triangle ABC$ 与 $\triangle A'B'C'$ 互换, 可知对锐角 $\triangle A'B'C'$ 与任意 $\triangle ABC$ 有

$$\sum x^2 \tan A' \geqslant 2 \sum yz \sin A \tag{13.59}$$

现设 $\triangle ABC$ 为锐角三角形, 在上式中取 $x = \cos A, y = \cos B, z = \cos C$, 则

$$\sum \tan A' \cos^2 A \geqslant 2 \sum \cos B \cos C \sin A$$

两边除以 $\prod \cos A$ (这个值为正), 得

$$\sum \frac{\cos A \tan A'}{\cos B \cos C} \geqslant 2 \sum \tan A$$

注意到

$$\frac{\cos A}{\cos B \cos C} = \tan B \tan C - 1$$

所以

$$\sum \tan B \tan C \tan A' \geqslant \sum \tan A' + 2 \sum \tan A$$

两边再除以$\prod \tan A$(这个值为正)并利用恒等式

$$\sum \tan A = \prod \tan A \tag{13.60}$$

就可得以下有趣的涉及两个三角形的不等式:

推论 13.15 在锐角$\triangle ABC$与锐角$\triangle A'B'C'$中有

$$\sum \frac{\tan A'}{\tan A} - \frac{\sum \tan A'}{\sum \tan A} \geqslant 2 \tag{13.61}$$

等号当且仅当$\triangle A'B'C' \sim \triangle ABC$时成立.

对不等式(13.61)中的两个三角形应用第1章中命题1.2的角变换K_1,可知在任意$\triangle ABC$与$\triangle A'B'C'$中有

$$\sum \frac{\cot \dfrac{A'}{2}}{\cot \dfrac{A}{2}} - \frac{\sum \cot \dfrac{A'}{2}}{\sum \cot \dfrac{A}{2}} \geqslant 3 \tag{13.62}$$

再根据$\cot \dfrac{A}{2} = \dfrac{s-a}{r}, \cot \dfrac{A'}{2} = \dfrac{s'-a'}{r'}$,便得:

推论 13.16 在$\triangle ABC$与$\triangle A'B'C'$中有

$$\sum \frac{s'-a'}{s-a} - \frac{s'}{s} \geqslant 2\frac{r'}{r} \tag{13.63}$$

等号当且仅当$\triangle A'B'C' \sim \triangle ABC$时成立.

利用已知公式

$$r = \sqrt{\frac{(s-a)(s-b)(s-c)}{s}} \tag{13.64}$$

容易得知不等式(13.63)等价于涉及六个正数$x_1, x_2, x_3, y_1, y_2, y_3$的代数不等式

$$\frac{y_1}{x_1} + \frac{y_2}{x_2} + \frac{y_3}{x_3} - \frac{y_1+y_2+y_3}{x_1+x_2+x_3} \geqslant 2\sqrt{\frac{y_1 y_2 y_3 (x_1+x_2+x_3)}{x_1 x_2 x_3 (y_1+y_2+y_3)}} \tag{13.65}$$

其中等号当且仅当$x_1 : x_2 : x_3 = y_1 : y_2 : y_3$时成立.

现将式(13.65)中的两个数组(x_1, x_2, x_3)与(y_1, y_2, y_3)互换一下,然后把所得的不等式与式(13.65)相加并注意到

$$\sqrt{\frac{x_1 x_2 x_3 (y_1+y_2+y_3)}{y_1 y_2 y_3 (x_1+x_2+x_3)}} + \sqrt{\frac{y_1 y_2 y_3 (x_1+x_2+x_3)}{x_1 x_2 x_3 (y_1+y_2+y_3)}} \geqslant 2$$

可得:

推论 13.17 对任意正数x_1, x_2, x_3与正数y_1, y_2, y_3有

$$\sum_{i=1}^{3}\left(\frac{x_i}{y_i}+\frac{y_i}{x_i}\right)-\left(\frac{\displaystyle\sum_{i=1}^{3}x_i}{\displaystyle\sum_{i=1}^{3}y_i}+\frac{\displaystyle\sum_{i=1}^{3}y_i}{\displaystyle\sum_{i=1}^{3}x_i}\right)\geqslant 4 \tag{13.66}$$

等号当且仅当$x_1 = y_1, x_2 = y_2, x_3 = y_3$时成立.

上述推论表明第7章中的猜想7.1在$n = 3$时是正确的.

根据不等式(13.65),显然可得下述含约束条件的代数不等式:

推论 13.18 若正数x_1, x_2, x_3与正数y_1, y_2, y_3满足

$$\frac{1}{x_1 x_2}+\frac{1}{x_2 x_3}+\frac{1}{x_3 x_1}\geqslant \frac{1}{y_1 y_2}+\frac{1}{y_2 y_3}+\frac{1}{y_3 y_1} \tag{13.67}$$

则

$$\frac{y_1}{x_1}+\frac{y_2}{x_2}+\frac{y_3}{x_3}-\frac{y_1+y_2+y_3}{x_1+x_2+x_3}\geqslant 2 \tag{13.68}$$

下面,我们将给出上述代数不等式的一则几何应用.

第2章中的推论2.13给出了涉及$\triangle ABC$内部任意一点的三元二次型不等式

$$\sum \frac{x^2}{r_2 r_3}\geqslant 4\sum \frac{yz}{R_2 R_3} \tag{13.69}$$

据此与三元二次型不等式的降幂定理(命题2.2)可知

$$\sum \frac{x^2}{(r_2 r_3)^k}\geqslant 4^k \sum \frac{yz}{(R_2 R_3)^k} \tag{13.70}$$

其中$0 < k \leqslant 1$.特别地,令$x = y = z = 1$,得

$$\sum \frac{1}{(r_2 r_3)^k}\geqslant 4^k \sum \frac{1}{(R_2 R_3)^k} \tag{13.71}$$

根据这个不等式与推论13.18,即易得:

推论 13.19 设$0 < k \leqslant 1$,则对$\triangle ABC$内部任意一点P有

$$\sum \frac{R_1^k}{r_1^k}-\frac{\sum R_1^k}{\sum r_1^k}\geqslant 2^{k+1} \tag{13.72}$$

注 13.8 应用第6章的推论6.10还容易证明不等式(13.71)的 "r-w" 对偶不等式成立,从而可知上式的 "r-w" 对偶不等式也成立,即将上式中的r_1, r_2, r_3分别换成w_1, w_2, w_3后不等式成立.

最后,针对不等式(13.72)提出以下猜想:

猜想 13.1 设$k > 1$,则不等式(13.72)成立.

第14章 推论十四及其应用

本章中,我们应用推论九快速推导出与之等价的"三角形加权正弦和不等式",继而给出此结果的几个等价不等式,并在本章及后续两章中讨论这一不等式及其推论的应用.

现将推论九重述如下:

对△ABC与△A'B'C'以及任意实数x, y, z有

$$\sum x^2 \cot \frac{A}{2} \geqslant 2 \sum yz \sin A' \tag{14.1}$$

其中等号当且仅当$A' = \dfrac{\pi - A}{2}, B' = \dfrac{\pi - B}{2}, C' = \dfrac{\pi - C}{2}, x : y : z = \sin \dfrac{A}{2} : \sin \dfrac{B}{2} : \sin \dfrac{C}{2}$时成立.

由不等式(14.1)与△ABC中的恒等式

$$\cot \frac{A}{2} = \sqrt{\frac{s(s-a)}{(s-b)(s-c)}} \tag{14.2}$$

得

$$\sum x^2 \sqrt{\frac{s(s-a)}{(s-b)(s-c)}} \geqslant 2 \sum yz \sin A'$$

令$s-a = u, s-b = v, s-c = w$,则$a = v+w, b = w+u, c = u+v, u+v+w = 2s$,于是又知上式等价于

$$\sum x^2 \sqrt{\frac{(u+v+w)u}{vw}} \geqslant 2 \sum yz \sin A'$$

其中u, v, w为任意正数,再作代换$u \to 1/u, v \to 1/v, w \to 1/w$,即易得:

推论十四[102] 对△A'B'C'与任意实数x, y, z以及任意正数u, v, w有

$$\sum yz \sin A' \leqslant \frac{1}{2} \sum \frac{x^2}{u} \sqrt{\sum vw} \tag{14.3}$$

等号当且仅当 $x:y:z=\cos A':\cos B':\cos C'$ 且 $u:v:w=\cot A':\cot B':\cot C'$ 时成立.

注 14.1 如果直接将第 11 章中的命题 11.1 用于推论九(或将命题 11.2 用于推论十三),则可立即得出推论十四. 另外,上述推论以 $\triangle A'B'C'$ 来陈述结果的原因是便于应用它得出涉及两个三角形的不等式.

注 14.2 在文献[102]中,作者证明了下述不等式:对 $\triangle A'B'C'$ 与任意正数 x,y,z 以及正数 u,v,w 有

$$\sum yz\sin A' \leqslant \frac{\left(\sum x\sqrt{v+w}\right)^2}{4\sqrt{\sum vw}} \tag{14.4}$$

(等号当且仅当 $x:y:z=\cos A':\cos B':\cos C'$ 且 $u:v:w=\cot A':\cot B':\cot C'$ 时成立),并由此利用 Cauchy 不等式进而证明了加权正弦和不等式(14.3).

注 14.3 应用 Kooi 加权三角不等式

$$\sum yz\sin^2 A' \leqslant \left(\sum x\right)^2 \tag{14.5}$$

(参见第 0 章)也可迅速推导出加权正弦和不等式(14.3),如下:按 Cauchy 不等式与上式,对正数 x,y,z 与正数 u,v,w 有

$$\left(\sum yz\sin A'\right)^2 \leqslant \sum vw \sum \frac{y^2z^2}{vw}\sin^2 A' \leqslant \frac{1}{4}\sum vw\left(\sum \frac{x^2}{u}\right)^2$$

于是可知不等式(14.3)对正数 x,y,z 与正数 u,v,w 成立.根据第 0 章中注 0.1 指出的结论,进而可式(14.3)对任意实数 x,y,z 与正数 u,v,w 成立.

不等式(14.3)显然推广了常见的正弦和不等式

$$\sum \sin A' \leqslant \frac{3\sqrt{3}}{2} \tag{14.6}$$

而且它可以用来解决三角形加权正弦和的最大值问题(即得出上一章中推论 13.1 的结论).因此,我们把三元二次型不等式(14.3)称为"三角形加权正弦和不等式",简称"加权正弦和不等式".在文献[8]中,作者给出了此不等式的一般推广(参见附录 B 中定理 B13).

与加权正弦和不等式(14.3)密切相关的不等式是杨学枝在 1988 年首先建立的,他在文献[155]中证明了下述结论:

设 x, y, z 是使 $xyz > 0$ 成立的任意实数,λ, μ, ν 为任意正数,α, β, γ 为任意实数,且 $\sum \alpha = n\pi (n \in \mathbf{Z})$,则

$$\sum x \sin \alpha \leqslant \frac{1}{2} \sum \frac{yz}{x} \lambda \sqrt{\frac{\sum \lambda}{\prod \lambda}} \tag{14.7}$$

等号当且仅当 $\dfrac{x}{\lambda} \sin \alpha = \dfrac{y}{\mu} \sin \beta = \dfrac{z}{\gamma}, x \cos \alpha = y \cos \beta = z \cos \gamma$ 时成立.

根据上述结论与第0章中注0.1指出的结论,容易推知不等式(14.3)成立.由文献[155]可知,杨学枝是从考虑推广Klamkin在1984年得到的不等式[213]

$$\sum x \sin A \leqslant \frac{1}{2} \sum yz \sqrt{\frac{\sum x}{\prod x}} \tag{14.8}$$

(其中 x, y, z 是任意正数)而建立不等式(14.7)的.

本书作者在1989年独自发现了涉及三角形的加权正弦和不等式(在杨学枝的文献[155]发表两年后,笔者才向杨先生索要到此文的复印件),但得出此不等式的思路与杨学枝得出不等式(14.7)的思路不同,作者是从考虑推广正数情形的Oppenheim不等式

$$\sum xa^2 \geqslant 4\sqrt{\sum yz}S \tag{14.9}$$

出发而发现加权正弦和不等式及其推广的(参见下面等价推论14.1的推证与附录B中定理B12以及与之等价的定理B13).

应当指出的是,加权正弦和不等式(14.3)是一个标准的三元二次型不等式,应用起来非常方便,而不等式(14.7)的形式是不便于应用的.

(一)

这一节中,我们给出与加权正弦和不等式相等价的几个推论.

在正数情形的Oppenheim不等式(14.9)中,作代换 $x \to x^2/u, y \to y^2/v, z \to z^2/w$,然后应用Cauchy不等式得

$$\sum \frac{x^2}{u} a^2 \geqslant 4\sqrt{\sum \frac{(yz)^2}{vw}}S \geqslant 4\sqrt{\frac{\left(\sum yz\right)^2}{\sum vw}}S$$

于是可知下述不等式对正数x, y, z继而对任意实数x, y, z成立:

等价推论 14.1　对$\triangle ABC$与任意正数u, v, w以及任意实数x, y, z有

$$\sum \frac{x^2}{u} a^2 \geqslant \frac{4 \sum yz}{\sqrt{\sum vw}} S \tag{14.10}$$

等号当且仅当$x : y : z = u : v : w = \cot A : \cot B : \cot C$时成立.

上述推论是文献[7]中定理1的一个简单推论.

在式(14.10)中,作代换$x \rightarrow x/a, y \rightarrow y/b, z \rightarrow z/c$,然后利用面积公式$S = \frac{1}{2} bc \sin A$,立即可得

$$\sum yz \sin A \leqslant \frac{1}{2} \sum \frac{x^2}{u} \sqrt{\sum vw} \tag{14.11}$$

将上式中的$\triangle ABC$换成$\triangle A'B'C'$就得式(14.3).可见,不等式(14.10)与不等式(14.11)是等价的.

有关加权正弦和不等式(14.3)及其等价不等式(14.10)进一步的推广,请读者参看本书附录B.

从推论十四可知,若正数u, v, w与正数m_0满足不等式

$$\sum vw \leqslant m_0^2 \tag{14.12}$$

时,则成立涉及$\triangle A'B'C'$与任意实数x, y, z的不等式

$$\sum \frac{x^2}{u} \geqslant \frac{2}{m_0} \sum yz \sin A' \tag{14.13}$$

因此,将形如式(14.12)的不等式应用于加权正弦和不等式(14.3)是一件很自然的事.

现在,我们将已知的涉及三角形内部任意一点的Gerasimov不等式

$$\sum \frac{r_2 r_3}{bc} \leqslant \frac{1}{4} \tag{14.14}$$

(见第7章中推论7.40)用于加权正弦和不等式(14.3),立即可得:

等价推论 14.2[214]　对$\triangle ABC$内部任意一点P与$\triangle A'B'C'$以及任意实数x, y, z有

$$\sum x^2 \frac{a}{r_1} \geqslant 4 \sum yz \sin A' \tag{14.15}$$

等号当且仅当P为$\triangle ABC$的外心,$x:y:z=\cos A:\cos B:\cos C$,$\triangle A'B'C'\sim$
$\triangle ABC$时成立.

若设$\triangle ABC$为锐角三角形且P为其外心,则由式(14.15)易得上一章中推论十三的结果

$$\sum x^2\tan A\geqslant 2\sum yz\sin A'\qquad(14.16)$$

根据第11章中命题11.2可知上式与不等式(14.3)是等价的.因此式(14.15)与式(14.3)也是等价的,而且可知推论十四与推论九以及推论十三彼此都是等价的.

在下章中,我们将给出较不等式(14.15)更强的结果(参见推论15.22).

注14.4 第一章中推论一的不等式

$$\sum x^2\frac{s-a}{r_1}\geqslant 2\sum yz\sin A'\qquad(14.17)$$

与加权正弦和不等式(14.3)也是等价的.一方面,注意到第1章中已指出由式(14.17)可得出不等式(14.1).另一方面,在式(14.3)中取$u=r_1/(s-a)$等等,然后利用第1章中推论1.27给出的Carlitz-Klamkin不等式

$$\sum\frac{r_2r_3}{(s-b)(s-c)}\leqslant 1\qquad(14.18)$$

就得不等式(14.17).所以,不等式(14.17)与不等式(14.3)也是等价的.

现在,对等价推论14.2的不等式(14.15)使用附录A中定理A1所述变换T_1

$$(a,b,c,r_1,r_2,r_3)\to\left(\frac{aR_1}{2R},\frac{bR_2}{2R},\frac{cR_3}{2R},\frac{r_2r_3}{R_1},\frac{r_3r_1}{R_2},\frac{r_1r_2}{R_3}\right)$$

则得

$$\sum\frac{aR_1^2}{2Rr_2r_3}x^2\geqslant 4\sum yz\sin A'$$

在上式作代换$x\to x/R_1,y\to y/R_2,z\to z/R_3$,同时应用正弦定理,即得下述不等式:

等价推论14.3[214] 对$\triangle ABC$内部任意一点P与$\triangle A'B'C'$以及任意实数x,y,z有

$$\sum x^2\frac{\sin A}{r_2r_3}\geqslant 4\sum yz\frac{\sin A'}{R_2R_3}\qquad(14.19)$$

等号当且仅当P为$\triangle ABC$的内心,且$x=y=z$,$A'=(\pi-A)/2,B'=(\pi-B)/2,C'=(\pi-C)/2$时成立.

根据附录A中定理A3可知,不等式(14.19)与不等式(14.15)是等价的.

注 14.5 当 $\triangle A'B'C' \sim \triangle ABC$ 时,由式(14.19)得

$$\sum x^2 \frac{a}{r_2 r_3} \geqslant 4 \sum yz \frac{a}{R_2 R_3} \tag{14.20}$$

这个不等式尽管很优美,但实际上是一个"平凡的三元二次型不等式"(有关的定义参见第2章中注2.4).

下面,我们再来推证与加权正弦和不等式相等价的另一个不等式.

对 $\triangle ABC$ 内部一点 P,设 $\angle BPC = \alpha, \angle CPA = \beta, \angle APB = \gamma$,注意到

$$\sum \frac{r_b r_c}{R_b R_c} = 4 \sum \frac{r_b r_c}{bc} \sin\beta \sin\gamma = 4 \sum \sin\beta \sin\gamma \cos^2 \frac{A}{2}$$

根据Wolstenholme不等式

$$\sum yz \cos^2 \frac{A}{2} \leqslant \frac{1}{4} \left(\sum x \right)^2 \tag{14.21}$$

(见第7章中等价推论7.1),便知对 $\triangle ABC$ 内部任意一点 P 有

$$\sum \frac{r_b r_c}{R_b R_c} \leqslant \left(\sum \sin\alpha \right)^2 \tag{14.22}$$

且易知上式中等号当且仅当 P 为 $\triangle ABC$ 的垂心时成立.将不等式(14.22)用于加权正弦和不等式(14.3),即得下述结论:

等价推论 14.4 对 $\triangle ABC$ 内部任意一点 P 与 $\triangle A'B'C'$ 以及任意实数 x, y, z 有

$$\sum x^2 \frac{R_a}{r_a} \geqslant \frac{2 \sum yz \sin A'}{\sum \sin\alpha} \tag{14.23}$$

等号当且仅当 P 为 $\triangle ABC$ 的垂心, $A' = \dfrac{\pi - A}{2}, B' = \dfrac{\pi - B}{2}, C' = \dfrac{\pi - C}{2}, x : y : z = \sin \dfrac{A}{2} : \sin \dfrac{B}{2} : \sin \dfrac{C}{2}$ 时成立.

由不等式(14.23)也易推得加权正弦和不等式:在式(14.23)中,令 $\triangle ABC$ 为锐角三角形且 P 为其垂心,则有 $\alpha = \pi - A, \beta = \pi - B, \gamma = \pi - C, R_a = R_b = R_c = R$,因此可得

$$R \sum \frac{x^2}{r_a} \geqslant \frac{2 \sum yz \sin A'}{\sum \sin A}$$

又注意到 $r_a = s \tan \dfrac{A}{2}, \sum \sin A = \dfrac{s}{R}$,由上式约简后就得不等式(14.1),从而可知不等式(14.23) 与不等式(14.3)是等价的.

应用Kooi不等式(14.5),容易得到类似于不等式(14.22)的下式

$$\sum \frac{h_b h_c}{R_b R_c} \leqslant \left(\sum \sin \alpha\right)^2 \tag{14.24}$$

其中等号当且仅当P为$\triangle ABC$的外心时成立.将不等式(14.24)用于加权正弦和不等式(14.3),又可得类似于式(14.23)的下述不等式:

等价推论14.5　对$\triangle ABC$内部任意一点P与$\triangle A'B'C'$以及任意实数x,y,z有

$$\sum x^2 \frac{R_a}{h_a} \geqslant \frac{2 \sum yz \sin A'}{\sum \sin \alpha} \tag{14.25}$$

等号当且仅当P为$\triangle ABC$的外心,$A' = \dfrac{\pi - A}{2}$,$B' = \dfrac{\pi - B}{2}$,$C' = \dfrac{\pi - C}{2}$,$x : y : z = \sin \dfrac{A}{2} : \sin \dfrac{B}{2} : \sin \dfrac{C}{2}$时成立.

若取P为锐角$\triangle ABC$的外心,则由式(14.25)易得不等式(14.16),从而可知不等式(14.25)与加权正弦和不等式(14.3)也是等价的.

(二)

这一节中,我们讨论推论十四的应用.

设$x,y,z > 0$,则可在加权正弦和不等式(14.11)中作代换$x \to \sqrt{yz/x}$等等,从而

$$\sum x \sin A \leqslant \frac{1}{2} \sum \frac{yz}{xu} \sqrt{\sum vw} \tag{14.26}$$

再令$u = v = w = 1$,即得

$$\sum x \sin A \leqslant \frac{\sqrt{3}}{2} \sum \frac{yz}{x} \tag{14.27}$$

这个不等式属于P.M.Vasić,它一般地当$xyz > 0$时成立(见专著《AGI》第78页).

在不等式(14.26)中,取$u = 1/x, v = 1/y, w = 1/z$,即得Klamkin的不等式(14.8)(易证它强于不等式(14.27)).

在不等式(14.26)中,先作代换$x \to \sqrt{x/(y+z)}$等等,然后令$u = x, v = y, w = z$,则得杨克昌在1987年获得的以下结果:

推论 14.6[215] 对 $\triangle ABC$ 与任意正数 x, y, z 有

$$\sum \sqrt{\frac{x}{y+z}} \sin A \leqslant \sqrt{\frac{\left(\sum x\right)^3}{\prod (y+z)}} \tag{14.28}$$

等号当且仅当 $x(y+z) : y(z+x) : z(x+y) = \sin^2 A : \sin^2 B : \sin^2 C$ 时成立.

在加权正弦和不等式(14.3)中,作代换 $x \to xa, y \to yb, z \to zc$,同时令 $u = a, v = b, w = c$,则得

$$\sum yzbc \sin A' \leqslant \frac{1}{2} \sum ax^2 \sqrt{\sum bc} \tag{14.29}$$

两边同除以 abc,并令 $x = y = z = 1$,然后利用等式 $\sum 1/(bc) = 1/(2Rr)$,得

$$\sum \frac{\sin A'}{a} \leqslant \frac{1}{4Rr} \sqrt{\sum bc} \tag{14.30}$$

由此不等式出发,采用第7章中不等式(7.131)的证法容易证明:对 $\triangle ABC$ 平面上任意一点 P 有

$$\sum \frac{1}{R_a} \leqslant \frac{1}{2Rr} \sqrt{\sum bc} \tag{14.31}$$

进而利用推论5.7给出的Gerretsen不等式的等价式

$$\sum bc \leqslant 4(R+r)^2 \tag{14.32}$$

便得下述优美的倒数型几何不等式:

推论 14.7[216] 对 $\triangle ABC$ 平面上任意一点 P 有

$$\sum \frac{1}{R_a} \leqslant \frac{1}{R} + \frac{1}{r} \tag{14.33}$$

将不等式(14.32)用于加权正弦和不等式(14.3),又得:

推论 14.8 对 $\triangle ABC$ 与 $\triangle A'B'C'$ 以及任意实数 x, y, z 有

$$\sum \frac{x^2}{a} \geqslant \frac{1}{R+r} \sum yz \sin A' \tag{14.34}$$

特别地,令 $\triangle A'B'C'$ 为正三角形,由上式得:

推论 14.9 对 $\triangle ABC$ 与任意实数 x, y, z 有

$$\sum \frac{x^2}{a} \geqslant \frac{\sqrt{3}}{2(R+r)} \sum yz \tag{14.35}$$

上式显然推广了已知不等式(见《GI》中不等式5.23)

$$\sum \frac{1}{a} \geqslant \frac{3\sqrt{3}}{2(R+r)} \tag{14.36}$$

在式(14.34)中,取 $A' = (\pi - A)/2$ 等等,并作代换 $x \to x/a, y \to y/b, z \to z/c$,然后应用不等式 $\sqrt{bc} \leqslant 2R\cos\frac{A}{2}$,可得:

推论 14.10 对 $\triangle ABC$ 与任意实数 x, y, z 有

$$\sum \frac{x^2}{a^2} \geqslant \frac{\sum yz}{2(R+r)R} \tag{14.37}$$

在第1章中,推论1.12给出了几何不等式

$$\sum \sqrt{r_2 r_3}\,\frac{\sin A'}{\sin A} \leqslant R + r \tag{14.38}$$

下面,我们由不等式(14.29)来推导强于上式的不等式.

在不等式(14.29)两边同除以 $2S$,利用 $bc\sin A = ah_a = 2S$ 可得

$$\sum yz\frac{\sin A'}{\sin A} \leqslant \frac{1}{2}\sum \frac{x^2}{h_a}\sqrt{\sum bc} \tag{14.39}$$

在上式中取 $x = \sqrt{r_1}, y = \sqrt{r_2}, z = \sqrt{r_3}$,利用恒等式

$$\sum \frac{r_1}{h_a} = 1 \tag{14.40}$$

(见第1章中等式(1.57))即得:

推论 14.11 对 $\triangle ABC$ 内部任意一点 P 与 $\triangle A'B'C'$ 有

$$\sum \sqrt{r_2 r_3}\frac{\sin A'}{\sin A} \leqslant \frac{1}{2}\sqrt{\sum bc} \tag{14.41}$$

不等式(14.32)表明上式强于不等式(14.38).令 P 为 $\triangle ABC$ 的内心,由式(14.41)可得强于第9章中推论9.8的下述结论:

推论 14.12 在 $\triangle ABC$ 与 $\triangle A'B'C'$ 中有

$$\sum \frac{\sin A'}{\sin A} \leqslant \frac{\sqrt{\sum bc}}{2r} \tag{14.42}$$

显然,可在上式中令 $A' = (\pi - A)/2$ 等等,从而可得

$$\sum \frac{1}{\sin\dfrac{A}{2}} \leqslant \frac{\sqrt{\sum bc}}{r} \tag{14.43}$$

设I是$\triangle ABC$的内心,注意到$r = AI \sin \dfrac{A}{2}$等等,就得:

推论 14.13 设$\triangle ABC$的内心为I,则

$$\sum AI \leqslant \sqrt{\sum bc} \tag{14.44}$$

由不等式(14.32)可知上式强于已知的线性不等式(《GI》中不等式12.2)

$$\sum AI \leqslant 2(R + r) \tag{14.45}$$

上一章中的推论13.6给出了涉及锐角$\triangle ABC$与任意$\triangle A'B'C'$的二次型不等式

$$\sum x^2 \frac{s-a}{\cos^2 A} \geqslant 4R \sum yz \sin A' \tag{14.46}$$

现在,我们来推导上式的一个推广.

由$\cos B \cos C \leqslant \sin^2 \dfrac{A}{2}$与半角的正弦公式可知

$$\sum \frac{r_2 r_3 \cos B \cos C}{(s-b)(s-c)} \leqslant \sum \frac{r_2 r_3}{(s-b)(s-c)} \sin^2 \frac{A}{2} = \sum \frac{r_2 r_3}{bc}$$

再按不等式(14.14)得

$$\sum \frac{r_2 r_3 \cos B \cos C}{(s-b)(s-c)} \leqslant \frac{1}{4} \tag{14.47}$$

对于锐角$\triangle ABC$,可在加权正弦和不等式(14.3)中取$u = r_1 \cos A/(s-a)$等等,再利用不等式(14.47)即得:

推论 14.14 对锐角$\triangle ABC$内部任意一点P与$\triangle A'B'C'$以及任意实数x, y, z有

$$\sum x^2 \frac{s-a}{r_1 \cos A} \geqslant 4 \sum yz \sin A' \tag{14.48}$$

在上述推论中,取P为$\triangle ABC$的外心,利用第1章中命题1.1(c)便得不等式(14.46).因此,推论14.14是推论13.6的推广.

在加权正弦和不等式(14.3)中,取$u = 1/a, v = 1/b, w = 1/c$,然后利用$\sum 1/(bc) = 1/(2Rr)$,即得涉及两个三角形常见几何元素的下述不等式:

推论 14.15 对$\triangle ABC$与$\triangle A'B'C'$以及任意实数x, y, z有

$$\sum ax^2 \geqslant 2\sqrt{2Rr} \sum yz \sin A' \tag{14.49}$$

等号当且仅当$x : y : z = \sqrt{bc(b+c)} : \sqrt{ca(c+a)} : \sqrt{ab(a+b)}$且$a' : b' : c' = \sqrt{a(b+c)} : \sqrt{b(c+a)} : \sqrt{c(a+b)}$时成立.

在式(14.49)中,取 $x = \sqrt{r_1}, y = \sqrt{r_2}, z = \sqrt{r_3}$,利用恒等式

$$\sum ar_1 = 2S \tag{14.50}$$

可得:

推论 14.16 对 $\triangle ABC$ 内部任意一点 P 与 $\triangle A'B'C'$ 有

$$\sum \sqrt{r_2 r_3} \sin A' \leqslant \sqrt{\frac{r}{2R}}\, s \tag{14.51}$$

等号当且仅当 $a':b':c' = \sqrt{a(b+c)}:\sqrt{b(c+a)}:\sqrt{c(a+b)}$ 且点 P 的重心坐标为 $(b+c):(c+a):(a+b)$ 时成立.

注 14.6 根据上述推论容易证得

$$\sum \sqrt{r_2 r_3 a(b+c)} \leqslant S\sqrt{\frac{(b+c)(c+a)(a+b)}{abc}} \tag{14.52}$$

进而易知这个不等式等价于推论4.24的不等式

$$\sum \sqrt{\frac{r_2 r_3}{(h_c + h_a)(h_a + h_b)}} \leqslant \frac{1}{2} \tag{14.53}$$

等号当且仅当点 P 的重心坐标为 $(b+c):(c+a):(a+b)$ 时成立.

注意到命题9.2的结论:以 $\sqrt{a(s-a)}, \sqrt{b(s-b)}, \sqrt{c(s-c)}$ 为边长可构成面积为 $S/2$、外接圆半径为 $\sqrt{Rr}$ 的三角形.据此,由式(14.51)易得

$$\sum \sqrt{r_2 r_3 a(s-a)} \leqslant \sqrt{2}S \tag{14.54}$$

这等价于下述不等式:

推论 14.17 对 $\triangle ABC$ 内部任意一点 P 有

$$\sum \sqrt{\frac{r_2 r_3}{h_a r_a}} \leqslant 1 \tag{14.55}$$

注 14.7 对于锐角 $\triangle ABC$,作者在文[217]中证明了更强的不等式

$$\sum \frac{r_2 r_3}{h_a r_a} \leqslant \frac{1}{3} \tag{14.56}$$

这个不等式很可能存在更强的 "r-w" 对偶不等式(对锐角 $\triangle ABC$ 成立).

现将不等式(14.53)应用于加权正弦和不等式(14.3),立得:

推论 14.18 对△ABC内部任意一点P与△A′B′C′以及任意实数x, y, z有

$$\sum x^2 \sqrt{\frac{h_b + h_c}{r_1}} \geqslant 2\sqrt{2} \sum yz \sin A' \tag{14.57}$$

等号当且仅当 $x : y : z = \sqrt{bc(b+c)} : \sqrt{ca(c+a)} : \sqrt{ab(a+b)}, a' : b' : c' = \sqrt{a(b+c)} : \sqrt{b(c+a)} : \sqrt{c(a+b)}$,点P的重心坐标为$(b+c) : (c+a) : (a+b)$时成立.

在不等式(14.57)中,令 $a' = \sqrt{a(b+c)}, b' = \sqrt{b(c+a)}, c' = \sqrt{c(a+b)}$,根据第6章命题6.1可知此时△A′B′C′的面积为$\frac{1}{2}\sqrt{2abcs}$,从而易得

$$\sin A' = \sqrt{\frac{2sa}{(c+a)(a+b)}}$$

等等,代入式(14.57)中同时取$x = \sqrt{bc(b+c)}$等等,可得

$$\sum bc(b+c)\sqrt{\frac{h_b + h_c}{r_1}} \geqslant 2\sqrt{2}\sqrt{2abcs} \sum a$$

在上式两边除以abc,再利用$\sum a = 2s$与$abc = 4Rrs$,即得:

推论 14.19 对△ABC内部任意一点P有

$$\sum \frac{b+c}{a}\sqrt{\frac{h_b + h_c}{r_1}} \geqslant 8\sqrt{\frac{s^3}{abc}} \tag{14.58}$$

等号当且仅当点P的重心坐标为$(b+c) : (c+a) : (a+b)$时成立.

在加权正弦和不等式(14.11)中,取$x = 1/R_1, y = 1/R_2, z = 1/R_3$,利用正弦定理与第6章中推论6.45的结果

$$\sum \frac{a}{R_2 R_3} > \frac{4}{R} \tag{14.59}$$

得

$$\frac{1}{2}\sqrt{\sum vw} \sum \frac{1}{uR_1^2} > \frac{2}{R^2}$$

再将上式中u, v, w分别换为x, y, z,整理后得:

推论 14.20 对△ABC内部任意一点P与任意正数x, y, z有

$$\sum \frac{x}{R_1^2} > \frac{4}{R^2}\sqrt{\frac{xyz}{x+y+z}} \tag{14.60}$$

在不等式(14.60)中取$x = 1/R_1, y = 1/R_2, z = 1/R_3$,然后利用后面第19章推论19.8给出的不等式

$$\sum R_2 R_3 < 4R^2 \tag{14.61}$$

可得:

推论14.21 对$\triangle ABC$内部任意一点P有

$$\sum \frac{1}{R_1^3} > \frac{2}{R^3} \tag{14.62}$$

注14.8 由第9章介绍的不等式(9.83)可知上式还可加强为

$$\sum \frac{1}{R_1^3} \geqslant \frac{2}{R^3} + \frac{1}{8R_p^3} \tag{14.63}$$

由Cauchy不等式有

$$\sum \frac{w_2 w_3}{bc} \sum \frac{1}{bc w_2 w_3} \geqslant \left(\sum \frac{1}{bc} \right)^2$$

由此利用$\sum a = 2s$与$abc = 4Rrs$以及下一章推论15.3的不等式

$$\sum \frac{w_2 w_3}{bc} \leqslant \frac{1}{4} \tag{14.64}$$

易得

$$\sum \frac{a}{w_2 w_3} \geqslant \frac{4s}{Rr} \tag{14.65}$$

据此与加权正弦和不等式(14.11)又易得:

$$\sum \frac{x}{w_1^2} \geqslant \frac{4s}{rR^2} \sqrt{\frac{xyz}{x+y+z}} \tag{14.66}$$

在上式中取$x = s - a$等等,即易得

推论14.22 对$\triangle ABC$内部任意一点有

$$\sum \frac{s-a}{w_1^2} \geqslant \frac{4s}{R^2} \tag{14.67}$$

上式是一个较弱的不等式,尽管如此,要直接证明它似乎也不容易.

注意到在$\triangle ABC$中有$s \geqslant 3\sqrt{3}r$,由不等式(14.66)便得类似于推论14.20的结论:

推论 14.23 对 $\triangle ABC$ 内部任意一点 P 与任意正数 x,y,z 有

$$\sum \frac{x}{w_1^2} \geqslant \frac{12}{R^2}\sqrt{\frac{3xyz}{x+y+z}} \tag{14.68}$$

上式事实上等价于

$$\sum \frac{1}{yz(w_2w_3)^2} \geqslant \frac{432}{\left(\sum x\right)^2 R^4} \tag{14.69}$$

(三)

这一节中,我们将继续建立几个类似不等式(14.15)的二次型不等式并对它们进行讨论.

首先,将第4章中等价推论4.9的不等式

$$\sum \sqrt{\frac{r_2 r_3}{r_b r_c}} \leqslant 1 \tag{14.70}$$

应用于加权正弦和不等式(14.3),立得:

推论 14.24[44] 对 $\triangle ABC$ 内部任意一点 P 与 $\triangle A'B'C'$ 以及任意实数 x,y,z 有

$$\sum x^2\sqrt{\frac{r_a}{r_1}} \geqslant 2\sum yz\sin A' \tag{14.71}$$

等号当且仅当 $x:y:z=(b+c-a)\sqrt{a}:(c+a-b)\sqrt{b}:(a+b-c)\sqrt{c}, a':b':c'=\sqrt{a}:\sqrt{b}:\sqrt{c}$,点 P 的重心坐标为 $a(s-a):b(s-b):c(s-c)$ 时成立.

令 $\triangle A'B'C'$ 为正三角形,则由式(14.71)得:

推论 14.25 对 $\triangle ABC$ 内部任意一点 P 与任意实数 x,y,z 有

$$\sum x^2\sqrt{\frac{r_a}{r_1}} \geqslant \sqrt{3}\sum yz \tag{14.72}$$

在不等式(14.71)中,作代换 $x \to x/r_a^{1/4}$ 等等,然后利用简单的已知不等式 $r_b r_c \leqslant m_a^2$,便得涉及三角形中线的不等式:

推论 14.26[44] 对 $\triangle ABC$ 内部任一点 P 与 $\triangle A'B'C'$ 以及任意实数 x,y,z 有

$$\sum \frac{x^2}{\sqrt{r_1}} \geqslant 2\sum yz\frac{\sin A'}{\sqrt{m_a}} \tag{14.73}$$

特别地,令 $\triangle A'B'C'$ 为正三角形且 $x=y=z=1$,可得仅涉及距离 r_1,r_2,r_3 与中线 m_a,m_b,m_c 的下述不等式:

推论 14.27[44]　对△ABC内部任意一点P有

$$\sum \frac{1}{\sqrt{r_1}} \geqslant \sqrt{3} \sum \frac{1}{\sqrt{m_a}} \tag{14.74}$$

设△A′B′C′是以$\sqrt{a}, \sqrt{b}, \sqrt{c}$为边长的三角形,由Heron公式的等价形式

$$S = \frac{1}{4}\sqrt{2\sum b^2c^2 - \sum a^4} \tag{14.75}$$

可知其面积等于$\sqrt{2\sum bc - \sum a^2}/4$,于是有

$$\sin A' = \frac{1}{2}\sqrt{\frac{2\sum bc - \sum a^2}{2bc}}$$

在式(14.71)中,令$x = (s-a)\sqrt{a}, a' = \sqrt{a}$等等,利用上式可得

$$\sum a(s-a)^2\sqrt{\frac{r_a}{r_1}} \geqslant \sqrt{2\sum bc - \sum a^2} \sum (s-b)(s-c)$$

再利用$r_a = S/(s-a)$并注意到

$$2\sum bc - \sum a^2 = 4\sum (s-b)(s-c)$$

就得下述结论:

推论 14.28　对△ABC内部任意一点P有

$$\sum \frac{a}{\sqrt{r_1}}(s-a)^{3/2} \geqslant \frac{2}{\sqrt{S}}\left[\sum (s-b)(s-c)\right]^{3/2} \tag{14.76}$$

等号当且仅当点P的重心坐标为$a(s-a) : b(s-b) : c(s-c)$时成立.

上述不等式尽管不甚优美,但其等号成立条件表明了下述有趣的结论:上式左边的最小值在点P的重心坐标为$a(s-a) : b(s-b) : c(s-c)$时取得.

现在我们指出,根据推论十四与第4章中推论4.12的不等式

$$\sum \sqrt{\frac{(r_3+r_1)(r_1+r_2)}{(r_b+h_b)(r_c+h_c)}} \leqslant 1 \tag{14.77}$$

可得下述推论:

推论 14.29　对△ABC内部任意一点P与△A′B′C′以及任意实数x, y, z有

$$\sum x^2\sqrt{\frac{r_a+h_a}{r_2+r_3}} \geqslant 2\sum yz\sin A' \tag{14.78}$$

等号当且仅当 $x:y:z = a\sqrt{b+c}:b\sqrt{c+a}:c\sqrt{a+b}, a':b':c' = \sqrt{b+c}:$
$\sqrt{c+a}:\sqrt{a+b}$,点 P 的重心坐标为

$$a^2\left[b^3+c^3+abc-(b+c)a^2\right]:b^2\left[c^3+a^3+abc-(c+a)b^2\right]:$$
$$c^2\left[a^3+b^3+abc-(a+b)c^2\right]$$

时成立.

由上述推论又易得到:

推论 14.30 对 $\triangle ABC$ 内部任意一点 P 有

$$\sum a^2(b+c)\sqrt{\frac{r_a+h_a}{r_2+r_3}} \geqslant 2\left(\sum bc\right)^{3/2} \tag{14.79}$$

等号成立时点 P 的重心坐标同式 (14.78) 取等号时点 P 的重心坐标相同.

在第 10 章中,推论 10.3 给出了类似于式 (14.77) 的不等式

$$\sum\sqrt{\frac{(r_3+r_1)(r_1+r_2)}{(r_c+r_a)(r_a+r_b)}} \leqslant 1 \tag{14.80}$$

由此与加权正弦和不等式 (14.3) 又可得:

推论 14.31 对 $\triangle ABC$ 内部任意一点 P 与 $\triangle A'B'C'$ 以及任意实数 x,y,z 有

$$\sum x^2\sqrt{\frac{r_b+r_c}{r_2+r_3}} \geqslant 2\sum yz\sin A' \tag{14.81}$$

等号当且仅当 $A' = \dfrac{\pi-A}{2}, B' = \dfrac{\pi-B}{2}, C' = \dfrac{\pi-C}{2}, x:y:z = \sin\dfrac{A}{2}:$
$\sin\dfrac{B}{2}:\sin\dfrac{C}{2}$,点 P 的重心坐标为

$$a(\sin^2\frac{B}{2}+\sin^2\frac{C}{2}-\sin^2\frac{A}{2}):b(\sin^2\frac{C}{2}+\sin^2\frac{A}{2}-\sin^2\frac{B}{2}):$$
$$c(\sin^2\frac{A}{2}+\sin^2\frac{B}{2}-\sin^2\frac{C}{2})$$

时成立.

在式 (14.81) 中,取 $A' = \dfrac{\pi-A}{2}, B' = \dfrac{\pi-B}{2}, C' = \dfrac{\pi-C}{2}, x = \sin\dfrac{A}{2}, y = $
$\sin\dfrac{B}{2}, z = \sin\dfrac{C}{2}$,得

$$\sum\sqrt{\frac{r_b+r_c}{r_2+r_3}}\sin^2\frac{A}{2} \geqslant 2\sum\sin\frac{B}{2}\sin\frac{C}{2}\cos\frac{A}{2}$$

再利用恒等式

$$\prod \sin \frac{A}{2} = \frac{r}{4R} \tag{14.82}$$

$$\sum \cot \frac{A}{2} = \frac{s}{r} \tag{14.83}$$

便得:

推论 14.32 对 $\triangle ABC$ 内部任意一点 P 有

$$\sum \sqrt{\frac{r_b + r_c}{r_2 + r_3}} \sin^2 \frac{A}{2} \geqslant \frac{s}{2R} \tag{14.84}$$

等号成立时点 P 的重心坐标与式(14.81)取等号时点 P 的重心坐标相同.

第15章 推论十五及其应用

在上一章中,我们应用推论九推导并讨论了三角形的加权正弦和不等式:

对 $\triangle A'B'C'$ 与任意正数 u,v,w 以及任意实数 x,y,z 有

$$\sum yz\sin A' \leqslant \frac{1}{2}\sum \frac{x^2}{u}\sqrt{\sum vw} \tag{15.1}$$

等号当且仅当 $x:y:z = \cos A':\cos B':\cos C'$ 且 $u:v:w = \cot A':\cot B':\cot C'$ 时成立.

本章介绍应用加权正弦和不等式与作者建立的一个涉及三角形内部一点的几何不等式得出的一个结果,并着重讨论它的应用.

我们先给出本章的主要结果,如下:

推论十五[214] 对 $\triangle ABC$ 内部任一点 P 与 $\triangle A'B'C'$ 以及任意实数 x,y,z 有

$$\sum x^2\frac{S_a}{w_1^2} \geqslant 2\sum yz\sin A' \tag{15.2}$$

等号当且仅当 P 为 $\triangle ABC$ 的外心,$\triangle A'B'C' \sim \triangle ABC$,$x:y:z = \cos A:\cos B:\cos C$ 时成立.

上述不等式的建立是基于加权正弦和不等式(15.1)与作者在文献[92]中建立的下述几何不等式:对 $\triangle ABC$ 内部任意一点 P 有

$$\sum \frac{(w_2w_3)^2}{S_bS_c} \leqslant 1 \tag{15.3}$$

其中等号当且仅当 P 为 $\triangle ABC$ 的外心时成立.

不等式(15.3)很容易证明,见下:

由 $\triangle ABC$ 中的等式

$$r_br_c = s(s-a) = S\cot\frac{A}{2}$$

可知,第2章给出的已知不等式(2.49)即$r_b r_c \leqslant w_a^2$等价于

$$w_a^2 \leqslant S \cot \frac{A}{2} \tag{15.4}$$

等号当且仅当$b = c$时成立.对$\triangle BPC, \triangle CPA, \triangle APB$应用上式(参见图15.1),分别可得以下三个不等式

$$w_1^2 \leqslant S_a \cot \frac{\alpha}{2}, \quad w_2^2 \leqslant S_b \cot \frac{\beta}{2}, \quad w_3^2 \leqslant S_c \cot \frac{\gamma}{2}$$

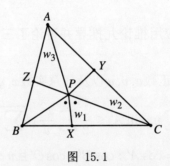

图 15.1

设$\angle BPC, \angle CPA, \angle APB$的补角分别等于$\alpha', \beta', \gamma'$,于是有

$$\sum \frac{(w_2 w_3)^2}{S_b S_c} \leqslant \sum \cot \frac{\beta}{2} \cot \frac{\gamma}{2} = \sum \cot \frac{\pi - \beta'}{2} \cot \frac{\pi - \gamma'}{2}$$
$$= \sum \tan \frac{\beta'}{2} \tan \frac{\gamma'}{2}$$

又注意到α', β', γ'可视为一个三角形的内角,从而有恒等式

$$\sum \tan \frac{\beta'}{2} \tan \frac{\gamma'}{2} = 1 \tag{15.5}$$

于是可知不等式(15.3)成立,且易知其中等号当且仅当P为$\triangle ABC$的外心时成立.

在加权正弦和不等式(15.1)中,取$u = w_1^2/S_a, v = w_2^2/S_b, w = w_3^2/S_c$,然后应用不等式(15.3),即得不等式(15.2),且易知式(15.2)中等号成立的条件.

(一)

在不等式(15.2)中,取$x = w_1, y = w_2, z = w_3$,利用恒等式$\sum S_a = S$可得

$$\sum w_2 w_3 \sin A' \leqslant \frac{1}{2} S \tag{15.6}$$

这个不等式显然等价于下述不等式:

推论 15.1[214] 对 $\triangle ABC$ 内部任意一点 P 与 $\triangle A'B'C'$ 有

$$\sum \frac{w_2 w_3}{b'c'} \leqslant \frac{S}{4S'} \tag{15.7}$$

等号当且仅当 $\triangle A'B'C' \sim \triangle ABC$ 且 P 为 $\triangle ABC$ 的外心时成立.

特别地, 令 $\triangle A'B'C'$ 为正三角形, 由式 (15.7) 得有关 w_1, w_2, w_3 与面积 S 之间的下述不等式:

推论 15.2 对 $\triangle ABC$ 内部任意一点 P 有

$$\sum w_2 w_3 \leqslant \frac{\sqrt{3}}{3} S \tag{15.8}$$

注 15.1 上式显然加强了 Gerber 不等式[218]

$$\sum r_2 r_3 \leqslant \frac{\sqrt{3}}{3} S \tag{15.9}$$

但与作者在最近在文 [219] 中猜测成立的不等式

$$\sum w_2 w_3 \leqslant r(R+r) \tag{15.10}$$

是不分强弱的.

令 $\triangle A'B'C' \cong \triangle ABC$, 由推论 15.1 得推论 7.40 给出的 Gerasimon 不等式

$$\sum \frac{r_2 r_3}{bc} \leqslant \frac{1}{4} \tag{15.11}$$

的下述 "r-w" 对偶不等式:

推论 15.3[13] 对 $\triangle ABC$ 内部任意一点 P 有

$$\sum \frac{w_2 w_3}{bc} \leqslant \frac{1}{4} \tag{15.12}$$

等号当且仅当 P 为 $\triangle ABC$ 的外心时成立.

在不等式 (15.6) 中, 取 $A' = (\pi - A)/2$ 等等, 可得:

推论 15.4[220] 对 $\triangle ABC$ 内部任意一点 P 有

$$\sum w_2 w_3 \cos \frac{A}{2} \leqslant \frac{1}{2} S \tag{15.13}$$

注意到以 $\triangle ABC$ 的中线 m_a, m_b, m_c 为边长可构成面积为 $\frac{3}{4}S$ 的三角形 (参见第 1 章中命题 1.4), 由不等式 (15.7) 立得:

推论 15.5　对△ABC内部任意一点P与△A'B'C'有

$$\sum \frac{w_2 w_3}{m_b' m_c'} \leqslant \frac{S}{3S'} \tag{15.14}$$

特别地有:

推论 15.6[17]　对△ABC内部任意一点P有

$$\sum \frac{w_2 w_3}{m_b m_c} \leqslant \frac{1}{3} \tag{15.15}$$

针对上述不等式,作者提出了以下更强的猜想:

猜想 15.1[17]　对△ABC内部任意一点P有

$$\sum \frac{w_2 w_3}{w_b w_c} \leqslant \frac{1}{3} \tag{15.16}$$

根据推论15.1可得以下两个不等式

$$\sum \frac{w_2 w_3}{ca} \leqslant \frac{1}{4} \tag{15.17}$$

$$\sum \frac{w_2 w_3}{ab} \leqslant \frac{1}{4} \tag{15.18}$$

将这两式相加,即得

$$\sum \frac{w_2 w_3}{a}\left(\frac{1}{b}+\frac{1}{c}\right) \leqslant \frac{1}{2} \tag{15.19}$$

易知上式也等价于下述不等式:

推论 15.7[17]　对△ABC内部任意一点P有

$$\sum \frac{w_1(w_2+w_3)}{bc} \leqslant \frac{1}{2} \tag{15.20}$$

注意到$1/b+1/c \geqslant 4/(b+c)$,由不等式(15.19)可得:

推论 15.8[17]　对△ABC内部任意一点P有

$$\sum \frac{w_2 w_3}{a(b+c)} \leqslant \frac{1}{8} \tag{15.21}$$

利用$bc=2Rh_a$可知这个不等式等价于

$$\sum \frac{w_2 w_3}{h_b+h_c} \leqslant \frac{1}{4}R \tag{15.22}$$

作者猜测上式有下述加强:

猜想 15.2 对 $\triangle ABC$ 内部任意一点 P 有

$$\sum \frac{w_2 w_3}{m_b + m_c} \leqslant \frac{1}{4} R \tag{15.23}$$

采用上面的方法,从不等式(15.14)出发,可以推得下述类似于式(15.20)与式(15.21)的两个不等式:

推论 15.9[17] 对 $\triangle ABC$ 内部任意一点 P 有

$$\sum \frac{w_1(w_2 + w_3)}{m_b m_c} \leqslant \frac{2}{3} \tag{15.24}$$

推论 15.10 对 $\triangle ABC$ 内部任意一点 P 有

$$\sum \frac{w_2 w_3}{m_a(m_b + m_c)} \leqslant \frac{1}{6} \tag{15.25}$$

(二)

在推论十五的不等式(15.2)中,作代换 $x \to x\sqrt{\dfrac{s-a}{ar_1}}$ 等等,然后应用 $S_a = \dfrac{1}{2} ar_1$ 与半角公式

$$\sin \frac{A}{2} = \sqrt{\frac{(s-b)(s-c)}{bc}} \tag{15.26}$$

可得

$$\sum x^2 \frac{s-a}{w_1^2} \geqslant 4 \sum \frac{yz}{\sqrt{r_2 r_3}} \sin \frac{A}{2} \sin A'$$

接着应用已知不等式

$$\sin \frac{A}{2} \geqslant \frac{\sqrt{r_2 r_3}}{R_1} \tag{15.27}$$

(见第2章中命题2.3)就知下述不等式对正数 x, y, z 继而对任意实数 x, y, z 成立:

推论 15.11[214] 对 $\triangle ABC$ 内部任意一点 P 与任意实数 x, y, z 有

$$\sum x^2 \frac{s-a}{w_1^2} \geqslant 4 \sum yz \frac{\sin A'}{R_1} \tag{15.28}$$

设 $\triangle ABC$ 为锐角三角形且 P 为其外心,则由上式易得第13章中推论13.6的不等式

$$\sum x^2 \frac{s-a}{\cos^2 A} \geqslant 4R \sum yz \sin A' \tag{15.29}$$

因此,推论15.11推广了推论13.6.

在式(15.28)中,取$x = w_1, y = w_2, z = w_3$,得:

推论 15.12[214]　对$\triangle ABC$内部任意一点P与$\triangle A'B'C'$有

$$\sum \frac{w_2 w_3}{R_1} \sin A' \leqslant \frac{1}{4}s \tag{15.30}$$

令$\triangle A'B'C'$为正三角形,由上式又得:

推论 15.13　对$\triangle ABC$内部任意一点P有

$$\sum \frac{w_2 w_3}{R_1} \leqslant \frac{\sqrt{3}}{6}s \tag{15.31}$$

在不等式(15.28)中取$x = aw_1$等等,然后两边除以S再利用面积公式$S = \frac{1}{2}bc \sin A$与恒等式

$$\sum a^2(s-a) = 4(R+r)S \tag{15.32}$$

(见第1章恒等式(1.25))得:

推论 15.14　对$\triangle ABC$内部任意一点P与$\triangle A'B'C'$有

$$\sum \frac{w_2 w_3}{R_1} \cdot \frac{\sin A'}{\sin A} \leqslant \frac{1}{2}(R+r) \tag{15.33}$$

特别地,令$\triangle A'B'C' \cong \triangle ABC$,即得与式(15.31)不分强弱的下述不等式:

推论 15.15[214]　对$\triangle ABC$内部任意一点P有

$$\sum \frac{w_2 w_3}{R_1} \leqslant \frac{1}{2}(R+r) \tag{15.34}$$

由推论15.14还易得下面三个推论:

推论 15.16　对锐角$\triangle ABC$内部任意一点P有

$$\sum \frac{w_2 w_3}{R_1} \cos A \leqslant \frac{1}{4}(R+r) \tag{15.35}$$

推论 15.17　对$\triangle ABC$内部任意一点P有

$$\sum \frac{w_2 w_3}{R_1} \csc \frac{A}{2} \leqslant R+r \tag{15.36}$$

推论 15.18　对$\triangle ABC$内部任意一点P有

$$\sum w_2 w_3 \leqslant (R+r)R_p \tag{15.37}$$

上式弱于前面的猜想不等式(15.10).

设 $\triangle ABC$ 为锐角三角形且 P 为其外心,则有 $R_1 = R, w_1 = R\cos A$ 等等,注意到 $\sin A/(\cos B \cos C) = \tan B + \tan C$ 与等式

$$\sum \cos A = 1 + \frac{r}{R} \tag{15.38}$$

由不等式(15.33)可得涉及两个三角形的下述三角不等式:

推论 15.19[9] 在锐角 $\triangle ABC$ 与 $\triangle A'B'C'$ 中有

$$\sum \frac{\sin A'}{\tan B + \tan C} \leqslant \frac{1}{2} \sum \cos A \tag{15.39}$$

在前面的不等式(15.28)中,取 $x = \sqrt{(s-a)/(bc)}\, w_1$ 等等,然后利用半角公式(15.26),得

$$\sum \frac{(s-a)^2}{bc} \geqslant 4 \sum \frac{w_2 w_3}{a R_1} \sin \frac{A}{2} \sin A'$$

再令 $\triangle A'B'C' \sim \triangle ABC$,利用恒等式

$$\sum \frac{(s-a)^2}{bc} = 1 - \frac{r}{2R} \tag{15.40}$$

就得:

推论 15.20[214] 对 $\triangle ABC$ 内部任意一点 P 有

$$\sum \frac{w_2 w_3}{R_1} \sin \frac{A}{2} \leqslant \frac{1}{4}(2R - r) \tag{15.41}$$

在不等式(15.28)中,取 $x = R_2 R_3 / R_1$ 等等,则

$$\sum (s-a) \left(\frac{R_2 R_3}{R_1 w_1} \right)^2 \geqslant 4 \sum R_1 \sin A'$$

再令 $A' = (\pi - A)/2$ 等等,然后利用已知不等式

$$\sum R_1 \cos \frac{A}{2} \geqslant s \tag{15.42}$$

(参见第7章中推论7.52)便得:

推论 15.21 对 $\triangle ABC$ 内部任意一点 P 有

$$\sum (s-a) \left(\frac{R_2 R_3}{R_1 w_1} \right)^2 \geqslant 4s \tag{15.43}$$

(三)

由 $S_a = \frac{1}{2}ar_1$ 知,推论十五的不等式(15.2)等价于

$$\sum x^2 \frac{ar_1}{w_1^2} \geqslant 4 \sum yz \sin A'$$

因 $r_1 \leqslant w_1$ 等等,因此由上式可得本节的主要结果:

推论 15.22[13] 对 $\triangle ABC$ 内部任一点 P 与 $\triangle A'B'C'$ 以及任意实数 x, y, z 有

$$\sum x^2 \frac{a}{w_1} \geqslant 4 \sum yz \sin A' \tag{15.44}$$

等号当且仅当 P 为 $\triangle ABC$ 的外心,$\triangle A'B'C' \sim \triangle ABC, x:y:z = \cos A : \cos B : \cos C$ 时成立.

上述不等式显然强于第14章中等价推论14.2的结果

$$\sum x^2 \frac{a}{r_1} \geqslant 4 \sum yz \sin A' \tag{15.45}$$

事实上,在三正弦不等式发表之前,作者就已在文献[13]中得出了不等式(15.44)一般的推广(参见附录B中推论B15.9),但未详细讨论不等式(15.44)及其推论不等式(15.45).

在不等式(15.44)中,取 $x = \sqrt{w_1}, y = \sqrt{w_2}, z = \sqrt{w_3}$,得:

推论 15.23 对 $\triangle ABC$ 内部任意一点 P 有

$$\sum \sqrt{w_2 w_3} \sin A' \leqslant \frac{1}{2}s \tag{15.46}$$

在推论15.22中,取 $A' = (\pi - A)/2$ 等等,得:

推论 15.24 对 $\triangle ABC$ 内部任意一点 P 与任意实数 x, y, z 有

$$\sum x^2 \frac{a}{w_1} \geqslant 4 \sum yz \cos \frac{A}{2} \tag{15.47}$$

在上式中取 $x = \sqrt{w_1}$ 等等,就得第1章中推论1.11给出的不等式的下述"r-w"对偶不等式:

推论 15.25 对 $\triangle ABC$ 内部任意一点 P 有

$$\sum \sqrt{w_2 w_3} \cos \frac{A}{2} \leqslant \frac{1}{2}s \tag{15.48}$$

在式(15.47)中取 $x = \sqrt{R_2 R_3 / R_1}$ 等等,然后应用不等式(15.42),又得第10章中推论10.6给出的不等式的下述"r-w"对偶不等式:

推论 15.26 对 $\triangle ABC$ 内部任意一点 P 有

$$\sum a\frac{R_2R_3}{R_1w_1} \geqslant 4s \tag{15.49}$$

在推论 15.22 的不等式 (15.44) 中, 令 $\triangle A'B'C' \sim \triangle ABC$, 再两边除以 $2S$, 便得:

推论 15.27 对 $\triangle ABC$ 内部任意一点 P 与任意实数 x, y, z 有

$$\sum \frac{x^2}{h_aw_1} \geqslant 4\sum \frac{yz}{bc} \tag{15.50}$$

等号当且仅当 P 为 $\triangle ABC$ 的外心且 $x : y : z = \cos A : \cos B : \cos C$ 时成立.

注 15.2 在不等式 (15.50) 中作代换 $x \to xh_a$ 等等, 注意到 $h_bh_c\sin^2 A = bc$, 可得等价不等式

$$\sum x^2\frac{h_a}{w_1} \geqslant 4\sum yz\sin^2 A \tag{15.51}$$

等号当且仅当 P 为 $\triangle ABC$ 的外心且 $x : y : z = \sin 2A : \sin 2B : \sin 2C$ 时成立. 不等式 (15.51) 给出了第 12 章中不等式 (12.55) 的加权推广.

在式 (15.50) 中, 令 $x = y = z = 1$, 可得:

推论 15.28 对 $\triangle ABC$ 内部任意一点 P 有

$$\sum \frac{1}{h_aw_1} \geqslant \frac{2}{Rr} \tag{15.52}$$

考虑这个不等式的加强, 作者提出以下猜想:

猜想 15.3 对 $\triangle ABC$ 内部任意一点 P 有

$$\sum \frac{1}{h_aw_1} \geqslant \frac{1}{Rr} + \frac{1}{2r^2} \tag{15.53}$$

在不等式 (15.50) 中, 取 $x = \cos A, y = \cos B, z = \cos C$, 利用 $h_a = 2S/a$ 与正弦定理以及恒等式

$$\sum \cot B\cot C = 1 \tag{15.54}$$

易得:

推论 15.29 对 $\triangle ABC$ 内部任意一点 P 有

$$\sum \frac{a}{w_1}\cos^2 A \geqslant \frac{2S}{R^2} \tag{15.55}$$

等号当且仅当 P 为 $\triangle ABC$ 的外心时成立.

根据推论15.26与涉及平面上任意一点Q的林鹤一不等式

$$\sum \frac{D_2 D_3}{bc} \geqslant 1 \tag{15.56}$$

立得下述简洁的涉及两个动点的几何不等式:

推论 15.30 对$\triangle ABC$内部任意一点P与平面上任意一点Q有

$$\sum \frac{D_1^2}{h_a w_1} \geqslant 4 \tag{15.57}$$

等号当且仅当P与Q分别为$\triangle ABC$的外心与垂心时成立.

上述不等式等价于

$$\sum \frac{a}{w_1} D_1^2 \geqslant 8S \tag{15.58}$$

这也是第12章中推论12.20的一个推论.

在不等式(15.51)中,取$x = \sqrt{w_1}, y = \sqrt{w_2}, z = \sqrt{w_3}$,即得:

推论 15.31 对$\triangle ABC$内部任意一点P有

$$\sum \sqrt{w_2 w_3} \sin^2 A \leqslant \frac{1}{4} \sum h_a \tag{15.59}$$

现在,我们回到不等式(15.44)中来.在式(15.44)中作代换$x \to x/\sqrt{a}$等等,然后利用简单的不等式$\sqrt{bc} \leqslant 2R \cos \dfrac{A}{2}$,得:

推论 15.32 对$\triangle ABC$内部任意一点P与$\triangle A'B'C'$以及任意实数x, y, z有

$$\sum \frac{x^2}{w_1} \geqslant \frac{2}{R} \sum yz \frac{\sin A'}{\cos \dfrac{A}{2}} \tag{15.60}$$

在上式中取$A' = (\pi - A)/2$等等,即得强于推论8.3的结论:

推论 15.33 对$\triangle ABC$内部任意一点P与任意实数x, y, z有

$$\sum \frac{x^2}{w_1} \geqslant \frac{2}{R} \sum yz \tag{15.61}$$

在附录B中,推论B15.8将上式推广到了涉及$\triangle ABC$内部n个点的情形.

令$\triangle A'B'C' \sim \triangle ABC$,由不等式(15.60)得

$$\sum \frac{x^2}{w_1} \geqslant \frac{4}{R} \sum yz \sin \frac{A}{2} \tag{15.62}$$

据此与第7章中给出的不等式(7.100)

$$\sum m_b m_c \sin \frac{A}{2} \geqslant \frac{1}{2} s^2 \tag{15.63}$$

即得:

推论 15.34 对 $\triangle ABC$ 内部任意一点 P 有

$$\sum \frac{m_a^2}{w_1} \geqslant \frac{2s^2}{R} \tag{15.64}$$

设 $\triangle ABC$ 为锐角三角形, 在式(15.60)中作代换 $x \to x/\sqrt{\cos A}$ 等等, 然后利用 $\sqrt{\cos B \cos C} \leqslant \sin \frac{A}{2}$, 可得:

推论 15.35 对锐角 $\triangle ABC$ 内部任意一点 P 与任意实数 x, y, z 有

$$\sum \frac{x^2}{w_1 \cos A} \geqslant 8 \sum yz \frac{\sin A'}{a} \tag{15.65}$$

若取 P 为锐角 $\triangle ABC$ 的外心, 则由上式可得推论8.32的不等式

$$\sum \frac{x^2}{\cos^2 A} \geqslant 4 \sum yz \frac{\sin A'}{\sin A} \tag{15.66}$$

因此, 推论15.35是推论8.32的推广.

在不等式(15.65)中, 令 $A' = (\pi - A)/2$ 等等, 同时作代换 $x \to x/\sqrt{\sin A}$ 等等, 然后利用简单不等式 $\cos \frac{A}{2} \geqslant \sqrt{\sin B \sin C}$, 即可得:

推论 15.36 对锐角 $\triangle ABC$ 内部任意一点 P 与任意实数 x, y, z 有

$$\sum \frac{x^2}{w_1 \sin 2A} \geqslant 4 \sum \frac{yz}{a} \tag{15.67}$$

令 $x = y = z = 1$ 且 $\triangle A'B'C'$ 为正三角形, 则式(15.65)得

$$\sum \frac{1}{w_1 \cos A} \geqslant \frac{2\sqrt{3}}{R} \sum \frac{1}{\sin A}$$

由此根据第8章中已证明的锐角三角形不等式(8.109)

$$\sum \frac{1}{\sin A} \geqslant \frac{\sqrt{3}(R + 2r)}{2r} \tag{15.68}$$

即可得:

推论 15.37 对锐角 $\triangle ABC$ 内部任意一点 P 有

$$\sum \frac{1}{w_1 \cos A} \geqslant \frac{6}{R} + \frac{3}{r} \tag{15.69}$$

针对这个不等式, 我们提出以下更强的猜想:

猜想 15.4 对锐角 $\triangle ABC$ 内部任意一点 P 有

$$\sum \frac{1}{w_1 \cos A} \geqslant \frac{6}{r} \tag{15.70}$$

(四)

在上一节中,我们主要讨论了推论15.22的应用.这一节给出这个推论的推广,并讨论推广结果的一些应用.

将加权正弦和不等式(15.1)中的$\triangle A'B'C'$换成$\triangle A_0 B_0 C_0$,并取$u = w_1/a'$, $v = w_2/b', w = w_3/c'$,然后利用推论15.1的不等式(15.7),可得下述不等式(这非推论十五的推论,但仍以推论的形式给出结果):

推论 15.38[214] 对$\triangle ABC$内部任意一点P与$\triangle A_0 B_0 C_0$,$\triangle A'B'C'$以及任意实数x, y, z有

$$\sum x^2 \frac{a'}{w_1} \geqslant 4\sqrt{\frac{S'}{S}} \sum yz \sin A_0 \tag{15.71}$$

等号当且仅当P为$\triangle ABC$的外心,$\triangle A_0 B_0 C_0 \sim \triangle A'B'C' \sim \triangle ABC$, $x:y:z = \cos A : \cos B : \cos C$时成立.

如果在上述不等式中先令$\triangle A'B'C'$全等于$\triangle ABC$,然后将$\triangle A_0 B_0 C_0$换成$\triangle A'B'C'$,就得推论15.22的不等式(15.44).因此,推论15.38是推论15.22的推广.

下面,我们再简单地讨论推论15.38的应用,并仍以推论的形式给出结论.

令$\triangle A_0 B_0 C_0$与$\triangle A'B'C'$均为正三角形,由式(15.71)立即可得下述涉及一个三角形的三元二次型不等式:

推论 15.39 对$\triangle ABC$内部任意一点P与任意实数x, y, z有

$$\sum \frac{x^2}{w_1} \geqslant \frac{3^{3/4} \sum yz}{\sqrt{S}} \tag{15.72}$$

易知上式强于前面的不等式(15.61).

注意到

$$\left(\sum w_a\right)^2 \geqslant 3\sum w_b w_c \geqslant 9\sqrt{3}S$$

其中第二个不等式等价于第5章推论5.8的不等式.因此由式(15.72)易得

$$\sum \frac{x^2}{w_1} \geqslant \frac{9\sum yz}{\sum w_a} \tag{15.73}$$

在这式中取$x = \sqrt{w_1}, y = \sqrt{w_2}, z = \sqrt{w_3}$,即得:

推论 15.40[220] 对$\triangle ABC$内部任意一点P有

$$\sum \sqrt{w_2 w_3} \leqslant \frac{1}{3}\sum w_a \tag{15.74}$$

由加权不等式(15.73)显然可得

$$\sum w_a \sum \frac{1}{w_1} \geqslant 27 \tag{15.75}$$

此不等式启发作者提出了下述猜想:

猜想 15.5　对锐角△ABC内部任意一点P有

$$\sum h_a \sum \frac{1}{w_1} \geqslant 27 \tag{15.76}$$

根据推论15.38与第9章的命题9.2,可得

$$\sum x^2 \frac{\sqrt{a(s-a)}}{w_1} \geqslant \frac{4}{\sqrt{2}} \sum yz \sin A' \tag{15.77}$$

又因$b+c \geqslant 2\sqrt{2a(s-a)}$,故由上式可得:

推论 15.41　对△ABC内部任意一点P与△$A'B'C'$以及任意实数x, y, z有

$$\sum x^2 \frac{b+c}{w_1} \geqslant 8 \sum yz \sin A' \tag{15.78}$$

在上式中令$x = \sqrt{R_2 R_3 / R_1}$, $A' = (\pi - A)/2$等等,然后应用前面的不等式(15.42),便得第10章中推论10.9给出的不等式的下述"r-w"对偶不等式:

推论 15.42　对△ABC内部任意一点P有

$$\sum (b+c) \frac{R_2 R_3}{R_1 w_1} \geqslant 8s \tag{15.79}$$

在推论15.41中,令$x = y = z = 1$且△$A'B'C'$为正三角形,则得

$$\sum \frac{b+c}{w_1} \geqslant 12\sqrt{3} \tag{15.80}$$

这个不等式启发作者猜测成立类似的不等式

$$\sum \frac{s-a}{w_1} \geqslant 3\sqrt{3} \tag{15.81}$$

进而提出强于上式的猜想:

猜想 15.6　对△ABC内部任意一点P有

$$w_1 w_2 w_3 \leqslant \frac{\sqrt{3}}{9} s r^2 \tag{15.82}$$

现在,我们将不等式(15.78)与前面的不等式(15.44)相加,即易得:

推论 15.43 对 $\triangle ABC$ 内部任意一点 P 与 $\triangle A'B'C'$ 以及任意实数 x, y, z 有

$$\sum \frac{x^2}{w_1} \geqslant \frac{6}{s} \sum yz \sin A' \tag{15.83}$$

在上式中,对 $\triangle A'B'C'$ 使用第1章中命题1.2的角变换 K_1,即得

$$\sum \frac{x^2}{w_1} \geqslant \frac{6}{s} \sum yz \cos \frac{A'}{2} \tag{15.84}$$

现设 Q' 是 $\triangle A'B'C'$ 平面上任意一点,且令 $Q'A' = D_1'$, $Q'B' = D_2'$, $Q'C' = D_3'$.在式(15.84)中取 $x = \sqrt{D_2'D_3'/D_1'}$ 等等,然后对 $\triangle A'B'C'$ 与 Q' 点使用前面的不等式(15.42),即得:

推论 15.44 对 $\triangle ABC$ 内部任意一点 P 与 $\triangle A'B'C'$ 平面上异于顶点的任意一点 Q' 有

$$\sum \frac{D_2'D_3'}{w_1 D_1'} \geqslant 6\frac{s'}{s} \tag{15.85}$$

上式也可应用第12章中的等价推论12.1来推证.

第16章 推论十六及其应用

对 $\triangle A'B'C'$ 与任意正数 u, v, w 以及任意实数 x, y, z 有

$$\sum yz \sin A' \leqslant \frac{1}{2} \sum \frac{x^2}{u} \sqrt{\sum vw} \qquad (16.1)$$

等号当且仅当 $x : y : z = \cos A' : \cos B' : \cos C'$ 且 $u : v : w = \cot A' : \cot B' : \cot C'$ 时成立.

上述不等式即是第14章中给出的加权正弦和不等式,我们已在上两章中给出了这个重要不等式的一些应用.本章中,我们将给出加权正弦不等式的一种等价变形,并讨论它的应用.

设 p_1, p_2, p_3 与 q_1, q_2, q_3 均为正数,在(16.1)中作代换

$$u \to \frac{q_2 q_3}{p_1 q_1}, v \to \frac{q_3 q_1}{p_2 q_2}, w \to \frac{q_1 q_2}{p_3 q_3}$$

则得

$$\sum yz \sin A' \leqslant \frac{1}{2} \sum \frac{p_1 q_1}{q_2 q_3} x^2 \sqrt{\sum \frac{q_1^2}{p_2 p_3}}$$

再作代换

$$x \to x\sqrt{\frac{q_2 q_3}{q_1}}, \ y \to y\sqrt{\frac{q_3 q_1}{q_2}}, \ z \to z\sqrt{\frac{q_1 q_2}{q_3}}$$

就得下述不等式:

推论十六 设 p_1, p_2, p_3 与 q_1, q_2, q_3 均为正数,则对 $\triangle A'B'C'$ 与任意实数 x, y, z 有

$$\sum yz q_1 \sin A' \leqslant \frac{1}{2} \sum p_1 x^2 \sqrt{\sum \frac{q_1^2}{p_2 p_3}} \qquad (16.2)$$

等号当且仅当 $x : y : z = q_1 \cos A' : q_2 \cos B' : q_3 \cos C'$ 且 $p_1 q_1^2 : p_2 q_2^2 : p_3 q_3^2 = \tan A' : \tan B' : \tan C'$ 时成立.

从形式上看,不等式(16.2)是加权正弦和不等式(16.1)的推广,但从上面的推导容易看出不等式(16.2)实为加权正弦和不等式(16.1)的等价变形.

推论十六显然有下述等价推论:

等价推论16.1　设正数p_1, p_2, p_3与正数q_1, q_2, q_3以及正数λ_0满足

$$\sum \frac{q_1^2}{p_2 p_3} \leqslant \lambda_0 \tag{16.3}$$

则对$\triangle A'B'C'$与任意实数x, y, z有

$$\sum p_1 x^2 \geqslant \frac{2}{\sqrt{\lambda_0}} \sum yz q_1 \sin A' \tag{16.4}$$

等号当且仅当$x : y : z = p_1 \cos A' : p_2 \cos B' : p_3 \cos C', p_1 q_1^2 : p_2 q_2^2 : p_3 q_3^2 = \tan A' : \tan B' : \tan C'$,且式(16.3) 取等号时成立.

上述等价推论表明:只要建立了涉及单个三角形的形如(16.3)的不等式,就可得出涉及两个三角形的不等式(16.4).

（一）

在推论十六中,取$p_1 = 1/u, p_2 = 1/v, p_3 = 1/w, q_1 = \sin A, q_2 = \sin B, q_3 = \sin C$,便得作者在文献[221]中给出的主要结果:

推论16.2　对$\triangle ABC, \triangle A'B'C'$与正数$x, y, z$以及任意实数$x, y, z$有

$$\frac{\sum yz \sin A \sin A'}{\sqrt{\sum vw \sin^2 A}} \leqslant \frac{1}{2} \sum \frac{x^2}{u} \tag{16.5}$$

等号当且仅当$\triangle A'B'C' \sim \triangle ABC$且$x : y : z = u : v : w = \sin 2A : \sin 2B : \sin 2C$时成立.

特别地,令$\triangle A'B'C' \sim \triangle ABC, u = x, v = y, w = z$,由式(16.5)得

$$\sqrt{\sum yz \sin^2 A} \leqslant \frac{1}{2} \sum x$$

两边乘以2再平方即可得有关正数x, y, z与$\triangle ABC$的不等式

$$4 \sum yz \sin^2 A \leqslant \left(\sum x\right)^2 \tag{16.6}$$

这即是重要的Kooi三角不等式(实际上对任意实数x, y, z成立,参见第0章).从三正弦不等式的证明可知,三正弦不等式是在正数情形的Kooi不等式(16.6)

的基础上建立的.这样,它的子推论(推论16.2)包含了正数情形的Kooi不等式也就很自然了.

在前面第7章中,等价推论7.8给出了与Kooi不等式等价的下述不等式:对$\triangle ABC$

平面上任意一点P与任意实数x, y, z有

$$\sum yz\frac{R_1^2}{bc} \leqslant \frac{\left(\sum xa\right)^2}{4S^2}R_p^2 \tag{16.7}$$

等号成立当且仅当$x:y:z = \dfrac{\sin 2D}{a} : \dfrac{\sin 2E}{b} : \dfrac{\sin 2F}{c}$,其中$D, E, F$是点$P$关于$\triangle ABC$的垂足$\triangle DEF$的内角(下同此).此不等式的一个推论(推论7.57)是

$$\sum \frac{R_1^2}{bc} \leqslant \frac{R_p^2}{r^2} \tag{16.8}$$

将上式用于推论十六(或等价推论16.1),得

$$\frac{R_p}{2r}\sum ax^2 \geqslant \sum yzR_1 \sin A' \tag{16.9}$$

作代换$A' \to (\pi - A')/2$等等,即得下述不等式:

推论16.3 对$\triangle ABC$平面上任意一点P有

$$\frac{R_p}{2r}\sum ax^2 \geqslant \sum yzR_1 \cos \frac{A'}{2} \tag{16.10}$$

等号当且仅当P为$\triangle ABC$的内心,$x = y = z$,$\triangle A'B'C' \sim \triangle ABC$时成立.

在上述不等式中,取$x = y = z = 1$,得:

推论16.4 对$\triangle ABC$平面上任意一点P有

$$\sum R_1 \cos \frac{A'}{2} \leqslant \frac{s}{r}R_p \tag{16.11}$$

等号当且仅当$\triangle A'B'C' \sim \triangle ABC$且$P$为$\triangle ABC$的内心时成立.

令P为$\triangle ABC$的内心,由上述推论易得第1章中推论1.9的不等式

$$\sum \sin A' \csc \frac{A}{2} \leqslant \sum \cot \frac{A}{2} \tag{16.12}$$

因此,推论16.4推广了推论1.9.

在第7章中,推论7.60给出了不等式(16.7)的下述推论

$$\sum R_1^2 \cot B \cot C \leqslant 4R_p^2 \tag{16.13}$$

据此与推论十六,又可得:

推论16.5 对锐角 $\triangle ABC$ 平面上任意一点 P 与任意实数 x, y, z 有

$$R_p \sum x^2 \tan A \geqslant \sum yzR_1 \sin A' \tag{16.14}$$

等号当且仅当 P 为 $\triangle ABC$ 的外心,$\triangle A'B'C' \sim \triangle ABC$, $x : y : z = \cos A : \cos B : \cos C$ 时成立.

令 P 为锐角 $\triangle ABC$ 的外心,则易知 $R_1 = R_2 = R_3 = 2R_p = R$,于是由式(16.14)可得第13章中主推论的结果

$$\sum x^2 \tan A \geqslant 2 \sum yz \sin A' \tag{16.15}$$

因此,推论16.5是推论十三的一个推广.

在推论16.5中,取 $x = \cos A, y = \cos B, z = \cos C$,得

$$\frac{1}{2} R_p \sum \sin 2A \geqslant \sum R_1 \cos B \cos C \sin A'$$

两边同时除以 $\prod \cos A$(在锐角 $\triangle ABC$ 中为正),利用以下两个等式

$$\sum \sin 2A = 4 \prod \sin A \tag{16.16}$$

$$\sum \tan A = \prod \tan A \tag{16.17}$$

可得:

推论16.6 对锐角 $\triangle ABC$ 平面上任意一点 P 与 $\triangle A'B'C'$ 有

$$\sum R_1 \frac{\sin A'}{\cos A} \leqslant 2R_p \sum \tan A \tag{16.18}$$

等号当且仅当 $\triangle A'B'C' \sim \triangle ABC$ 且 P 为 $\triangle ABC$ 的外心时成立.

上述不等式显然推广了推论1.10的结果

$$\sum \frac{\sin A'}{\cos A} \leqslant \sum \tan A \tag{16.19}$$

由推论16.6有:

推论16.7 对锐角 $\triangle ABC$ 平面上任意一点 P 有

$$\sum R_1 \tan A \leqslant 2R_p \sum \tan A \tag{16.20}$$

等号当且仅当 P 为 $\triangle ABC$ 的外心时成立.

不等式(16.20)与第3章推论3.22所述涉及三角形内部一点的不等式

$$\sum R_1 \sin \alpha \leqslant R \sum \sin \alpha \tag{16.21}$$

(等号成立条件同式(16.20))比较起来颇为有趣.应用加权幂平均不等式还易得出不等式(16.20)与不等式(16.21)的指数推广(从略).

(二)

下面,我们应用推论十六来建立一个涉及两个三角形形如

$$\sum p_1 x^2 \geqslant k_0 \sum yz \sin A \sin A' \tag{16.22}$$

(其中 k_0 为常数)的三角不等式.

推论 16.8[221] 对 $\triangle ABC$ 与 $\triangle A'B'C'$ 以及任意实数 x, y, z 有

$$\sum x^2 \cos^2 \frac{A}{2} \geqslant \sum yz \sin A \sin A' \tag{16.23}$$

证明 根据推论十六(或等价推论16.1与推论16.2),为证不等式(16.23)只需证明三角不等式

$$\sum \frac{\sin^2 A}{\left(\cos \dfrac{B}{2} \cos \dfrac{C}{2}\right)^2} \leqslant 4 \tag{16.24}$$

按正弦定理与恒等式

$$s = 4R \prod \cos \frac{A}{2} \tag{16.25}$$

易知不等式(16.24)等价于

$$\sum a^2 \cos^2 \frac{A}{2} \leqslant s^2 \tag{16.26}$$

由半角公式易知上式等价于已知不等式

$$abcs \geqslant \sum a^3 (s-a) \tag{16.27}$$

(见专著《GI》中不等式1.9),不难验证

$$abcs - \sum a^3(s-a) = \sum (s-a)(b-c)^2 \tag{16.28}$$

由此知式(16.27)成立,从而不等式(16.23)获证. □

显然,推论16.7又有下述推论:

推论 16.9[222] 在 $\triangle ABC$ 与 $\triangle A'B'C'$ 中有

$$\sum \cos^2 \frac{A}{2} \geqslant \sum \sin A \sin A' \tag{16.29}$$

令 $\triangle A'B'C' \sim \triangle ABC$,由式(16.23)又得下述优美的涉及单个三角形的二次型三角不等式:

推论 16.10[23]　对 $\triangle ABC$ 与任意实数 x, y, z 有

$$\sum x^2 \cos^2 \frac{A}{2} \geqslant \sum yz \sin^2 A \tag{16.30}$$

易知上式等价于

$$\sum x^2 a \cot \frac{A}{2} \geqslant 2 \sum yza \sin A \tag{16.31}$$

在上式作代换 $x \to x \left(\cot \frac{A}{2} \right)^{(k-1)/2}$ $(k > 1)$ 等等,然后利用简单的不等式

$$\cot \frac{B}{2} \cot \frac{C}{2} \geqslant 4 \sin^2 A \tag{16.32}$$

即知下述不等式对正数 x, y, z 继而对任意实数 x, y, z 成立:

推论 16.11　设 $k \geqslant 1$,则对 $\triangle ABC$ 与任意实数 x, y, z 有

$$\sum x^2 a \cot^k \frac{A}{2} \geqslant 2^k \sum yza \sin^k A \tag{16.33}$$

特别地,有:

推论 16.12　设 $k \geqslant 1$,则在 $\triangle ABC$ 中有

$$\sum a \cot^k \frac{A}{2} \geqslant 2^k \sum a \sin^k A \tag{16.34}$$

下面,我们应用推论16.10来推导涉及三角形内部任意一点的一个三元二次Erdös-Mordell型不等式.

显然,不等式(16.30)等价于

$$\sum x^2 \cos^2 \frac{A}{2} \geqslant 4 \sum yz \cos^2 \frac{A}{2} \sin^2 \frac{A}{2}$$

两边乘以 $4R$,注意到 $r_b + r_c = 4R \cos^2 \frac{A}{2}$ 与第2章中命题2.3所述已知不等式

$$\sin \frac{A}{2} \geqslant \frac{\sqrt{r_2 r_3}}{R_1} \tag{16.35}$$

便知,对正数 x, y, z 继而对任意实数 x, y, z 有

$$\sum x^2 (r_b + r_c) \geqslant 4 \sum yz (r_b + r_c) \frac{r_2 r_3}{R_1^2}$$

再作代换 $x \to x/r_1$ 等等,便得:

推论 16.13[223] 对△ABC内部任意一点P与任意实数x, y, z有

$$\sum x^2 \frac{r_b + r_c}{r_1^2} \geqslant 4 \sum yz \frac{r_b + r_c}{R_1^2} \tag{16.36}$$

在不等式(16.23)中,取$A' = (\pi - A)/2$等等,易得

$$\sum x^2 \cos^2 \frac{A}{2} \geqslant 2 \sum yz \cos^2 \frac{A}{2} \sin \frac{A}{2}$$

由此仿不等式(16.36)的推导可得:

推论 16.14[223] 对△ABC内部任意一点P与任意实数x, y, z有

$$\sum x^2 \frac{r_b + r_c}{r_1} \geqslant 2 \sum yz \frac{r_b + r_c}{R_1} \tag{16.37}$$

易知上式等价于

$$\sum x^2 \frac{a(s-a)}{r_1} \geqslant 2 \sum yz \frac{a(s-a)}{R_1} \tag{16.38}$$

在这式中作代换$x \to x/\sqrt{ad_1}$等等,再利用不等式$bcd_2d_3 \leqslant a^2 D_1^2$,可得涉及三角形内部两点的不等式

$$\sum x^2 \frac{s-a}{r_1 d_1} \geqslant 4 \sum yz \frac{s-a}{R_1 D_1}$$

两边除以S,即得:

推论 16.15 对△ABC内部任意两点P与Q以及任意实数x, y, z有

$$\sum \frac{x^2}{r_a r_1 d_1} \geqslant 4 \sum \frac{yz}{r_a R_1 D_1} \tag{16.39}$$

注 16.1 在不等式(16.38)中作代换$x \to x/\sqrt{s-a}$等等,然后利用简单的不等式$2\sqrt{(s-b)(s-c)} \leqslant a$可得第10章中推论10.4的不等式

$$\sum x^2 \frac{a}{r_1} \geqslant 4 \sum yz \frac{s-a}{R_1} \tag{16.40}$$

可见推论10.4实为推论16.14的一个推论.

接下去,我们将建立一个涉及三角形中线的形如式(16.22)的不等式.为此,先证明有关中线的下述不等式:

命题 16.1 在△ABC中有

$$8Rm_a m_b m_c \geqslant \sum b^2 c^2 \tag{16.41}$$

等号当且仅当 $\triangle ABC$ 为等腰三角形时成立.

证明 将式(16.41)两边平方,利用等式 $abc = 4SR$ 可知它等价于

$$64 \prod (am_a)^2 \geqslant 16S^2 \left(\sum b^2 c^2 \right)^2 \tag{16.42}$$

利用中线公式 $4m_a^2 = 2b^2 + 2c^2 - a^2$ 与Heron公式的等价式

$$16S^2 = 2 \sum b^2 c^2 - \sum a^4 \tag{16.43}$$

容易验证恒等式

$$64 \prod (am_a)^2 - 16S^2 \left(\sum b^2 c^2 \right)^2 = \prod (b^2 - c^2)^2 \tag{16.44}$$

由此可见式(16.42)成立,从而不等式(16.41)获证.由式(16.44)可见式(16.41)中等号当且仅当 $\triangle ABC$ 为等腰三角形时成立.命题16.1证毕. □

注16.2 从专著AGI(第215-216页)可知,A.Meri与Klamkin曾发现并证明涉及三角形中线与高线的不等式

$$\sum h_a^2 \sum \frac{1}{m_a^2} \leqslant 9 \tag{16.45}$$

对此不等式使用中线对偶定理(参见第1章中注1.5),即易得出命题16.1的不等式(16.41).因此,不等式(16.41)与不等式(16.45)实际上是等价的.

注16.3 不等式(16.41)实际上也等价于

$$\sum \frac{m_b m_c}{m_a} \leqslant \frac{9}{2} R \tag{16.46}$$

等号当且仅当 $\triangle ABC$ 为等腰三角形时成立.

推论16.16[221] 对 $\triangle ABC$ 与 $\triangle A'B'C'$ 以及任意实数 x, y, z 有

$$\sum x^2 \frac{m_a^2}{m_b^2 + m_c^2} \geqslant \frac{2}{3} \sum yz \sin A \sin A' \tag{16.47}$$

证明 根据推论十六(或等价推论16.1)可知,要证不等式(16.47)只要证

$$\sum \frac{(m_c^2 + m_a^2)(m_a^2 + m_b^2)}{m_b^2 m_c^2} \sin^2 A \leqslant 9 \tag{16.48}$$

也即

$$\sum \frac{(m_c^2 + m_a^2)(m_a^2 + m_b^2)}{m_b^2 m_c^2} a^2 \leqslant 36 \left(\frac{abc}{4S} \right)^2$$

根据中线对偶定理,易知上式等价于

$$\sum \frac{(c^2+a^2)(a^2+b^2)}{b^2 c^2} m_a^2 \leqslant 4\left(\frac{m_a m_b m_c}{S}\right)^2$$

注意到$abc=4SR$,可知上式等价于

$$64(m_a m_b m_c R)^2 \geqslant \sum a^2(c^2+a^2)(a^2+b^2)a^2 m_a^2 \qquad (16.49)$$

根据命题16.1的不等式(16.41)以及等式

$$4a^2 m_a^2 = 16S^2 + (b^2-c^2)^2 \qquad (16.50)$$

可知,要证式(16.49)只需证

$$4\left(\sum b^2 c^2\right)^2$$
$$\geqslant 16S^2 \sum (c^2+a^2)(a^2+b^2) + \sum (c^2+a^2)(a^2+b^2)(b^2-c^2)^2 \quad (16.51)$$

利用Heron公式的等价式(16.43)容易验证恒等式

$$4\left(\sum b^2 c^2\right)^2 - 16S^2 \sum (c^2+a^2)(a^2+b^2) = \frac{1}{2}\left(\sum a^2\right)^2 \sum (b^2-c^2)^2$$

于是不等式(16.51)的证明化为

$$\left(\sum a^2\right)^2 \sum (b^2-c^2)^2 - 2\sum (c^2+a^2)(a^2+b^2)(b^2-c^2)^2 \geqslant 0$$

即

$$\sum \left[(a^2+b^2+c^2)^2 - 2(c^2+a^2)(a^2+b^2)\right](b^2-c^2)^2 \geqslant 0$$

上式简化后为

$$\sum (b^4+c^4-a^4)(b^2-c^2)^2 \geqslant 0 \qquad (16.52)$$

为证上式,不失一般性设$a \geqslant b \geqslant c$,则$c^4+a^4-b^4>0, a^4+b^4-c^4>0$.因此,欲证不等式(16.52)只要证

$$(b^4+c^4-a^4)(b^2-c^2)^2 + (c^4+a^4-b^4)(c^2-a^2)^2 \geqslant 0$$

注意到在假设下有$(c^2-a^2)^2 \geqslant (b^2-c^2)^2$,可见要证上式只要证

$$(b^4+c^4-a^4)(b^2-c^2)^2 + (c^4+a^4-b^4)(b^2-c^2)^2 \geqslant 0$$

这可简化为显然成立的不等式$2c^4(b^2-c^2)^2 \geqslant 0$,所以不等式(16.52)得证,从而完成了不等式(16.47)的证明. □

由不等式(16.47)显然可得

$$\sum x^2 \frac{m_a^2}{m_b m_c} \geqslant \frac{4}{3} \sum yz \sin A \sin A' \qquad (16.53)$$

作代换$x \to x\sqrt{m_b m_c / m_a}$等等,即得:

推论 16.17 对$\triangle ABC$与$\triangle A'B'C'$以及任意实数x, y, z有

$$\sum x^2 m_a \geqslant \frac{4}{3} \sum yz m_a \sin A \sin A' \qquad (16.54)$$

在上式中令$\triangle A'B'C' \sim \triangle ABC$,同时作代换$x \to x/\sqrt{r_a}$等等,然后利用简单的已知不等式$m_a \geqslant \sqrt{r_b r_c}$,就得:

推论 16.18 在$\triangle ABC$中有

$$\sum x^2 \frac{m_a}{r_a} \geqslant \frac{4}{3} \sum yz \sin^2 A \qquad (16.55)$$

如果将中线对偶定理应用于式(16.54)中的$\triangle ABC$,则易得下述不等式:

推论 16.19 对$\triangle ABC$与$\triangle A'B'C'$以及任意实数x, y, z有

$$\sum x^2 \frac{m_a^2}{h_a} \geqslant \sum yz a \sin A' \qquad (16.56)$$

由上式与Panaitopol不等式

$$\frac{m_a}{h_a} \leqslant \frac{R}{2r} \qquad (16.57)$$

还易得:

推论 16.20 对$\triangle ABC$与$\triangle A'B'C'$以及任意实数x, y, z有

$$\sum x^2 m_a \geqslant 4r \sum yz \sin A \sin A' \qquad (16.58)$$

现在,注意到$2(m_b^2 + m_c^2) \geqslant (m_b + m_c)^2$,由推论16.16有

$$\sum x^2 \left(\frac{m_a}{m_b + m_c} \right)^2 \geqslant \frac{1}{3} \sum yz \sin A \sin A' \qquad (16.59)$$

在上式中取$x = \dfrac{m_b + m_c}{m_a}, y = \dfrac{m_c + m_a}{m_b}, z = \dfrac{m_a + m_b}{m_c}$,则得

$$\sum \frac{(m_c + m_a)(m_a + m_b)}{m_b m_c} \sin A \sin A' \leqslant 9 \qquad (16.60)$$

再令$\triangle A'B'C' \sim \triangle ABC$,得

$$\sum \frac{(m_c + m_a)(m_a + m_b)}{m_b m_c} \sin^2 A \leqslant 9 \tag{16.61}$$

据此与推论16.2就得类似于式(16.47)的下述不等式:

推论 16.21 对$\triangle ABC$与$\triangle A'B'C'$以及任意实数x, y, z有

$$\sum x^2 \frac{m_a}{m_b + m_c} \geqslant \frac{2}{3} \sum yz \sin A \sin A' \tag{16.62}$$

这一节最后,我们针对形如式(16.22)的不等式提出下述猜想:

猜想 16.1[221] 设p_1, p_2, p_3与k, λ_1均为正数,若对$\triangle ABC$与$\triangle A'B'C'$以及任意实数x, y, z有

$$\sum p_1^k x^2 \geqslant \lambda_1 \sum yz \sin A \sin A' \tag{16.63}$$

则当$0 < m < k$时成立不等式

$$\sum p_1^m x^2 \geqslant \lambda_2 \sum yz \sin A \sin A' \tag{16.64}$$

其中$\lambda_2 = \frac{4}{3} \left(\frac{3}{4} \lambda_1 \right)^{\frac{m}{k}}$.

注 16.4 应用推论16.2容易证明$m = \frac{k}{2^n} (n \in \mathbf{N})$时上述猜想成立.

注 16.5 作者承诺:猜想16.1的第一位正确解答者可获得作者提供的悬奖￥2000元.

(三)

这一节中,我们继续应用推论十六(或等价推论16.1)来建立几个新的涉及两个三角形的三元二次型不等式.

推论 16.22 对锐角$\triangle ABC$与任意$\triangle A'B'C'$以及任意实数x, y, z有

$$\sum \frac{x^2}{\cos(B - C)} \geqslant \sum yz \frac{\sin A'}{\sin A} \tag{16.65}$$

证明 为证不等式(16.65),先对任意$\triangle ABC$与$\triangle A'B'C'$证明

$$\sum \frac{x^2}{\cos \frac{B - C}{2}} \geqslant \sum yz \frac{\sin A'}{\cos \frac{A}{2}} \tag{16.66}$$

注意到在 $\triangle ABC$ 中有

$$\frac{h_a}{w_a} = \cos\frac{B-C}{2} \tag{16.67}$$

可见式 (16.66) 等价于

$$\sum x^2 \frac{w_a}{h_a} \geqslant \sum yz \frac{\sin A'}{\cos\frac{A}{2}} \tag{16.68}$$

根据推论十六或等价推论 16.1, 为证上式只需证

$$\sum \frac{h_b h_c}{w_b w_c \cos^2\frac{A}{2}} \leqslant 4 \tag{16.69}$$

又根据半角正弦公式

$$\sin\frac{A}{2} = \sqrt{\frac{(s-b)(s-c)}{bc}} \tag{16.70}$$

与角平分线公式

$$w_a = \frac{2}{b+c}\sqrt{s(s-a)bc} \tag{16.71}$$

易得

$$w_b w_c = \frac{4abcs}{(c+a)(a+b)}\sin\frac{A}{2} \tag{16.72}$$

于是易知式 (16.69) 等价于

$$\sum \frac{h_b h_c(c+a)(a+b)}{\sin\frac{A}{2}\cos^2\frac{A}{2}} \leqslant 16abcs$$

易证 $h_b h_c = 2S\sin\frac{A}{2}\cos\frac{A}{2}$, 由此与 $abc = 4SR$ 又知上式等价于

$$\sum \frac{(c+a)(a+b)}{\cos\frac{A}{2}} \leqslant 16sR$$

两边乘以 $\prod\cos\frac{A}{2}$, 然后利用前面的恒等式 (16.25), 即知上式可化为

$$\sum (c+a)(a+b)\cos\frac{B}{2}\cos\frac{C}{2} \leqslant 4s^2 \tag{16.73}$$

在加权三角不等式

$$4\sum yz\sin A_1\sin A_2 \leqslant \left(\sum x\right)^2 \tag{16.74}$$

(见第0章不等式(0.4))中,取$x = b + c, y = c + a, z = a + b, A_1 = (\pi - B)/2, B_1 = (\pi - C)/2, C_1 = (\pi - A)/2, A_2 = (\pi - C)/2, B_2 = (\pi - A)/2, C_2 = (\pi - C)/2$,即可得式(16.73),从而不等式(16.68)与不等式(16.66)得证.

最后,在式(16.66)中对$\triangle ABC$使用第1章中命题1.3的K_2变换,即知不等式(16.65)对锐角$\triangle ABC$与任意$\triangle A'B'C'$以及任意实数x, y, z成立. $\qquad\square$

在文献[94]中,作者应用Chebyshev不等式简洁地证明了三角形的角平分线的倒数和与边长的倒数和之间的不等式关系

$$\sum \frac{1}{w_a} \geqslant \frac{2}{\sqrt{3}} \sum \frac{1}{a} \tag{16.75}$$

下面,我们将此不等式推广为涉及两个三角形的三元二次型不等式.

推论 16.23 对$\triangle ABC$与$\triangle A'B'C'$以及任意实数x, y, z有

$$\sum \frac{x^2}{w_a} \geqslant \frac{4}{3} \sum yz \frac{\sin A'}{a} \tag{16.76}$$

证明 先来证明笔者在文献[167]中述而未证的不等式

$$\sum \frac{w_b w_c}{a^2} \leqslant \frac{9}{4} \tag{16.77}$$

根据等式(16.72)与常见的不等式$\sin \dfrac{A}{2} \leqslant \dfrac{a}{b+c}$,可知

$$w_b w_c \leqslant \frac{4a^2 bcs}{\prod(b+c)} \tag{16.78}$$

因此有

$$\sum \frac{w_b w_c}{a^2} \leqslant \frac{2 \sum a \sum bc}{\prod(b+c)} \tag{16.79}$$

又由等式

$$9 \prod(b+c) - 8 \sum a \sum bc = \sum a(b-c)^2 \tag{16.80}$$

有

$$9 \prod(b+c) \geqslant 8 \sum a \sum bc \tag{16.81}$$

由此与式(16.79)便知式(16.77)成立.最后,根据等价推论16.1与不等式(16.77)就知不等式(16.76)获证. $\qquad\square$

令$\triangle A'B'C'$为正三角形,则由推论16.23得不等式(16.75)的下述加权推广:

推论 16.24 对 $\triangle ABC$ 与任意实数 x, y, z 有

$$\sum \frac{x^2}{w_a} \geqslant \frac{2}{\sqrt{3}} \sum \frac{yz}{a} \tag{16.82}$$

从推论 16.23 的不等式 (16.76) 出发, 采用第 7 章中不等式 (7.131) 的证明方法, 可得涉及三角形平面上任意一点的下述不等式:

推论 16.25 对 $\triangle ABC$ 平面上任意一点 P 与任意实数 x, y, z 有

$$\sum \frac{x^2}{w_a} \geqslant \frac{2}{3} \sum \frac{yz}{R_a} \tag{16.83}$$

特别地, 令 $x = y = z = 1$, 得:

推论 16.26 对 $\triangle ABC$ 平面上任意一点 P 有

$$\sum \frac{1}{R_a} \leqslant \frac{3}{2} \sum \frac{1}{w_a} \tag{16.84}$$

将不等式 (16.77) 中的内角平分线换为类似中线仍成立 (证明从略), 即有

$$\sum \frac{k_b k_c}{a^2} \leqslant \frac{9}{4} \tag{16.85}$$

因此, 我们有类似于推论 16.23 的结论:

推论 16.27 对 $\triangle ABC$ 与 $\triangle A'B'C'$ 以及任意实数 x, y, z 有

$$\sum \frac{x^2}{k_a} \geqslant \frac{4}{3} \sum yz \frac{\sin A'}{a} \tag{16.86}$$

由此又可得到下面三个推论:

推论 16.28 对 $\triangle ABC$ 与任意实数 x, y, z 有

$$\sum \frac{x^2}{k_a} \geqslant \frac{2}{\sqrt{3}} \sum \frac{yz}{a} \tag{16.87}$$

推论 16.29 对 $\triangle ABC$ 平面上任意一点 P 与任意实数 x, y, z 有

$$\sum \frac{x^2}{k_a} \geqslant \frac{2}{3} \sum \frac{yz}{R_a} \tag{16.88}$$

推论 16.30 对 $\triangle ABC$ 平面上任意一点 P 有

$$\sum \frac{1}{R_a} \leqslant \frac{3}{2} \sum \frac{1}{k_a} \tag{16.89}$$

注 16.6 上式与不等式(16.84)等价于陈计在文献[224]中提出的两个猜想.这两个不等式以及第14章中推论14.7的不等式

$$\sum \frac{1}{R_a} \leqslant \frac{1}{R} + \frac{1}{r} \tag{16.90}$$

彼此之间是不分强弱的.但对于锐角$\triangle ABC$,可以证明不等式(16.90)强于不等式(16.84)与不等式(16.89).

下面,我们再给出类似于推论16.23的下述结论:

推论 16.31 对$\triangle ABC$与$\triangle A'B'C'$以及任意实数x, y, z有

$$\sum \frac{x^2}{w_a} \geqslant \frac{8}{3} \sum yz \frac{\sin A'}{b+c} \tag{16.91}$$

证明 根据等价推论16.1,要证不等式(16.91)只需证明

$$\sum \frac{w_b w_c}{(b+c)^2} \leqslant \frac{9}{16} \tag{16.92}$$

由前面的等式(16.72)易得

$$\sum \frac{w_b w_c}{(b+c)^2} = \frac{4abcs}{\prod(b+c)} \sum \frac{1}{b+c} \sin \frac{A}{2} \tag{16.93}$$

而由简单的算术–几何平均不等式与半角公式(16.70)易知

$$\frac{a}{b+c} + \frac{(b+c)(s-b)(s-c)}{abc} \geqslant 2 \sin \frac{A}{2} \tag{16.94}$$

于是有

$$\begin{aligned}
\sum \frac{1}{b+c} \sin \frac{A}{2} \\
\leqslant \frac{1}{2} \sum \frac{a}{(b+c)^2} + \frac{1}{2} \sum \frac{(s-b)(s-c)}{abc} \\
\leqslant \sum \frac{a}{8bc} + \frac{1}{2abc} \sum (s-b)(s-c) \\
\leqslant \frac{1}{8abc} \sum \left[a^2 + 4(s-b)(s-c) \right] \\
= \frac{1}{4} \sum \frac{1}{a}
\end{aligned}$$

因此,由式(16.93)可得

$$\sum \frac{w_b w_c}{(b+c)^2} \leqslant \frac{\sum a \sum bc}{2 \prod (b+c)} \tag{16.95}$$

据此与前面的不等式(16.81)便知不等式(16.92)成立,从而不等式(16.91)获证.　　　　　　　　　　　　　　　　　　　　　　　　　　　　　□

在不等式(16.91)中,令 $A' = \dfrac{\pi - A}{2}$ 等等,注意到 $\dfrac{2}{b+c}\cos\dfrac{A}{2} = \dfrac{w_a}{bc}$,即可得

$$\sum \frac{x^2}{w_a} \geqslant \frac{4}{3}\sum yz\frac{w_a}{bc}$$

再作代换 $x \to x\sqrt{w_a/(w_b w_c)}$ 等等,就得:

推论 16.32 对 $\triangle ABC$ 与任意实数 x, y, z 有

$$\sum \frac{x^2}{w_b w_c} \geqslant \frac{4}{3}\sum \frac{yz}{bc} \tag{16.96}$$

(四)

在等价推论16.1中,令 $\lambda_0 = 3$ 且 $\triangle A'B'C'$ 为正三角形,则得下述有关三元二次型不等式的结论:

推论 16.33 设正数 p_1, p_2, p_3 与正数 q_1, q_2, q_3 满足关系

$$\frac{q_1^2}{p_2 p_3} + \frac{q_2^2}{p_3 p_1} + \frac{q_3^2}{p_1 p_2} \leqslant 3 \tag{16.97}$$

则对任意实数 x, y, z 有

$$p_1 x^2 + p_2 y^2 + p_3 z^2 \geqslant q_1 yz + q_2 zx + q_3 xy \tag{16.98}$$

下面,我们应用上述结论来证明类似于式(16.96)的一个不等式.

推论 16.34 对 $\triangle ABC$ 与任意实数 x, y, z 有

$$\sum \frac{x^2}{w_a r_a} \geqslant \frac{4}{3}\sum \frac{yz}{bc} \tag{16.99}$$

证明 根据推论16.33,为证上式只需证

$$\frac{16}{9}\sum \frac{w_b w_c r_b r_c}{b^2 c^2} \leqslant 3$$

即

$$\sum \frac{w_b w_c r_b r_c}{b^2 c^2} \leqslant \frac{27}{16} \tag{16.100}$$

由 $r_b r_c = s(s-a)$ 与等式(16.72),可知上式等价于

$$\sum \frac{a(s-a)}{bc(c+a)(a+b)}\sin\frac{A}{2} \leqslant \frac{27}{64 s^2} \tag{16.101}$$

根据不等式(16.94)易知,为证上式只需证

$$\frac{1}{\prod(b+c)} \sum \frac{(s-a)a^2}{bc} + \prod(s-a) \sum \frac{b+c}{b^2c^2(c+a)(a+b)}$$

$$\leqslant \frac{27}{32s^2} \tag{16.102}$$

又注意到前面的不等式(16.27)等价于

$$\sum \frac{(s-a)a^2}{bc} \leqslant s \tag{16.103}$$

因此要证式(16.102)只需证

$$\frac{s(abc)^2}{\prod(b+c)} + \frac{\prod(s-a)}{\prod(b+c)} \sum a^2(b+c)^2 \leqslant \frac{27(abc)^2}{32s^2} \tag{16.104}$$

也即

$$27(abc)^2 \prod(b+c) - 32s^2 \left[s(abc)^2 + \prod(s-a) \sum a^2(b+c)^2 \right]$$

$$\geqslant 0 \tag{16.105}$$

利用以下已知恒等式

$$abc = 4Rrs \tag{16.106}$$

$$\prod(s-a) = sr^2 \tag{16.107}$$

$$\prod(b+c) = 2s(s^2 + 2Rr + r^2) \tag{16.108}$$

$$\sum a^2(b+c)^2 = 2s^4 + 4r^2s^2 + 2r^2(4R+r)^2 \tag{16.109}$$

经计算后可知不等式(16.105)等价于

$$32r^2s^3 \left[-2s^4 + (11R^2 - 4r^2)s^2 + r(54R^3 - 5R^2r - 16Rr^2 - 2r^3) \right] \geqslant 0 \tag{16.110}$$

于是只需证明

$$-2s^4 + (11R^2 - 4r^2)s^2 + r(54R^3 - 5R^2r - 16Rr^2 - 2r^3) \geqslant 0 \tag{16.111}$$

上式可改写为

$$3(s^2 - 16Rr + 5r^2)R^2 + 2(4R^2 + 4Rr + 3r^2 - s^2)(s^2 + 4Rr + 5r^2)$$

$$+2r(R - 2r)(35R^2 + 24Rr + 8r^2) \geqslant 0 \tag{16.112}$$

根据Euler不等式$R \geqslant 2r$与Gerretsen不等式链

$$4R^2 + 4Rr + 3r^2 \geqslant s^2 \geqslant 16Rr - 5r^2 \tag{16.113}$$

(参见第5章中推论5.4与推论5.6),便知不等式(16.112)成立,于是完成了不等式(16.99)的证明.   □

注16.7   不等式(16.99)显然加强了第1章中推论1.6的不等式

$$\sum \frac{x^2}{h_a r_a} \geqslant \frac{4}{3} \sum \frac{yz}{bc} \tag{16.114}$$

注16.8   根据推论十六(或等价推论16.1)与不等式(16.100),可知不等式(16.99)有以下推广

$$\sum \frac{x^2}{w_a r_a} \geqslant \frac{8\sqrt{3}}{9} \sum \frac{yz}{bc} \sin A' \tag{16.115}$$

事实上,只要应用推论16.33建立了涉及一个三角形的三元二次不等式(16.98),就知此不等式可以推广到涉及两个三角形的情形.

第17章 推论十七及其应用

本书前16章的讨论都是由三正弦不等式的重要推论——推论一展开的.本章回到三正弦不等式中来,由之给出一个涉及三个三角形的三元二次型三角不等式(推论十三的推广),然后讨论它的应用.

在三正弦不等式

$$\sum \frac{a}{r_1}x^2 \geqslant 4 \sum yz \frac{\sin A_1 \sin A_2}{\sin A} \tag{17.1}$$

中,设$\triangle ABC$为锐角三角形且P为其外心,则易知有$r_1 = R\cos A$等等,于是由上式利用正弦定理就可得下述涉及三个三角形的三元二次型不等式:

推论十七[3]   对锐角$\triangle ABC$与任意$\triangle A_1B_1C_1$,$\triangle A_2B_2C_2$以及任意实数x,y,z有

$$\sum x^2 \tan A \geqslant 2 \sum yz \frac{\sin A_1 \sin A_2}{\sin A} \tag{17.2}$$

等号当且仅当$\triangle A_1B_1C_1 \sim \triangle A_2B_2C_2 \sim \triangle ABC$且$x : y : z = \cos A : \cos B : \cos C$时成立.

上述不等式显然推广了第13章中的主要结果,即涉及锐角$\triangle ABC$与任意$\triangle A'B'C'$的二次型不等式

$$\sum x^2 \tan A \geqslant 2 \sum yz \sin A' \tag{17.3}$$

其中等号当且仅当$\triangle A'B'C' \sim \triangle ABC$且$x : y : z = \cos A : \cos B : \cos C$时成立.

在上一章中,推论16.5给出了不等式(17.3)的下述推广:

对锐角$\triangle ABC$平面上任意一点P与任意实数x,y,z有

$$R_p \sum x^2 \tan A \geqslant \sum yz R_1 \sin A' \tag{17.4}$$

等号当且仅当P为$\triangle ABC$的外心,$\triangle A'B'C' \sim \triangle ABC, x : y : z = \cos A : \cos B : \cos C$时成立.

事实上,由不等式(17.2)也很容易得出不等式(17.4)(参见第8章中推论8.7的推导).

不等式(17.2)更一般的推广见附录B中推论B8.1.

（一）

在不等式(17.2)中,令$\triangle A_1B_1C_1$与$\triangle A_2B_2C_2$均为正三角形,立即得出以下涉及单个三角形的三元二次型不等式:

推论17.1 对锐角$\triangle ABC$与任意实数x, y, z有

$$\sum x^2 \tan A \geqslant \frac{3}{2} \sum yz \csc A \tag{17.5}$$

在不等式(17.2)中,对$\triangle ABC$作第1章中命题1.2中所述角变换K_1,则得

$$\sum x^2 \cot \frac{A}{2} \geqslant 2 \sum yz \frac{\sin A_1 \sin A_2}{\cos \frac{A}{2}} \tag{17.6}$$

等号当且仅当$A_1 = A_2 = \dfrac{\pi - A}{2}, B_1 = B_2 = \dfrac{\pi - B}{2}, C_1 = C_2 = \dfrac{\pi - C}{2}, x : y : z = \sin \dfrac{A}{2} : \sin \dfrac{B}{2} : \sin \dfrac{C}{2}$时成立.

在式(17.6)中,令$\triangle A_1B_1C_1 \sim \triangle ABC, \triangle A_2B_2C_2 \sim \triangle A'B'C'$,即得:

推论17.2[10] 对$\triangle ABC$与$\triangle A'B'C'$以及任意实数x, y, z有

$$\sum x^2 \cot \frac{A}{2} \geqslant 4 \sum yz \sin \frac{A}{2} \sin A' \tag{17.7}$$

由第1章中的恒等式(1.25)

$$\sum a^2(s - a) = 4(R + r)S \tag{17.8}$$

与$\cot \dfrac{A}{2} = \dfrac{s - a}{r}$以及$S = rs$,有

$$\sum a^2 \cot \frac{A}{2} = 4(R + r)s \tag{17.9}$$

因此,由式(17.7)可得

$$s(R + r) \geqslant \sum bc \sin \frac{A}{2} \sin A'$$

在上式两边除以$4S$,再利用$S = rs = \dfrac{1}{4}bc\sin\dfrac{A}{2}\cos\dfrac{A}{2}$,就得类似于第9章中推论9.8的推论:

推论 17.3[10]　在$\triangle ABC$与$\triangle A'B'C'$中有

$$\sum \frac{\sin A'}{\cos\dfrac{A}{2}} \leqslant \frac{R+r}{r} \tag{17.10}$$

在上式中取$A' = (\pi - A)/2, B' = (\pi - C)/2, C' = (\pi - B)/2$,则易得

$$\frac{\cos\dfrac{B}{2}}{\cos\dfrac{C}{2}} + \frac{\cos\dfrac{C}{2}}{\cos\dfrac{B}{2}} \leqslant \frac{R}{r} \tag{17.11}$$

再应用等式$r_b + r_c = 4R\cos^2\dfrac{A}{2}$,便得下述结论:

推论 17.4　在$\triangle ABC$中有

$$\sqrt{\frac{r_c + r_a}{r_a + r_b}} + \sqrt{\frac{r_a + r_b}{r_c + r_a}} \leqslant \frac{R}{r} \tag{17.12}$$

注 17.1　上式为Băndilă型不等式(见第9章中推论9.13).事实上,可以证明较上式更强的不等式

$$\frac{r_c + r_a}{r_a + r_b} + \frac{r_a + r_b}{r_c + r_a} \leqslant \frac{R}{r} \tag{17.13}$$

以及类似的不等式

$$\sqrt{\frac{2r_a}{r_b + r_c}} + \sqrt{\frac{r_b + r_c}{2r_a}} \leqslant \frac{R}{r} \tag{17.14}$$

在不等式(17.7)中,对$\triangle A'B'C'$进行K_1变换$A' \to (\pi - A')/2$等等,得

$$\sum x^2 \cot\frac{A}{2} \geqslant 4\sum yz\sin\frac{A}{2}\cos\frac{A'}{2}$$

再将上式的两个三角形互换,则

$$\sum x^2 \cot\frac{A'}{2} \geqslant 4\sum yz\cos\frac{A}{2}\sin\frac{A'}{2} \tag{17.15}$$

接着在上式作代换$x \to x\sqrt{a}$等等,然后再利用第2章中命题2.4的不等式

$$\sqrt{bc}\cos\frac{A}{2} \geqslant w_a \tag{17.16}$$

就知对正数 x, y, z 进而对任意实数 x, y, z 成立下述不等式:

推论 17.5[225]　对 $\triangle ABC$ 与 $\triangle A'B'C'$ 以及任意实数 x, y, z 有

$$\sum x^2 a \cot \frac{A'}{2} \geqslant 4 \sum yz w_a \sin \frac{A'}{2} \tag{17.17}$$

在上式两边乘以 2 并作代换 $x \to x \sin \dfrac{A'}{2}$ 等等, 易得

$$\sum x^2 a \sin A' \geqslant 8 \sin \frac{A'}{2} \sin \frac{B'}{2} \sin \frac{C'}{2} \sum yz w_a$$

两边乘以 $2R'$, 再利用正弦定理与等式

$$r' = 4R' \prod \sin \frac{A'}{2} \tag{17.18}$$

就得:

推论 17.6　对 $\triangle ABC$ 与 $\triangle A'B'C'$ 以及任意实数 x, y, z 有

$$\sum x^2 a a' \geqslant 4r' \sum yz w_a \tag{17.19}$$

在上式中令 $x = y = z = 1$, 注意到

$$a' = r' \left(\cot \frac{B'}{2} + \cot \frac{C'}{2} \right)$$

得

$$\sum a \left(\cot \frac{B'}{2} + \cot \frac{C'}{2} \right) \geqslant 4 \sum w_a \tag{17.20}$$

即有下述不等式:

推论 17.7　在 $\triangle ABC$ 与 $\triangle A'B'C'$ 中有

$$\sum (b + c) \cot \frac{A'}{2} \geqslant 4 \sum w_a \tag{17.21}$$

由上式与第 11 章中命题 11.1 可得加权不等式

$$\sum \frac{b + c}{x} \geqslant \frac{4 \sum w_a}{\sqrt{\sum yz}} \tag{17.22}$$

其中 $x, y, z > 0$, 据此与推论 15.3 的不等式

$$\sum \frac{w_2 w_3}{bc} \leqslant \frac{1}{4} \tag{17.23}$$

即得:

推论 17.8 对 $\triangle ABC$ 内部任意一点 P 有

$$\sum \frac{a(b+c)}{w_1} \geqslant 8 \sum w_a \tag{17.24}$$

考虑不等式 (17.19) 的推论

$$\sum aa' \geqslant 4r' \sum w_a \tag{17.25}$$

的加强, 作者提出了以下猜想:

猜想 17.1[225] 在 $\triangle ABC$ 与 $\triangle A'B'C'$ 中有

$$\sum w_a \sum h_a' \leqslant \frac{9}{4} \sum aa' \tag{17.26}$$

注 17.2 较上式为弱的不等式

$$\sum h_a \sum h_a' \leqslant \frac{9}{4} \sum aa' \tag{17.27}$$

目前也未得到证明.

(二)

设 $\triangle ABC$ 为锐角三角形, 则可在不等式 (17.2) 中作代换 $x \to x/\sqrt{\sin 2A}$ 等等, 然后利用简单的不等式

$$\sin 2B \sin 2C \leqslant \sin^2 A \tag{17.28}$$

便得本节的主要结果:

推论 17.9[226] 对锐角 $\triangle ABC$ 与任意 $\triangle A_1 B_1 C_1$, $\triangle A_2 B_2 C_2$ 以及任意实数 x, y, z 有

$$\sum \frac{x^2}{\cos^2 A} \geqslant 4 \sum yz \frac{\sin A_1 \sin A_2}{\sin^2 A} \tag{17.29}$$

上式显然包含了推论 8.32 的不等式

$$\sum \frac{x^2}{\cos^2 A} \geqslant 4 \sum yz \frac{\sin A'}{\sin A} \tag{17.30}$$

以及下述不等式:

推论 17.10[3]　对锐角 $\triangle ABC$ 与任意 $\triangle A'B'C'$ 及任意实数 x, y, z 有

$$\sum \frac{x^2}{\cos^2 A} \geqslant 4 \sum yz \frac{\sin^2 A'}{\sin^2 A} \tag{17.31}$$

根据三元二次型不等式的降幂定理可知上述推论好于第8章的推论8.5.由上式还易得涉及单个三角形的下述三元二次三角不等式:

推论 17.11[226]　对锐角 $\triangle ABC$ 与任意实数 x, y, z 有

$$\sum \frac{x^2}{\cos^2 A} \geqslant 3 \sum \frac{yz}{\sin^2 A} \tag{17.32}$$

注 17.3　在上式取 $x = \cos A, y = \cos B, z = \cos C$,得

$$\sum \frac{\cos B \cos C}{\sin^2 A} \leqslant 1 \tag{17.33}$$

这个不等式启发作者发现并证明了锐角三角形更强的不等式[227]

$$\sum \left(\frac{\cos B + \cos C}{\sin A} \right)^2 \leqslant 4 \tag{17.34}$$

其中等号当且仅当 $\triangle ABC$ 为正三角形或等腰直角三角形时成立.这里指出,应用Cauchy不等式与不等式(17.34)易得

$$\left(\sum \cos A \right)^2 \leqslant \sum \sin^2 A \tag{17.35}$$

这可以导出锐角三角形著名的Walker不等式 $s^2 \geqslant 2R^2 + 8Rr + 3r^2$(参见第9章中推论9.11).

根据推论17.10容易推得下述几何不等式:

推论 17.12　对锐角 $\triangle ABC$ 平面上任意一点 P 与任意实数 x, y, z 有

$$R_p^2 \sum \frac{x^2}{\cos^2 A} \geqslant \sum yz R_1^2 \tag{17.36}$$

令 P 为锐角 $\triangle ABC$ 的外心,则 $R_1 = R_2 = R_3 = 2R_p = R$,由上式即得第2章中推论2.10的不等式

$$\sum \frac{x^2}{\cos^2 A} \geqslant 4 \sum yz \tag{17.37}$$

可见,推论17.12是推论2.10的一个推广.

在式(17.36)中取 $x = \cos A$ 等等,得:

推论 17.13 对锐角 $\triangle ABC$ 平面上任意一点 P 有

$$\sum R_1^2 \cos B \cos C \leqslant 3R_p^2 \tag{17.38}$$

上式类似于第 7 章中推论 7.60 的结果

$$\sum R_1^2 \cot B \cot C \leqslant 4R_p^2 \tag{17.39}$$

同上式一样,不等式 (17.38) 很可能对任意 $\triangle ABC$ 成立.

在不等式 (17.29) 中,令 $\triangle A_1 B_1 C_1 \sim \triangle B'C'A'$,$\triangle A_2 B_2 C_2 \sim \triangle C'A'B'$,然后再作置换 $x \to x/\sin A'$ 等等,又得不等式 (17.32) 的以下推广:

推论 17.14[226] 对锐角 $\triangle ABC$ 与任意 $\triangle A'B'C'$ 以及任意实数 x, y, z 有

$$\sum \frac{x^2}{\cos^2 A \sin^2 A'} \geqslant 4 \sum \frac{yz}{\sin^2 A} \tag{17.40}$$

在上式中,先对 $\triangle ABC$ 作命题 1.2 的变换 $K_1 : A \to (\pi - A)/2$ 等等,然后再令 $\triangle A'B'C' \sim \triangle ABC$,就知对任意 $\triangle ABC$ 有

$$\sum \frac{x^2}{\sin^2 A \sin^2 \frac{A}{2}} \geqslant 4 \sum \frac{yz}{\cos^2 \frac{A}{2}} \tag{17.41}$$

再作置换 $x \to x \sin^2 \frac{A}{2}$ 等等,可得

$$\frac{1}{16} \sum \frac{x^2}{\cos^2 \frac{A}{2}} \geqslant \sum yz \frac{\sin^2 \frac{B}{2} \sin^2 \frac{C}{2}}{\cos^2 \frac{A}{2}}$$

两边乘以 $16 \prod \cos^2 \frac{A}{2}$,利用倍角公式即得:

推论 17.15[226] 对 $\triangle ABC$ 与任意实数 x, y, z 有

$$\sum x^2 \left(\cos \frac{B}{2} \cos \frac{C}{2} \right)^2 \geqslant \sum yz (\sin B \sin C)^2 \tag{17.42}$$

注 17.4 从上式的推导受到启发,作者发现应用第 2 章推论 2.6 的不等式

$$\sum \frac{x^2}{\sin^2 \frac{A}{2}} \geqslant 4 \sum yz \tag{17.43}$$

也可推证出不等式 (17.42),见下:

在不等式(17.42)中作代换$x \to xr_a, y \to yr_b, z \to zr_c$,然后应用简单的不等式$r_b r_c \geqslant h_a^2$可得

$$\sum x^2 \frac{r_a^2}{\sin^2 \frac{A}{2}} \geqslant 4 \sum yz h_a^2 \qquad (17.44)$$

再作代换$x \to x/(r_a \sin A)$等等,即可得

$$\sum \frac{x^2}{\sin^2 A \sin^2 \frac{A}{2}} \geqslant 4 \sum yz \frac{h_a^2}{r_b r_c \sin B \sin C} \qquad (17.45)$$

又容易证明

$$\cos^2 \frac{A}{2} = \frac{r_b r_c \sin B \sin C}{h_a^2} \qquad (17.46)$$

于是可知式(17.41)成立,进而同上推得不等式(17.42).

注17.5 根据推论17.15与三元二次型不等式的降幂定理,有

$$\sum x^2 \cos \frac{B}{2} \cos \frac{C}{2} \geqslant \sum yz \sin B \sin C \qquad (17.47)$$

这启发作者提出并证明了有趣的对偶不等式

$$\sum x^2 \sin \frac{B}{2} \sin \frac{C}{2} \geqslant \sum yz \cos B \cos C \qquad (17.48)$$

我们把这个不等式的证明留给读者自行完成.

(三)

在推论十七的不等式(17.2)中,作代换$x \to x\sqrt{\tan A}, y \to y\sqrt{\tan B}, z \to x\sqrt{\tan C}$,然后应用第10章命题10.1给出的锐角三角形不等式

$$\tan B \tan C \geqslant \cot^2 \frac{A}{2} \qquad (17.49)$$

可知对正数x, y, z进而对任意实数x, y, z有

$$\sum x^2 \tan^2 A \geqslant 2 \sum yz \frac{\sin A_1 \sin A_2}{\sin A} \cot \frac{A}{2}$$

由此可得本节的主要结果:

推论 17.16[226] 对锐角 $\triangle ABC$ 与任意 $\triangle A_1B_1C_1$, $\triangle A_2B_2C_2$ 以及任意实数 x, y, z 有

$$\sum x^2 \tan^2 A \geqslant \sum yz \frac{\sin A_1 \sin A_2}{\sin^2 \frac{A}{2}} \qquad (17.50)$$

下面,我们由此推论展开讨论.

在式(17.50)中,令 $\triangle A_1B_1C_1 \sim \triangle ABC$, $\triangle A_2B_2C_2 \sim \triangle A'B'C'$,即得:

推论 17.17 对锐角 $\triangle ABC$ 与 $\triangle A'B'C'$ 以及任意实数 x, y, z 有

$$\sum x^2 \tan^2 A \geqslant 2 \sum yz \cot \frac{A}{2} \sin A' \qquad (17.51)$$

在式(17.50)中,令 $\triangle A_1B_1C_1 \sim \triangle A_2B_2C_2 \sim \triangle A'B'C'$,又得:

推论 17.18[3] 对锐角 $\triangle ABC$ 与任意 $\triangle A'B'C'$ 以及任意实数 x, y, z 有

$$\sum x^2 \tan^2 A \geqslant \sum yz \frac{\sin^2 A'}{\sin^2 \frac{A}{2}} \qquad (17.52)$$

令 $\triangle A'B'C'$ 为正三角形,则由上式得:

推论 17.19[3] 对锐角 $\triangle ABC$ 与任意实数 x, y, z 有

$$\sum x^2 \tan^2 A \geqslant \frac{3}{4} \sum yz \csc^2 \frac{A}{2} \qquad (17.53)$$

令 $\triangle A'B'C' \sim \triangle ABC$,由式(17.51)或式(17.52)得

推论 17.20[3] 对锐角 $\triangle ABC$ 与任意实数 x, y, z 有

$$\sum x^2 \tan^2 A \geqslant 4 \sum yz \cos^2 \frac{A}{2} \qquad (17.54)$$

注 17.6 由上式利用 $\cos^2 \frac{A}{2} \geqslant \sin B \sin C$ 容易推得前面的不等式(17.37),因此推论17.20强于推论2.10.下面的推论17.21~17.26也都强于推论2.10.

在锐角 $\triangle ABC$ 中成立不等式

$$2 \cos^2 \frac{A}{2} \geqslant \sin^2 B + \sin^2 C \qquad (17.55)$$

这易证如下:由于

$$\frac{1}{2}(\cos 2B + \cos 2C) + \cos A = 2 \cos A \sin^2 \frac{B-C}{2} \qquad (17.56)$$

由此可见 $A < \pi/2$ 时有

$$\frac{1}{2}(\cos 2B + \cos 2C) + \cos A \geqslant 0$$

进而易得不等式(17.55).

根据式(17.54)与式(17.55)即知下述不等式对正数x, y, z继而对任意实数x, y, z成立:

推论 17.21 对锐角$\triangle ABC$与任意实数x, y, z有

$$\sum x^2 \tan^2 A \geqslant 2 \sum yz \left(\sin^2 B + \sin^2 C\right) \tag{17.57}$$

在不等式(17.54)中,作代换$x \to x/\sin A$等等,则有

$$\sum \frac{x^2}{\cos^2 A} \geqslant 4 \sum yz \frac{\cos^2 \dfrac{A}{2}}{\sin B \sin C} \tag{17.58}$$

根据第9章中命题9.1给出的恒等式

$$\frac{\cos^2 \dfrac{A}{2}}{\sin B \sin C} = \frac{a^2}{4(s-b)(s-c)} = \frac{r_b r_c}{h_a^2} = \frac{r_b + r_c}{2h_a} = \frac{(r_b + r_c)^2}{4 r_b r_c} \tag{17.59}$$

由式(17.58)得

$$\sum \frac{x^2}{\cos^2 A} \geqslant \sum yz \frac{a^2}{(s-b)(s-c)} \tag{17.60}$$

接着进行代换$x \to x(s-a)$等等,得:

推论 17.22 对锐角$\triangle ABC$与任意实数x, y, z有

$$\sum x^2 \frac{(s-a)^2}{\cos^2 A} \geqslant \sum yz a^2 \tag{17.61}$$

由式(17.58)与式(17.59)以及简单的不等式$r_b r_c \geqslant w_a^2$(见第2章中不等式(2.49))可得:

推论 17.23 对锐角$\triangle ABC$与任意实数x, y, z有

$$\sum \frac{x^2}{\cos^2 A} \geqslant 4 \sum yz \frac{w_a^2}{h_a^2} \tag{17.62}$$

注 17.7 因$h_a = w_a \cos \dfrac{B-C}{2}$,可知上式等价于涉及锐角$\triangle ABC$的二次型三角不等式

$$\sum x^2 \sec^2 A \geqslant 4 \sum yz \sec^2 \frac{B-C}{2} \tag{17.63}$$

这个不等式与不等式(17.62)显然都加强了推论2.10的不等式,即前面的不等式(17.37).

显然,由式(17.58)与式(17.59)还可得:

推论 17.24 对锐角 $\triangle ABC$ 任意实数 x,y,z 有

$$\sum \frac{x^2}{\cos^2 A} \geqslant 2 \sum yz \frac{r_b + r_c}{h_a} \tag{17.64}$$

注 17.8 在上式中作代换 $x \to x/\sqrt{r_a}$ 等等,然后利用简单的不等式 $r_b + r_c \geqslant 2\sqrt{r_b r_c}$,可得类似于第 2 章中推论 2.36 的不等式

$$\sum \frac{x^2}{r_a \cos^2 A} \geqslant 4 \sum \frac{yz}{h_a} \tag{17.65}$$

这等价于第 13 章中推论 13.8 的不等式

$$\sum x^2 \frac{s-a}{\cos^2 A} \geqslant 2 \sum yza \tag{17.66}$$

可见,推论 17.24 强于推论 13.8.

由式(17.64)与锐角三角形不等式

$$r_b + r_c \geqslant 2m_a \tag{17.67}$$

(见第 2 章中命题 2.5),便得:

推论 17.25 对锐角 $\triangle ABC$ 任意实数 x,y,z 有

$$\sum \frac{x^2}{\cos^2 A} \geqslant 4 \sum yz \frac{m_a}{h_a} \tag{17.68}$$

由式(17.58)与式(17.59)还可知

$$\sum \frac{x^2}{\cos^2 A} \geqslant \sum yz \frac{(r_b + r_c)^2}{r_b r_c} \tag{17.69}$$

在上式中作代换 $x \to xr_a$ 等等,然后利用不等式(17.67),就得:

推论 17.26 对锐角 $\triangle ABC$ 与任意实数 x,y,z 有

$$\sum x^2 \frac{r_a^2}{\cos^2 A} \geqslant 4 \sum yzm_a^2 \tag{17.70}$$

注 17.9 根据三元二次不等式的降幂定理,可得上式的指数推广

$$\sum x^2 \frac{r_a^k}{\cos^k A} \geqslant 2^k \sum yzm_a^k \tag{17.71}$$

其中 $0 < k \leqslant 2$(可以证明使上式对锐角 $\triangle ABC$ 成立的最大 k 值 $k_{\max}$ 等于 2).特别地,取 $x = y = z = 1$,可知在锐角 $\triangle ABC$ 中有

$$\sum \frac{r_a^k}{\cos^k A} \geqslant 2^k \sum m_a^k \tag{17.72}$$

这不等式似乎一般地当 $k > 2$ 或 $k \leqslant -0.638$ 时成立,但作者未得出证明.

现在,我们指出,采用第8章中推论8.17的推导方法,由推论17.18容易得到强于推论17.10的下述结论:

推论 17.27 对锐角 $\triangle ABC$ 与任意 $\triangle A'B'C'$ 以及任意实数 x, y, z 有

$$\sum x^2 h_a^2 \tan^2 A \geqslant 4 \sum yz w_a^2 \sin^2 A' \tag{17.73}$$

类似地,应用推论17.18与第8章中相关的不等式还可得到以下三个推论:

推论 17.28 对锐角 $\triangle ABC$ 与任意 $\triangle A'B'C'$ 以及任意实数 x, y, z 有

$$\sum x^2 (b+c)^2 \tan^2 A \geqslant 4 \sum yz(b+c)^2 \sin^2 A' \tag{17.74}$$

推论 17.29 对锐角 $\triangle ABC$ 与任意 $\triangle A'B'C'$ 以及任意实数 x, y, z 有

$$\sum x^2 (b^2 + c^2) \tan^2 A \geqslant 4 \sum yz(b^2 + c^2) \sin^2 A' \tag{17.75}$$

推论 17.30 对锐角 $\triangle ABC$ 与任意 $\triangle A'B'C'$ 以及任意实数 x, y, z 有

$$\sum x^2 m_a^2 \tan^2 A \geqslant 4 \sum yz m_a^2 \sin^2 A' \tag{17.76}$$

第18章 推论十八及其应用

本章中,我们给出三正弦不等式一个简单、直接的推论,继而讨论它的一些应用.

在三正弦不等式

$$\sum x^2 \frac{a}{r_1} \geqslant 4 \sum yz \frac{\sin A_1 \sin A_2}{\sin A} \qquad (18.1)$$

中,取$x = r_1, y = r_2, z = r_3$,利用有关$\triangle ABC$内部一点$P$的恒等式

$$\sum ar_1 = 2S \qquad (18.2)$$

即得:

推论十八[3] 对$\triangle ABC$内部任意一点P与$\triangle A_1 B_1 C_1$以及$\triangle A_2 B_2 C_2$有

$$\sum r_2 r_3 \frac{\sin A_1 \sin A_2}{\sin A} \leqslant \frac{1}{2}S \qquad (18.3)$$

等号当且仅当$\triangle A_1 B_1 C_1 \sim \triangle A_2 B_2 C_2$且$S_a : S_b : S_c = \sin 2A_1 : \sin 2B_1 : \sin 2C_1$时成立.

上述不等式更一般的推广见附录B中推论B8.3.

(一)

在不等式(18.3)中,令$\triangle ABC$为锐角三角形且P为其外心,则有$r_1 = R \cos A$等等,从而得

$$R^2 \sum \cos B \cos C \cdot \frac{\sin A_1 \sin A_2}{\sin A} \leqslant \frac{1}{2}S$$

两边同时除以$\prod \cos A$,再利用$\triangle ABC$中的等式

$$S = 2R^2 \prod \sin A \qquad (18.4)$$

$$\sum \tan A = \prod \tan A \tag{18.5}$$

就得下述三角不等式:

推论 18.1[3]　在锐角 $\triangle ABC$ 与任意 $\triangle A_1B_1C_1$, $\triangle A_2B_2C_2$ 中有

$$\sum \frac{\sin A_1 \sin A_2}{\sin 2A} \leqslant \frac{1}{2} \sum \tan A \tag{18.6}$$

等号当且仅当 $\triangle A_1B_1C_1 \sim \triangle A_2B_2C_2 \sim \triangle ABC$ 时成立.

在上述推论中,令 $\triangle A_1B_1C_1 \sim \triangle ABC, \triangle A_2B_2C_2 \sim \triangle A'B'C'$,则得第1章中推论1.10的不等式,即有关锐角 $\triangle ABC$ 与任意 $\triangle A'B'C'$ 的不等式

$$\sum \frac{\sin A'}{\cos A} \leqslant \sum \tan A \tag{18.7}$$

其中等号当且仅当 $\triangle ABC \sim \triangle A'B'C'$ 时成立.

设 $\triangle A_1B_1C_1$ 与 $\triangle A_2B_2C_2$ 均相似于 $\triangle A'B'C'$,则由式(18.6)可得以下涉及两个三角形的不等式:

推论 18.2　在锐角 $\triangle ABC$ 与任意 $\triangle A'B'C'$ 中有

$$\sum \frac{\sin^2 A'}{\sin 2A} \leqslant \frac{1}{2} \sum \tan A \tag{18.8}$$

等号当且仅当 $\triangle A'B'C' \sim \triangle ABC$ 时成立.

注 18.1　上述推论实际上等价于第7章中的推论7.15.事实上,在不等式(18.8)中,对 $\triangle ABC$ 作第1章中命题1.2中所述 K_1 角变换 $A \to (\pi - A)/2$ 等等,即知对任意 $\triangle ABC$ 与 $\triangle A'B'C'$ 有

$$\sum \frac{\cos^2 \frac{A'}{2}}{\sin(\pi - A)} \leqslant \frac{1}{2} \sum \tan \frac{\pi - A}{2}$$

于是

$$\sum \frac{1 + \cos A'}{\sin A} \leqslant \sum \cot \frac{A}{2}$$

再注意到 $\cot \frac{A}{2} - \frac{1}{\sin A} = \cot A$,即可得推论7.15的结果

$$\sum \frac{\cos A'}{\sin A} \leqslant \sum \cot A \tag{18.9}$$

反之,由不等式(18.9)可推得式(18.8)对锐角 $\triangle ABC$ 与任意 $\triangle A'B'C'$ 成立.因此, 推论18.2与推论7.15是等价的.

现设△ABC为锐角三角形并取P为其垂心,则有$r_1 = 2R\cos B\cos C$等等,于是由不等式(18.3)得

$$4R^2 \prod \cos A \sum \sin A_1 \sin A_2 \cot A \leqslant \frac{1}{2}S$$

两边除以$\prod \cos A$再利用等式(18.4)与等式(18.5),就得:

推论18.3　在锐角△ABC与任意△$A_1B_1C_1$,△$A_2B_2C_2$中有

$$\sum \sin A_1 \sin A_2 \cot A \leqslant \frac{1}{4}\sum \tan A \tag{18.10}$$

上述推论又有下面两个显然的子推论:

推论18.4　在锐角△ABC与任意△$A'B'C'$中有

$$\sum \cot A \sin^2 A' \leqslant \frac{1}{4}\sum \tan A \tag{18.11}$$

推论18.5　在锐角△ABC与任意△$A'B'C'$中有

$$\sum \cos A \sin A' \leqslant \frac{1}{4}\sum \tan A \tag{18.12}$$

现在,我们在推论十八中令P为△ABC的类似重心,则由命题1.1(e)可知$r_1 = 2aS/\sum a^2$等等,从而得

$$4S^2 \sum bc\frac{\sin A_1 \sin A_2}{\sin A} \geqslant \frac{1}{2}\left(\sum a^2\right)^2$$

由此利用面积公式$S = \frac{1}{2}bc\sin A$与已知等式

$$\sum \cot A = \frac{1}{4S}\sum a^2 \tag{18.13}$$

即易得:

推论18.6[228]　在△ABC,△$A_1B_1C_1$,△$A_2B_2C_2$中有

$$\sum \frac{\sin A_1 \sin A_2}{\sin^2 A} \leqslant \left(\sum \cot A\right)^2 \tag{18.14}$$

等号当且仅当△$A_1B_1C_1 \sim$ △$A_2B_2C_2$且$\sin 2A_1 : \sin 2B_1 : \sin 2C_1 = \sin^2 A : \sin^2 B : \sin^2 C$ 时成立.

这一节余下部分由上述推论展开讨论.

在不等式(18.14)中,令△$A_1B_1C_1 \sim$ △$A_2B_2C_2 \sim$ △$A'B'C'$,则得下述优美的涉及两个三角形的不等式:

推论 18.7[228]   在 $\triangle ABC$ 与 $\triangle A'B'C'$ 中有

$$\sum \left(\frac{\sin A'}{\sin A} \right)^2 \leqslant \left(\sum \cot A \right)^2 \tag{18.15}$$

等号当且仅当 $\sin 2A' : \sin 2B' : \sin 2C' = \sin^2 A : \sin^2 B : \sin^2 C$ 时成立.

在式(18.15)中,令 $A' = (\pi - A)/2$ 等等,可得有关单个三角形的下述三角不等式:

推论 18.8   在 $\triangle ABC$ 中有

$$\left(\sum \cot A \right)^2 \geqslant \frac{1}{4} \sum \csc^2 \frac{A}{2} \tag{18.16}$$

令 $\triangle ABC$ 为正三角形时,由式(18.15)又可得:

推论 18.9[161]   在 $\triangle ABC$ 中有

$$\left(\sum \cot A \right)^2 \geqslant \frac{3}{4} \sum \csc^2 A \tag{18.17}$$

在式(18.15)中,令 $\triangle A'B'C' \sim \triangle ACB$,则 $A' = A, B' = C, C' = B$,利用正弦定理得

$$1 + \frac{c^2}{b^2} + \frac{b^2}{c^2} \leqslant \left(\sum \cot A \right)^2$$

于是可得:

推论 18.10[228]   在 $\triangle ABC$ 中有

$$\left(\frac{b}{c} + \frac{c}{b} \right)^2 - \left(\sum \cot A \right)^2 \leqslant 1 \tag{18.18}$$

注 18.2   上式促使作者发现并证明(从略)了不等式

$$\left(\sum \cot A \right)^2 \leqslant \frac{R^2}{r^2} - 1 \tag{18.19}$$

这表明不等式(18.18)实际上强于第9章中推论9.13给出的 Bǎndilǎ 不等式

$$\frac{b}{c} + \frac{c}{b} \leqslant \frac{R}{r} \tag{18.20}$$

在推论18.6中,令 $\triangle A_1 B_1 C_1 \sim \triangle BCA$, $\triangle A_2 B_2 C_2 \sim \triangle CAB$,得

$$\left(\sum \cot A \right)^2 \geqslant \sum \frac{bc}{a^2} \tag{18.21}$$

两边开平方并利用等式(18.13),即得有关边长与面积的下述不等式:

推论 18.11 在 $\triangle ABC$ 中有

$$\sum a^2 \geqslant 4\sqrt{\sum \frac{bc}{a^2}} S \qquad (18.22)$$

上式是 Weitzenböck 不等式[229]

$$\sum a^2 \geqslant 4\sqrt{3}\, S \qquad (18.23)$$

(另见专著《GI》中不等式4.4)的一个加强.事实上,不等式(18.22)还可进一步加强为

$$\sum a^2 \geqslant \sqrt{8 \sum \frac{b^2 + c^2}{a^2}} S \qquad (18.24)$$

我们把上式的证明留给读者.

在不等式(18.15)中,令 $\triangle A'B'C' \sim \triangle BCA$,利用等式(18.13)得:

推论 18.12 在 $\triangle ABC$ 中有

$$\sum a^2 \geqslant 4\sqrt{\sum \frac{a^2}{b^2}} S \qquad (18.25)$$

注 18.3 不等式(18.25)是 Klamkin 最先在文献[149]中建立的.在文献[158]中,安振平利用第0章中的不等式(0.4)得出下述不等式:对 $\triangle ABC$ 与 $\triangle A'B'C'$ 以及任意正数 λ, μ, ν 为正数有 $\triangle ABC$ 与 $\triangle A'B'C'$ 中有

$$\left(\sum \lambda a a'\right)^2 \geqslant 16 S S' \sum \lambda \mu \frac{bb'}{cc'} \qquad (18.26)$$

不等式(18.25)显然是上式的一个推论.直接证明不等式(18.25)是较困难的,刘保乾曾指出此不等式等价于

$$\sum \frac{b^2(b^2 - a^2)^2}{c^2} \geqslant \frac{1}{2} \sum (b^2 - c^2)^2 \qquad (18.27)$$

张小明[230]给出了上式一个直接的证明.笔者[231]给出了不等式(18.25)另一个证明.

对于锐角 $\triangle ABC$,可在不等式(18.15)中取 $A' = \pi - 2A, B' = \pi - 2B, C' = \pi - 2C$,从而得

$$\left(\sum \cot A\right)^2 \geqslant 4\sum \cos^2 A \qquad (18.28)$$

再利用等式(18.13)得:

推论 18.13 在锐角 $\triangle ABC$ 中有

$$\sum a^2 \geqslant 8\sqrt{\sum \cos^2 A}\, S \tag{18.29}$$

等号当且仅当 $\triangle ABC$ 为正三角形或等腰直角三角形时成立.

注 18.4 不等式 (18.29) 实际上对任意 $\triangle ABC$ 成立. 它最初是 Klamkin 在文献 [232] 给出的, 但他也只对锐角 $\triangle ABC$ 证明了这个不等式. 陈计[161] 最先给出了不等式 (18.28) 的一个简单证明, 他发现在 Kooi 三角不等式

$$\left(\sum x\right)^2 \geqslant 4\sum yz \sin^2 A \tag{18.30}$$

中取 $x = \cot A$ 等等, 就可推得与不等式 (18.29) 等价的三角不等式 (18.28).

现于不等式 (18.14) 中作第 1 章中命题 1.2 的 K_1 角变换 $A \to (\pi - A)/2$ 等等, 则

$$\sum \frac{\sin A_1 \sin A_2}{\cos^2 \dfrac{A}{2}} \leqslant \left(\sum \tan \frac{A}{2}\right)^2 \tag{18.31}$$

再令 $\triangle A_1 B_1 C_1 \sim \triangle ABC$, $\triangle A_2 B_2 C_2 \sim \triangle A'B'C'$, 即得下述涉及两个三角形的三角不等式:

推论 18.14[228] 在 $\triangle ABC$ 与 $\triangle A'B'C'$ 中有

$$2\sum \tan \frac{A}{2} \sin A' \leqslant \left(\sum \tan \frac{A}{2}\right)^2 \tag{18.32}$$

令 $\triangle A'B'C' \sim \triangle ABC$, 由上式又可得第 7 章提到的 Garfunkel-Bankoff 不等式的等价式

$$\left(\sum \tan \frac{A}{2}\right)^2 \geqslant 4\sum \sin^2 \frac{A}{2} \tag{18.33}$$

注 18.5 上式还可延拓为不等式链

$$\frac{1}{3}\sum \cot^2 \frac{A}{2} \geqslant \left(\sum \cot A\right)^2 \geqslant \frac{1}{4}\sum \csc^2 \frac{A}{2} \geqslant \frac{3}{4}\sum \csc^2 A$$
$$\geqslant \left(\sum \tan \frac{A}{2}\right)^2 \geqslant 4\sum \sin^2 \frac{A}{2} \tag{18.34}$$

其中第一个不等式见于文献 [161], 第二个不等式即为前面的不等式 (18.16), 第三个与第四个不等式易用 "R-r-s" 方法证明 (详略).

(二)

这一节中,我们主要讨论由推论十八得出的一些涉及三角形内部一点的几何不等式.

首先指出,在推论十八中令 $\triangle A_1B_1C_1 \sim \triangle A'B'C'$, $\triangle A_2B_2C_2 \sim \triangle ABC$, 可得第1章中推论1.26的不等式

$$\sum r_2r_3 \frac{\sin A'}{\sin \dfrac{A}{2}} \leqslant S \tag{18.35}$$

等号当且仅当 P 为 $\triangle ABC$ 的内心, $A' = \dfrac{\pi - A}{2}$, $B' = \dfrac{\pi - B}{2}$, $C' = \dfrac{\pi - C}{2}$ 时成立.

在不等式(18.3)中,令 $\triangle A_1B_1C_1 \sim \triangle ABC$, $\triangle A_2B_2C_2 \sim \triangle A'B'C'$, 得

$$\sum r_2r_3 \sin A' \leqslant \frac{1}{2}S \tag{18.36}$$

两边除以 S', 就得:

推论 18.15 对 $\triangle ABC$ 内部任意一点 P 与 $\triangle A'B'C'$ 有

$$\sum \frac{r_2r_3}{b'c'} \leqslant \frac{S}{4S'} \tag{18.37}$$

等号当且仅当 $\triangle ABC \sim \triangle A'B'C'$ 且 P 为 $\triangle ABC$ 的外心时成立.

特别地,令 $\triangle A'B'C' \sim \triangle ABC$, 即得第7章中推论7.40所述Gerasimov不等式

$$\sum \frac{r_2r_3}{bc} \leqslant \frac{1}{4} \tag{18.38}$$

顺便指出,由有关 $\triangle ABC$ 内部一点 P 的恒等式

$$\sum \frac{r_2r_3}{bc} = \frac{S_p}{S} \tag{18.39}$$

可知Gerasimon不等式等价于常见的垂足三角形面积不等式

$$S_p \leqslant \frac{1}{4}S \tag{18.40}$$

在第1章中,我们已经指出由式(18.35)可以得出Carlitz-Klamkin不等式

$$\sum \frac{r_2r_3}{(s-b)(s-c)} \leqslant 1 \tag{18.41}$$

可见,推论十八实际上包含了Gerasimov不等式与Carlitz-Klamkin不等式这两个重要的几何不等式.

在第5章中,推论5.12给出了不等式

$$\sum \frac{1}{r_2 r_3} \geqslant \frac{1}{r^2} + \frac{4}{Rr} \tag{18.42}$$

下面,我们应用Gerasimov不等式(18.38)与第1章中的推论1.28来建立上式的指数推广:

推论18.16[94] 对△ABC内部任意一点P与任意正数k有

$$\sum \frac{1}{(r_2 r_3)^k} \geqslant \frac{1}{r^{2k}} + \frac{2^{k+1}}{(Rr)^k} \tag{18.43}$$

当$-1 \leqslant k < 0$时不等号反向成立.

证明 先分两种情形来证明不等式

$$\sum \frac{a}{(r_2 r_3)^k} \geqslant \frac{2^{k+1}s}{(Rr)^k} \tag{18.44}$$

对任意正数k成立.

情形1. 当$0 < k \leqslant 1$时.

按加权幂平均不等式与Gerasimov不等式(18.38),当$k > 1$时有

$$\left[\frac{\sum a(r_2 r_3)^k}{\sum a} \right]^{1/k} \leqslant \frac{\sum a r_2 r_3}{\sum a} \leqslant \frac{abc}{8s} = \frac{1}{2}Rr$$

于是可得

$$\sum a(r_2 r_3)^k \leqslant 2s \left(\frac{1}{2}Rr \right)^k \tag{18.45}$$

注意到$k = 1$时上式化为与式(18.38)等价的不等式$\sum a r_2 r_2 \leqslant abc/4$,因此上式实际上当$0 < k \leqslant 1$时成立.

按Cauchy不等式又可知

$$\sum a(r_2 r_3)^k \sum \frac{a}{(r_2 r_3)^k} \geqslant 4s^2$$

(其中k为任意实数)据此与式(18.45)就知不等式(18.44)当$0 < k \leqslant 1$时成立.

情形2. 当$k > 1$时.

按加权幂平均不等式与恒等式(18.2)有

$$\left[\frac{\sum ar_1^k}{\sum a}\right]^{1/k} \geqslant \frac{\sum ar_1}{\sum a} = 2r$$

所以

$$\sum ar_1^k \geqslant 2sr^k \tag{18.46}$$

等号当且仅当P为$\triangle ABC$的内心时成立.根据这个不等式与已知不等式

$$r_1r_2r_2 \leqslant \frac{1}{27}h_ah_bh_c \tag{18.47}$$

(见《GI》中不等式12.11),即知当$k > 1$时有

$$\sum \frac{a}{(r_2r_3)^k} = \frac{\sum ar_1^k}{(r_1r_2r_3)^k} \geqslant \frac{2sr^k}{(h_ah_bh_c/27)^k}$$

注意到$h_ah_bh_c = 2r^2s^2/R$,就得

$$\sum \frac{a}{(r_2r_3)^k} \geqslant 2s\left(\frac{27R}{2rs^2}\right)^k \tag{18.48}$$

其中$k > 1$.又由简单的已知不等式$2s \leqslant 3\sqrt{3}R$易知

$$\frac{27R}{2rs^2} \geqslant \frac{2}{Rr}$$

因此,由式(18.48)可推知不等式(18.44)当$k > 1$时成立.

综合以上两种情形的讨论,可知不等式(18.44)对任意正数k成立(在文献[94]中作者只证明了$0 < k \leqslant 1$的情形).

将不等式(18.44)与推论1.28所述$k > 0$情形的不等式

$$\sum \frac{s-a}{(r_2r_3)^k} \geqslant \frac{s}{r^{2k}} \tag{18.49}$$

相加,然后两边除以s,即知不等式(18.43)对任意正数k成立.

最后证明:当$-1 \leqslant k < 0$时不等式(18.43)反向成立,这等价于需要证明当$0 < k \leqslant 1$时成立

$$\sum (r_2r_3)^k \leqslant r^{2k} + 2^{1-k}(Rr)^k \tag{18.50}$$

将不等式(18.45)与第2章中推论1.28所述$0 < k \leqslant 1$情形的不等式

$$\sum (s-a)(r_2 r_3)^k \leqslant s r^{2k} \tag{18.51}$$

相加,然后两边除以s即易得式(18.50).至此,推论18.16证毕. □

顺便指出,当$0 < k \leqslant 2$或$-1 \leqslant k < 0$时,不等式(18.43)很可能存在"$r\text{-}w$"对偶不等式.

现在,我们回到主推论的不等式(18.3)中来.

在推论十八中,令$\triangle A_1 B_1 C_1$为正三角形且$\triangle ABC \sim \triangle A'B'C'$,得:

推论 18.17 对$\triangle ABC$内部任意一点P与$\triangle A'B'C'$有

$$\sum r_2 r_3 \frac{\sin A'}{\sin A} \leqslant \frac{S}{\sqrt{3}} \tag{18.52}$$

等号当且仅当$\triangle A'B'C'$为正三角形且P为$\triangle ABC$的重心时成立.

设$\triangle ABC$为锐角三角形,则可在式(18.52)中取$A' = \pi - 2A, B' = \pi - B, C' = \pi - C$,从而得:

推论 18.18 对锐角$\triangle ABC$内部任意一点P有

$$\sum r_2 r_3 \cos A \leqslant \frac{\sqrt{3}}{6} S \tag{18.53}$$

注 18.6 作者在考虑上式的加强时,证明了锐角$\triangle ABC$的加权不等式

$$\left(\frac{\sum xa}{\sum a} \right)^2 \geqslant \frac{2}{3} \sum yz \cos A \tag{18.54}$$

其中x, y, z为任意实数.在这式中取$x = r_1, y = r_2, z = r_3$,再利用恒等式(18.2)与$S = rs$,可得较式(18.53)更强的不等式

$$\sum r_2 r_3 \cos A \leqslant \frac{3}{2} r^2 \tag{18.55}$$

对不等式(18.3)作附录A中定理A1的变换T_5(在此变换下$\sin A$等值不变),注意到在此变换下有转换关系$S \to 4R^2 S_p^2/S$(参见附录A中定理A2),得

$$\prod r_1 \sum r_1 \frac{\sin A_1 \sin A_2}{\sin A} \leqslant \frac{2R^2 S_p^2}{S}$$

两边同除以$(r_1 r_2 r_3)^2$,利用正弦定理与等式(18.39),即得:

推论 18.19 对 $\triangle ABC$ 内部任意一点 P 与 $\triangle A_1 B_1 C_1$ 以及 $\triangle A_2 B_2 C_2$ 有

$$\sum \frac{\sin A_1 \sin A_2}{r_2 r_3 \sin A} \leqslant \left(\sum \frac{a}{r_1} \right)^2 \tag{18.56}$$

等号当且仅当 $\triangle A_1 B_1 C_1 \sim \triangle A_2 B_2 C_2$ 且 $r_1 \dfrac{\sin 2A_1}{\sin A} = r_2 \dfrac{\sin 2A_1}{\sin B} = r_3 \dfrac{\sin 2C_1}{\sin C}$ 时成立.

在上述推论中, 令 $\triangle A_1 B_1 C_1 \sim \triangle A_2 B_2 C_2 \sim \triangle ABC$, 则上式化为

$$\sum \frac{\sin A}{r_2 r_3} \leqslant \left(\sum \frac{a}{r_1} \right)^2 \tag{18.57}$$

两边乘以 $(r_1 r_2 r_3)^2$, 则得

$$r_1 r_2 r_3 \sum r_1 \sin A \leqslant \left(\sum a r_2 r_3 \right)^2$$

再利用正弦定理与恒等式 $\sum a r_1 = 2S$ 以及等式 (18.39), 进而易得:

推论 18.20 对 $\triangle ABC$ 内部任意一点 P 有

$$\frac{S_p^2}{r_1 r_2 r_3} \geqslant \frac{S^2}{2R^3} \tag{18.58}$$

等号当且仅当 P 为 $\triangle ABC$ 的垂心时成立.

利用恒等式 (18.39) 与 $abc = 4SR$ 以及 $h_a h_b h_c = 8S^3/(abc)$, 容易推知不等式 (18.58) 等价于

$$\sum a \sqrt{\frac{r_2 r_3}{r_1}} \geqslant 2\sqrt{h_a h_b h_c} \tag{18.59}$$

由此可知, 当 $\triangle ABC$ 为锐角三角形时, 上式左边在 P 为 $\triangle ABC$ 的垂心时取得最小值. 这里, 介绍由不等式 (18.59) 受到启发提出的一个类似猜想 (对应图18.1):

猜想 18.1 对 $\triangle ABC$ 内部任意一点 P 有

$$\sum a \sqrt{\frac{e_2 e_3}{e_1}} \geqslant 2\sqrt{h_a h_b h_c} \tag{18.60}$$

等号当且仅当 P 为 $\triangle ABC$ 的垂心时成立.

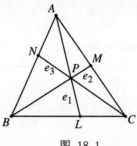

图 18.1

注 18.7　如果上述猜想正确,则利用它容易推得第12章中推论12.33有关锐角$\triangle ABC$的不等式

$$\sum \frac{e_2 e_3}{e_1} \tan A \geqslant \frac{2S}{R} \tag{18.61}$$

利用附录A中引理A1的恒等式

$$\sum a r_1 R_1^2 = 8R^2 S_p \tag{18.62}$$

不难知不等式(18.58)也等价于

$$\sum a \sqrt{\frac{r_1}{r_2 r_3}} R_1^2 \geqslant 4\sqrt{2R} \, S \tag{18.63}$$

于是又可知,当$\triangle ABC$为锐角三角形时,上式左边在P为$\triangle ABC$的垂心时取得最小值,这又促使作者针对图18.1提出下述猜想:

猜想 18.2　对$\triangle ABC$内部任意一点P有

$$\sum a \sqrt{\frac{e_1}{e_2 e_3}} R_1^2 \geqslant 4\sqrt{2R} \, S \tag{18.64}$$

等号当且仅当P为$\triangle ABC$的垂心时成立.

注 18.8　不等式(18.58)实际上弱于第12章中推论12.52的结果

$$\frac{r_1 r_2 r_3}{r_p^2} \leqslant 2R \tag{18.65}$$

换言之,应用上式容易推导出不等式(18.58)(从略).另外,利用公式$R_a = R_2 R_3/(2r_1)$与附录A中引理A2给出的等式

$$SR_1 R_2 R_3 = 8R_p S_p R^2 \tag{18.66}$$

还易知不等式(18.58)等价于

$$\frac{R_a R_b R_c}{R_p^2} \geqslant 4R \tag{18.67}$$

由此与式(18.65)可得不等式链

$$\frac{R_a R_b R_c}{R_p^2} \geqslant 4R \geqslant \frac{2r_1 r_2 r_3}{r_p^2} \tag{18.68}$$

其中等号均当且仅当P为$\triangle ABC$的垂心时成立.由上式易得

$$\frac{R_1 R_2 R_3}{r_1 r_2 r_3} \geqslant \frac{4R_p}{r_p} \tag{18.69}$$

作者在文献[234]中猜测成立类似的不等式

$$\frac{R_1 R_2 R_3}{r_1 r_2 r_3} \geqslant \frac{8R_p^2}{r^2} \tag{18.70}$$

最近,黄方剑[233]应用计算机通过十分复杂的计算证明了此不等式成立.

现在,在推论十八中令$\triangle A_2 B_2 C_2 \sim \triangle A'B'C'$,$\triangle A_1 B_1 C_1 \cong \triangle DEF$(这里$\triangle DEF$为点$P$关于$\triangle ABC$的垂足三角形),则易得

$$\sum r_2 r_3 \frac{a_p \sin A'}{\sin A} \leqslant SR_p$$

再利用$a_p = R_1 \sin A$就得

$$\sum r_2 r_3 R_1 \sin A' \leqslant SR_p \tag{18.71}$$

再在上式中取$A' = (\pi - A)/2$等等,即得:

推论 18.21 对$\triangle ABC$内部任意一点P有

$$\sum r_2 r_3 R_1 \cos \frac{A}{2} \leqslant R_p S \tag{18.72}$$

等号当且仅当P为$\triangle ABC$的内心时成立.

令P为锐角$\triangle ABC$的外心,由九点圆定理可知这时有$R_p = R/2$,据此由式(18.72)利用命题1.1(d)可得

$$4R^3 \cos A \cos B \cos C \sum \cos^2 A \cos \frac{A}{2} \leqslant \frac{1}{2} RS$$

再利用$abc = 4RS$与前面的等式(18.4)以及(18.5),即易得下述三角不等式:

推论 18.22 在锐角$\triangle ABC$中有

$$\sum \tan A \geqslant 8 \sum \cos \frac{A}{2} \cos^2 A \tag{18.73}$$

注 18.9 上式还可延拓为

$$\sum \tan A \geqslant 8 \sum \cos \frac{A}{2} \cos^2 A \geqslant \sqrt{3} \left(\sum \tan \frac{A}{2} \right)^2 \tag{18.74}$$

我们把上式的证明留给读者完成.

1992 年,作者在文献[91]中未加证明地给出了有关垂足三角形外接圆半径的严格不等式

$$R_p < R \tag{18.75}$$

(时隔二十一年后,作者在文献[234]中给出了上式一个简单的证明并得出了它的加强与加细),由此与式(18.71)有

$$\sum r_2 r_3 R_1 \sin A' < RS \tag{18.76}$$

令 $\triangle A'B'C'$ 为正三角形,由上式利用 $abc = 4SR$ 就得:

推论 18.23 对 $\triangle ABC$ 内部任意一点 P 有

$$\sum r_2 r_3 R_1 < \frac{\sqrt{3}}{6} abc \tag{18.77}$$

已知上式右端的系数 $\sqrt{3}/6$ 不是最优的,确定最优系数似乎并不容易.这里,我们针对和式 $\sum r_2 r_3 R_1$ 提出如下一个猜想:

猜想 18.3 对 $\triangle ABC$ 内部任意一点 P 有

$$\sum r_2 r_3 R_1 \leqslant \frac{27}{32} R^3 \tag{18.78}$$

等号当且仅当 $\triangle ABC$ 为正三角形且 P 为一边上的中点时成立.

下面,再来推导一个与垂足三角形外接圆半径相关的几何不等式.

由推论十八显然可得

$$\sum r_2 r_3 \frac{\sin^2 A'}{\sin A} \leqslant \frac{1}{2} S \tag{18.79}$$

再将上式中的 $\triangle A'B'C'$ 换成垂足 $\triangle DEF$,则有

$$\sum r_2 r_3 \frac{a_p^2}{\sin A} \leqslant 2SR_p^2 \tag{18.80}$$

再利用 $a_p = R_1 \sin A$,得

$$\sum r_2 r_3 R_1^2 \sin A \leqslant 2SR_p^2 \tag{18.81}$$

进而利用第2章中命题2.3的不等式

$$R_1 \sin \frac{A}{2} \geqslant \sqrt{r_2 r_3} \tag{18.82}$$

可得

$$\sum (r_2 r_3)^2 \cot \frac{A}{2} \leqslant S R_p^2 \tag{18.83}$$

又注意到

$$S = (s-b)(s-c) \cot \frac{A}{2} \tag{18.84}$$

于是得:

推论 18.24 对△ABC内部任意一点P有

$$\sum \frac{(r_2 r_3)^2}{(s-b)(s-c)} \leqslant R_p^2 \tag{18.85}$$

等号当且仅当P为△ABC的内心时成立.

由上述不等式显然可得:

推论 18.25 对△ABC内部任意一点P有

$$\sum \frac{(r_2 r_3)^2}{a^2} \leqslant \frac{1}{4} R_p^2 \tag{18.86}$$

令△ABC为锐角△ABC且取P为其外心,则由上式易得下述三角不等式:

推论 18.26 在锐角△ABC中有

$$\sum \frac{\cos^2 B \cos^2 C}{\sin^2 A} \leqslant \frac{1}{4} \tag{18.87}$$

第19章 推论十九及其应用

在最后这一章中,我们介绍由三正弦不等式与一个简单的几何变换得出的几何不等式,进而讨论它的应用.

我们先将本章的主要结果陈述如下:

推论十九[3] 对 $\triangle A_1B_1C_1$, $\triangle A_2B_2C_2$ 与 $\triangle ABC$ 内部任意一点 P 以及任意实数 x,y,z 有

$$\sum x^2 \frac{r_a}{r_2+r_3} \geqslant 2\sum yz\sin A_1\sin A_2 \tag{19.1}$$

等号当且仅当 $\triangle A_1B_1C_1 \sim \triangle A_2B_2C_2$ 且

$$x:y:z = \sin 2A_1 : \sin 2B_1 : \sin 2C_1 = \frac{r_2+r_3}{r_a} : \frac{r_3+r_1}{r_b} : \frac{r_1+r_2}{r_c}$$

时成立.

在证明上述结论前,我们先证明下述一个有关几何变换的命题:

命题 19.1 若对 $\triangle ABC$ 内部任意一点 P 成立不等式

$$f(r_1,r_2,r_3) \geqslant 0 \tag{19.2}$$

则此不等式经变换 K_r

$$(r_1,r_2,r_3) \to \left[\frac{h_a}{2r_a}(r_2+r_3), \frac{h_b}{2r_b}(r_3+r_1), \frac{h_c}{2r_c}(r_1+r_2)\right]$$

后成立,也即成立不等式

$$f\left[\frac{h_a}{2r_a}(r_2+r_3), \frac{h_b}{2r_b}(r_3+r_1), \frac{h_c}{2r_c}(r_1+r_2)\right] \geqslant 0 \tag{19.3}$$

证明 首先,注意到

$$\sum \frac{r_2+r_3}{r_a} = \frac{1}{S}\sum (s-a)(r_2+r_3) = \frac{1}{S}\sum ar_1$$

而 $\sum ar_1 = 2S$,因此有恒等式

$$\sum \frac{r_2 + r_3}{r_a} = 2 \tag{19.4}$$

由重心坐标可知不等式(19.2)等价于

$$f\left(\frac{x}{x+y+z}h_a, \frac{y}{x+y+z}h_b, \frac{z}{x+y+z}h_c\right) \geqslant 0 \tag{19.5}$$

其中 x, y, z 是不全为零的非负实数.在上式中取

$$x = \frac{r_2 + r_3}{r_a}, y = \frac{r_3 + r_1}{r_b}, z = \frac{r_1 + r_2}{r_c}$$

然后利用等式(19.4),即得不等式(19.3),这表明不等式(19.2)经变换 K_r 后成立.因此命题19.1获证. □

下面,我们来证明推论十九:

在三正弦不等式

$$\sum x^2 \frac{a}{r_1} \geqslant 4 \sum yz \frac{\sin A_1 \sin A_2}{\sin A} \tag{19.6}$$

中,作命题19.1所述几何变换 K_r,则有

$$\sum x^2 \frac{2ar_a}{(r_2 + r_3)h_a} \geqslant 4 \sum yz \frac{\sin A_1 \sin A_2}{\sin A}$$

再作代换 $x \to x/a, y \to y/b, z \to z/c$,然后两边乘以 $2S$ 并利用 $ah_a = bc \sin A = 2S$,即得不等式(19.1).

根据三正弦不等式等号成立的条件,容易确定式(19.1)中等号成立的条件.

注 19.1 采用证明三正弦不等式的方法(参见第0章),很容易证明下述结论:设正数 $\lambda_1, \lambda_2, \lambda_3$ 满足 $\sum \lambda_1 = 1$,则

$$\sum \frac{x^2}{\lambda_1} \geqslant 4 \sum yz \sin A_1 \sin A_2 \tag{19.7}$$

等号当且仅当 $\triangle A_1 B_1 C_1 \sim \triangle A_2 B_2 C_2$ 且 $x : y : z = \lambda_1 : \lambda_2 : \lambda_3 = \sin 2A_1 : \sin 2B_1 : \sin 2C_1$ 时成立.根据这个结论与恒等式(19.4)即知不等式(19.1)成立.另外,由恒等式

$$\sum \frac{r_1}{h_a} = 1 \tag{19.8}$$

还可知三正弦不等式的等价式即第0章中的不等式(0.16)

$$\sum x^2 \frac{h_a}{r_1} \geqslant 4 \sum yz \sin A_1 \sin A_2 \tag{19.9}$$

成立.

(一)

在不等式(19.1)中,取 $x = \sqrt{r_2 + r_3}, y = \sqrt{r_3 + r_1}, z = \sqrt{r_1 + r_2}$,即得:

推论 19.1 对 $\triangle ABC$ 内部任意一点 P 与 $\triangle A_1B_1C_1$ 以及 $\triangle A_2B_2C_2$ 有

$$\sum \sqrt{(r_3 + r_1)(r_1 + r_2)} \sin A_1 \sin A_2 \leqslant \frac{1}{2} \sum r_a \tag{19.10}$$

等号当且仅当 $\triangle A_1B_1C_1 \sim \triangle A_2B_2C_2$ 且 $\sqrt{r_2 + r_3} : \sqrt{r_3 + r_1} : \sqrt{r_1 + r_2} = r_a : r_b : r_c = \sin 2A_1 : \sin 2B_1 : \sin 2C_1$ 时成立.

在不等式(19.1)中,取 $x = (r_2 + r_3)/r_a$ 等等,再利用等式(19.4)得:

推论 19.2 对 $\triangle ABC$ 内部任意一点 P 与 $\triangle A_1B_1C_1$ 以及 $\triangle A_2B_2C_2$ 有

$$\sum \frac{(r_3 + r_1)(r_1 + r_2)}{r_b r_c} \sin A_1 \sin A_2 \leqslant 1 \tag{19.11}$$

等号当且仅当 $\triangle A_1B_1C_1 \sim \triangle A_2B_2C_2$ 且

$$\sin 2A_1 : \sin 2B_1 : \sin 2C_1 = \frac{r_2 + r_3}{r_a} : \frac{r_3 + r_1}{r_b} : \frac{r_1 + r_2}{r_c}$$

时成立.

在式(19.11)中,令 $A_1 = A_2 = (\pi - A)/2$ 等等,然后利用公式

$$\cos \frac{A}{2} = \sqrt{\frac{r_b r_c}{bc}} \tag{19.12}$$

即可得:

推论 19.3[23] 对 $\triangle ABC$ 内部任意一点 P 有

$$\sum \frac{(r_3 + r_1)(r_1 + r_2)}{bc} \leqslant 1 \tag{19.13}$$

等号当且仅当 $(r_2 + r_3) : (r_3 + r_1) : (r_1 + r_2) = \sin^2 \frac{A}{2} : \sin^2 \frac{B}{2} : \sin^2 \frac{C}{2}$ 时成立.

注 19.2 对第1章中推论1.27所述 Carlitz-Klamkin 不等式

$$\sum \frac{r_2 r_3}{(s - b)(s - c)} \leqslant 1 \tag{19.14}$$

使用命题19.1的变换 K_r 也可得出不等式(19.13).事实上,这两个不等式都易由 Wolstenholme 不等式

$$\left(\sum x\right)^2 \geqslant 4 \sum yz \cos^2 \frac{A}{2} \tag{19.15}$$

得出.严格地说,不等式(19.13)~(19.15)以及下面的不等式(19.19)与不等式(19.20)彼此都是等价的. 另外,我们指出,这些不等式均可推广为涉及平面上任意一点的情形,只要将这些不等式中的r_1, r_2, r_3视为平面上任意一点P到三边BC, CA, AB的有向距离,不等式就都是成立的.

在不等式(19.11)中,令$\triangle A_1B_1C_1 \sim \triangle ABC, \triangle A_2B_2C_2 \sim \triangle A'B'C'$,利用等式

$$r_b r_c = S \cot \frac{A}{2} \tag{19.16}$$

易得:

推论19.4 对$\triangle ABC$内部任意一点P与$\triangle A'B'C'$有

$$\sum (r_3 + r_1)(r_1 + r_2) \sin^2 \frac{A}{2} \sin A' \leqslant \frac{1}{2} S \tag{19.17}$$

等号当且仅当$\triangle A'B'C' \sim \triangle ABC$且$(r_2 + r_3) : (r_3 + r_1) : (r_1 + r_2) = r_a \sin 2A : r_b \sin 2B : r_c \sin 2C$时成立.

令P为$\triangle ABC$的内心,由推论19.4可得:

推论19.5 在$\triangle ABC$与$\triangle A'B'C'$中有

$$\sum \sin^2 \frac{A}{2} \sin A' \leqslant \frac{1}{8} \sum \cot \frac{A}{2} \tag{19.18}$$

令$\triangle A'B'C' \sim \triangle ABC$,则由推论19.4易得:

推论19.6 对$\triangle ABC$内部任意一点P有

$$\sum \frac{(r_3 + r_1)(r_1 + r_2)}{bc} \sin^2 \frac{A}{2} \leqslant \frac{1}{4} \tag{19.19}$$

等号当且仅当$(r_2 + r_3) : (r_3 + r_1) : (r_1 + r_2) = r_a \sin 2A : r_b \sin 2B : r_c \sin 2C$时成立.

注19.3 对第7章中推论7.40给出的Gerasimov不等式

$$\sum \frac{r_2 r_3}{bc} \leqslant \frac{1}{4} \tag{19.20}$$

使用命题19.1的变换K_r也可得出不等式(19.19).

利用重心坐标(参见文献[129]),易知不等式(19.20)等价于涉及下述加权三角形不等式:

推论19.7 对$\triangle ABC$与任意正数x, y, z有

$$\sum \frac{(z + x)(x + y)}{bc} \sin^2 \frac{A}{2} \leqslant \frac{1}{4} \left(\sum \frac{x}{h_a} \right)^2 \tag{19.21}$$

等号当且仅当$(y+z):(z+x):(x+y)=r_a\sin 2A:r_b\sin 2B:r_c\sin 2C$时成立.

注 19.4 不等式(19.21)实际上对任意实数x,y,z成立.另外,在式(19.21)中,取$x=s-a,y=s-b,z=s-c$,经计算化简后可得第7章中提及的Kooi不等式

$$s^2\leqslant\frac{R(4R+r)^2}{2(2R-r)}\tag{19.22}$$

在式(19.21)中,令$x=\cos B\cos C$等等,则此时可证(详略)

$$\sum\frac{x}{h_a}=\frac{1}{2R}$$

$$\sum\frac{(z+x)(x+y)}{bc}\sin^2\frac{A}{2}=\frac{r(6R^2+5Rr+r^2-s^2)}{16R^5}$$

于是根据不等式(19.21)易得

推论 19.8 在$\triangle ABC$中有

$$s^2\geqslant 6R^2+5Rr+r^2-\frac{R^3}{r}\tag{19.23}$$

上式与重要的Gerretsen下界不等式$s^2\geqslant 16Rr-5r^2$(见推论5.4)是不分强弱的.

由推论19.2有

$$\sum\frac{(r_3+r_1)(r_1+r_2)}{r_br_c}\sin^2 A'\leqslant 1\tag{19.24}$$

于是

$$\sum\frac{(r_3+r_1)(r_1+r_2)}{r_br_c}a'^2\leqslant 4R'^2\tag{19.25}$$

由第1章命题1.4易知,以m_a,m_b,m_c为边长可构成外接圆半径为$\dfrac{m_am_bm_c}{3S}$的三角形,据此由上式得

$$\sum\frac{(r_3+r_1)(r_1+r_2)}{r_br_c}m_a^2\leqslant\frac{4(m_am_bm_c)^2}{9S^2}\tag{19.26}$$

注意到简单的已知不等式$m_a^2\geqslant r_br_c$,由上式即易得

$$\sum(r_3+r_1)(r_1+r_2)\leqslant\frac{4(m_am_bm_c)^2}{9S^2}\tag{19.27}$$

采用"R-r-s"方法可以证明(详略)在$\triangle ABC$中成立不等式

$$m_a m_b m_c \leqslant \frac{1}{2} R s^2 \qquad (19.28)$$

因此由式(19.27)利用$S = rs$即得下述不等式:

推论 19.9　对$\triangle ABC$内部任意一点P有

$$\sum (r_3 + r_1)(r_1 + r_2) \leqslant \frac{s^2 R^2}{9r^2} \qquad (19.29)$$

注意到第16章中命题16.1的不等式

$$8R m_a m_b m_c \geqslant \sum b^2 c^2 \qquad (19.30)$$

等价于

$$2 m_a m_b m_c \geqslant S \sum \frac{bc}{a} \qquad (19.31)$$

这促使作者猜测不等式(19.27)有以下加强:

猜想 19.1　对$\triangle ABC$内部任意一点P有

$$\sum (r_3 + r_1)(r_1 + r_2) \leqslant \frac{1}{9} \left(\sum \frac{bc}{a} \right)^2 \qquad (19.32)$$

现在,我们从推论19.2出发,来推证有关距离R_1, R_2, R_3与$\triangle ABC$常见几何元素的几个不等式.

容易证明

$$r_b r_c = 4R^2 \sin B \sin C \cos^2 \frac{A}{2} \qquad (19.33)$$

因此根据推论19.2与显然的不等式

$$r_2 + r_3 \geqslant R_1 \sin A \qquad (19.34)$$

(等号仅当P位于$\triangle ABC$的边AB或AC上时成立),便得严格不等式

$$\sum \frac{R_2 R_3}{\cos^2 \frac{A}{2}} \sin A_1 \sin A_2 < 4R^2 \qquad (19.35)$$

在上式中,取$A_1 = A_2 = (\pi - A)/2$等等,立得和式$\sum R_2 R_3$的一个上界:

推论 19.10　对$\triangle ABC$内部任意一点P有

$$\sum R_2 R_3 < 4R^2 \qquad (19.36)$$

注19.5 上式右端的系数4是最优的(不可换为更小的常数),这可说明如下:考虑边长为$1, 1, x(0 < x < 2)$的等腰三角形,假设边长为x的底边所对顶点是A.当$x \to 0, P \to A$时,易知$\sum R_2 R_3 \to 1$且$R \to 1/2$,从而有$\sum R_2 R_3 / R^2 \to 4$,所以式(19.36)中右端的系数是最佳的.

在式(19.35)式中,令$\triangle A_1 B_1 C_1 \sim \triangle A_2 B_2 C_2 \sim \triangle ABC$,得:

推论19.11 对$\triangle ABC$内部任意一点P有

$$\sum R_2 R_3 \sin^2 \frac{A}{2} < R^2 \tag{19.37}$$

注19.6 上式右端R^2前的系数1是最优的,这可说明如下:取P为锐角$\triangle ABC$的外心,则由式(19.37)可得

$$\sum \sin^2 \frac{A}{2} < 1 \tag{19.38}$$

注意到当$A \to 0, B = C \to (\pi - A)/2$时上式左端$\to 0$,所以不等式(19.38)右端的系数1是最优的,从而可知不等式(19.37)中右边R^2前的系数1是最优的.

在不等式(19.35)中,令$\triangle A_1 B_1 C_1 \sim \triangle ABC$并取$A_2 = (\pi - A)/2$等等,得:

推论19.12 对$\triangle ABC$内部任意一点P有

$$\sum R_2 R_3 \sin \frac{A}{2} < 2R^2 \tag{19.39}$$

已经知道上式右端的系数2不是最佳的,但尚不清楚最佳系数为何值.

(二)

在主推论的不等式(19.1)中,取$A_1 = A_2 = (\pi - A)/2$等等,则得类似于第1章中推论1.32与推论1.34的下述结论:

推论19.13[10] 对$\triangle ABC$内部任意一点P与任意实数x, y, z有

$$\sum x^2 \frac{r_a}{r_2 + r_3} \geqslant 2 \sum yz \cos^2 \frac{A}{2} \tag{19.40}$$

等号当且仅当$x:y:z = \sin A:\sin B:\sin C$且$(r_2 + r_3):(r_3 + r_1):(r_1 + r_2) = \sin^2 \frac{A}{2} : \sin^2 \frac{B}{2} : \sin^2 \frac{C}{2}$时成立.

注19.7 应用Cauchy不等式与Wolstenholme不等式(19.15)以及恒等式(19.4)也可快速得出不等式(19.40).

在式(19.40)中,令△ABC为锐角三角形且P为其外心,利用第1章中命题1.1(c)与等式

$$r_b + r_c = 4R\cos^2\frac{A}{2} \tag{19.41}$$

得

$$\sum x^2\frac{r_a}{\cos B + \cos C} \geqslant \frac{1}{2}\sum yz(r_b + r_c) \tag{19.42}$$

再作代换$x \to x(s-a)$等等,然后利用公式$r_a = S/(s-a)$,约简后得下述不等式:

推论19.14 对锐角△ABC与任意实数x, y, z有

$$\sum x^2\frac{s-a}{\cos B + \cos C} \geqslant \frac{1}{2}\sum yza \tag{19.43}$$

根据不等式(19.42)与锐角三角形不等式$r_b + r_c \geqslant 2m_a$(见第2章命题2.5),即知下述不等式对正数x, y, z进而对任意实数x, y, z成立:

推论19.15 对锐角△ABC与任意实数x, y, z有

$$\sum x^2\frac{r_a}{\cos B + \cos C} \geqslant \sum yzm_a \tag{19.44}$$

在式(19.42)中,作代换$x \to x/\sqrt{r_a}$等等,利用等式

$$\cos B + \cos C = \frac{h_b + h_c}{r_b + r_c} \tag{19.45}$$

可得

$$\sum x^2\frac{r_b + r_c}{h_b + h_c} \geqslant \frac{1}{2}\sum yz\left(\sqrt{\frac{r_b}{r_c}} + \sqrt{\frac{r_c}{r_a}}\right) \tag{19.46}$$

再利用不等式(证略)

$$\sqrt{\frac{r_b}{r_c}} + \sqrt{\frac{r_c}{r_b}} \geqslant 2\frac{w_a}{h_a} \tag{19.47}$$

得:

推论19.16 对锐角△ABC与任意实数x, y, z有

$$\sum x^2\frac{r_b + r_c}{h_b + h_c} \geqslant \sum yz\frac{w_a}{h_a} \tag{19.48}$$

注19.8 作者应用第2章中的命题2.1证明了不等式(19.42)对任意△ABC成立,从而还可知不等式(19.48)对任意△ABC成立.

由推论19.16有

$$\sum \frac{r_b + r_c}{h_b + h_c} \geqslant \sum \frac{w_a}{h_a} \tag{19.49}$$

作者证明了上式可以加强为

$$\sum \frac{r_b + r_c}{h_b + h_c} \geqslant \sum \frac{m_a}{h_a} \tag{19.50}$$

考虑这个不等式的推广,我们提出以下猜想:

猜想 19.2 设 $k \geqslant 1$,则在 $\triangle ABC$ 中有

$$\sum \frac{r_b^k + r_c^k}{h_b^k + h_c^k} \geqslant \sum \frac{m_a^k}{h_a^k} \tag{19.51}$$

从另一个角度考虑不等式(19.49)的加强,作者猜测成立不等式

$$\sum \frac{w_a}{h_b + h_c} \geqslant \frac{1}{2} \sum \frac{w_a}{h_a} \tag{19.52}$$

进而提出以下更一般的猜想:

猜想 19.3 设 $k > 0$,则在 $\triangle ABC$ 中有

$$\sum \frac{w_a^k}{h_b^k + h_c^k} \geqslant \frac{1}{2} \sum \frac{w_a^k}{h_a^k} \tag{19.53}$$

在推论19.13的不等式(19.40)中,作代换 $x \to x/r_a$ 等等,利用前面的公式(19.12)易得

$$\sum \frac{x^2}{r_a(r_2 + r_3)} \geqslant 2 \sum \frac{yz}{bc} \tag{19.54}$$

据此与涉及平面上任意一点 Q 的林鹤一不等式

$$\sum \frac{D_2 D_3}{bc} \geqslant 1 \tag{19.55}$$

就得:

推论 19.17 对 $\triangle ABC$ 内部任意一点 P 与平面上任意一点 Q 有

$$\sum \frac{D_1^2}{r_a(r_2 + r_3)} \geqslant 2 \tag{19.56}$$

现在,我们再回到不等式(19.1)中来.

在不等式(19.1)中作代换 $x \to x\sqrt{a/r_a}, y \to y\sqrt{b/r_b}, z \to z\sqrt{c/r_c}$,同时将 $\triangle A_1 B_1 C_1$ 换成 $\triangle A'B'C'$,并取 $A_2 = (\pi - A)/2$ 等等,然后利用公式(19.12),即得本节余下部分着重讨论的下述不等式:

推论 19.18[10]   对 $\triangle ABC$ 内部任意一点 P 与 $\triangle A'B'C'$ 以及任意实数 x,y,z 有

$$\sum x^2 \frac{a}{r_2+r_3} \geqslant 2 \sum yz \sin A' \tag{19.57}$$

等号当且仅当 $A'=\dfrac{\pi-A}{2}, B'=\dfrac{\pi-B}{2}, C'=\dfrac{\pi-C}{2}, x:y:z=\sin\dfrac{A}{2}:\sin\dfrac{B}{2}:\sin\dfrac{C}{2}, (r_2+r_3):(r_3+r_1):(r_1+r_2)=\sin^2\dfrac{A}{2}:\sin^2\dfrac{B}{2}:\sin^2\dfrac{C}{2}$ 时成立.

注 19.9   应用加权正弦和不等式(推论十四的结果)与推论19.3的不等式(19.13),也可立即得出不等式(19.57).

在式(19.57)中,取 $x=\sqrt{r_2+r_3}, y=\sqrt{r_3+r_1}, z=\sqrt{r_1+r_2}$,可得:

推论 19.19   对 $\triangle ABC$ 内部任意一点 P 与 $\triangle A'B'C'$ 有

$$\sum \sqrt{(r_3+r_1)(r_1+r_2)} \sin A' \leqslant s \tag{19.58}$$

等号当且仅当 $A'=\dfrac{\pi-A}{2}, B'=\dfrac{\pi-B}{2}, C'=\dfrac{\pi-C}{2}, (r_2+r_3):(r_3+r_1):(r_1+r_2)=\sin^2\dfrac{A}{2}:\sin^2\dfrac{B}{2}:\sin^2\dfrac{C}{2}$ 时成立.

注 19.10   在上述推论中取 $A'=(\pi-A)/2$ 等等,可得

$$\sum \sqrt{(r_3+r_1)(r_1+r_2)} \cos\frac{A}{2} \leqslant s \tag{19.59}$$

这与第10章中推论10.3的不等式是等价的.

由不等式(19.57)显然有

$$\sum x^2 \frac{a}{r_2+r_3} \geqslant 2 \sum yz \sin A \tag{19.60}$$

在这式两边除以 $2S$,则得类似于式(19.54)的不等式

$$\sum \frac{x^2}{h_a(r_2+r_3)} \geqslant 2 \sum \frac{yz}{bc} \tag{19.61}$$

据此与林鹤一不等式(19.55)又易得类似于推论19.17的结论:

推论 19.20   对 $\triangle ABC$ 内部任意一点 P 与平面上任意一点 Q 有

$$\sum \frac{D_1^2}{h_a(r_2+r_3)} \geqslant 2 \tag{19.62}$$

注意到在 $\triangle ABC$ 中有

$$\frac{1}{r_a}+\frac{2}{h_a}=\frac{1}{r} \tag{19.63}$$

于是由不等式(19.54)与不等式(19.61)易得

$$\sum \frac{x^2}{r_2 + r_3} \geqslant 6r \sum \frac{yz}{bc} \tag{19.64}$$

再作代换$x \to xa$等等,就得:

推论 19.21 对$\triangle ABC$内部任意一点P与任意实数x, y, z有

$$\sum \frac{a^2}{r_2 + r_3} x^2 \geqslant 6r \sum yz \tag{19.65}$$

在上式中取$x = D_1/a, y = D_2/b, z = D_3/c$,利用林鹤一不等式得:

推论 19.22 对$\triangle ABC$内部任意一点P与平面上任意一点Q有

$$\sum \frac{D_1^2}{r_2 + r_3} \geqslant 6r \tag{19.66}$$

取Q为$\triangle ABC$的内心,由上式易得:

推论 19.23 对$\triangle ABC$内部任意一点P有

$$\sum \frac{1}{(r_2 + r_3) \sin^2 \dfrac{A}{2}} \geqslant \frac{6}{r} \tag{19.67}$$

令$\triangle ABC$为正三角形,由式(19.57)可得

$$\sum x^2 \frac{a}{r_2 + r_3} \geqslant \sqrt{3} \sum yz \tag{19.68}$$

由此与前面的不等式(19.34)就易得涉及线段R_1, R_2, R_3与外接圆半径R的加权不等式:

推论 19.24[23] 对$\triangle ABC$内部任意一点P有

$$\sum \frac{x^2}{R_1} > \frac{\sqrt{3}}{2R} \sum yz \tag{19.69}$$

在不等式(19.57)中,取$A' = (\pi - A)/2$等等,可得

$$\sum x^2 \frac{a}{r_2 + r_3} \geqslant 2 \sum yz \cos \frac{A}{2} \tag{19.70}$$

接着作代换$x \to x/\sqrt{\sin A}$等等,然后利用简单的不等式

$$\sqrt{\sin B \sin C} \leqslant \cos \frac{A}{2}$$

即知下述不等式对正数x, y, z继而对任意实数x, y, z成立:

推论 19.25 对$\triangle ABC$内部任意一点P与任意实数x, y, z有

$$\sum \frac{x^2}{r_2 + r_3} \geqslant \frac{\sum yz}{R} \tag{19.71}$$

特别地,有

$$\sum \frac{1}{r_2 + r_3} \geqslant \frac{3}{R} \tag{19.72}$$

这个不等式较弱,事实上我们有更强的不等式

$$\sum \frac{1}{r_2 + r_3} \geqslant \frac{2}{R} + \frac{1}{2r} \tag{19.73}$$

证明从略.

注 19.11 本章中的不等式(19.56),(19.60),(19.65),(19.67),(19.73)等很可能存在着对任意$\triangle ABC$成立的 "r-w" 对偶不等式.

附录A 关于三角形与一点的变换

众所周知,几何变换是解决一些几何问题强有力的方法.对于涉及三角形平面上一点的几何不等式,也可用几何变换的方法来研究.A.Oppenheim在1961年发表的文献[52]以及M.S.Klamkin在1972年发表的文献[235]中,较早地应用几何变换研究过涉及三角形与一点的不等式.1992年,笔者在建立涉及垂足三角形的一些几何不等式时,对几何变换的应用做了进一步研究(参见文献[91]),基于一个重要的恒等式(参见下面的引理A1),给出了在五种几何变换下三角形的外接圆半径与面积的转换,同时指出了在几何变换下不等式等号成立的一些变化规律,从而使得一些几何不等式的建立变得简便、快捷.

1. 变 换 定 理

下面,我们陈述并证明作者在文献[91]给出的五条几何变换原则.

定理A1 设$\triangle ABC$内部一点P在三边BC, CA, AB所在直线上的垂足分别为D, E, F.记$BC = a, CA = b, AB = c, PA = R_1, PB = R_2, PC = R_3, PD = r_1, PE = r_2, PF = r_3$.又设$\triangle ABC$与垂足$\triangle DEF$的外接圆半径分别为$R, R_p$.若成立不等式

$$f(a, b, c, R_1, R_2, R_3, r_1, r_2, r_3) \geqslant 0 \tag{A.1}$$

则此不等式经下面五个变换中的任一个变换后仍成立

$$T_1 : (a, b, c, R_1, R_2, R_3, r_1, r_2, r_3) \to$$
$$\left(\frac{aR_1}{2R}, \frac{bR_2}{2R}, \frac{cR_3}{2R}, r_1, r_2, r_3, \frac{r_2r_3}{R_1}, \frac{r_3r_1}{R_2}, \frac{r_1r_2}{R_3} \right)$$

$T_2 : (a, b, c, R_1, R_2, R_3, r_1, r_2, r_3) \rightarrow$

$\qquad (aR_1, bR_2, cR_3, R_2R_3, R_3R_1, R_1R_2, R_1r_1, R_2r_2, R_3r_3)$

$T_3 : (a, b, c, R_1, R_2, R_3, r_1, r_2, r_3) \rightarrow$

$$\left(\frac{aR_1}{2r_2r_3R}, \frac{bR_2}{2r_3r_1R}, \frac{cR_3}{2r_1r_2R}, \frac{1}{r_1}, \frac{1}{r_2}, \frac{1}{r_3}, \frac{1}{R_1}, \frac{1}{R_2}, \frac{1}{R_3} \right)$$

$T_4 : (a, b, c, R_1, R_2, R_3, r_1, r_2, r_3) \rightarrow$

$$\left(\frac{aR_1}{4r_2r_3RR_p}, \frac{bR_2}{4r_3r_1RR_p}, \frac{cR_3}{4r_1r_2RR_p}, \frac{1}{R_1r_1}, \frac{1}{R_2r_2}, \frac{1}{R_3r_3}, \frac{1}{R_2R_3}, \frac{1}{R_3R_1}, \frac{1}{R_1R_2} \right)$$

$T_5 : (a, b, c, R_1, R_2, R_3, r_1, r_2, r_3) \rightarrow$

$$\left(\frac{aR_1R_2R_3}{4RR_p}, \frac{bR_1R_2R_3}{4RR_p}, \frac{cR_1R_2R_3}{4RR_p}, R_1r_1, R_2r_2, R_3r_3, r_2r_3, r_3r_1, r_1r_2 \right)$$

证明 (1) 首先,我们证明不等式(A.1)经变换T_1成立.设$EF = a_p, FD = b_p, DE = c_p$(见图A.1), 由正弦定理易得

$$a_p = EF = \frac{aR_1}{2R}, \ b_p = FD = \frac{bR_2}{2R}, \ c_p = DE = \frac{cR_3}{2R} \qquad (A.2)$$

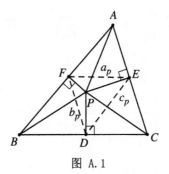

图 A.1

设点P到垂足$\triangle DEF$的距离分别为h_1, h_2, h_3(图A.1中未画出),显然,PA, PB, PC分别是$\triangle PEF, \triangle PFD, \triangle PDE$的外接圆直径,于是应用公式$bc = 2Rh_a$易得

$$h_1 = \frac{r_2r_3}{R_1}, \ h_2 = \frac{r_3r_1}{R_2}, \ h_3 = \frac{r_1r_2}{R_3} \qquad (A.3)$$

因此,对点P与垂足$\triangle DEF$使用不等式(A.1),则

$$f(a_p, b_p, c_p, r_1, r_2, r_3, h_1, h_2, h_3) \geqslant 0 \qquad (A.4)$$

再将关系式(A.2)与(A.3)代入上式即得

$$f\left(\frac{aR_1}{2R}, \frac{bR_2}{2R}, \frac{cR_3}{2R}, r_1, r_2, r_3, \frac{r_2r_3}{R_1}, \frac{r_3r_1}{R_2}, \frac{r_1r_2}{R_3}\right) \geqslant 0 \qquad (A.5)$$

这表明不等式(A.1)经变换T_1后仍成立.

(2) 下面证明不等式(A.1)经变换T_2后成立. 以点P为反演中心k^2为反演幂,将点A, B, C反演到A', B', C'(参见图A.2).

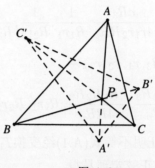

图 A.2

设点P到$\triangle A'B'C'$的边$B'C'$, $C'A'$, $A'B'$的距离分别为h'_1, h'_2, h'_3,于是由反演性质可得

$$B'C' = \frac{ak^2}{R_2R_3}, \ C'A' = \frac{bk^2}{R_3R_1}, \ A'B' = \frac{ck^2}{R_1R_2}, \qquad (A.6)$$

$$PA' = \frac{k^2}{R_1}, \ PB' = \frac{k^2}{R_2}, \ PC' = \frac{k^2}{R_3}, \qquad (A.7)$$

$$h'_1 = \frac{r_1k^2}{R_2R_3}, \ h'_2 = \frac{r_2k^2}{R_3R_1}, \ h'_3 = \frac{r_3k^2}{R_1R_2} \qquad (A.8)$$

于是对$\triangle A'B'C'$与点P使用不等式(A.1),得

$$f\left(\frac{ak^2}{R_2R_3}, \frac{bk^2}{R_3R_1}, \frac{ck^2}{R_1R_2}, \frac{k^2}{R_1}, \frac{k^2}{R_2}, \frac{k^2}{R_3}, \frac{r_1k^2}{R_2R_3}, \frac{r_2k^2}{R_3R_1}, \frac{r_3k^2}{R_1R_2}\right) \geqslant 0$$

两边乘以$R_1R_2R_3/(k^2)$,便得

$$f(aR_1, bR_2, cR_3, R_2R_3, R_3R_1, R_1R_2, R_1r_1, R_2r_2, R_3r_3) \geqslant 0 \qquad (A.9)$$

这表明不等式(A.1)经变换T_2后成立.

(3) 对不等式(A.5)进行T_1变换,利用关系式(A.2)与(A.3)得

$$f\left(\frac{aR_1r_1}{2R}, \frac{bR_2r_2}{2R}, \frac{cR_3r_3}{2R}, r_2r_3, r_3r_1, r_1r_2, \frac{r_2r_3r_1}{R_1}, \frac{r_3r_1r_2}{R_2}, \frac{r_1r_2r_3}{R_3}\right) \geqslant 0$$

两边同时除以 $r_1 r_2 r_3$,即得

$$f\left(\frac{aR_1}{2r_2r_3R}, \frac{bR_2}{2r_3r_1R}, \frac{cR_3}{2r_1r_2R}, \frac{1}{r_1}, \frac{1}{r_2}, \frac{1}{r_3}, \frac{1}{R_1}, \frac{1}{R_2}, \frac{1}{R_3}\right) \geqslant 0 \qquad (A.10)$$

由此可见不等式(A.1)经变换 T_3 后成立.

(4) 显然,在变换 T_1 下 R 转换为 R_p,即 $T_1: R \longrightarrow R_p$.因此,在不等式(A.5)中再作 T_1 变换,可得

$$f\left(\frac{aR_1r_1}{4RR_p}, \frac{bR_2r_2}{4RR_p}, \frac{cR_3r_3}{4RR_p}, \frac{r_2r_3}{R_1}, \frac{r_3r_1}{R_2}, \frac{r_1r_2}{R_3}, \frac{r_2r_3r_1}{R_2R_3}, \frac{r_3r_1r_2}{R_3R_1}, \frac{r_1r_2r_3}{R_1R_2}\right) \geqslant 0$$

两边同时除以 $r_1 r_2 r_3$,即得

$$f\left(\frac{aR_1}{4r_2r_3RR_p}, \frac{bR_2}{4r_3r_1RR_p}, \frac{cR_3}{4r_1r_2RR_p}, \frac{1}{R_1r_1}, \frac{1}{R_2r_2}, \frac{1}{R_3r_3}, \frac{1}{R_2R_3}, \frac{1}{R_3R_1}, \frac{1}{R_1R_2}\right)$$
$$\geqslant 0 \qquad (A.11)$$

因此,不等式(A.1)经变换 T_4 后成立.

(5) 在不等式(A.10)中,进行 T_1 变换,得

$$f\left(\frac{aR_1R_2R_3}{4r_1r_2r_3RR_p}, \frac{bR_1R_2R_3}{4r_1r_2r_3RR_p}, \frac{cR_1R_2R_3}{4r_1r_2r_3RR_p}, \frac{R_1}{r_2r_3}, \frac{R_2}{r_3r_1}, \frac{R_3}{r_1r_2}, \frac{1}{r_1}, \frac{1}{r_2}, \frac{1}{r_3}\right) \geqslant 0$$

两边乘 $r_1 r_2 r_3$,从而有

$$f\left(\frac{aR_1R_2R_3}{4RR_p}, \frac{bR_1R_2R_3}{4RR_p}, \frac{cR_1R_2R_3}{4RR_p}, R_1r_1, R_2r_2, R_3r_3, r_2r_3, r_3r_1, r_1r_2\right) \geqslant 0$$
$$(A.12)$$

所以,不等式(A.1)经变换 T_5 后成立.至此,定理A1证毕. $\square$

注 A.1 从定理A1的证明可见,变换 T_1 与变换 T_2 是两个基本的变换,另外三个变换都可由这两个变换得出.

注 A.2 定理A1的结论在一般情况下对 $\triangle ABC$ 平面上一点 P 也成立.

有关定理A1的一些应用,除了上面提到的几篇文献,读者还可参见文献[2],[18],[212],[234],[236]等.

2. 变 换 性 质

应用定理A1所述几何变换来研究涉及三角形平面一点的几何不等式时,常常需要用到三角形面积与外接圆半径在变换下的转换.下面的定理A2将给出这些转换,为此先证明一个重要的恒等式.

引理 A1[91] 对 $\triangle ABC$ 内部任意一点 P 有

$$\sum ar_1R_1^2 = 8R^2S_p \tag{A.13}$$

显然, 上式等价于

$$\sum S_aR_1^2 = 4R^2S_p \tag{A.14}$$

事实上, 作者在文献[91]中已指出了上式的下述推广:对 $\triangle ABC$ 平面上任意一点 P 有

$$PA^2 \cdot \vec{S}_{\triangle PBC} + PB^2 \cdot \vec{S}_{\triangle PCA} + PC^2 \cdot \vec{S}_{\triangle PAB} = 4R^2 \cdot \vec{S}_{\triangle DEF} \tag{A.15}$$

其中 $\vec{S}_{\triangle PBC}$ 表示 $\triangle PBC$ 的有向面积, 等等.

下面, 介绍作者在文献[237]中对恒等式(A.15)给出的证明.

证明 按通常的约定:顶点绕向为逆时针的三角形的有向面积为正, 顶点绕向为顺时针的三角形的有向面积为负. 不妨假设 $\triangle ABC$ 按顶点 A, B, C 的绕向为逆时针(参见图A.3与图A.4), 从而 $\vec{S}_{\triangle ABC} = S$.

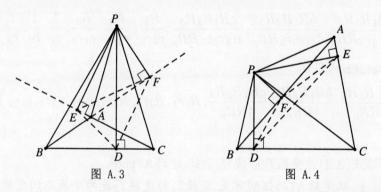

图 A.3   图 A.4

我们用 $\vec{r_1}, \vec{r_2}, \vec{r_3}$ 表示有向线段 $\overrightarrow{PD}, \overrightarrow{PE}, \overrightarrow{PF}$(即 $\vec{r_1} = \overrightarrow{PD}$ 等等), 其值分别依 $\triangle PBC$, $\triangle PCA$, $\triangle PAB$ 顶点的绕向而定, 绕向为逆时针取正, 绕向为顺时针时取负(三角形退化为直线时取零). 无论点 P 位置如何, 容易发现 $\angle EPF$ 与 $\angle BAC$ 不是互补就是相等(图A.3与图A.4是两种情形的示意图). 据此, 在 $\triangle EPF$ 中应用余弦定理可得

$$EF^2 = \vec{r_2}^2 + \vec{r_3}^2 + 2\vec{r_2}\vec{r_3}\cos A \tag{A.16}$$

再利用 $b^2 + c^2 - 2bc\cos A = a^2$ 并注意到 $EF = PA\sin A$, 得

$$PA^2 = \frac{\vec{r_2}^2 + \vec{r_3}^2 + 2\vec{r_2}\vec{r_3}\cos A}{\sin^2 A} = \frac{bc(\vec{r_2}^2 + \vec{r_3}^2) + \vec{r_2}\vec{r_3}(b^2 + c^2 - a^2)}{bc\sin^2 A}$$

进而由面积公式与正弦定理得

$$PA^2 = \frac{R}{S} \cdot \frac{bc(\vec{r_2}^2 + \vec{r_3}^2) + \vec{r_2}\vec{r_3}(b^2 + c^2 - a^2)}{a} \qquad (A.17)$$

类似地可得有关PB, PC的计算式,于是有

$$PA^2 \cdot \vec{S}_{\triangle PBC} + PB^2 \cdot \vec{S}_{\triangle PCA} + PC^2 \cdot \vec{S}_{\triangle PAB}$$
$$= \frac{1}{2} \sum a\vec{r_1} \cdot PA^2 = \frac{R}{2S} \sum \vec{r_1} \left[bc(\vec{r_2}^2 + \vec{r_3}^2) + \vec{r_2}\vec{r_3}(b^2 + c^2 - a^2) \right]$$

所以

$$PA^2 \cdot \vec{S}_{\triangle PBC} + PB^2 \cdot \vec{S}_{\triangle PCA} + PC^2 \cdot \vec{S}_{\triangle PAB}$$
$$= \frac{R}{2S} \left[\sum bc\vec{r_1}(\vec{r_2}^2 + \vec{r_3}^2) + \vec{r_1}\vec{r_2}\vec{r_3} \sum a^2 \right] \qquad (A.18)$$

又由于

$$\vec{S}_{\triangle DEF} = \vec{S}_{\triangle PEF} + \vec{S}_{\triangle PFD} + \vec{S}_{\triangle PDE} = \frac{1}{2} \sum \vec{r_2}\vec{r_3} \sin A$$

因此

$$\vec{S}_{\triangle DEF} = \frac{1}{4R} \sum a\vec{r_2}\vec{r_3} \qquad (A.19)$$

另由$\vec{S}_{\triangle PBC} + \vec{S}_{\triangle PCA} + \vec{S}_{\triangle PAB} = \vec{S}_{\triangle ABC}$得

$$\sum a\vec{r_1} = 2S \qquad (A.20)$$

根据(A.18)~(A.20)三式可得

$$PA^2 \cdot \vec{S}_{\triangle PBC} + PB^2 \cdot \vec{S}_{\triangle PCA} + PC^2 \cdot \vec{S}_{\triangle PAB} - 4R^2 \cdot \vec{S}_{\triangle DEF}$$
$$= \frac{R}{2S} \left[\sum bc\vec{r_1}(\vec{r_2}^2 + \vec{r_3}^2) + \vec{r_1}\vec{r_2}\vec{r_3} \sum a^2 \right] - R \sum a\vec{r_2}\vec{r_3}$$
$$= \frac{R}{2S} \left[\sum bc\vec{r_1}(\vec{r_2}^2 + \vec{r_3}^2) + \vec{r_1}\vec{r_2}\vec{r_3} \sum a^2 - \sum a\vec{r_1} \sum a\vec{r_2}\vec{r_3} \right]$$
$$= \frac{R}{2S} \left[\sum bc\vec{r_1}(\vec{r_2}^2 + \vec{r_3}^2) - \sum a(c\vec{r_2} + b\vec{r_3})\vec{r_1}^2 \right]$$
$$= 0$$

于是恒等式(A.15)获证. □

当P位于$\triangle ABC$内部时,由恒等式(A.15)立即得到等式(A.13).

注A.3 在文献[237]中,本书作者指出由恒等式(A.15)可以推得著名的Ptolemy定理:圆内接四边形两组对边之积的和等于其对角线之积.应用Ptolemy定理容易证得图A.5中成立等式

$$PB\sin\beta + PC\sin\alpha = PA\sin(\alpha+\beta) \tag{A.21}$$

文献[238]的作者称此等式为"三弦定理".事实上,这与Ptolemy定理是等价的.

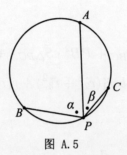

图 A.5

笔者在文献[237]中还指出,对于下面的图A.6与图A.7分别成立以下两个有趣的严格不等式

$$PB\sin\beta + PC\sin\alpha > PA\sin(\alpha+\beta) \tag{A.22}$$

$$PB\sin\beta + PC\sin\alpha < PA\sin(\alpha+\beta) \tag{A.23}$$

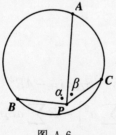

图 A.6

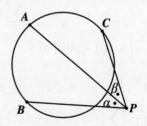

图 A.7

引理A2 对△ABC内部任意一点P有

$$SR_1R_2R_3 = 8R_pS_pR^2 \tag{A.24}$$

证明 对垂足△DEF使用恒等式

$$abc = 4RS \tag{A.25}$$

则 $a_p b_p c_p = 4R_p S_p$,以关系式(A.2)代入此式得

$$\frac{abcR_1 R_2 R_3}{8R^3} = 4R_p S_p$$

再利用式(A.25)就得式(A.24).证毕.   □

下面,我们给出在定理A1所述五种变换下几何元素 S, R, S_p, R_p 的转换.

定理 A2[91] 对于 $\triangle ABC$ 内部任意一点 P,有下述转换关系:

(1) 在 T_1 变换下: $S \to S_p$, $R \to R_p$, $S_p \to \dfrac{r_1 r_2 r_3 S}{8RR_p^2}$, $R_p \to \dfrac{RS_p}{S}$

(2) 在 T_2 变换下: $S \to 4R^2 S_p$, $R \to 2RR_p$, $S_p \to \dfrac{4R^2 S_p^2}{S}$, $R_p \to \dfrac{2R^2 S_p}{S}$

(3) 在 T_3 变换下: $S \to \dfrac{S}{2r_1 r_2 r_3 R}$, $R \to \dfrac{R_1 R_2 R_3}{4r_1 r_2 r_3 R}$, $S_p \to \dfrac{S}{2R_1 R_2 R_3 R_p}$,

$$R_p \to \frac{2RR_p}{R_1 R_2 R_3}$$

(4) 在 T_4 变换下: $S \to \dfrac{S}{8r_1 r_2 r_3 RR_p^2}$, $R \to \dfrac{RS_p}{r_1 r_2 r_3 S}$, $S_p \to \dfrac{S}{(R_1 R_2 R_3)^2}$,

$$R_p \to \frac{R}{R_1 R_2 R_3}$$

(5) 在 T_5 变换下: $S \to \dfrac{4R^2 S_p^2}{S}$, $R \to \dfrac{2R^2 S_p}{S}$, $S_p \to \dfrac{r_1 r_2 r_3 S}{2R}$,

$$R_p \to \frac{R_1 R_2 R_3}{4R}$$

证明 (1) 由于 T_1 变换实际上是对垂足 $\triangle DEF$ 使用不等式,因此在此变换下有 $S \to S_p, R \to R_p$.当 P 位于 $\triangle ABC$ 内时,由等式(A.19)可得

$$S_p = \frac{1}{4R} \sum ar_2 r_3 \tag{A.26}$$

由此可知在 T_1 变换下有

$$\begin{aligned}
S_p &\to \frac{1}{4R_p} \sum \frac{aR_1}{2R} \cdot \frac{r_3 r_1}{R_2} \cdot \frac{r_1 r_2}{R_3} \\
&= \frac{r_1 r_2 r_3}{8RR_p R_1 R_2 R_3} \sum ar_1 R_1^2 \\
&= \frac{r_1 r_2 r_3 RS_p}{R_1 R_2 R_3 R_p}
\end{aligned}$$

这里最后一步利用了恒等式(A.13),再利用恒等式(A.24),即知在变换 T_1 下有

$$S_p \to \frac{r_1 r_2 r_3 S}{8RR_p^2} \tag{A.27}$$

由式(A.24)有

$$R_p = \frac{SR_1R_2R_3}{8R^2S_p} \tag{A.28}$$

因此在变换T_1下,利用式(A.27)有

$$R_p \to \frac{S_pr_1r_2r_3}{8R_p^2} \cdot \frac{8RR_p^2}{r_1r_2r_3S} = \frac{RS_p}{S}$$

(2) 当点P位于$\triangle ABC$内部时,由恒等式(A.20)可知

$$S = \frac{1}{2}\sum ar_1 \tag{A.29}$$

因此,在变换T_2下有

$$S \to \frac{1}{2}\sum aR_1 \cdot R_1r_1 = \frac{1}{2}\sum ar_1R_1^2$$

再利用等式(A.13)即知

$$S \to 4R^2S_p \tag{A.30}$$

由$R = abc/(4S)$利用式(A.30)可知,经T_2变换有

$$R \to \frac{abcR_1R_2R_3}{16R^2S_p}$$

再利用式(A.24)与式(A.25)进而可知

$$R \to 2RR_p \tag{A.31}$$

由式(A.26)与上式即知,在T_2变换下有

$$S_p \to \frac{1}{8RR_p}\sum aR_1 \cdot R_2r_2 \cdot R_3r_3 = \frac{R_1R_2R_3}{8RR_p}\sum ar_2r_3$$

再利用恒等式(A.26)与式(A.24)就得

$$S_p \to \frac{4R^2S_p^2}{S} \tag{A.32}$$

由式(A.28)利用转换关系(A.30)~(A.32)可知,在T_2变换下有

$$R_p \to \frac{4R^2S_p(R_1R_2R_3)^2}{8(2RR_p)^2} \cdot \frac{S}{4R^2S_p^2}$$

再利用恒等式(A.24)约简后可知

$$R_p \to \frac{2S_p R^2}{S} \tag{A.33}$$

类似地,可证在变换T_3, T_4, T_5下的转换关系(详略).定理A2证毕. □

现在,我们证明重要的"变换等价定理"(这个定理未在文献[91]中给出).

定理 A3 不等式(A.1)等价于对它作定理A1中所述五种变换$T_i(i = 1,2,3,4,5)$中任意一个变换后的不等式.

证明 我们需要证明不等式(A.5),(A.9),(A.10),(A.11),(A.12)都与不等式(A.1)是等价的.现在,我们来证明不等式(A.5)与不等式(A.1)是等价的.注意到在T_4变换下有

$$\frac{aR_1}{2R} \to \frac{aR_1}{4r_2r_3RR_p} \cdot \frac{1}{R_1r_1} \cdot \frac{r_1r_2r_3S}{2RS_p} = \frac{aS}{8R^2R_pS_p},$$

$$r_1 \to \frac{1}{R_2R_3}, \quad \frac{r_2r_3}{R_1} \to \frac{r_1}{R_1R_2R_3}$$

等等,根据定理A1,不等式(A.5)经变换T_4后成立,从而有

$$f\left(\frac{aS}{8R^2R_pS_p}, \frac{bS}{8R^2R_pS_p}, \frac{cS}{8R^2R_pS_p}, \frac{1}{R_2R_3}, \frac{1}{R_3R_1}, \frac{1}{R_1R_2}, \right.$$
$$\left. \frac{r_1}{R_1R_2R_3}, \frac{r_2}{R_1R_2R_3}, \frac{r_3}{R_1R_2R_3}\right) \geqslant 0$$

两边同时乘以$R_1R_2R_3$,则得

$$f\left(\frac{aSR_1R_2R_3}{8R^2R_pS_p}, \frac{bSR_1R_2R_3}{8R^2R_pS_p}, \frac{cSR_1R_2R_3}{8R^2R_pS_p}, R_1, R_2, R_3, r_1, r_2, r_3\right) \geqslant 0$$

再利用恒等式(A.24),由上式即得不等式(A.1).可见不等式(A.5)经变换T_4后又化为不等式(A.1). 这样,我们就证明了不等式(A.5)等价于不等式(A.1).

类似地,我们可以证明不等式(A.9),(A.10),(A.11),(A.12)等价于不等式(A.1).定理A3证毕. □

以著名的Erdös-Mordell不等式

$$\sum R_1 \geqslant 2\sum r_1 \tag{A.34}$$

为例,定理A3表明此不等式等价于以下五个不等式

$$\sum R_2R_3 \geqslant 2\sum R_1r_1 \tag{A.35}$$

$$\sum R_1 r_1 \geqslant 2 \sum r_2 r_3 \tag{A.36}$$

$$\sum \frac{1}{r_1} \geqslant 2 \sum \frac{1}{R_1} \tag{A.37}$$

$$\sum \frac{1}{R_1 r_1} \geqslant 2 \sum \frac{1}{R_2 R_3} \tag{A.38}$$

$$\sum \frac{1}{r_2 r_3} \geqslant 2 \sum \frac{1}{R_1 r_1} \tag{A.39}$$

显然,定理A3为证明涉及△ABC与动点P的不等式(A.1)提供了转换思路的方法.确切地说,为了证明不等式(A.1)只需证明它经定理A1所述五种变换中任意一种后得到的不等式.

注A.4 有关定理A1的五种变换,我们还有以下有趣的结论:

(i) 对不等式(A.1)连续作两次T_1变换后的不等式等价于对不等式(A.1)作T_4变换后的不等式(这从定理A1的证明中可知);

(ii) 对不等式(A.1)连续作两次相同的$T_i(i=2,3,4,5)$变换后的不等式均与不等式(A.1)等价;

(iii) 对不等式(A.1)连续作定理A1中两个不同的变换所得不等式等价于在不等式(A.1)中作另外三个变换中的某一个后得到的不等式.

由上述结论可知,若已知不等式(A.1)成立,则将定理A1的变换应用于此不等式至多可得出五个新的不等式(可能存在重复),且它们均与原不等式是等价的(根据定理A3).

在动点类不等式(A.1)中,有一些不等式的等号当且仅当点P重合于△ABC的某个特殊点时成立,这类不等式经定理A1的变换后的不等式的等号一般也在点P为△ABC的特殊点时成立.这里,给出下述有关的结论(证明从略):

定理A4[91] 设不等式(A.1)中等号当且仅当P重合于△ABC的某个特殊点(内心、外心、垂心之一)时成立,则此不等式在定理A1所述几何变换$T_i(i=1,2,3,4,5)$下,等号成立条件以如下变化规律:

(1) 在T_1变换下:

$E(P=$内心$) \rightarrow E(P=$垂心$) \rightarrow E(P=$外心$) \rightarrow E(P=$内心$)$;

(2) 在T_2变换下:

$E(P=$内心$) \leftrightarrows E(P=$垂心$), E(P=$外心$) \rightarrow E(P=$外心$)$;

(3) 在T_3变换下:

$E(P=$内心$) \leftrightarrows (P=$外心$), E(P=$垂心$) \rightarrow E(P=$垂心$)$;

(4) 在T_4变换下:

$E(P=$内心$)\to E(P=$外心$)\to E(P=$垂心$)\to E(P=$内心$)$;

(5) 在T_5变换下:

$E(P=$内心$)\to E(P=$内心$), E(P=$外心$)\leftrightarrows E(P=$垂心$)$.

注 A.5　在上述结论中,"$E(P=$内心$)\to(P=$垂心$)$"的含义如下:若不等式(A.1)中等号仅当P为$\triangle ABC$的内心时成立,则变换后的不等式的等号当且仅当P点为$\triangle ABC$的垂心时成立(若有双向箭头,则表示反之亦然),其他类此.

应当指出的是,定理A4为等号在特殊点时成立的不等式(A.1)的证明提供了有宜的思路.

附录 B 涉及多个三角形的不等式

1. 引　言

常见的三角形的不等式都是涉及单个三角形的不等式.历史上第一个涉及两个三角形的不等式,最早由J.Neuberg在1891年首先发现(参见专著《AGI》第12章),这即是

$$\sum a^2(b'^2 + c'^2 - a'^2) \geqslant 16SS' \tag{B.1}$$

其中a, b, c, S与a', b', c', S'分别表示$\triangle ABC$与$\triangle A'B'C'$的三个边长与面积.式(B.1)中等号当且仅当$\triangle ABC \sim \triangle A'B'C'$时成立.

1940年,美国数学家D.Pedoe[109]重新发现了不等式(B.1).此后,这个不等式被许多作者研究并称为Neuberg-Pedoe不等式,有关它的历史与评注以及相关的一些结果,请读者参阅专著《AGI》第354~368页.

与Neuberg-Pedoe不等式密切相关的不等式是A.Oppenheim[5]在1965年首先提出的下述加权三角形不等式:对任意实数x, y, z有

$$\left(\sum xa^2\right)^2 \geqslant 16S^2 \sum yz \tag{B.2}$$

等号当且仅当$x : y : z = (b^2 + c^2 - a^2) : (c^2 + a^2 - b^2) : (a^2 + b^2 - c^2)$时成立.

A.Oppenheim不等式(B.2)又等价于O.Kooi在1958年建立的下述不等式(参见第0章)

$$\sum yza^2 \leqslant \left(\sum x\right)^2 R^2 \tag{B.3}$$

等号当且仅当$x : y : z = \sin 2A : \sin 2B : \sin 2C$时成立.

1989年,安振平首先在文献[239]中得出了正数情形下的Oppenheim不等式(B.2)的推广:对$\triangle A_1B_1C_1$与$\triangle A_2B_2C_2$以及任意正数x, y, z有

$$\left(\sum xa_1a_2\right)^2 \geqslant 16S_1S_2 \sum yz \tag{B.4}$$

其中a_1, b_1, c_1与a_2, b_2, c_2分别是$\triangle A_1 B_1 C_1$与$\triangle A_2 B_2 C_2$的三个边长,S_1, S_2分别是这两个三角形的面积. 式(B.4)中等号当且仅当$\triangle A_1 B_1 C_1 \sim \triangle A_2 B_2 C_2$且$x : y : z = \cot A_1 : \cot B_1 : \cot C_1$时成立(文献[239]中未给出式(B.4)等号成立的条件).

在不等式(B.4)发表前一年,安振平在文献[6]中应用Kooi加权三角不等式(第0章中不等式(0.2))证明了与式(B.4)等价的加权三角不等式

$$4 \sum yz \sin A_1 \sin A_2 \leqslant \left(\sum x \right)^2 \tag{B.5}$$

等号当且仅当$\triangle A_1 B_1 C_1 \sim \triangle A_2 B_2 C_2$且$x : y : z = \sin 2A_1 : \sin 2B_1 : \sin 2C_1$时成立.

安振平的文献[6]与文献[239]发表后,很多人(包括笔者)未及时阅读到.后来,陈计在《数学通讯》1991年第6期的问题征解栏中介绍了安振平得到的不等式(B.4),这个结果才广为众知.在此之前,李世杰与笔者各自独立地研究了Oppenheim不等式(B.2) 在正数$(x, y, z > 0)$情形下的等价式

$$\sum xa^2 \geqslant 4\sqrt{\sum yz}\, S \tag{B.6}$$

的推广.李世杰在文献[240]中应用Wolstenholme不等式(参见第7章)证明了与式(B.4)等价的不等式

$$\sum xa_1 a_2 \geqslant 4\sqrt{S_1 S_2 \sum yz} \tag{B.7}$$

本文作者则应用经典的Hölder不等式将Oppenheim不等式(B.6)推广到了涉及n个三角形的情形(下面的定理B1),而且进一步得出了更一般的结果——大加权三角形不等式(见下面的定理B17).作者的结果先以摘要的形式发表在文献[7]中,全文后来发表在文献[8]中.这个附录即是由文献[8]经过修改、补充而来.

2. 不等式(B.6)的一般推广及其应用

2.1 不等式(B.6)的一般推广

在给出第一个结果之前,我们先给出Hölder不等式下述已知的推广形式(参见专著[241]第18页与专著[242]第654～656页):

引理 B1 设 $a_{ij}(i=1,2,\cdots,n;j=1,2,\cdots,m)$ 是一组正数, 而正数 $t_j(j=1,2,\cdots,m)$ 满足 $\sum\limits_{j=1}^{m}t_j=1$, 则

$$\sum_{i=1}^{n}\prod_{j=1}^{m}a_{ij}^{t_j}\leqslant\prod_{j=1}^{m}\left(\sum_{i=1}^{n}a_{ij}\right)^{t_j}\tag{B.8}$$

等号当且仅当

$$\frac{a_{i1}}{\sum\limits_{i=1}^{n}a_{i1}}=\frac{a_{i2}}{\sum\limits_{i=1}^{n}a_{i2}}=\cdots=\frac{a_{im}}{\sum\limits_{i=1}^{n}a_{im}}$$

$(i=1,2,\cdots,n)$ 时成立.

以下设 $\triangle A_iB_iC_i$ 的三个边长为 $a_i,b_i,c_i(i=1,2,\cdots,n)$, 其面积与外接圆半径分别为 $S_i,R_i(i=1,2,\cdots,n)$.

现在我们来陈述并证明不等式 (B.6) 推广到涉及 n 个三角形的情形.

定理 B1[8] 设正数 $q_1,q_2,\cdots,q_n$ 满足 $\sum\limits_{i=1}^{n}q_i=2$, 则对 $\triangle A_iB_iC_i$ $(i=1,2,\cdots,n)$ 与任意正数 x,y,z 有

$$x\prod_{i=1}^{n}a_i^{q_i}+y\prod_{i=1}^{n}b_i^{q_i}+z\prod_{i=1}^{n}c_i^{q_i}\geqslant4\sqrt{\sum yz}\prod_{i=1}^{n}S_i^{\frac{1}{2}q_i}\tag{B.9}$$

等号当且仅当 $\triangle A_1B_1C_1\sim\triangle A_2B_2C_2\sim\cdots\sim\triangle A_nB_nC_n$ 且 $x:y:z=\cot A_1:\cot B_1:\cot C_1$ 时成立.

证明 首先来推广正数情形下的 Kooi 不等式 (B.3). 设 $\triangle A_iB_iC_i$ 的外接圆半径分别为 $R_i(i=1,2,\cdots,n)$, 正数 $m_i(i=1,2,\cdots,n)$ 满足 $\sum\limits_{i=1}^{n}m_i=1$. 根据 Kooi 不等式 (B.3) 与不等式 (B.8) 得

$$\prod_{i=1}^{n}(yza_i^2)^{m_i}+\prod_{i=1}^{n}(yzb_i^2)^{m_i}+\prod_{i=1}^{n}(yzc_i^2)^{m_i}$$

$$\leqslant\prod_{i=1}^{n}\left(\sum yza_i^2\right)^{m_i}$$

$$\leqslant\prod_{i=1}^{n}\left[\left(\sum x\right)^2R_i^2\right]^{m_i}$$

$$=\left(\sum x\right)^2\prod_{i=1}^{n}R_i^{2m_i}$$

最后一步利用了已知条件 $\sum\limits_{i=1}^{n} m_i = 1$,由这个已知条件还可知

$$\prod_{i=1}^{n} (yza_i^2)^{m_i} = yz\prod_{i=1}^{n} a_i^{2m_i}$$

等等,于是

$$yz\prod_{i=1}^{n} a_i^{2m_i} + zx\prod_{i=1}^{n} b_i^{2m_i} + xy\prod_{i=1}^{n} c_i^{2m_i} \leqslant \left(\sum x\right)^2 \prod_{i=1}^{n} R_i^{2m_i}$$

将上式中 m_i 换为 $q_i/2$ $(i = 1, 2, \cdots, n)$,就得正数情形下的 Kooi 不等式(B.3)的

下述推广:若正数 q_i $(i = 1, 2, \cdots, n)$ 满足 $\sum\limits_{i=1}^{n} q_i = 2$,则对任意正数 x, y, z 有

$$yz\prod_{i=1}^{n} a_i^{q_i} + zx\prod_{i=1}^{n} b_i^{q_i} + xy\prod_{i=1}^{n} c_i^{q_i} \leqslant \left(\sum x\right)^2 \prod_{i=1}^{n} R_i^{q_i} \qquad \text{(B.10)}$$

容易确定上式中等号当且仅当 $\triangle A_1B_1C_1 \sim \triangle A_2B_2C_2 \sim \cdots \sim \triangle A_nB_nC_n$

且 $x : y : z = \sin 2A_1 : \sin 2B_1 : \sin 2C_1$ 时成立.

现在,在不等式(B.10)中作代换 $x \to x\prod\limits_{i=1}^{n} a_i^{q_i}$ 等等,则

$$\left(x\prod_{i=1}^{n} a_i^{q_i} + y\prod_{i=1}^{n} b_i^{q_i} + z\prod_{i=1}^{n} c_i^{q_i}\right)^2 \prod_{i=1}^{n} R_i^{q_i} \geqslant \sum yz\prod_{i=1}^{n} (a_ib_ic_i)^{q_i}$$

再注意到 $a_ib_ic_i = 4R_iS_i (i = 1, 2, \cdots, n)$ 与 $\sum\limits_{i=1}^{n} q_i = 2$,约简后即得

$$\left(x\prod_{i=1}^{n} a_i^{q_i} + y\prod_{i=1}^{n} b_i^{q_i} + z\prod_{i=1}^{n} c_i^{q_i}\right)^2 \geqslant 16\sum yz\prod_{i=1}^{n} S_i^{q_i}$$

两边开平方即得不等式(B.9).

根据不等式(B.10)中等号成立的条件可知,上式与式(B.9)中等号成立当

且仅当 $\triangle A_1B_1C_1 \sim \triangle A_2B_2C_2 \sim \cdots \sim \triangle A_nB_nC_n$ 且

$$\frac{x\prod\limits_{i=1}^{n} a_i^{q_i}}{\sin 2A_1} = \frac{y\prod\limits_{i=1}^{n} b_i^{q_i}}{\sin 2B_1} = \frac{z\prod\limits_{i=1}^{n} c_i^{q_i}}{\sin 2C_1}$$

进而易知式(B.9)中等号成立条件如定理1中所述.定理1证毕.   □

注 B.1 通过代换易知定理1的不等式(B.9)等价于正数情形下的Kooi三角不等式的推广

$$\left(\sum x\right)^2 \geqslant 4\left(yz\prod_{i=1}^{n}\sin^{q_i}A_i + zx\prod_{i=1}^{n}\sin^{q_i}B_i + xy\prod_{i=1}^{n}\sin^{q_i}C_i\right) \quad (B.11)$$

等号当且仅当$\triangle A_1B_1C_1 \sim \triangle A_2B_2C_2 \sim \cdots \sim \triangle A_nB_nC_n$且$x:y:z = \sin 2A_1 : \sin 2B_1 : \sin 2C_1$时成立.

2.2 定理B1的应用

在定理B1中,令$n=2$,$q_1=q_2=1$即得不等式(B.7).

由不等式(B.7)显然可得

$$\sum xbc \geqslant 4\sqrt{\sum yz}S \quad (B.12)$$

两边除以$2S$再利用面积公式即得第11章中推论11.13的结果:

推论 B1.1 对$\triangle ABC$与任意正数x,y,z有

$$\sum \frac{x}{\sin A} \geqslant 2\sqrt{\sum yz} \quad (B.13)$$

有关不等式 (B.7) 及其等价式 (B.5) 更多的讨论参见文献[6], [239], [240]和文献[243].

下面,我们给出由定理B1结合林鹤一不等式得出的一个几何不等式.

根据定理B1与涉及$\triangle ABC$平面上任意一点P的林鹤一不等式

$$\sum \frac{R_2R_3}{bc} \geqslant 1 \quad (B.14)$$

(参见第12章中推论12.36)立即可得:

定理 B2[8] 设正数$q_1, q_2, \cdots, q_n$满足$\sum_{i=1}^{n} q_i = 2$,则对$\triangle A_iB_iC_i$($i = 1,2,\cdots,n$)与$\triangle ABC$平面上任意一点P有

$$\frac{R_1}{a}\prod_{i=1}^{n}a_i^{q_i} + \frac{R_2}{b}\prod_{i=1}^{n}b_i^{q_i} + \frac{R_3}{c}\prod_{i=1}^{n}c_i^{q_i} \geqslant 4\prod_{i=1}^{n}S_i^{\frac{1}{2}q_i} \quad (B.15)$$

等号当且仅当$\triangle ABC$与$\triangle A_iB_iC_i$($i = 1,2,\cdots,n$)为相似的锐角三角形且P为$\triangle ABC$的垂心时成立.

在定理B2中,令$n = 2, q_1 = q_2 = 1$,即得涉及三个三角形与一点的不等式:

推论 B2.1 对$\triangle A_1 B_1 C_1$与$\triangle A_2 B_2 C_2$以及$\triangle ABC$平面上任意一点P有

$$\sum \frac{a_1 a_2}{a} R_1 \geqslant 4\sqrt{S_1 S_2} \tag{B.16}$$

等号当且仅当$\triangle ABC$, $\triangle A_1 B_1 C_1$, $\triangle A_2 B_2 C_2$为相似的锐角三角形且点P为$\triangle ABC$的垂心时成立.

显然,由上述推论又可得Bottema与Klamkin首先建立的下述涉及两个三角形的不等式:

推论 B2.2[244] 对$\triangle A'B'C'$与$\triangle ABC$平面上任意一点P有

$$\sum a' R_1 \geqslant 4\sqrt{SS'} \tag{B.17}$$

等号当且仅当$\triangle ABC$与$\triangle A'B'C'$为相似的锐角三角形且P为前者的垂心时成立.

注 B.2 1992年,作者在文献[236]中应用不等式(B.17)与几何变换建立了以下有趣的不等式

$$\frac{\sum a' R_a}{\sum a R_1} \geqslant \sqrt{\frac{S'}{S}} \tag{B.18}$$

由推论B2.1还可得:

推论 B2.3[8] 对$\triangle A'B'C'$与$\triangle ABC$平面上任意一点P有

$$\sum \frac{a'^2}{a} R_1 \geqslant 4S' \tag{B.19}$$

等号当且仅当$\triangle ABC$与$\triangle A'B'C'$为相似的锐角三角形且P为前者的垂心时成立.

由上述推论又易得:

推论 B2.4[8] 对$\triangle A'B'C'$与$\triangle ABC$平面上任意一点P有

$$\sum \frac{a'}{a} R_1 \geqslant \sqrt{2\sum b'c' - \sum a'^2} \tag{B.20}$$

注 B.3 易知上式也等价于第6章中推论6.13给出的加权不等式

$$\sum (y+z) \frac{R_1}{a} \geqslant 2\sqrt{\sum yz} \tag{B.21}$$

其中x, y, z为任意正数.

由不等式(B.19)利用第1章中命题1.4还易得:

推论 B2.5 对$\triangle ABC$平面上任意一点P有

$$\sum \frac{m_a^2}{a} R_1 \geqslant 3S \tag{B.22}$$

下面,我们从推论B2.1出发来推导一个加权几何不等式.

设x, y, z为任意正数,易知以$\sqrt{x(y+z)}$,$\sqrt{y(z+x)}$,$\sqrt{z(x+y)}$为边长可构成面积为$\frac{1}{2}\sqrt{xyz \sum x}$的三角形(参见第6章中命题6.1),据此由推论B2.2的不等式(B.17)可得

$$\left[\sum \frac{a_1}{a} \sqrt{x(y+z)} R_1 \right]^2 \geqslant 8\sqrt{xyz \sum x} S_1$$

再应用Cauchy不等式,可知

$$\sum (y+z) \left[\sum x \left(\frac{a_1}{a} R_1 \right)^2 \right] \geqslant 8\sqrt{xyz \sum x} S_1$$

将上式中的$\triangle A_1 B_1 C_1$换成$\triangle A'B'C'$,经简化、整理后得下述不等式:

推论 B2.6[8] 对$\triangle ABC$平面上任意一点P与$\triangle A'B'C'$以及任意正数x, y, z有

$$\sum x \left(\frac{a'}{a} R_1 \right)^2 \geqslant 4\sqrt{\frac{xyz}{x+y+z}} S' \tag{B.23}$$

等号当且仅当P为$\triangle ABC$的垂心,$\triangle A'B'C' \sim \triangle ABC$, $x : y : z = \tan A : \tan B : \tan C$时成立.

上述不等式显然推广了推论12.14所述不等式的等价式

$$\sum x R_1^2 \geqslant 4\sqrt{\frac{xyz}{x+y+z}} S \tag{B.24}$$

将附录A中定理A1的几何变换T_1应用于定理B2,易得:

定理 B3[8] 设正数$q_1, q_2, \cdots, q_n$满足$\sum\limits_{i=1}^{n} q_i = 2$,则对$\triangle A_i B_i C_i (i = 1, 2, \cdots, n)$与$\triangle ABC$平面上异于顶点的任意一点$P$有

$$\frac{r_1}{aR_1} \prod_{i=1}^{n} a_i^{q_i} + \frac{r_2}{bR_2} \prod_{i=1}^{n} b_i^{q_i} + \frac{r_3}{cR_3} \prod_{i=1}^{n} c_i^{q_i} \geqslant \frac{2}{R} \prod_{i=1}^{n} S_i^{\frac{1}{2}q_i} \tag{B.25}$$

等号当且仅当$\triangle ABC$与$\triangle A_i B_i C_i (i = 1, 2, \cdots, n)$为相似的锐角三角形且点$P$为$\triangle ABC$的外心时成立.

上述定理一个简单的推论是:

推论 B3.1 对 $\triangle A_1B_1C_1$ 与 $\triangle A_2B_2C_2$ 以及 $\triangle ABC$ 平面上异于顶点的任意一点 P 有

$$\sum \frac{a_1a_2r_1}{aR_1} \geqslant \frac{2\sqrt{S_1S_2}}{R} \tag{B.26}$$

等号当且仅当 $\triangle ABC$, $\triangle A_1B_1C_1$, $\triangle A_2B_2C_2$ 为相似的锐角三角形且点 P 为 $\triangle ABC$ 的外心时成立.

由式(B.26)又可得到涉及两个三角形的下述不等式:

推论 B3.2 对 $\triangle A'B'C'$ 与 $\triangle ABC$ 平面上异于顶点的任意一点 P 有

$$\sum \frac{a'r_1}{R_1} \geqslant \frac{2\sqrt{SS'}}{R} \tag{B.27}$$

等号当且仅当 $\triangle A'B'C'$ 与 $\triangle ABC$ 为相似的锐角三角形且 P 为后者的外心时成立.

令 $\triangle A'B'C' \cong \triangle ABC$, 由式(B.27)可知推论3.35的不等式

$$\sum \frac{S_a}{R_1} \geqslant \frac{S}{R} \tag{B.28}$$

实际上对平面上异于顶点的任意一点 P 成立, 上式等号当且仅当 $\triangle ABC$ 为锐角三角形且 P 为其外心时成立.

由定理B3显然还可得:

推论 B3.3 对 $\triangle A'B'C'$ 与 $\triangle ABC$ 平面上异于顶点的任意一点 P 有

$$\sum \frac{a'^2r_1}{aR_1} \geqslant \frac{2S'}{R} \tag{B.29}$$

等号当且仅当 $\triangle A'B'C'$ 与 $\triangle ABC$ 为相似的锐角三角形且 P 为后者的外心时成立.

将附录A中定理A1的几何变换 T_2 应用于定理B2, 易得:

定理 B4[8] 设正数 $q_1, q_2, \cdots, q_n$ 满足 $\sum\limits_{i=1}^{n} q_i = 2$, 则对 $\triangle A_iB_iC_i$ ($i = 1, 2, \cdots, n$) 与 $\triangle ABC$ 平面上异于顶点的任意一点 P 有

$$\frac{R_2R_3}{aR_1}\prod_{i=1}^{n}a_i^{q_i} + \frac{R_3R_1}{bR_2}\prod_{i=1}^{n}b_i^{q_i} + \frac{R_1R_2}{cR_3}\prod_{i=1}^{n}c_i^{q_i} \geqslant 4\prod_{i=1}^{n}S_i^{\frac{1}{2}q_i} \tag{B.30}$$

等号当且仅当 P 为 $\triangle ABC$ 的内心, $\triangle A_1B_1C_1 \sim \triangle A_2B_2C_2 \sim \cdots \sim \triangle A_nB_nC_n$, $A_1 = \dfrac{\pi-A}{2}, B_1 = \dfrac{\pi-B}{2}, C_1 = \dfrac{\pi-C}{2}$ 时成立.

注意到第9章命题9.2的结论,我们可在上述定理中令$n = 1, q_1 = 2, a_1 = \sqrt{a'(s' - a')}, b_1 = \sqrt{b'(s' - b')}, c_1 = \sqrt{c'(s' - c')}$,从而得

推论 B4.1 对$\triangle A'B'C'$与$\triangle ABC$平面上异于顶点的任意一点P有

$$\sum a'(s' - a')\frac{R_2 R_3}{aR_1} \geqslant 2S' \tag{B.31}$$

等号当且仅当$\triangle A'B'C' \sim \triangle ABC$且$P$为后者的内心时成立.

上述不等式显然是第12章中推论12.9的不等式

$$\sum (s - a)\frac{R_2 R_3}{R_1} \geqslant 2S \tag{B.32}$$

的一个推广.

第1章中推论1.28表明,当$k > 0$时成立不等式

$$\sum \frac{s - a}{(r_2 r_3)^k} \geqslant \frac{s}{r^{2k}} \tag{B.33}$$

利用等式$\prod(s - a) = sr^2$就知上式等价于

$$\sum \frac{1}{(s - b)(s - c)(r_2 r_3)^k} \geqslant \frac{1}{r^{2(k+1)}}$$

在定理B1的不等式(B.9)中,取$x = 1/(s - a)r_1^k$等等,利用上式即可得下述不等式:

定理 B5[15] 设正数$q_1, q_2, \cdots, q_n$满足$\sum\limits_{i=1}^{n} q_i = 2$,则对$\triangle A_i B_i C_i (i = 1, 2, \cdots, n)$与$\triangle ABC$内部任意一点$P$以及任意正数$k$有

$$\frac{\prod\limits_{i=1}^{n} a_i^{q_i}}{(s - a)r_1^k} + \frac{\prod\limits_{i=1}^{n} b_i^{q_i}}{(s - b)r_2^k} + \frac{\prod\limits_{i=1}^{n} c_i^{q_i}}{(s - c)r_3^k} \geqslant \frac{4\prod\limits_{i=1}^{n} S_i^{\frac{1}{2}q_i}}{r^{k+1}} \tag{B.34}$$

等号当且仅当P为$\triangle ABC$的内心,$\triangle A_1 B_1 C_1 \sim \triangle A_2 B_2 C_2 \sim \cdots \sim \triangle A_n B_n C_n$, $A_1 = \dfrac{\pi - A}{2}, B_1 = \dfrac{\pi - B}{2}, C_1 = \dfrac{\pi - C}{2}$时成立.

显然,上述不等式推广了第1章中推论1.35的结果

$$\sum \frac{a'^2}{(s - a)r_1} \geqslant \frac{4S'}{r^2} \tag{B.35}$$

在式(B.34)中,令$n = 2, q_1 = q_2 = 1$,且$\triangle A_1 B_1 C_1 \cong \triangle BCA$, $\triangle A_2 B_2 C_2 \cong \triangle CAB$,于是得

$$\sum \frac{bc}{(s - a)r_1^k} \geqslant \frac{4S}{r^{k+1}}$$

两边除以s,利用半角的余弦公式与$S = rs$,即得第2章中推论2.4的下述推广:

推论 B5.1[15] 对$\triangle ABC$内部任意一点P与任意正数k有

$$\sum \frac{1}{r_1^k \cos^2 \frac{A}{2}} \geqslant \frac{4}{r^k} \tag{B.36}$$

注意到第6章命题6.1的结论,在定理B5中令$n = 1, q_1 = 2, a_1 = \sqrt{y+z}$, $b_1 = \sqrt{z+x}, c_1 = \sqrt{x+y}\,(x, y, z > 0)$,即易得:

推论 B5.2[15] 对$\triangle ABC$内部任意一点P与任意正数x, y, z以及正数k有

$$\sum (y+z) \frac{r_a}{r_1^k} \geqslant 2\sqrt{\sum yz \frac{s}{r^k}} \tag{B.37}$$

等号当且仅当$x : y : z = \tan \frac{A}{2} : \tan \frac{B}{2} : \tan \frac{C}{2}$且$P$为$\triangle ABC$的内心时成立.

在式(B.37)中取$x = r_a', y = r_b', z = r_c'$,又得:

推论 B5.3 对$\triangle A'B'C'$与$\triangle ABC$内部任意一点P以及任意正数k有

$$\sum \frac{r_a(r_b' + r_c')}{r_1^k} \geqslant \frac{2ss'}{r^k} \tag{B.38}$$

等号当且仅当$\triangle A'B'C' \sim \triangle ABC$且$P$为$\triangle ABC$的内心时成立.

在上述推论中,取P为$\triangle ABC$的内心,即得第10章中推论10.2的结果:

$$\sum r_a(r_b' + r_c') \geqslant 2ss' \tag{B.39}$$

等号当且仅当$\triangle A'B'C' \sim \triangle ABC$时成立.

由定理B5还易得到下述推论:

推论 B5.4[15] 对$\triangle ABC$内部任意一点P与任意正数x, y, z及正数k有

$$\sum x \frac{ar_a}{r_1^k} \geqslant 2\sqrt{\frac{xyz}{x+y+z} \frac{s^2}{r^k}} \tag{B.40}$$

等号当且仅当$x : y : z = (s-a) : (s-b) : (s-c)$且$P$为$\triangle ABC$的内心时成立.

注 B.4 不等式(B.40)等价于涉及两个三角形与一点的几何不等式

$$\sum \frac{ar_a}{r_a' r_1^k} \geqslant \frac{2s^2}{s' r^k} \tag{B.41}$$

等号当且仅当$\triangle A'B'C' \sim \triangle ABC$且$P$为后者的内心时成立.

3. 定理B1的推广及其应用(I)

3.1 定理B1的推广

在定理B1中,指数和$\sum\limits_{i=1}^{n}q_i$之值为2,这个值较小.如何使指数和变得大起来?对此问题的思考促使作者获得了下面的定理B6,其证明需用到以下引理:

引理 B2 设x_i与$y_i(i=1,2,\cdots,n)$是两组正数,则当$t>0$或$t<-1$时有

$$\sum_{i=1}^{n}\frac{x_i^{t+1}}{y_i^t}\geqslant\left(\sum_{i=1}^{n}x_i\right)^{t+1}\bigg/\left(\sum_{i=1}^{n}y_i\right)^{t}\tag{B.42}$$

等号当且仅当$x_1:y_1=x_2:y_2=\cdots=x_n:y_n$时成立.

上述不等式实为Hölder不等式的一种等价形式,也称Radon不等式,参见专著[241](第51页)与专著[245](第216页).

定理 B6[7,8] 设正数$q_1,q_2,\cdots,q_n$与正数t满足$\sum\limits_{i=1}^{n}q_i=2(t+1)$,则对$\triangle A_iB_iC_i(i=1,2,\cdots,n)$与任意正数$x,y,z$以及正数$u,v,w$有

$$\frac{x^{t+1}}{u^t}\prod_{i=1}^{n}a_i^{q_i}+\frac{y^{t+1}}{v^t}\prod_{i=1}^{n}b_i^{q_i}+\frac{z^{t+1}}{w^t}\prod_{i=1}^{n}c_i^{q_i}\geqslant\frac{4^{t+1}\left(\sum yz\right)^{\frac{1}{2}(t+1)}}{\left(\sum u\right)^t}\prod_{i=1}^{n}S_i^{\frac{1}{2}q_i}\tag{B.43}$$

等号当且仅当$\triangle A_1B_1C_1\sim\triangle A_2B_2C_2\sim\cdots\sim\triangle A_nB_nC_n,x:y:z=\cot A_1:\cot B_1:\cot C_1,u:v:w=\sin 2A_1:\sin 2B_1:\sin 2C_1$时成立.

证明 设正数$k_i(i=1,2,\cdots,n)$满足$\sum\limits_{i=1}^{n}k_i=2$.根据引理B2与定理B1,当$t>0$时有

$$\frac{\left(x\prod\limits_{i=1}^{n}a_i^{k_i}\right)^{t+1}}{u^t}+\frac{\left(y\prod\limits_{i=1}^{n}b_i^{k_i}\right)^{t+1}}{v^t}+\frac{\left(z\prod\limits_{i=1}^{n}c_i^{k_i}\right)^{t+1}}{w^t}$$

$$\geqslant\frac{\left(x\prod\limits_{i=1}^{n}a_i^{k_i}+y\prod\limits_{i=1}^{n}b_i^{k_i}+z\prod\limits_{i=1}^{n}c_i^{k_i}\right)^{t}}{\left(\sum u\right)^t}$$

$$\geqslant\frac{4^{t+1}\left(\sum yz\right)^{\frac{1}{2}(t+1)}\prod\limits_{i=1}^{n}S_i^{\frac{1}{2}(t+1)k_i}}{\left(\sum u\right)^t}$$

所以

$$\frac{x^{t+1}\prod\limits_{i=1}^{n}a_i^{(t+1)k_i}}{u^t}+\frac{y^{t+1}\prod\limits_{i=1}^{n}b_i^{(t+1)k_i}}{v^t}+\frac{z^{t+1}\prod\limits_{i=1}^{n}c_i^{(t+1)k_i}}{w^t}$$

$$\geqslant\frac{4^{t+1}\left(\sum yz\right)^{\frac{1}{2}(t+1)}\prod\limits_{i=1}^{n}S_i^{\frac{1}{2}(t+1)k_i}}{\left(\sum u\right)^t}$$

令 $k_i(t+1)=q_i(i=1,2,\cdots,n)$,则 $\sum\limits_{i=1}^{n}q_i=(t+1)\sum\limits_{i=1}^{n}k_i=2(t+1)$.因此由上式即知不等式(B.43)成立.

按不等式(B.9)与不等式(B.42)等号成立的条件可知,式(B.43)中等号成立当且仅当 $\triangle A_1B_1C_1\sim\triangle A_2B_2C_2\sim\cdots\sim\triangle A_nB_nC_n,x:y:z=\cot A_1:\cot B_1:\cot C_1$, 且

$$\frac{x\prod\limits_{i=1}^{n}a_i^{k_i}}{u}=\frac{y\prod\limits_{i=1}^{n}b_i^{k_i}}{v}=\frac{z\prod\limits_{i=1}^{n}c_i^{k_i}}{w}$$

其中正数 k_1,k_2,k_3 满足 $\sum\limits_{i=1}^{n}k_i=2$.进而容易确定式(B.43)中等号成立条件,即如定理B6中所述.定理B6证毕. $\square$

注B.5 若在式(B.43)中取 $t=0$,则不等式化为式(B.9).可见不等式(B.43)实际上对于 $t\geqslant 0$ 成立,因此定理B6可视为定理B1的一个推广.

3.2 定理B6的应用

下面,我们讨论定理B6的一些应用.

在定理B6中令 $t=1$,容易得到下述结论:

推论B6.1 设正数 $q_1,q_2,\cdots,q_n$ 满足 $\sum\limits_{i=1}^{n}q_i=4$, 则对 $\triangle A_iB_iC_i$ ($i=1,2,\cdots,n$)与任意实数 x,y,z 以及任意正数 u,v,w 有

$$\frac{x^2}{u}\prod_{i=1}^{n}a_i^{q_i}+\frac{y^2}{v}\prod_{i=1}^{n}b_i^{q_i}+\frac{z^2}{w}\prod_{i=1}^{n}c_i^{q_i}\geqslant\frac{16\sum yz}{\sum u}\prod_{i=1}^{n}S_i^{\frac{1}{2}q_i} \tag{B.44}$$

等号当且仅当$\triangle A_1B_1C_1 \sim \triangle A_2B_2C_2 \sim \cdots \sim \triangle A_nB_nC_n, x:y:z = \cot A_1 : \cot B_1 : \cot C_1, u:v:w = \sin 2A_1 : \sin 2B_1 : \sin 2C_1$时成立.

在定理B6中,令$t_1 = 1$,并取$u = x(y+z), v = y(z+x), w = z(x+y)$,得:

推论B6.2[7,8] 设正数$q_1, q_2, \cdots, q_n$满足$\sum_{i=1}^{n} q_i = 4$,则对$\triangle A_iB_iC_i$ ($i = 1, 2, \cdots, n$)与任意正数x, y, z有

$$\frac{x}{y+z}\prod_{i=1}^{n}a_i^{q_i} + \frac{y}{z+x}\prod_{i=1}^{n}b_i^{q_i} + \frac{z}{x+y}\prod_{i=1}^{n}c_i^{q_i} \geqslant 8\prod_{i=1}^{n}S_i^{\frac{1}{2}q_i} \tag{B.45}$$

等号当且仅当$\triangle A_1B_1C_1 \sim \triangle A_2B_2C_2 \sim \cdots \sim \triangle A_nB_nC_n$且$x:y:z = \cot A_1 : \cot B_1 : \cot C_1$时成立.

特别地,在式(B.45)中令$n = 2, q_1 = q_2 = 2$,即得下述涉及两个三角形的加权不等式:

推论B6.3 对$\triangle A_1B_1C_1$与$\triangle A_2B_2C_2$以及任意正数x, y, z有

$$\sum \frac{x}{y+z}a_1^2a_2^2 \geqslant 8S_1S_2 \tag{B.46}$$

等号当且仅当$\triangle A_1B_1C_1 \sim \triangle A_2B_2C_2$且$x:y:z = \cot A_1 : \cot B_1 : \cot C_1$时成立.

显然,Klamkin早在1973年得出的不等式[246]

$$\sum \frac{x}{y+z}b^2c^2 \geqslant 8S^2 \tag{B.47}$$

是不等式(B.46)的一个推论.

在不等式(B.46)中,令$\triangle A_1B_1C_1$为正三角形,并取$a_2 = \sqrt{v+w}, b_2 = \sqrt{w+u}, c_2 = \sqrt{u+v}(u,v,w > 0)$,则易得:

推论B6.4 对任意正数x, y, z与正数u, v, w有

$$\sum \frac{x(v+w)}{y+z} \geqslant \sqrt{3\sum vw} \tag{B.48}$$

据文献[89](第291页)的介绍,上述不等式是T.Andresscu与G.Dospinescu最先得出的.

根据推论B6.1可知,当正数$q_1, q_2, \cdots, q_n$满足$\sum_{i=1}^{n} q_i = 2$时,有

$$\frac{x}{y+z}\prod_{i=1}^{n}(b_ic_i)^{q_i} + \frac{y}{z+x}\prod_{i=1}^{n}(c_ia_i)^{q_i} + \frac{z}{x+y}\prod_{i=1}^{n}(a_ib_i)^{q_i} \geqslant 8\prod_{i=1}^{n}S_i^{q_i}$$

由此利用 $b_i c_i \sin A_i = 2S_i (i = 1, 2, \cdots, n)$,即易得:

推论 B6.5 设正数 $q_1, q_2, \cdots, q_n$ 满足 $\sum\limits_{i=1}^{n} q_i = 2$,则对 $\triangle A_i B_i C_i$ ($i = 1$, $2, \cdots, n$)与任意正数 x, y, z 有

$$\frac{x}{y+z}\prod_{i=1}^{n}\csc^{q_i} A_i + \frac{y}{z+x}\prod_{i=1}^{n}\csc^{q_i} B_i + \frac{z}{x+y}\prod_{i=1}^{n}\csc^{q_i} C_i \geqslant 2 \qquad (B.49)$$

在推论 B6.1 中,令 $n = 2, q_1 = q_2 = 2$,又得:

推论 B6.6 对 $\triangle A_1 B_1 C_1$, $\triangle A_2 B_2 C_2$ 与任意正数 u, v, w 以及任意实数 $x, y,$ z 有

$$\sum \frac{x^2}{u} a_1^2 a_2^2 \geqslant 16 S_1 S_2 \frac{\sum yz}{\sum u} \qquad (B.50)$$

等号当且仅当 $\triangle A_1 B_1 C_1 \sim \triangle A_2 B_2 C_2, x : y : z = \cot A_1 : \cot B_1 : \cot C_1, u :$ $v : w = \sin 2A_1 : \sin 2B_1 : \sin 2C_1$ 时成立.

在不等式(B.50)中作代换 $x \to x/a_1, u \to u a_2^2$ 等等,然后应用面积公式 $S_1 = \dfrac{1}{2} b_1 c_1 \sin A_1$ 与公式 $a_2^2 = 2(\cot B_2 + \cot C_2) S_2$,易得下述加权三角不等式:

推论 B6.7[7] 对 $\triangle A_1 B_1 C_1$, $\triangle A_2 B_2 C_2$ 与任意正数 u, v, w 以及任意实数 $x,$ y, z 有

$$\frac{\sum yz \sin A_1}{\sum (v+w)\cot A_2} \leqslant \frac{1}{4} \sum \frac{x^2}{u} \qquad (B.51)$$

等号当且仅当 $\triangle A_1 B_1 C_1 \sim \triangle A_2 B_2 C_2, x : y : z = \cos A_1 : \cos B_1 :$ $\cos C_1, u : v : w = \cot A_1 : \cot B_1 : \cot C_1$ 时成立.

在不等式(B.50)中,取 $u = ar_1, v = br_2, w = cr_3$,然后利用有关 $\triangle ABC$ 内部一点 P 的恒等式

$$\sum ar_1 = 2S \qquad (B.52)$$

得

$$\sum x^2 \frac{a_1^2 a_2^2}{ar_1} \geqslant 8 \frac{S_1 S_2}{S} \sum yz$$

再作代换 $x \to xa/(a_1 a_2)$ 等等,则

$$\sum x^2 \frac{a}{r_1} \geqslant 8 \frac{S_1 S_2}{S} \sum yz \frac{bc}{b_1 c_1 b_2 c_2}$$

对上式的三个三角形应用面积公式 $S = \dfrac{1}{2} bc \sin A$,就得本书的主要结果,即下述三正弦不等式:

定理 B7[3] 对 $\triangle ABC$ 内部任意一点 P 与 $\triangle A_1 B_1 C_1$,$\triangle A_2 B_2 C_2$ 以及任意实数 x, y, z 有

$$\sum x^2 \frac{a}{r_1} \geqslant 4 \sum yz \frac{\sin A_1 \sin A_2}{\sin A} \tag{B.53}$$

等号当且仅当 $\triangle A_1 B_1 C_1 \sim \triangle A_2 B_2 C_2$ 且

$$x : y : z = r_1 : r_2 : r_3 = \frac{\sin 2A_1}{\sin A} : \frac{\sin 2B_1}{\sin B} : \frac{\sin 2C_1}{\sin C}$$

时成立.

从上可见,三正弦不等式 (B.53) 实际上是定理 B6 的一个简单推论,它可以应用安振平不等式 (B.4) 与 Cauchy 不等式迅速推得.

下面,我们应用定理 B6 的推论 B6.1 进一步给出三正弦不等式的推广.

定理 B8[3] 设 $P_i(i = 1, 2, \cdots, m)$ 是 $\triangle ABC$ 内部任意 m 个点,它到三边 BC,CA,AB 的距离分别为 r_{i1},r_{i2},r_{i3} $(i = 1, 2, \cdots, m)$.正数 $t_1, t_2, \cdots, t_m$ 满足 $\displaystyle\sum_{i=1}^{m} t_i = 1$,正数 $q_1, q_2, \cdots, q_n$ 满足 $\displaystyle\sum_{i=1}^{n} q_i = 2$,则对 $\triangle A_i B_i C_i (i = 1, 2, \cdots, n)$ 与任意实数 x, y, z 有

$$\frac{x^2 \dfrac{a}{m}}{\displaystyle\prod_{i=1}^{m} r_{i1}^{t_i}} + \frac{y^2 \dfrac{b}{m}}{\displaystyle\prod_{i=1}^{m} r_{i2}^{t_i}} + \frac{z^2 \dfrac{c}{m}}{\displaystyle\prod_{i=1}^{m} r_{i3}^{t_i}}$$

$$\geqslant 4 \left(\frac{yz}{\sin A} \prod_{i=1}^{n} \sin^{q_i} A_i + \frac{zx}{\sin B} \prod_{i=1}^{n} \sin^{q_i} B_i + \frac{xy}{\sin C} \prod_{i=1}^{n} \sin^{q_i} C_i \right) \tag{B.54}$$

等号当且仅当 $\triangle A_1 B_1 C_1 \sim \triangle A_2 B_2 C_2 \sim \cdots \sim \triangle A_n B_n C_n$,点 P_i $(i = 1, 2, \cdots, m)$ 重合于一点,且

$$x : y : z = r_{11} : r_{12} : r_{13} = \frac{\sin 2A_1}{\sin A} : \frac{\sin 2B_1}{\sin B} : \frac{\sin 2C_1}{\sin C}$$

时成立.

证明 首先,我们来证明:当正数 $t_1, t_2, \cdots, t_m$ 满足 $\displaystyle\sum_{i=1}^{m} t_i = 1$ 时,成立不等式

$$a \prod_{i=1}^{m} r_{i1}^{t_i} + b \prod_{i=1}^{m} r_{i2}^{t_i} + c \prod_{i=1}^{m} r_{i3}^{t_i} \leqslant 2S \tag{B.55}$$

等号当且仅当$P_1, P_2, \cdots, P_k$重合于一点时成立.

根据引理B1可知

$$\prod_{i=1}^{m}(ar_{i1})^{t_i} + \prod_{i=1}^{m}(br_{i2})^{t_i} + \prod_{i=1}^{m}(cr_{i3})^{t_i} \leqslant \prod_{i=1}^{m}(ar_{i1} + br_{i2} + cr_{i3})^{t_i}$$

由此注意到恒等式

$$ar_{i1} + br_{i2} + cr_{i3} = 2S \tag{B.56}$$

$(i = 1, 2, \cdots, m)$与已知条件$\sum_{i=1}^{m} t_i = 1$,即得不等式(B.55),且易知其等号成立条件如前所述.

其次,在推论B6.1的不等式(B.44)中,取

$$u = a\prod_{i=1}^{m} r_{i1}^{t_i}, \ v = b\prod_{i=1}^{m} r_{i2}^{t_i}, \ w = c\prod_{i=1}^{m} r_{i3}^{t_i}$$

然后应用不等式(B.55)即知,对任意正数x, y, z继而对任意实数x, y, z成立不等式

$$\frac{x^2}{a\prod_{i=1}^{m} r_{i1}^{t_i}}\prod_{i=1}^{n} a_i^{q_i} + \frac{y^2}{b\prod_{i=1}^{m} r_{i2}^{t_i}}\prod_{i=1}^{n} b_i^{q_i} + \frac{z^2}{c\prod_{i=1}^{m} r_{i3}^{t_i}}\prod_{i=1}^{n} c_i^{q_i} \geqslant \frac{8\sum yz}{S}\prod_{i=1}^{n} S_i^{\frac{1}{2}q_i}$$

在上式中作代换$x \to xa/\prod_{i=1}^{n} a_i^{\frac{1}{2}q_i}$等等,利用$S = \frac{1}{2}bc\sin A$与$S_i = \frac{1}{2}b_i c_i \sin A_i$

$(i = 1, 2, \cdots, n)$与已知条件$\sum_{i=1}^{n} q_i = 4$,得

$$x^2\frac{\frac{a}{m}}{\prod_{i=1}^{} r_{i1}^{t_i}} + y^2\frac{\frac{b}{m}}{\prod_{i=1}^{} r_{i2}^{t_i}} + z^2\frac{\frac{c}{m}}{\prod_{i=1}^{} r_{i3}^{t_i}}$$

$$\geqslant 4\left[\frac{yz}{\sin A}\prod_{i=1}^{n}(\sin A_i)^{\frac{1}{2}q_i} + \frac{zx}{\sin B}\prod_{i=1}^{n}(\sin B_i)^{\frac{1}{2}q_i} + \frac{xy}{\sin C}\prod_{i=1}^{n}(\sin C_i)^{\frac{1}{2}q_i}\right]$$

将上式中的q_i换成$2q_i$就得不等式(B.54).根据式(B.44)与式(B.55)两式等号成立的条件容易得知(B.54)式等号成立的条件如定理B8中所述.定理B8证毕. □

在定理B8中,取$m = 1, t_1 = 1, n = 2, q_1 = q_2 = 1$,同时令点$P_1$重合于点$P$,即得不等式三正弦不等式(B.53). 因此,定理B8是定理B7的推广.

在定理B8中,令$m = 1$,$\triangle ABC$为锐角三角形且P_1为其外心,即易得:

推论 B8.1 设正数$q_1, q_2, \cdots, q_n$满足$\displaystyle\sum_{i=1}^{n} q_i = 2$,则对锐角$\triangle ABC$与任意$\triangle A_iB_iC_i(i = 1, 2, \cdots, n)$以及任意实数$x, y, z$有

$$\sum x^2 \tan A$$
$$\geqslant 4\left(\frac{yz}{\sin A}\prod_{i=1}^{n}\sin^{q_i} A_i + \frac{zx}{\sin B}\prod_{i=1}^{n}\sin^{q_i} B_i + \frac{xy}{\sin C}\prod_{i=1}^{n}\sin^{q_i} C_i\right) \quad (B.57)$$

等号当且仅当$\triangle ABC$与$\triangle A_iB_iC_i(i = 1, 2, \cdots, n)$为相似的锐角三角形且$x : y : z = \cos A : \cos B : \cos C$时成立.

令$n = 2, q_1 = q_2 = 1$,即得第17章中主推论的结果:

推论 B8.2[3]   对锐角$\triangle ABC$与任意$\triangle A_1B_1C_1$,$\triangle A_2B_2C_2$以及任意实数x, y, z有

$$\sum x^2 \tan A \geqslant 2\sum yz\frac{\sin A_1 \sin A_2}{\sin A} \quad (B.58)$$

等号当且仅当$\triangle A_1B_1C_1 \sim \triangle A_2B_2C_2 \sim \triangle ABC$且$x : y : z = \cos A : \cos B : \cos C$ 时成立.

在定理B8中,令$m = 1$,P_1重合于P,并取$x = r_1, y = r_2, z = r_3$,利用恒等式(B.52)得:

推论 B8.3 设正数$q_1, q_2, \cdots, q_n$满足$\displaystyle\sum_{i=1}^{n} q_i = 2$,则对 $\triangle A_iB_iC_i$ $(i = 1, 2, \cdots, n)$与$\triangle ABC$内部任意一点P有

$$r_2r_3\frac{\displaystyle\prod_{i=1}^{n}\sin^{q_i} A_i}{\sin A} + r_3r_1\frac{\displaystyle\prod_{i=1}^{n}\sin^{q_i} B_i}{\sin B} + r_1r_2\frac{\displaystyle\prod_{i=1}^{n}\sin^{q_i} C_i}{\sin C} \leqslant \frac{1}{2}S \quad (B.59)$$

等号当且仅当$\triangle A_1B_1C_1 \sim \triangle A_2B_2C_2 \sim \cdots \sim \triangle A_nB_nC_n$且$S_a : S_b : S_c = \sin 2A_1 : \sin 2B_1 : \sin 2C_1$时成立.

由上述推论显然又可得第18章的主要结果:

推论 B8.4[3] 对$\triangle ABC$内部任意一点P与$\triangle A_1B_1C_1$以及$\triangle A_2B_2C_2$ 有

$$\sum r_2r_3\frac{\sin A_1 \sin A_2}{\sin A} \leqslant \frac{1}{2}S \quad (B.60)$$

等号当且仅当 $\triangle A_1B_1C_1 \sim \triangle A_2B_2C_2$ 且 $S_a : S_b : S_c = \sin 2A_1 : \sin 2B_1 : \sin 2C_1$ 时成立.

接下来,我们再由前面的推论B6.6来推导一个涉及两个三角形的加权不等式.

在推论B6.6的不等式(B.50)中,作代换 $x \to x/a_2, y \to y/b_2, z \to z/c_2$,然后应用面积公式 $S_2 = \dfrac{1}{2}b_2c_2\sin A_2$,便得

$$\sum \frac{x^2}{u}a_1^2 \geqslant \frac{8S_1 \sum yz\sin A_2}{\sum u} \tag{B.61}$$

注意到以 $\sqrt{a(s-a)}, \sqrt{b(s-b)}, \sqrt{c(s-c)}$ 为边长可构成面积为 $S/2$ 的三角形(参见第9章命题9.2).因此,在上式中令 $\triangle A_2B_2C_2 \sim \triangle A'B'C', a_1 = \sqrt{a(s-a)}, b_1 = \sqrt{b(s-b)}, c_1 = \sqrt{c(s-c)}$,即可得:

定理 B9[10] 对 $\triangle ABC, \triangle A'B'C'$ 与正数 u, v, w 以及任意实数 x, y, z 有

$$\sum a(s-a)\frac{x^2}{u} \geqslant \frac{4S \sum yz\sin A'}{\sum u} \tag{B.62}$$

等号当且仅当 $A' = \dfrac{\pi - A}{2}, B' = \dfrac{\pi - B}{2}, C' = \dfrac{\pi - C}{2}, x : y : z = \sin\dfrac{A}{2} : \sin\dfrac{B}{2} : \sin\dfrac{C}{2}, u : v : w = \sin A : \sin B : \sin C$ 时成立.

下面,我们给出定理B9的一些应用.

在定理B9中,令 $u = (r_2 + r_3)/r_a, v = (r_3 + r_1)/r_b, w = (r_1 + r_2)/r_c$,利用本质上与式(B.52)等价的恒等式

$$\sum \frac{r_2 + r_3}{r_a} = 2 \tag{B.63}$$

即得第19章中推论19.16的结论:

推论 B9.1[10] 对 $\triangle ABC$ 内部任意一点 P 与 $\triangle A'B'C'$ 以及任意实数 x, y, z 有

$$\sum x^2 \frac{a}{r_2 + r_3} \geqslant 2\sum yz\sin A' \tag{B.64}$$

等号当且仅当 $A' = \dfrac{\pi - A}{2}, B' = \dfrac{\pi - B}{2}, C' = \dfrac{\pi - C}{2}, x : y : z = \sin\dfrac{A}{2} : \sin\dfrac{B}{2} : \sin\dfrac{C}{2}, (r_2 + r_3) : (r_3 + r_1) : (r_1 + r_2) = \sin^2\dfrac{A}{2} : \sin^2\dfrac{B}{2} : \sin^2\dfrac{C}{2}$ 时成立.

在不等式(B.62)中,取$u = (s-a)r_2r_3, v = (s-b)r_3r_1, w = (s-c)r_1r_2$,利用Carlitz-Klamkin不等式

$$\sum (s-a)r_2r_3 \leqslant sr^2 \tag{B.65}$$

(参见第1章中推论1.27),即得:

推论 B9.2[10] 对△ABC内部任一点P与△$A'B'C'$以及任意实数x, y, z有

$$\sum x^2 \frac{a}{r_2r_3} \geqslant \frac{4}{r} \sum yz \sin A' \tag{B.66}$$

在上式中作代换$x \to x\sqrt{r_2r_3/r_1}$等等,可得等价不等式

$$\sum x^2 \frac{a}{r_1} \geqslant \frac{4}{r} \sum yzr_1 \sin A' \tag{B.67}$$

令△ABC为锐角三角形且取P为其外心,则由上式利用第1章中命题1.1(c)易得:

推论 B9.3[10] 对锐角△ABC与△$A'B'C'$以及任意实数x, y, z有

$$\sum x^2 \tan A \geqslant \frac{2R}{r} \sum yz \cos A \sin A' \tag{B.68}$$

由上式显然又可得涉及单个三角形的二次型不等式:

推论 B9.4 对锐角△ABC与任意实数x, y, z有

$$\sum x^2 \tan A \geqslant \frac{R}{r} \sum yz \sin 2A \tag{B.69}$$

在不等式(B.66)中,取$A' = (\pi - A)/2$等等,同时作代换$x \to x\sqrt{a}$等等,再利用简单的不等式$\sqrt{bc} \leqslant 2R \cos \frac{A}{2}$,即得下述不等式:

推论 B 9.5[10] 对△ABC内部任意一点P与任意实数x, y, z有

$$\sum \frac{x^2}{r_2r_3} \geqslant \frac{2}{Rr} \sum yz \tag{B.70}$$

在不等式(B.61)中,取$u = aw_1R_1, v = bw_2R_2, w = cw_3R_3$,利用不等式

$$\sum aw_1R_1 \leqslant 2SR \tag{B.71}$$

(等价于第6章中命题6.4给出的不等式)即得:

推论 B9.6 对△$A'B'C'$与△ABC内部任意一点P以及任意实数x, y, z有

$$\sum x^2 \frac{s-a}{w_1R_1} \geqslant \frac{2}{R} \sum yz \sin A' \tag{B.72}$$

容易知道上式推广了第1章中推论1.3的不等式

$$\sum x^2 \frac{s-a}{\cos A} \geqslant 2R \sum yz \sin A' \tag{B.73}$$

在不等式(B.72)中,作代换 $x \to x/\sqrt{s-a}$ 等等,然后应用简单的不等式 $\sqrt{(s-b)(s-c)} \leqslant a/2$ 与正弦定理,得:

推论 B9.7 对 $\triangle ABC$ 内部任意一点 P 与 $\triangle A'B'C'$ 以及任意实数 x, y, z 有

$$\sum \frac{x^2}{w_1 R_1} \geqslant \frac{2}{R^2} \sum yz \frac{\sin A'}{\sin A} \tag{B.74}$$

显然由上式有:

推论 B9.8 对 $\triangle ABC$ 内部任意一点 P 与任意实数 x, y, z 有

$$\sum \frac{x^2}{w_1 R_1} \geqslant \frac{2 \sum yz}{R^2} \tag{B.75}$$

在不等式(B.74)中,令 $\triangle A'B'C'$ 为正三角形并取 $x = y = z = 1$,则得

$$\sum \frac{1}{w_1 R_1} \geqslant \frac{\sqrt{3}}{R^2} \sum \frac{1}{\sin A} \tag{B.76}$$

据此与第6章证明的不等式

$$\sum \frac{1}{\sin A} \geqslant 2\sqrt{3} \frac{w_a}{h_a} \tag{B.77}$$

以及等式 $h_a = w_a \cos \dfrac{B-C}{2}$ 即得:

推论 B9.9 对 $\triangle ABC$ 内部任意一点 P 有

$$\sum \frac{1}{w_1 R_1} \geqslant \frac{6}{R^2 \cos \dfrac{B-C}{2}} \tag{B.78}$$

上式强于式(B.75)的推论

$$\sum \frac{1}{w_1 R_1} \geqslant \frac{6}{R^2} \tag{B.79}$$

由不等式(B.76)与第8章中证明的锐角三角形不等式

$$\sum \frac{1}{\sin A} \geqslant \frac{\sqrt{3}(R+2r)}{2r} \tag{B.80}$$

可得:

推论 B9.10 对锐角$\triangle ABC$内部任意一点P有

$$\sum \frac{1}{w_1 R_1} \geqslant \frac{3}{R^2} + \frac{3}{2Rr} \tag{B.81}$$

注 B.6 作者猜测对任意$\triangle ABC$内部任一点P成立更强的不等式

$$\sum \frac{1}{w_1 R_1} \geqslant \frac{4}{Rr} - \frac{2}{R^2} \tag{B.82}$$

由定理B9与作者在文献[247]中建立的涉及$\triangle ABC$内部一点的不等式

$$\sum S_a R_1^3 \leqslant SR^3 \tag{B.83}$$

还易得到类似于式(B.75)的下述三元二次型不等式:

推论 B9.11 对$\triangle ABC$内部任意一点P与任意实数x, y, z有

$$\sum \frac{x^2}{r_1 R_1^3} \geqslant \frac{2 \sum yz}{R^4} \tag{B.84}$$

现在,我们再给出定理B9的一个重要应用.

在定理B9的不等式(B.62)中,令$u = ar_1, v = br_2, w = cr_3$,利用恒等式$\sum ar_1 = 2S$立得第1章中的主要结果:

定理 B10[9] 对$\triangle ABC$内部任意一点P与$\triangle A'B'C'$以及任意实数x, y, z有

$$\sum x^2 \frac{s-a}{r_1} \geqslant 2 \sum yz \sin A' \tag{B.85}$$

等号当且仅当P为$\triangle ABC$的内心,$A' = \dfrac{\pi - A}{2}, B' = \dfrac{\pi - B}{2}, C' = \dfrac{\pi - C}{2}, x : y : z = \sin \dfrac{A}{2} : \sin \dfrac{B}{2} : \sin \dfrac{C}{2}$时成立.

显然,定理B10是定理B9一个简单的推论,从本书由此展开的讨论可见此结果之美妙.

接下来,我们应用定理B6来建立一个涉及三角形内部m个点的不等式.

定理 B11[3] 设$P_i (i = 1, 2, \cdots, m)$是$\triangle ABC$内部任意$m$个点,它到三边$BC, CA, AB$的距离分别为$r_{i1}, r_{i2}, r_{i3} (i = 1, 2, \cdots, m)$.正数$k_1, k_2, \cdots, k_m$满足$\displaystyle\sum_{i=1}^{m} k_i = p - 1 (p > 1)$,则对任意正数$x, y, z$有

$$\frac{a(s-a)^p}{\prod\limits_{i=1}^{m} r_{i1}^{k_i}} x^p + \frac{b(s-b)^p}{\prod\limits_{i=1}^{m} r_{i2}^{k_i}} y^p + \frac{c(s-c)^p}{\prod\limits_{i=1}^{m} r_{i3}^{k_i}} z^p \geqslant 2 \left(\sum yz \right)^{\frac{1}{2}p} S \tag{B.86}$$

等号当且仅当 $x : y : z = \tan\dfrac{A}{2} : \tan\dfrac{B}{2} : \tan\dfrac{C}{2}$ 且 $P_1, P_2, \cdots, P_n$ 均重合于 $\triangle ABC$ 的内心时成立.

证明 在定理B6中,令 $n = 1, q_1 = 2(t+1)$,并取

$$u = a\prod_{i=1}^{m} r_{i1}^{t_i}, v = b\prod_{i=1}^{m} r_{i2}^{t_i}, w = c\prod_{i=1}^{m} r_{i3}^{t_i}$$

其中正数 $t_1, t_2, \cdots, t_m$ 满足 $\displaystyle\sum_{i=1}^{m} t_i = 1$.于是由式(B.43)应用不等式(B.55)可得

$$\frac{x^{t+1}}{a^t\displaystyle\prod_{i=1}^{m} r_{i1}^{tt_i}}a_1^{2(t+1)} + \frac{y^{t+1}}{b^t\displaystyle\prod_{i=1}^{m} r_{i2}^{tt_i}}b_1^{2(t+1)} + \frac{z^{t+1}}{c^t\displaystyle\prod_{i=1}^{m} r_{i3}^{tt_i}}c_1^{2(t+1)}$$

$$\geqslant \frac{2^{t+2}\left(\sum yz\right)^{\frac{1}{2}(t+1)}}{S^t}S_1^{t+1} \tag{B.87}$$

令上式中的 $\triangle A_1B_1C_1$ 等于以 $\sqrt{a(s-a)}, \sqrt{b(s-b)}, \sqrt{c(s-c)}$ 为边长的三角形,注意到这个三角形的面积为 $S/2$(参见命题9.2),即得

$$\frac{a(s-a)^{t+1}}{\displaystyle\prod_{i=1}^{m} r_{i1}^{tt_i}}x^{t+1} + \frac{b(s-b)^{t+1}}{\displaystyle\prod_{i=1}^{m} r_{i2}^{tt_i}}y^{t+1} + \frac{c(s-c)^{t+1}}{\displaystyle\prod_{i=1}^{m} r_{i3}^{tt_i}}z^{t+1} \geqslant 2\left(\sum yz\right)^{\frac{1}{2}(t+1)}S$$

令 $t+1 = p, tt_i = k_i$,则显然有 $\displaystyle\sum_{i=1}^{m} k_i = t\sum_{i=1}^{m} t_i = t = p-1$,于是由上式就得不等式(B.86). 容易确定式(B.86)中等号成立的条件(详略).定理B11证毕. □

特别地,在定理B11中,令 $p = 2$ 得

$$\frac{a(s-a)^2}{\displaystyle\prod_{i=1}^{m} r_{i1}^{k_i}}x^2 + \frac{b(s-b)^2}{\displaystyle\prod_{i=1}^{m} r_{i2}^{k_i}}y^2 + \frac{c(s-c)^2}{\displaystyle\prod_{i=1}^{m} r_{i3}^{k_i}}z^2 \geqslant 2S\sum yz \tag{B.88}$$

在上式中作代换 $x \to x/(s-a)$ 等等,然后利用公式

$$\cot\frac{A}{2} = \frac{S}{(s-b)(s-c)} \tag{B.89}$$

即得:

推论 B11.1[13] 设正数 $k_1, k_2, \cdots, k_m$ 满足 $\sum_{i=1}^{m} k_i = 1$,则对 $\triangle ABC$ 内部任意 m 个点 $P_1, P_2, \cdots, P_m$ 与任意实数 x, y, z 有

$$\frac{a}{\prod\limits_{i=1}^{m} r_{i1}^{k_i}} x^2 + \frac{b}{\prod\limits_{i=1}^{m} r_{i2}^{k_i}} y^2 + \frac{c}{\prod\limits_{i=1}^{m} r_{i3}^{k_i}} z^2 \geqslant 2 \sum yz \cot \frac{A}{2} \qquad (B.90)$$

等号当且仅当 $P_1, P_2, \cdots, P_m$ 均重合于 $\triangle ABC$ 的内心且 $x = y = z$ 时成立.

由上述推论显然可得第2章中主推论的结果:

推论 B11.2[9] 对 $\triangle ABC$ 内部任意一点 P 与任意实数 x, y, z 有

$$\sum x^2 \frac{a}{r_1} \geqslant 2 \sum yz \cot \frac{A}{2} \qquad (B.91)$$

等号当且仅当 P 为 $\triangle ABC$ 的内心且 $x = y = z$ 时成立.

在定理 B11 中,令 $x = 1/(s-a), y = 1/(s-b), z = 1/(s-c)$,然后利用 $S = rs$ 与 $\prod(s-a) = sr^2$ 即易得:

推论 B11.3[13] 设正数 $k_1, k_2, \cdots, k_m$ 满足 $\sum_{i=1}^{m} k_i > 1$,则对 $\triangle ABC$ 内部任意 m 个点 $P_i(i = 1, 2, \cdots, m)$ 有

$$\frac{a}{\prod\limits_{i=1}^{m} r_{i1}^{k_i}} + \frac{b}{\prod\limits_{i=1}^{m} r_{i2}^{k_i}} + \frac{c}{\prod\limits_{i=1}^{m} r_{i3}^{k_i}} \geqslant \frac{2s}{r^k} \qquad (B.92)$$

其中 $k = \sum_{i=1}^{n} k_i$,上式等号当且仅当 $P_i(i = 1, 2, \cdots, m)$ 均重合于 $\triangle ABC$ 的内心时成立.

注 B.7   上述推论中 $\sum_{i=1}^{k} k_i > 1$ 这个条件实际上可以取消,即不等式(B.92)对任意正数 $k_1, k_2, \cdots k_m$ 都是成立的,这可证明如下:

设正数 $t_1, t_2, \cdots t_m$ 满足 $\sum_{i=1}^{m} t_i = 1$,根据引理 B2 与前面的不等式(B.55)可知,当 $t > 0$ 时有

$$\frac{a^{t+1}}{a^t \prod\limits_{i=1}^{m} r_{i1}^{tt_i}} + \frac{b^{t+1}}{b^t \prod\limits_{i=1}^{m} r_{i2}^{tt_i}} + \frac{c^{t+1}}{c^t \prod\limits_{i=1}^{m} r_{i3}^{tt_i}} \geqslant \frac{(2s)^{t+1}}{(2S)^t}$$

令 $tt_i = k_i$,则 $\sum_{i=1}^{m} k_i = t\sum_{i=1}^{m} t_i = t$,于是由上式利用 $S = rs$ 立即可知不等式 (B.92) 对任意正数 $k_1, k_2, \cdots, k_m$ 都成立.

不等式(B.92)显然推广了推论1.25给出的常见不等式

$$\sum \frac{a}{r_1} \geqslant \frac{2s}{r} \tag{B.93}$$

等号当且仅当 P 为 $\triangle ABC$ 的内心时成立.

由推论B11.3知,对 $\triangle ABC$ 内部任意两点 P 与 Q 及正数 k 有

$$\sum \frac{a}{d_1 r_1^k} \geqslant \frac{2s}{r^{k+1}} \tag{B.94}$$

(其中 $k > 1$)接着令 Q 为 $\triangle ABC$ 的类似重心,则由第1章中命题1.1(e)有 $d_1 = 2aS/\sum a^2$ 等等,于是由式(B.94)易得下述不等式:

推论 B11.4[13] 对 $\triangle ABC$ 内部任意一点 P 与任意正数 k 有

$$\sum \frac{1}{r_1^k} \geqslant \frac{\left(\sum a\right)^2}{\sum a^2} \cdot \frac{1}{r^k} \tag{B.95}$$

在 $\triangle ABC$ 中,易证不等式

$$\frac{\left(\sum a\right)^2}{\sum a^2} \geqslant 2\left(1 + \frac{r}{R}\right) \tag{B.96}$$

据此与不等式(B.95)即得:

推论 B11.5[248] 对 $\triangle ABC$ 内部任意一点 P 与任意正数 k 有

$$\sum \frac{1}{r_1^k} \geqslant \frac{2}{r^{k-1}}\left(\frac{1}{R} + \frac{1}{r}\right) \tag{B.97}$$

注 B.8 不等式(B.97)最先由杨学枝在文献[248]中提出,但他只证明了它对自然数 k 成立.由上述推论还易推知:当 $k \geqslant 1$ 时,成立

$$\sum \frac{1}{r_1^k} \geqslant \frac{2^k}{R^k} + \frac{2}{r^k} \tag{B.98}$$

作者在文献[91]中曾用其他方法得出此不等式.顺便指出,当 $0 < k \leqslant 2$ 时式(B.97)与式(B.98)很可能存在对任意三角形成立的 "r-w" 对偶不等式.

在不等式(B.94)中,令△ABC为锐角三角形且Q为其外心,即易得:

推论B11.6[13] 对锐角△ABC内部任意一点P与任意正数k有

$$\sum \frac{\tan A}{r_1^k} \geqslant \frac{s}{r^{k+1}} \tag{B.99}$$

注B.9 容易证明当$k = -2$时上式成立,即对锐角△ABC内部任意一点P有

$$\sum r_1^2 \tan A \geqslant 2S \tag{B.100}$$

等号当且仅当P为锐角△ABC的外心时成立.当$k < -2$时,不等式(B.99)很可能也是成立的.

4. 定理B1的推广及其应用(II)

4.1 定理B1的又一个推广

在第三节中,我们已给出了定理B1的一个推广(定理B6).这一节中,我们从另一个角度来推广它.

定理B1虽然将Oppenheim不等式(B.6)推广到了涉及n个三角形的情形,但推广的结果仅含有三个参数,从增加参数的个数这个角度出发,作者得出了不同于定理B6的进一步推广.在给出结果之前,先给出一个引理.

引理B3[8] 设正数α, β, γ与正数x, y, z以及正数λ满足

$$\sum \alpha x \geqslant \lambda \left(\sum yz \right)^{\frac{1}{2}} \tag{B.101}$$

则当正数$p_1, p_2, \cdots, p_m$满足$\sum_{i=1}^{m} p_i = p - 1(p > 1)$时,对任意正数$x_i, y_i, z_i(i = 1, 2, \cdots, m)$成立不等式

$$\frac{\alpha x^p}{\prod_{i=1}^{m} x_i^{p_i}} + \frac{\beta y^p}{\prod_{i=1}^{m} y_i^{p_i}} + \frac{\gamma z^p}{\prod_{i=1}^{m} z_i^{p_i}} \geqslant \frac{\lambda \left(\sum yz \right)^{\frac{1}{2}p}}{\prod_{i=1}^{m} (y_i z_i + z_i x_i + x_i y_i)^{\frac{1}{2}p_i}} \tag{B.102}$$

上式中等号当且仅当式(B.101)取等号且$x : y : z = x_i : y_i : z_i(i = 1, 2, \cdots, m)$时成立.

证明 设 $t_i > 0 (i = 1, 2, \cdots, m)$. 在(B.101)中作代换

$$x \to \frac{x^{t_1+1}}{x_1^{t_1}}, \ y \to \frac{y^{t_1+1}}{y_1^{t_1}}, \ z \to \frac{z^{t_1+1}}{z_1^{t_1}}$$

然后应用引理B2,得

$$\alpha \frac{x^{t_1+1}}{x_1^{t_1}} + \beta \frac{y^{t_1+1}}{y_1^{t_1}} + \gamma \frac{z^{t_1+1}}{z_1^{t_1}} \geqslant \lambda \frac{\left(\sum yz\right)^{\frac{1}{2}(t_1+1)}}{\left(\sum y_1 z_1\right)^{\frac{1}{2}t_1}} \tag{B.103}$$

接着在上式作代换

$$x \to \frac{x^{t_2+1}}{x_2^{t_2}}, \ y \to \frac{y^{t_2+1}}{y_2^{t_2}}, \ z \to \frac{z^{t_2+1}}{z_2^{t_2}}$$

并应用引理B2的不等式,又得

$$\alpha \frac{x^p}{x_1^{p_1} x_2^{p_2}} + \beta \frac{y^p}{y_1^{p_1} y_2^{p_2}} + \gamma \frac{z^p}{z_1^{p_1} z_2^{p_2}} \geqslant \lambda \frac{\left(\sum yz\right)^{\frac{1}{2}p}}{\left(\sum y_1 z_1\right)^{\frac{1}{2}p_1} \left(\sum y_2 z_2\right)^{\frac{1}{2}p_2}} \tag{B.104}$$

其中 $p_1 = t_1, p_2 = (t_1+1)t_2, p = (t_1+1)(t_2+1)$.

从不等式(B.104)起,依此类推 $m-2$ 次,则可得

$$\alpha \frac{x^p}{\prod\limits_{i=1}^{m} x_i^{p_i}} + \beta \frac{y^p}{\prod\limits_{i=1}^{m} x_i^{p_i}} + \gamma \frac{z^p}{\prod\limits_{i=1}^{m} x_i^{p_i}} \geqslant \lambda \frac{\left(\sum yz\right)^{\frac{1}{2}p}}{\prod\limits_{i=1}^{n} (y_i z_i + z_i x_i + x_i y_i)^{\frac{1}{2}p_i}} \tag{B.105}$$

其中

$$p = \prod_{i=1}^{m} (t_i + 1) \tag{B.106}$$

$$p_i = \prod_{i=1}^{m} (t_{i-1} + 1)t_i \tag{B.107}$$

$(i = 1, 2, \cdots, m$ 并约定 $t_0 = 0)$.

从式(B.106)可见,由于 $t_1, t_2, \cdots, t_m$ 为任意正数,所以 $p_1, p_2, \cdots, p_m$ 可以互不相影响地取任意正值. 另一方面,$p_1, p_2, \cdots, p_m$ 与 p 之间是相关的,事实上成立等式

$$\sum_{i=1}^{m} (t_{i-1} + 1)t_i = \prod_{i=1}^{m} (t_i + 1) - 1 \tag{B.108}$$

这易用数学归纳法证明(详略),故有

$$\sum_{i=1}^{m} p_i = p - 1 \tag{B.109}$$

于是我们完成了不等式(B.102)的证明.

根据式(B.42)等号成立的条件容易确定式(B.102)中等号成立的条件.引理B3证毕. □

根据定理B1与引理B3,立即可得下述结论:

定理 B12[8] 设正数 $q_1, q_2, \cdots, q_n$ 满足 $\sum\limits_{i=1}^{n} q_i = 2$,正数 $p_1, p_2, \cdots, p_m$ 与

正数 p 满足 $\sum\limits_{i=1}^{m} p_i = p - 1(p > 1)$,则对 $\triangle A_i B_i C_i (i = 1, 2, \cdots, n)$ 与任意正

数 x, y, z 以及正数 $x_i, y_i, z_i (i = 1, 2, \cdots, m)$ 有

$$\frac{\prod\limits_{i=1}^{n} a_i^{q_i}}{\prod\limits_{i=1}^{m} x_i^{p_i}} x^p + \frac{\prod\limits_{i=1}^{n} b_i^{q_i}}{\prod\limits_{i=1}^{m} y_i^{p_i}} y^p + \frac{\prod\limits_{i=1}^{n} c_i^{q_i}}{\prod\limits_{i=1}^{m} z_i^{p_i}} z^p \geqslant \frac{4 \left(\sum yz\right)^{\frac{1}{2}p} \prod\limits_{i=1}^{m} S_i^{\frac{1}{2}q_i}}{\prod\limits_{i=1}^{m} (y_i z_i + z_i x_i + x_i y_i)^{\frac{1}{2}p_i}} \tag{B.110}$$

等号当且仅当 $\triangle A_1 B_1 C_1 \sim \triangle A_2 B_2 C_2 \sim \cdots \sim \triangle A_n B_n C_n$ 且 $x : y : z = x_i : y_i : z_i = \cot A_1 : \cot B_1 : \cot C_1 (i = 1, 2, \cdots, m)$ 时成立.

4.1 定理B12的应用

在定理B12中,令 $m = 1, p_1 = 1, p = 2, x_1 = x, y_1 = y, z_1 = z$,即可得出定理B1.因此,定理B12推广了定理B1.

在定理B12中,令 $m = 1, p_1 = 1, p = 2$,就得文献[7]中定理1的结果

$$\frac{x^2}{x_1} \prod_{i=1}^{n} a_i^{q_i} + \frac{y^2}{y_1} \prod_{i=1}^{n} b_i^{q_i} + \frac{z^2}{z_1} \prod_{i=1}^{n} c_i^{q_i} \geqslant \frac{4 \sum yz}{\sqrt{\sum y_1 z_1}} \prod_{i=1}^{n} S_i^{\frac{1}{2}q_i} \tag{B.111}$$

两边平方并作代换

$$x_1 \to \frac{1}{x_1} \prod_{i=1}^{n} a_i^{q_i}, y_1 \to \frac{1}{y_1} \prod_{i=1}^{n} b_i^{q_i}, z_1 \to \frac{1}{z_1} \prod_{i=1}^{n} c_i^{q_i}$$

然后利用公式$b_ic_i = 2S_i \csc A_i (i = 1, 2, \cdots, n)$,整理后可得等价不等式

$$x_1 \prod_{i=1}^{n} \csc^{q_i} A_i + y_1 \prod_{i=1}^{n} \csc^{q_i} B_i + z_1 \prod_{i=1}^{n} \csc^{q_i} C_i$$

$$\geqslant 4x_1 y_1 z_1 \left(\frac{\sum yz}{\sum x_1 x^2} \right)^2 \tag{B.112}$$

在上式中取$x_1 = \dfrac{y+z}{x}, y_1 = \dfrac{z+x}{y}, z_1 = \dfrac{x+y}{z}$,即得:

推论 B12.1[7] 设正数$q_1, q_2, \cdots, q_n$满足$\sum\limits_{i=1}^{n} q_i = 2$,则对$\triangle A_i B_i C_i (i = 1, 2, \cdots, n)$与任意正数$x, y, z$有

$$\frac{y+z}{x} \prod_{i=1}^{n} \csc^{q_i} A_i + \frac{z+x}{y} \prod_{i=1}^{n} \csc^{q_i} B_i + \frac{x+y}{z} \prod_{i=1}^{n} \csc^{q_i} C_i$$

$$\geqslant \frac{(y+z)(z+x)(x+y)}{xyz} \tag{B.113}$$

等号当且仅当$\triangle A_1 B_1 C_1 \sim \triangle A_2 B_2 C_2 \sim \cdots \sim \triangle A_n B_n C_n$且$x : y : z = \cot A_1 : \cot B_1 : \cot C_1$时成立.

特别地有:

推论 B12.2 对$\triangle ABC$与任意正数x, y, z有

$$\sum \frac{y+z}{x} \csc^2 A \geqslant \frac{(y+z)(z+x)(x+y)}{xyz} \tag{B.114}$$

等号当且仅当$x : y : z = \cot A : \cot B : \cot C$时成立.

对于$\triangle ABC$内部任意一点P,注意到$(S_b + S_c) : S_a = R_1 : e_1$(见第2章等式(2.58)),由上述推论又易得下述几何不等式:

推论 B12.3 对$\triangle ABC$内部任意一点P与$\triangle A'B'C'$有

$$\sum \frac{e_2 e_3}{R_2 R_3 \sin^2 A'} \geqslant 1 \tag{B.115}$$

等号当且仅当$\triangle ABC \sim \triangle A'B'C'$且$P$为前者的垂心时成立.

在式(B.113)中令$x = s - a, y = s - b, z = s - c$,利用半角正弦公式易得下述等价的不等式:

推论 B12.4 设正数 $q_1, q_2, \cdots, q_n$ 满足 $\sum\limits_{i=1}^{n} q_i = 2$,则对 $\triangle A_i B_i C_i (i = 1, 2, \cdots, n)$ 有

$$\frac{\sin^2 \dfrac{A}{2}}{\prod\limits_{i=1}^{n} \sin^{q_i} A_i} + \frac{\sin^2 \dfrac{B}{2}}{\prod\limits_{i=1}^{n} \sin^{q_i} B_i} + \frac{\sin^2 \dfrac{C}{2}}{\prod\limits_{i=1}^{n} \sin^{q_i} C_i} \geqslant 1 \tag{B.116}$$

等号当且仅当 $\triangle A_1 B_1 C_1 \sim \triangle A_2 B_2 C_2 \sim \cdots \sim \triangle A_n B_n C_n$ 且 $\sin^2 A_1 : \sin A = \sin^2 B_1 : \sin B = \sin^2 C_1 : \sin C$ 时成立.

特别地,由上述推论得涉及两个三角形的下述不等式:

推论 B12.5 在 $\triangle ABC$ 与 $\triangle A'B'C'$ 中有

$$\sum \frac{\sin^2 \dfrac{A}{2}}{\sin^2 A'} \geqslant 2 \tag{B.117}$$

等号当且仅当 $\sin^2 A' : \sin A = \sin^2 B' : \sin B = \sin^2 C' : \sin C$ 时成立.

由不等式(B.112)还易得到下述推论:

推论 B12.6 对锐角 $\triangle A'B'C'$ 与任意 $\triangle ABC$ 以及任意正数 x, y, z 有

$$\sum \frac{1}{yz \sin^2 A} \geqslant \frac{4}{\left(\sum x \cot^2 A'\right)^2} \tag{B.118}$$

等号当且仅当 $\triangle ABC \sim \triangle A'B'C'$ 且 $x : y : z = a^2 \tan A : b^2 \tan B : c^2 \tan C$ 时成立.

现在,我们给出与定理B12相等价的下述结论:

定理 B13[8] 设正数 k 与正数 $p_1, p_2, \cdots, p_m$ 以及正数 $k_1, k_2, \cdots, k_n$ 满足

$$\sum_{i=1}^{m} p_i = 2k - 1, \quad \sum_{i=1}^{n} k_i = \frac{1}{k}$$

则对 $\triangle A_i B_i C_i (i = 1, 2, \cdots, n)$ 与任意正数 x, y, z 以及正数 $x_i, y_i, z_i (i = 1, 2, \cdots, m)$ 有

$$\left(yz \prod_{i=1}^{n} \sin^{k_i} A_i + zx \prod_{i=1}^{n} \sin^{k_i} B_i + xy \prod_{i=1}^{n} \sin^{k_i} C_i\right)^k$$
$$\leqslant \frac{1}{2}\left(x^{2k} \Big/ \prod_{i=1}^{m} x_i^{p_i} + y^{2k} \Big/ \prod_{i=1}^{m} y_i^{p_i} + z^{2k} \Big/ \prod_{i=1}^{m} z_i^{p_i}\right)$$
$$\cdot \prod_{i=1}^{m} (y_i z_i + z_i x_i + x_i y_i)^{\frac{1}{2} p_i} \tag{B.119}$$

等号当且仅当$\triangle A_1B_1C_1 \sim \triangle A_2B_2C_2 \sim \cdots \sim \triangle A_nB_nC_n, x : y : z = \cot A_1 \sin^{\frac{1}{k}} A_1 : \cot B_1 \sin^{\frac{1}{k}} B_1 = \cot C_1 \sin^{\frac{1}{k}} C_1, x_i : y_i : z_i = \cot A_1 : \cot B_1 : \cot C_1 (i = 1, 2, \cdots, m)$时成立.

证明　记式(B.119)右边的值为M_0.在定理B12的不等式(B.110)中,令$p = 2k$(从而$\sum\limits_{i=1}^{m} p_i = 2k - 1$),两边乘以$\dfrac{1}{2}\prod\limits_{i=1}^{m}(y_iz_i + z_ix_i + x_iy_i)^{\frac{1}{2}p_i}$并作代换

$$x \to \frac{x}{\prod\limits_{i=1}^{n} a_i^{\frac{q_i}{2k}}}, \ y \to \frac{y}{\prod\limits_{i=1}^{n} b_i^{\frac{q_i}{2k}}}, \ z \to \frac{z}{\prod\limits_{i=1}^{n} c_i^{\frac{q_i}{2k}}}$$

即得

$$M_0 \geqslant 2\left[yz \Big/ \prod_{i=1}^{n}(b_ic_i)^{\frac{q_i}{2k}} + zx \Big/ \prod_{i=1}^{n}(c_ia_i)^{\frac{q_i}{2k}} + xy \Big/ \prod_{i=1}^{n}(a_ib_i)^{\frac{q_i}{2k}}\right]^{\frac{1}{2}p} \prod_{i=1}^{n} S_i^{\frac{1}{2}q_i}$$

$$= \left[yz\left(\prod_{i=1}^{n}\sin A_i\right)^{\frac{q_i}{2k}} + zx\left(\prod_{i=1}^{n}\sin B_i\right)^{\frac{q_i}{2k}} + xy\left(\prod_{i=1}^{n}\sin C_i\right)^{\frac{q_i}{2k}}\right]^{\frac{1}{2}p}$$

$$\cdot \frac{2\prod\limits_{i=1}^{n} S_i^{\frac{1}{2}q_i}}{\prod\limits_{i=1}^{n}(2S_i)^{\frac{q_i}{2k}\cdot\frac{1}{2}p}}$$

再利用$p = 2k$与$\sum\limits_{i=1}^{n} q_i = 2$,即可得

$$M_0 \geqslant \left[yz\left(\prod_{i=1}^{n}\sin A_i\right)^{\frac{q_i}{2k}} + zx\left(\prod_{i=1}^{n}\sin B_i\right)^{\frac{q_i}{2k}} + xy\left(\prod_{i=1}^{n}\sin C_i\right)^{\frac{q_i}{2k}}\right]^{k}$$

$$\tag{B.120}$$

不妨令$\dfrac{q_i}{2k} = k_i$,则由上式就得不等式(B.119),又注意到$\sum\limits_{i=1}^{n} k_i = \sum\limits_{i=1}^{n}\dfrac{q_i}{2k} = \dfrac{1}{2k}\sum\limits_{i=1}^{n} q_i = \dfrac{1}{k}$.因此,我们证明了不等式(B.119).

根据不等式(B.110)等号成立的条件,容易得知定理B13中所述等号成立条件正确.定理B13证毕.　　　　　　□

注 B.10 从不等式(B.119)的推证易见不等式(B.119)与不等式(B.110)是等价的.

在定理B13中取 $k = 1$ 并将 k_i 换为 $q_i(i = 1, 2, \cdots, n)$,即得:

推论 B13.1 设正数 $p_1, p_2, \cdots, p_m$ 以及正数 $q_1, q_2, \cdots, q_n$ 满足

$$\sum_{i=1}^{m} p_i = \sum_{i=1}^{n} q_i = 1$$

则对 $\triangle A_i B_i C_i \, (i = 1, 2, \cdots, n)$ 与任意实数 x, y, z 以及正数 $x_i, y_i, z_i (i = 1, 2, \cdots, m)$ 有

$$yz \prod_{i=1}^{n} \sin^{q_i} A_i + zx \prod_{i=1}^{n} \sin^{q_i} B_i + xy \prod_{i=1}^{n} \sin^{q_i} C_i$$

$$\leqslant \frac{1}{2} \left(x^2 \Big/ \prod_{i=1}^{m} x_i^{p_i} + y^2 \Big/ \prod_{i=1}^{m} y_i^{p_i} + z^2 \Big/ \prod_{i=1}^{m} z_i^{p_i} \right)$$

$$\cdot \prod_{i=1}^{m} (y_i z_i + z_i x_i + x_i y_i)^{\frac{1}{2} p_i} \tag{B.121}$$

等号当且仅当 $\triangle A_1 B_1 C_1 \sim \triangle A_2 B_2 C_2 \sim \cdots \sim \triangle A_n B_n C_n, x : y : z = \cos A_1 : \cos B_1 : \cos C_1, x_i : y_i : z_i = \cot A_1 : \cot B_1 : \cot C_1 (i = 1, 2, \cdots, m)$ 时成立.

设 $\triangle A_i' B_i' C_i'(i = 1, 2, \cdots, m)$ 为 m 个锐角三角形,则可在推论B13.1中取 $x_i = \cot A_i, y_i = \cot B_i, z_i = \cot A_i (i = 1, 2, \cdots, m)$,注意到恒等式

$$\cot B_i' \cot C_i' + \cot C_i' \cot A_i' + \cot A_i' \cot B_i' = 1 \tag{B.122}$$

即易知下述三元二次型不等式对正数 x, y, z 继而对任意实数 x, y, z 成立:

推论 B13.2[8] 设正数 $p_1, p_2, \cdots, p_m$ 以及正数 $q_1, q_2, \cdots, q_n$ 满足

$$\sum_{i=1}^{m} p_i = \sum_{i=1}^{n} q_i = 1$$

则对锐角 $\triangle A_i' B_i' C_i'(i = 1, 2, \cdots, m)$ 与任意 $\triangle A_i B_i C_i(i = 1, 2, \cdots, n)$ 以及任意实数 x, y, z 有

$$x^2 \prod_{i=1}^{m} \tan^{p_i} A_i' + y^2 \prod_{i=1}^{m} \tan^{p_i} B_i' + z^2 \prod_{i=1}^{m} \tan^{p_i} C_i'$$

$$\geqslant 2 \left(yz \prod_{i=1}^{n} \sin^{q_i} A_i + zx \prod_{i=1}^{n} \sin^{q_i} B_i + xy \prod_{i=1}^{n} \sin^{q_i} C_i \right) \tag{B.123}$$

等号当且仅当所有三角形相似且 $x:y:z=\cos A_1:\cos B_1:\cos C_1$ 时成立.

当 $m=n=1$ 时,由上述推论就得第13章中的主推论:

推论 B13.3 对锐角 $\triangle ABC$ 与任意 $\triangle A'B'C'$ 及任意实数 x,y,z 有

$$\sum x^2 \tan A \geqslant 2\sum yz \sin A' \tag{B.124}$$

等号当且仅当 $\triangle A'B'C' \sim \triangle ABC$ 且 $x:y:z=\cos A:\cos B:\cos C$ 时成立.

推论B13.1简单的特殊情形(此时 $m=n=1,p_1=q_1=1$),即是下述重要的加权正弦和不等式(第14章主推论的结果):

定理 B14 对 $\triangle ABC$ 与任意实数 x,y,z 以及正数 u,v,w 有

$$\sum yz \sin A \leqslant \frac{1}{2}\sum \frac{x^2}{u}\sqrt{\sum vw} \tag{B.125}$$

等号当且仅当 $x:y:z=\cos A:\cos B:\cos C$ 且 $u:v:w=\cot A:\cot B:\cot C$ 时成立.

下面,我们应用定理B12来证明下述结论:

定理 B15[13] 设 $P_i\,(i=1,2,\cdots,m)$ 为 $\triangle ABC$ 内部任意 m 个点,$\angle BP_iC$, $\angle CP_iA$,$\angle AP_iB$ 的角平分线的长分别为 $w_{i1},w_{i2},w_{i3}(i=1,2,\cdots,m)$.又设正数 $q_1,q_2,\cdots,q_n$ 满足 $\displaystyle\sum_{i=1}^{n}q_i=2$, 正数 $p_1,p_2,\cdots,p_m$ 与正数 p 满足 $\displaystyle\sum_{i=1}^{m}p_i=p-1(p>1)$,则对任意 $\triangle A_iB_iC_i(i=1,2,\cdots,n)$ 与任意正数 x,y,z 有

$$x^p a^{p-1}\frac{\displaystyle\prod_{i=1}^{n}a_i^{q_i}}{\displaystyle\prod_{i=1}^{m}w_{i1}^{p_i}}+y^p b^{p-1}\frac{\displaystyle\prod_{i=1}^{n}b_i^{q_i}}{\displaystyle\prod_{i=1}^{m}w_{i2}^{p_i}}+z^p c^{p-1}\frac{\displaystyle\prod_{i=1}^{n}c_i^{q_i}}{\displaystyle\prod_{i=1}^{m}w_{i3}^{p_i}}$$

$$\geqslant 2^{p+1}\left(\sum yz\right)^{\frac{1}{2}p}\prod_{i=1}^{n}S_i^{\frac{1}{2}q_i} \tag{B.126}$$

等号当且仅当 $x:y:z=\cot A:\cot B:\cot C$,$\triangle A_iB_iC_i \sim \triangle ABC(i=1,2,\cdots,n)$,点 $P_i(i=1,2,\cdots,m)$ 均重合于 $\triangle ABC$ 的外心时成立.

证明 在定理B12中取 $x_i=w_{i1}/a,y_i=w_{i2}/b,z_i=w_{i3}/c(i=1,2,\cdots,m)$,根据不等式第15章中推论15.3的不等式

$$\sum \frac{w_2 w_3}{bc} \leqslant \frac{1}{4} \tag{B.127}$$

(等号仅当P为$\triangle ABC$的外心时成立)可知此时有

$$\prod_{i=1}^{m}(y_iz_i+z_ix_i+x_iy_i)^{\frac{1}{2}p_i}\leqslant\left(\frac{1}{4}\right)^{\frac{1}{2}\sum p_i}=2^{1-p}$$

于是由不等式(B.110)立即得出不等式(B.126),且易确定其等号成立条件.定理B15证毕.

令$\triangle A_iB_iC_i\cong\triangle ABC(i=1,2,\cdots,n)$,由定理B15得:

推论 B15.1[13] 设正数p与正数$p_1,p_2,\cdots,p_m$满足$\displaystyle\sum_{i=1}^{m}p_i=p-1(p>1)$,则对$\triangle ABC$内部任意$m$个点$P_i(i=1,2,\cdots,m)$与任意正数$x,y,z$有

$$x^p\frac{a^{p+1}}{m}+y^p\frac{b^{p+1}}{m}+z^p\frac{c^{p+1}}{m}\geqslant2^{p+1}\left(\sum yz\right)^{\frac{1}{2}p}S \qquad (B.128)$$
$$\prod_{i=1}^{m}w_{i1}^{p_i}\quad\prod_{i=1}^{m}w_{i2}^{p_i}\quad\prod_{i=1}^{m}w_{i3}^{p_i}$$

等号当且仅当$x:y:z=\cot A:\cot B:\cot C$且$P_i(i=1,2,\cdots,m)$均重合于$\triangle ABC$的外心时成立.

特别地,由上述推论得:

推论 B15.2 设$p>1$,则对$\triangle ABC$内部任意一点P与任意正数x,y,z有

$$\sum\frac{a^{p+1}}{w_1^{p-1}}x^p\geqslant2^{p+1}\left(\sum yz\right)^{\frac{1}{2}p}S \qquad (B.129)$$

等号当且仅当$x:y:z=\cot A:\cot B:\cot C$且$P$均重合于$\triangle ABC$的外心时成立.

在式(B.129)中取$p=3$得

$$\sum x^3\frac{a^4}{w_1^2}\geqslant16S\left(\sum yz\right)^{3/2} \qquad (B.130)$$

设$\triangle A'B'C'$为锐角三角形,则可在上式中取$x=\cot A',y=\cot B',z=\cot C'$,于是得下述等价的不等式:

推论 B15.3 对$\triangle ABC$内部任意一点P与锐角$\triangle A'B'C'$有

$$\sum\frac{a^4}{w_1^2}\cot^3A'\geqslant16S \qquad (B.131)$$

等号当且仅当$\triangle ABC\sim\triangle A'B'C'$且$P$为前者的外心时成立.

在定理B15中,令$n = 1, q_1 = 2$得

$$\frac{x^p a^{p-1} a_1^2}{\prod\limits_{i=1}^{m} w_{i1}^{p_i}} + \frac{y^p b^{p-1} b_1^2}{\prod\limits_{i=1}^{m} w_{i2}^{p_i}} + \frac{z^p c^{p-1} c_1^2}{\prod\limits_{i=1}^{m} w_{i3}^{p_i}} \geqslant 2^{p+1} \left(\sum yz \right)^{\frac{1}{2}p} S_1 \qquad (\text{B.132})$$

在上式中令$\triangle A_1 B_1 C_1 \cong \triangle ABC$,同时取$x = R_1/a, y = R_2/b, z = R_3/c$,然后应用前面的的林鹤一不等式(B.14),便得:

推论 B15.4 设正数p与正数$p_1, p_2, \cdots, p_m$满足$\sum\limits_{i=1}^{m} p_i = p - 1(p > 1)$,则对$\triangle ABC$平面上任意一点$P$与$\triangle ABC$内部任意$m$个点$P_i(i = 1, 2, \cdots, m)$有

$$\frac{a R_1^p}{\prod\limits_{i=1}^{m} w_{i1}^{p_i}} + \frac{b R_2^p}{\prod\limits_{i=1}^{m} w_{i2}^{p_i}} + \frac{c R_3^p}{\prod\limits_{i=1}^{m} w_{i3}^{p_i}} \geqslant 2^{p+1} S \qquad (\text{B.133})$$

等号当且仅当点$P_i(i = 1, 2, \cdots, m)$均重合于$\triangle ABC$的外心而P为其垂心时成立.

由上述推论又易得下述涉及两个动点的几何不等式:

推论 B15.5 对$\triangle ABC$平面上任意一点Q与$\triangle ABC$内部任意一点P以及任意正数k有

$$\sum a \frac{D_1^{k+1}}{w_1^k} \geqslant 2^{k+2} S \qquad (\text{B.134})$$

等号当且仅当点P与点Q分别为$\triangle ABC$的外心和其垂心时成立.

在不等式(B.132)中,令$a_1 = \sqrt{a}, b_1 = \sqrt{b}, c_1 = \sqrt{c}$,则易得

$$\frac{x^p a^p}{\prod\limits_{i=1}^{m} w_{i1}^{p_i}} + \frac{y^p b^p}{\prod\limits_{i=1}^{m} w_{i2}^{p_i}} + \frac{z^p c^p}{\prod\limits_{i=1}^{m} w_{i3}^{p_i}} \geqslant 2^p \left(\sum yz \right)^{\frac{1}{2}p} \sqrt{4Rr + r^2} \qquad (\text{B.135})$$

将林鹤一不等式应用于上式,立得:

推论 B15.6 设正数$p_1, p_2, \cdots, p_m$与正数p满足$\sum\limits_{i=1}^{m} p_i = p - 1(p > 1)$,则对$\triangle ABC$平面上任意一点$P$与$\triangle ABC$内部任意$m$个点$P_1, P_2, \cdots, P_m$有

$$\frac{R_1^p}{\prod\limits_{i=1}^{m} w_{i1}^{p_i}} + \frac{R_2^p}{\prod\limits_{i=1}^{m} w_{i2}^{p_i}} + \frac{R_3^p}{\prod\limits_{i=1}^{m} w_{i3}^{p_i}} \geqslant 2^p \sqrt{4Rr + r^2} \qquad (\text{B.136})$$

特别地,由上式得:

推论 B15.7 对$\triangle ABC$平面上任意一点Q与$\triangle ABC$内部任意一点P以及任意正数k有

$$\sum \frac{D_1^{k+1}}{w_1^k} \geqslant 2^{k+1}\sqrt{4Rr + r^2} \tag{B.137}$$

在定理B15中,令$p = 2, q_1 = q_2 = 1, \triangle A_1B_1C_1 \cong \triangle BCA, \triangle A_2B_2C_2 \cong \triangle CAB$, 然后两边除以$abc$利用$abc = 4SR$约简得下述不等式:

推论 B15.8[13] 设正数$p_1, p_2, \cdots, p_m$满足$\sum\limits_{i=1}^{m} p_i = 1$,则对$\triangle ABC$内部任意$m$个点$P_i(i = 1, 2, \cdots, m)$与任意实数$x, y, z$有

$$\frac{x^2}{\prod\limits_{i=1}^{m} w_{i1}^{p_i}} + \frac{y^2}{\prod\limits_{i=1}^{m} w_{i2}^{p_i}} + \frac{z^2}{\prod\limits_{i=1}^{m} w_{i3}^{p_i}} \geqslant \frac{2}{R}\sum yz \tag{B.138}$$

上式显然推广了第15章中推论15.31的结果

$$\sum \frac{x^2}{w_1} \geqslant \frac{2}{R}\sum yz \tag{B.139}$$

在定理B15的不等式(B.126)中,令$p = 2$并将q_i换为$2q_i$,然后作代换$x \to x\Big/ \prod\limits_{i=1}^{n} a_i^{q_i}$等等,易得:

推论 B15.9[13] 设正数p与正数$p_1, p_2, \cdots, p_m$与正数$q_1, q_2, \cdots, q_n$满足

$$\sum_{i=1}^{m} p_i = \sum_{i=1}^{n} q_i = 1$$

则对$\triangle ABC$内部任意m个点$P_i(i = 1, 2, \cdots, m)$与$\triangle A_iB_iC_i(i = 1, 2, \cdots, n)$以及任意实数$x, y, z$有

$$x^2\frac{\frac{a}{m}}{\prod\limits_{i=1}^{n} w_{i1}^{p_i}} + y^2\frac{\frac{b}{m}}{\prod\limits_{i=1}^{n} w_{i2}^{p_i}} + z^2\frac{\frac{c}{m}}{\prod\limits_{i=1}^{n} w_{i3}^{p_i}}$$

$$\geqslant 4\left(yz\prod_{i=1}^{n} \sin^{q_i} A_i + zx\prod_{i=1}^{n} \sin^{q_i} B_i + xy\prod_{i=1}^{n} \sin^{q_i} C_i\right) \tag{B.140}$$

等号当且仅当$\triangle A_iB_iC_i \sim \triangle ABC(i = 1, 2, \cdots, n), x : y : z = \cos A : \cos B : \cos C$,点$P_1, P_2, \cdots, P_m$ 均重合于$\triangle ABC$的外心时成立.

特别地,由上述推论可得第15章中推论15.22的结论:

推论 B15.10 对$\triangle ABC$内部任意一点P与任意实数x, y, z有

$$\sum x^2 \frac{a}{w_1} \geqslant 4 \sum yz \sin A' \qquad (B.141)$$

等号当且仅当P为$\triangle ABC$的外心,$\triangle A'B'C' \sim \triangle ABC, x : y : z = \cos A : \cos B : \cos C$时成立.

前面定理B3的不等式涉及了$\triangle ABC$平面上的一个动点P,当点P位于$\triangle ABC$内部时,定理B3的不等式有下述指数推广:

定理 B16 设$k \geqslant 1$,正数$q_1, q_2, \cdots, q_n$满足$\displaystyle\sum_{i=1}^{n} q_i = 2$,则对$\triangle A_i B_i C_i (i = 1, 2, \cdots, n)$与$\triangle ABC$内部任意一点$P$有

$$\frac{r_1}{aR_1^k} \prod_{i=1}^{n} a_i^{q_i} + \frac{r_2}{bR_2^k} \prod_{i=1}^{n} b_i^{q_i} + \frac{r_3}{cR_3^k} \prod_{i=1}^{n} c_i^{q_i} \geqslant \frac{2}{R^k} \prod_{i=1}^{n} S_i^{\frac{1}{2}q_i} \qquad (B.142)$$

等号当且仅当$\triangle ABC$与$\triangle A_i B_i C_i (i = 1, 2, \cdots, n)$均为相似的锐角三角形且$P$为$\triangle ABC$的外心时成立.

证明   当$k = 1$时,式(B.142)即为定理B3所述不等式(B.25).因此只需证明$k > 1$的情形. 在定理B15中,令$m = 1, p = k, p_1 = k - 1 (k > 1)$且$P_1$重合于$P$,即得

$$\frac{x^k a^{k-1}}{w_1^{k-1}} \prod_{i=1}^{n} a_i^{q_i} + \frac{y^k b^{k-1}}{w_2^{k-1}} \prod_{i=1}^{n} b_i^{q_i} + \frac{z^k c^{k-1}}{w_3^{k-1}} \prod_{i=1}^{n} c_i^{q_i}$$

$$\geqslant 2^{k+1} \left(\sum yz \right)^{\frac{1}{2}k} \prod_{i=1}^{n} S_i^{\frac{1}{2}q_i} \qquad (B.143)$$

在上式中取$x = r_1/(aR_1)$等等,然后应用林鹤一不等式的推论

$$\sum \frac{r_2 r_3}{bc R_2 R_3} \geqslant \frac{1}{4R^2} \qquad (B.144)$$

(参见第12章中推论12.40)即得

$$\frac{r_1^k}{aw_1^{k-1}R_1^k} \prod_{i=1}^{n} a_i^{q_i} + \frac{r_1^k}{bw_2^{k-1}R_2^k} \prod_{i=1}^{n} b_i^{q_i} + \frac{r_1^k}{cw_3^{k-1}R_3^k} \prod_{i=1}^{n} c_i^{q_i} \geqslant \frac{2^{k+1}}{(4R^2)^{\frac{1}{2}k}} \prod_{i=1}^{n} S_i^{\frac{1}{2}q_i}$$

当P位于$\triangle ABC$内部时,显然有$w_1 \geqslant r_1, w_2 \geqslant r_2, w_3 \geqslant r_3$,因此当$k > 1$时,由上式即易得出不等式(B.142)且易确定其等号成立的条件.定理B16证毕.

注 B.11　不等式(B.142)很可能对 $\triangle ABC$ 平面上异于 $\triangle ABC$ 顶点的任意一点 P 成立,也很可能对于小于1的正数 k 成立.

在定理 B16 中,令 $n=1$, $q_1=2$, $\triangle A_1B_1C_1 \cong \triangle ABC$,即得前面不等式(B.28)的下述推广:

推论 B16.1　设 $k \geqslant 1$,则对 $\triangle ABC$ 内部任意一点 P 有

$$\sum \frac{S_a}{R_1^k} \geqslant \frac{S}{R^k} \tag{B.145}$$

等号当且仅当 P 点为 $\triangle ABC$ 的外心时成立.

注 B.12　事实上,上述结论还有下述推广:当 $k>0$ 时不等式(B.145)成立;当 $-3 \leqslant k<0$ 时不等式反向成立.这可证明如下:

设 $0<k \leqslant 1$,由加权幂平均不等式有

$$\left(\frac{\sum S_a R_1^k}{\sum S_a} \right)^{1/k} \leqslant \frac{\sum S_a R_1}{\sum S_a} \tag{B.146}$$

又由已知恒等式

$$\sum S_a R_1^2 = 4R^2 S_p \tag{B.147}$$

(参见附录 A 中引理 A1)与 Cauchy 不等式有

$$\left(\sum S_a R_1 \right)^2 \leqslant \sum S_a \sum S_a R_1^2 = 4S S_p R^2$$

再利用已知的垂足三角形面积不等式 $4S_p \leqslant S$ 就得

$$\sum S_a R_1 \leqslant SR \tag{B.148}$$

等号当且仅当 P 为 $\triangle ABC$ 的外心时成立.注意到 $\sum S_a = S$,由式(B.146)与式(B.148)便得

$$\sum S_a R_1^k \leqslant SR^k \tag{B.149}$$

其中 $0<k<1$.另外,由 Cauchy 不等式与 $\sum S_a = S$ 可知,对任意实数 k 有

$$\sum \frac{S_a}{R_1^k} \sum S_a R_1^k \geqslant S^2$$

由此与式(B.149)便知不等式(B.145)当 $0<k<1$ 时成立.因此综合推论 B16.1 的结论就知不等式(B.145)一般地对任意正数 k 成立.此外,应用加

权幂平均不等式与前面的不等式(B.83)容易证明当$-3 \leqslant k < 0$时不等式(B.145)反向成立.

在定理B16中,令$n = 1, q_1 = 2$,同时取

$$a_1 = \sqrt{a(s-a)}, \ b_1 = \sqrt{b(s-b)}, \ c_1 = \sqrt{c(s-c)}$$

利用命题9.2可得:

推论 B16.2 设$k \geqslant 1$,则对$\triangle ABC$内部任意一点P有

$$\sum \frac{(s-a)r_1}{R_1^k} \geqslant \frac{S}{R^k} \tag{B.150}$$

上式的特殊情形

$$\sum (s-a)\frac{r_1}{R_1^k} \geqslant \frac{S}{R} \tag{B.151}$$

也可由前面的推论B3.3得出.

在定理B16中,令$n = 1, q_1 = 2, a_1 = \sqrt{a}, b_1 = \sqrt{b}, c_1 = \sqrt{c}$,易得:

推论 B16.3 设$k \geqslant 1$,则对$\triangle ABC$平面上任意一点P有

$$\sum \frac{r_1}{R_1^k} \geqslant \frac{\sqrt{4Rr + r^2}}{R^k} \tag{B.152}$$

5. 定理B1、定理B6与定理B12的统一推广

从上面的讨论可见,定理B1、定理B6与定理B12均有较多的应用.现在,我们指出这三条定理可以统一推广如下:

定理 B17[8] 设正数$q_1, q_2, \cdots, q_n$与非负实数t满足$\sum_{i=1}^{n} q_i = 2(t+1)$, 非负实$p_1, p_2, \cdots, p_m$与非负实数$t$以及实数$p$满足$\sum_{i=1}^{m} p_i = p - t - 1 (p \geqslant t+1)$, 则对$\triangle A_i B_i C_i (i = 1, 2, \cdots, n)$与正数$x, y, z; u, v, w; x_i, y_i, z_i (i = 1, 2, \cdots, m)$有

$$\frac{x^p \prod\limits_{i=1}^{n} a_i^{q_i}}{u^t \prod\limits_{i=1}^{m} x_i^{p_i}} + \frac{y^p \prod\limits_{i=1}^{n} b_i^{q_i}}{v^t \prod\limits_{i=1}^{m} y_i^{p_i}} + \frac{z^p \prod\limits_{i=1}^{n} c_i^{q_i}}{w^t \prod\limits_{i=1}^{m} z_i^{p_i}}$$

$$\geqslant \frac{4^{t+1} \left(\sum yz \right)^{\frac{1}{2}p} \prod\limits_{i=1}^{n} S_i^{\frac{1}{2}q_i}}{\left(\sum u \right)^t \prod\limits_{i=1}^{m} (y_i z_i + z_i x_i + x_i y_i)^{\frac{1}{2}p_i}} \tag{B.153}$$

在以下三种情况下:

(1) 当$t = 0, p = 1$(从而$p_1, p_2, \cdots, p_n$均为零);

(2) 当$t > 0, p = t + 1$(从而$p_1, p_2, \cdots, p_n$均为零);

(3) 当$t = 0, p > 1, p_i > 0(i = 1, 2, \cdots, m)$;

不等式(B.153)中等号成立的条件分别同于式(B.9),(B.43),(B.110);当$t > 0, p > t+1, p_i > 0(i = 1, 2, \cdots, m)$时,等号当且仅当$\triangle A_1 B_1 C_1, \sim \triangle A_2 B_2 C_2 \sim \cdots \sim \triangle A_n B_n C_n, x : y : z = x_i : y_i : z_i = \cot A_1 : \cot B_1 : \cot C_1 (i = 1, 2, \cdots, m), u : v : w = \sin 2A_1 : \sin 2B_1 : \sin 2C_1$时成立.

事实上,从定理B6的不等式出发,采用定理B12的证法,很容易证得不等式(B.153)在$t > 0, p > t + 1, p_i > 0(i = 1, 2, \cdots, m)$时成立.据此综合定理B1与定理B6以及定理B12,就可得到上述定理B17.

不等式(B.153)不仅涉及了n个三角形,而且含有多组参数.因此,在文献[8]中被称为"大加权三角形不等式".作者早在1991年就建立了此不等式,但在很长的时间内忽视了对它及其推论的应用进行研究.

设正数$t_1, t_2, \cdots, t_m$与正数t满足$\sum\limits_{i=1}^{k} t_i = t$,在不等式(B.153)中取

$$u = a \prod_{i=1}^{m} r_{i1}^{t_i/t}, \ v = b \prod_{i=1}^{m} r_{i2}^{t_i/t}, \ w = c \prod_{i=1}^{m} r_{i3}^{t_i/t}$$

应用前面的不等式(B.55),容易得到下述结论:

定理 B18[3] 设$P_i(i = 1, 2, \cdots, k)$是$\triangle ABC$内部任意k个点,它到三边BC, CA, AB的距离分别为$r_{i1}, r_{i2}, r_{i3}(i = 1, 2, \cdots, k)$.正数$t$与正数$t_1, t_2, \cdots, t_m$以及正数$q_1, q_2, \cdots, q_n$满足$\sum\limits_{i=1}^{k} t_i = t$与$\sum\limits_{i=1}^{n} q_i = 2(t+1)$.非负实数$p_1, p_2, \cdots, p_m$与正数$t$以及实数$p$满足$\sum\limits_{i=1}^{m} p_i = p - t - 1(p \geqslant t + 1)$,则对任意正数$x, y, z$与

正数 $x_i, y_i, z_i (i = 1, 2, \cdots, m)$ 有

$$
\frac{x^p \prod\limits_{i=1}^{n} a_i^{q_i}}{a^t \prod\limits_{i=1}^{k} r_{i1}^{t_i} \prod\limits_{i=1}^{m} x_i^{p_i}} + \frac{y^p \prod\limits_{i=1}^{n} b_i^{q_i}}{b^t \prod\limits_{i=1}^{k} r_{i2}^{t_i} \prod\limits_{i=1}^{m} y_i^{p_i}} + \frac{z^p \prod\limits_{i=1}^{n} c_i^{q_i}}{c^t \prod\limits_{i=1}^{k} r_{i3}^{t_i} \prod\limits_{i=1}^{m} z_i^{p_i}}
$$

$$
\geqslant \frac{2^{t+2} \left(\sum yz \right)^{\frac{1}{2}p} \prod\limits_{i=1}^{n} S_i^{\frac{1}{2}q_i}}{S^t \prod\limits_{i=1}^{m} (y_i z_i + z_i x_i + x_i y_i)^{\frac{1}{2}p_i}} \tag{B.154}
$$

当 $p = t + 1$ 时(从而 $p_1, p_2, \cdots, p_m$ 均为零),上式中等号当且仅当 $\triangle A_1 B_1 C_1 \sim \triangle A_2 B_2 C_2 \sim \cdots \sim \triangle A_n B_n C_n, x : y : z = \cot A_1 : \cot B_1 : \cot C_1$,点 $P_i (i = 1, 2, \cdots, k)$ 重合于一点,且

$$
r_{11} : r_{12} : r_{13} = \frac{\sin 2A_1}{\sin A} : \frac{\sin 2B_1}{\sin B} : \frac{\sin 2C_1}{\sin C}
$$

时成立;当 $p > t + 1$ 且 $p_1, p_2, \cdots, p_m > 0$ 时,式(B.154)中等号当且仅当:在上一情形下等号成立的条件成立并且 $x_i : y_i : z_i = \cot A_1 : \cot B_1 : \cot C_1 (i = 1, 2, \cdots, m)$ 时成立.

上述定理实际上包含了定理B8与定理B11.

接下来,我们再来讨论定理B18的一则应用,即应用它来推证下面的定理B19.

在不等式(B.154)中,令 $p = t + 2, n = 2, q_1 = t + 2, q_2 = t, m = 1, p_1 = 1$,即得

$$
\frac{x^{t+2} a_1^{t+2} a_2^t}{x_1 a^t \prod\limits_{i=1}^{k} r_{i1}^{t_i}} + \frac{y^{t+2} b_1^{t+2} b_2^t}{y_1 b^t \prod\limits_{i=1}^{k} r_{i2}^{t_i}} + \frac{z^{t+2} c_1^{t+2} c_2^t}{z_1 c^t \prod\limits_{i=1}^{k} r_{i3}^{t_i}}
$$

$$
\geqslant \frac{2^{t+2} \left(\sum yz \right)^{\frac{1}{2}(t+2)} S_1^{\frac{1}{2}(t+2)} S_2^{\frac{1}{2}t}}{\sqrt{\sum y_1 z_1} S^t} \tag{B.155}
$$

再令 $\triangle A_2 B_2 C_2 \cong \triangle ABC$,于是得

$$
\frac{x^{t+2} a_1^{t+2}}{x_1 \prod\limits_{i=1}^{k} r_{i1}^{t_i}} + \frac{y^{t+2} b_1^{t+2}}{y_1 \prod\limits_{i=1}^{k} r_{i2}^{t_i}} + \frac{z^{t+2} c_1^{t+2}}{z_1 \prod\limits_{i=1}^{k} r_{i3}^{t_i}} \geqslant \frac{2^{t+2} \left(\sum yz \right)^{\frac{1}{2}(t+2)} S_1^{\frac{1}{2}(t+2)}}{\sqrt{\sum y_1 z_1} S^{\frac{1}{2}t}} \tag{B.156}
$$

下设Q'是$\triangle A'B'C'$平面上任意一点,且记$Q'A' = D'_1, Q'B' = D'_2, Q'C' = D'_3$.在上式中令$\triangle A_1B_1C_1 \cong \triangle A'B'C'$并取$x = D'_1/a, y = D'_2/b, z = D'_3/c$,然后应用林鹤一不等式$\sum D'_2D'_3/(bc) \geqslant 1$,得

$$\frac{D_1'^{t+2}}{x_1\prod\limits_{i=1}^{k}r_{i1}^{t_i}} + \frac{D_2'^{t+2}}{y_1\prod\limits_{i=1}^{k}r_{i2}^{t_i}} + \frac{D_3'^{t+2}}{z_1\prod\limits_{i=1}^{k}r_{i3}^{t_i}} \geqslant \frac{2^{t+2}S'^{\frac{1}{2}(t+2)}}{\sqrt{\sum y_1z_1}\,S^{\frac{1}{2}t}} \tag{B.157}$$

于是由上式可得:

定理 B19[3] 设正数t与正数$t_1, t_2, \cdots, t_k$满足$\sum\limits_{i=1}^{k}t_i = t$,则对$\triangle A'B'C'$平面上任意一点$Q'$与$\triangle ABC$内部任意$k$个点$P_1, P_2, \cdots, P_k$以及正数$x, y, z$有

$$x\frac{D_1'^{t+2}}{\prod\limits_{i=1}^{k}r_{i1}^{t_i}} + y\frac{D_2'^{t+2}}{\prod\limits_{i=1}^{k}r_{i2}^{t_i}} + z\frac{D_3'^{t+2}}{\prod\limits_{i=1}^{k}r_{i3}^{t_i}} \geqslant 2^{t+2}\sqrt{\frac{xyz}{x+y+z}}\frac{S'^{\frac{1}{2}(t+2)}}{S^{\frac{1}{2}t}} \tag{B.158}$$

等号当且仅当Q'为$\triangle A'B'C'$的垂心,$P_i(i = 1, 2, \cdots, k)$均重合于$\triangle ABC$的外心,$\triangle A'B'C' \sim \triangle ABC, x : y : z = \tan A : \tan B : \tan C$时成立.

注 B.13 不用林鹤一不等式,由不等式(B.156)也可推证出不等式(B.158),参见文献[8].

注 B.14 设$\triangle A_0B_0C_0$为锐角三角形,由第11章中命题11.2知式(B.158)等价于

$$\frac{D_1'^{t+2}}{\prod\limits_{i=1}^{k}r_{i1}^{t_i}}\tan A_0 + \frac{D_2'^{t+2}}{\prod\limits_{i=1}^{k}r_{i2}^{t_i}}\tan B_0 + \frac{D_3'^{t+2}}{\prod\limits_{i=1}^{k}r_{i3}^{t_i}}\tan C_0 \geqslant 2^{t+2}\frac{S'^{\frac{1}{2}(t+2)}}{S^{\frac{1}{2}t}} \tag{B.159}$$

等号当且仅当Q'为$\triangle A'B'C'$的垂心,$P_i(i = 1, 2, \cdots, k)$均重合于$\triangle ABC$的外心,$\triangle A'B'C' \sim \triangle ABC \sim \triangle A_0B_0C_0, x : y : z = \tan A : \tan B : \tan C$时成立.

由不等式(B.158)及其等价式(B.159),容易得出下述推论B19.1~B19.6.

推论 B19.1 对$\triangle A'B'C'$平面上任意一点Q'与$\triangle ABC$内部任意两点P_1与P_2以及正数x, y, z有

$$x\frac{D_1'^4}{r_{11}r_{21}} + y\frac{D_2'^4}{r_{12}r_{22}} + z\frac{D_3'^4}{r_{13}r_{23}} \geqslant 16\sqrt{\frac{xyz}{x+y+z}}\frac{S'^2}{S} \tag{B.160}$$

等号当且仅当Q为$\triangle ABC$的垂心,P_1与P_2均重合于$\triangle ABC$的外心,$\triangle A'B'C' \sim$
$\triangle ABC, x:y:z = \tan A:\tan B:\tan C$时成立.

推论B19.2　对$\triangle A'B'C'$平面上任意一点Q'与$\triangle ABC$内部任意一点P以
及正数x,y,z和正数t有

$$\sum x\frac{D_1'^{t+2}}{r_1^t} \geqslant 2^{t+2}\sqrt{\frac{xyz}{x+y+z}}\frac{S'^{\frac{1}{2}(t+2)}}{S^{\frac{1}{2}t}} \tag{B.161}$$

等号当且仅当Q'为$\triangle A'B'C'$的垂心,P为$\triangle ABC$的外心,$\triangle A'B'C' \sim \triangle ABC$,
$x:y:z = \tan A:\tan B:\tan C$时成立.

若在不等式(B.161)中取$t = 0$,则不等式化为前面的不等式(B.24).因
此,推论B19.2实为推论12.14的推广.

推论B19.3　对$\triangle A'B'C'$平面上任意一点Q'与$\triangle ABC$内部任意一点P以
及锐角$\triangle A_0 B_0 C_0$有

$$\sum \frac{D_1'^4}{r_1^2}\tan A_0 \geqslant 16\frac{S'^2}{S} \tag{B.162}$$

等号当且仅当Q'为$\triangle A'B'C'$的垂心,P为$\triangle ABC$的外心$\triangle A'B'C' \sim \triangle ABC \sim$
$\triangle A_0 B_0 C_0$时成立.

推论B19.4　设$t > 0$,则对$\triangle ABC$平面上任意一点Q与内部任意一点P以
及锐角$\triangle A'B'C'$有

$$\sum \frac{D_1^{t+2}}{r_1^t}\tan A' \geqslant 2^{t+2}S \tag{B.163}$$

等号当且仅当Q与P分别为$\triangle ABC$的垂心和外心且$\triangle ABC \sim \triangle A'B'C'$时成
立.

推论B19.5　对$\triangle ABC$平面上任意一点Q与内部任意一点P以及锐角
$\triangle A'B'C'$有

$$\sum \frac{D_1^3}{r_1}\tan A' \geqslant 8S \tag{B.164}$$

等号当且仅当Q与P分别为$\triangle ABC$的垂心和$\triangle ABC$的外心且$\triangle ABC \sim$
$\triangle A'B'C'$时成立.

推论B19.6　对锐角$\triangle ABC$内部任意一点P有

$$\sum \frac{R_1^3}{r_1}\tan A \geqslant 8S \tag{B.165}$$

由推论19.4有

$$\sum \frac{D_1^{t+2}}{r_1^t}\tan A \geqslant 2^{t+2}S \tag{B.166}$$

其中$t > 0$.再取Q为锐角$\triangle ABC$的垂心,则有$D_1 = 2R\cos A$等等,从而可得:

推论B19.7 对锐角$\triangle ABC$内部任意一点P与任意正数t有

$$\sum \frac{a}{r_1^t}\cos^{t+1}A \geqslant \frac{2S}{R^{t+1}} \tag{B.167}$$

等号当且仅当P为锐角$\triangle ABC$的外心时成立.

注B.15　第15章的推论15.28表明,当$t = 1$时上式有"r-w"对偶不等式.作者猜测当$t > 0$时不等式(B.167)都存在"r-w"对偶不等式.

在式(B.166)中先取P为锐角$\triangle ABC$的外心,然后再将得到有关Q点的不等式换成有关P点的不等式,可得:

推论B19.8 对锐角$\triangle ABC$内部任意一点P与任意正数t有

$$\sum R_1^{t+2}\frac{\sin A}{\cos^{t+1}A} \geqslant 2^{t+2}SR^t \tag{B.168}$$

等号当且仅当P为锐角$\triangle ABC$的垂心时成立.

特别地,在式(B.168)中令$t = 1$,再利用$abc = 4SR$得:

推论B19.9 对锐角$\triangle ABC$内部任意一点P有

$$\sum R_1^3\frac{\sin A}{\cos^2 A} \geqslant 2abc \tag{B.169}$$

等号当且仅当P为锐角$\triangle ABC$的垂心时成立.

在推论B19.2中,令$t = 2$并作代换$x \to 1/x$等等,得:

$$\sum \frac{D_1'^4}{xr_1^2} \geqslant \frac{16S'^2}{\sqrt{\sum yz}\,S}$$

在上式令D'为$\triangle A'B'C'$的垂心,则有$D_1'^2 = 4R'^2\cos^2 A'$等等,从而得

$$\sum \frac{\cos^4 A'}{xr_1^2} \geqslant \frac{S'^2}{\sqrt{\sum yz}\,SR'^4} \tag{B.170}$$

设$\triangle A'B'C'$是以$\sqrt{y+z}, \sqrt{z+x}, \sqrt{x+y}$为边长的三角形,则易得

$$R' = \frac{8\sqrt{\prod(y+z)}}{\sqrt{\sum yz}}$$

$$\cos A' = \frac{x}{\sqrt{(z+x)(x+y)}}$$

代入式(B.170)中,整理后得涉及距离r_1, r_2, r_3与面积S的下述加权不等式:

推论 B19.10 对$\triangle ABC$内部任意一点P与任意正数x, y, z有

$$\sum \frac{x^3(y+z)^2}{r_1^2} \geqslant \frac{4\left(\sum yz\right)^{5/2}}{S} \tag{B.171}$$

等号当且仅当P为$\triangle ABC$的外心且$x : y : z = \cot A : \cot B : \cot C$时成立.

在第3章中,推论3.35给出了有关锐角$\triangle ABC$内部任意一点P的几何不等式

$$\sum \frac{r_1^2}{R_1^2} \tan A \geqslant \frac{S}{R^2} \tag{B.172}$$

下面,我们应用定理B17来推证此不等式的推广.

在定理B17中,取$p = t + 2(t \geqslant 0), n = 1, m = 1, q_1 = t + 2, q_2 = t, p_1 = 1$,同时令$\triangle A_1 B_1 C_1 \cong \triangle ABC$, 则得

$$\frac{(xa)^{t+2}a^t}{u^t x_1} + \frac{(yb)^{t+2}b^t}{v^t y_1} + \frac{(zc)^{t+2}c^t}{w^t z_1} \geqslant \frac{4^{t+1}\left(\sum yz\right)^{\frac{1}{2}(t+2)} S^{t+1}}{\left(\sum u\right)^t \sqrt{\sum y_1 z_1}} \tag{B.173}$$

在上式中,取$x = r_1/(aR_1), y = r_2/(bR_2), z = r_3/(cR_3)$,然后应用前面的不等式(B.144)与不等式(B.148)的等价式

$$\sum ar_1 R_1 \leqslant 2SR \tag{B.174}$$

便得

$$\sum \frac{1}{x_1}\left(\frac{r_1}{R_1}\right)^{t+2} \frac{1}{(r_1 R_1)^t} \geqslant \frac{4^{t+1}S^{t+1}}{(4R^2)^{\frac{1}{2}(t+2)} \cdot (2SR)^t \sqrt{\sum y_1 z_1}}$$

即有

$$\sum \frac{r_1^2}{x_1 R_1^{2(t+1)}} \geqslant \frac{S}{R^{2t+2}\sqrt{\sum y_1 z_1}}$$

将上式中的x_1, y_1, z_1分别换成$1/x, 1/y, 1/z$并注意到$t \geqslant 0$,即知当$k \geqslant 2$时对$\triangle ABC$内部任意一点P与任意正数x, y, z有

$$\sum x \frac{r_1^2}{R_1^k} \geqslant \sqrt{\frac{xyz}{x+y+z}}\frac{S}{R^k} \tag{B.175}$$

等号当且仅当P为$\triangle ABC$的外心且$x:y:z=\tan A:\tan B:\tan C$时成立.根据第11章命题11.2,上式等价于下述不等式:

定理B20[8] 设$k\geqslant 2$,则对$\triangle ABC$内部任意一点P与锐角$\triangle A'B'C'$有

$$\sum \frac{r_1^2}{R_1^k}\tan A' \geqslant \frac{S}{R^k} \tag{B.176}$$

等号当且仅当P为$\triangle ABC$的垂心且$\triangle ABC \sim \triangle A'B'C'$时成立.

上述不等式(B.176)不仅涉及了两个三角形,而且含有指数变量,但形式简洁而优美.能否用其他方法给出它的证明呢?我们把这个问题留给读者思考.

最后指出,如果将前面的等式(B.63),(B.147)以及不等式(B.65),(B.71),(B.83),(B.127)等应用于定理B17,则可得出一些不等式的推广以及其他一些新的几何不等式,从略.

参 考 文 献

[1] BOTTEMA O. 几何不等式[M]. 单墫,译. 北京:北京大学出版社,1991.

[2] MITRINOVIĆ D S, PEČARIĆ J E, VOLENCE V. Recent Advances in Geometric Inequalities[M].Dordrecht-Boston-London:Kluwer Academic Publishers,1989.

[3] 刘健.三正弦不等式及其推广与应用[J].华东交通大学学报,2001,18(3): 107-112.

[4] KOOI O. Inequalities for the triangle[J]. Simon Stevin.,1958,32:97-101.

[5] OPPENHEIM A. Problem E 1742[J]. Amer.Math.Monthly.,1965,72: 792.

[6] 安振平. 两个三角形不等式[J]. 咸阳师专学报(自然科学版),1988,1:73-76.

[7] 刘健. 涉及多个三角形的不等式(摘要)[J]. 湖南数学通讯,1991,1:19.

[8] 刘健. 涉及多个三角形的不等式[J]. 湖南数学年刊,1995,15(4):29-41.

[9] 刘健. 一个三元二次型几何不等式的应用与推广[M]// 杨学枝. 不等式研究. 拉萨:西藏人民出版社,2000:248-270.

[10] 刘健. 大加权三角形不等式的一个推论及其应用[J]. 华东交通大学学报,2001,18(1):107-112.

[11] 刘健. 关于三角形的几个三角不等式[J]教学月刊(中学理科版),1994, 11:10-13.

[12] PANAITOPOL L. Problem[J]. Gaz.Mat.,(Bucharest),1982,87:428.

[13] 刘健. 一类几何不等式的两个定理及其应用[J]. 华东交通大学学报,1998,15(3):76-79.

[14] CARLITZ L. Klamkin M S. Problem 910[J]. Math.Mag.,1975,9-10:242-243.

[15] 刘健. Carlitz-Klamkin不等式的指数推广及其应用[J]. 铁道师院学报,1999,16(4):73-79.

[16] HAYASHI T. Two theorems on complex numbers[J]. Tôhoku Math.J.,1913~1914,4:68-70.

[17] 刘健. 一类几何不等式的一个结果与十个猜想[J]. 湖南文理学院学报,2004,16(1):14-15,24.

[18] LIU J. A weighted geometric inequality and its applications[J]. J.Inequal.Pure Appl.Math.,2008,9(2): Art.58.

[19] LIU J. Refinements of the Erdös-Mordell inequality, Barrow's inequality, and Oppenheim's inequality[J]. J.Inequal.Appl.,2016,2016:9. DOI 10.1186/s13660-015-0947-2.

[20] 吴善和. Child不等式的推广[J]. 甘肃教育学院学报,2001,15(1): 8-10.

[21] 陈胜利. 关于三元二次型不等式的一个定理[J]. 福建中学数学,1999,3:4-6.

[22] LIU J. Two inequalities for a point in the plane of a triangle[J]. International Journal of geometry, 2013,2(2):68-82.

[23] 刘健. 三元二次型不等式的两个定理及其应用[J]. 中学数学(江苏),1996,5:16-19.

[24] 刘健. Wolstenholme不等式的一个推论的应用[J]. 洛阳师范学院学报,2003,5:11-13.

[25] 刘健. 一个加权三角不等式的推广及其等价式[J]. 中学教研(数学),1996,4:29-32.

[26] 刘健. 100个待解决的三角形不等式[M]// 单墫. 几何不等式在中国. 南京:江苏教育出版社,1996:137-161.

[27] 吴跃生. Shc88的解决[J]. 数学通讯,1996,1:31.

[28] 刘健. 涉及三角形长度元素的几个不等式[J]. 怀化师专学报,1998,17(2): 91-99.

[29] 刘健. 一个三角不等式的证明[J]. 数学教学通讯,1992,(6):27-29.

[30] 刘健. Tsintsifas不等式的改进[J]. 福建中学数学,1995,4:12-14.

[31] TSINTSIFAS G. Problem 1159[J]. Crux Math.,1986 12:140.

[32] 刘健. 双圆n边形的双圆半径不等式[J]. 湖南数学通讯,1988,2:17-19.

[33] Wu Y D,Zhang Z H,Liang C L. Some geometric inequalities relating to an interior point in triangle. International Journal of Mathematical Education in Science and Technology,2010,41(5):677-687.

[34] 吴跃生. 关于三角形内任意一点的几个猜想不等式[M]// 杨学枝. 不等式研究(第2辑). 哈尔滨: 哈尔滨工业大学出版社, 2012:229-233.

[35] 刘健. 一个几何不等式的加强[J]. 华东交通大学学报,2007,24(5):153-156.

[36] 刘健. 关于三角形内部一点的一些不等式[J]. 铁道师范学院学报,1998,15(4):74-78.

[37] 刘健. 一个三元二次型几何不等式的加强及其应用[J]. 怀化学院学报,2004,23(5):19-21.

[38] 刘健. 一个涉及三角形内部两点的三元二次型不等式[J]. 甘肃教育学院学报(自然科学版),2004,18(2):15-18.

[39] LIU J. Two new weighted Erdös-Mordell inequality[J]. Discrete Comput Geom. 2018,59. DOI 10.1007/s00454-017-9917-4.

[40] 刘健. 一个几何不等式的两则应用[J]. 开封大学学报,2004,18(1):87-91.

[41] 姜卫东. 涉及三角形内点的一类不等式[J]. 北京联合大学学报(自然科学版),2004,18(4):48-50.

[42] 杨学枝. 平面上六线三角问题[M]// 孙弘安. 中国初等数学文集. 北京: 中国科学文化出版社,2003.

[43] WOLSTENHOLME J. A Book of Mathematical Problems[M]. London-Cambridge,1867.

[44] 刘健. 三角形内部一点到三边距离的两个不等式[J]. 安庆师范学院学报,2004,10(2):42-44.

[45] 刘健. 涉及三角形边长的又一不等式及其应用[J]. 中学数学(江苏),1992,11:11-14.

[46] 刘健. 关于三角形内角平分线的几个不等式[J]. 中学教研(数学),1997,11:38-42.

[47] ERDÖS P. Problem 3740[J]. Amer.Math.Monthly.,1935,42:396.

[48] BARROW D F, MORDELL L J. Solution of Problem 3740[J].Amer. Math.Monthly,1937,44: 252-254.

[49] KRAZARINOFF D. A simple proof of the Erdös-Mordell inequality for triangles[J]. Michigan Mathematical Journal.,1957,4:97-98.

[50] OZEKI N. On P.Erdö' inequality for the triangle[J]. J.College Arts Sci.Chiba Univ.,1957,2:247-250.

[51] BANKOFF L. An elementary proof of the Erdös-Mordell theorem[J]. Amer.Math.Monthly.,1958,65:521.

[52] OPPENHEIM A. The Erdös-Mordell inequality and other inequalities for a triangle[J]. Amer.Math.Monthly.,1961,68:226-230.

[53] MITRINOVIĆ D S, PEČARIĆ J E. On the Erdös-Mordell inequality for a polygon[J]. J.Coll.Arts Sci.,Chiba Univ 1986,A.B-19:3-6.

[54] 刘健. Erdös-Mordell不等式的再推广及其它[J].湖南数学通讯,1991,(5): 31-33.

[55] AVEZ A. A short proof of a theorem of Erdös and Mordell[J]. Amer.Math.Monthly.,1993,100:60-62.

[56] LEE H. Another proof of the Erdös-Mordell theorem[J]. Forum Geom.,2001,1:7-8.

[57] ABI-KHUZAM F F. A trigonometric inequality and its geometric applications[J]. Math.Inequal.Appl.,2003,3:437-442.

[58] SATNOIANU R A. Erdös-Mordell type inequality in a triangle[J]. Amer.Math.Monthly.,2003,110:727-729.

[59] DERGIADES N. Signed distances and the Erdös-Mordell inequality[J]. Forum Geom.,2004,4:67-68.

[60] 刘健. Erdös-Mordell不等式的一个加强及应用[J]. 重庆师范大学学报(自然科学版),2005,22(2):12-14.

[61] GUERON S, SHAFRIR I. A weighted Erdös-Mordell inequality for polygons[J]. Amer.Math.Monthly.,2005,112:257-263.

[62] ALSINA C, NELSEN R B. A visual proof of the Erdös-Mordell inequality[J]. Forum Geom.,2007,7:99-102.

[63] Wu S H, Debnath L. Generalization of the Wolstenholme cyclic inequality and its aoolication[J]. Comput.Math.Appl.,2007,53(1):104-114.

[64] LIU J. A new proof of the Erdös-Mordell inequality[J]. Int.Electron. J.Geom.,2011,4(2):114-119.

[65] 冷岗松. 几何不等式[M]. 上海:华东师范大学出版社,2012.

[66] LIU J. On a geometric inequality of Oppenheim[J]. Journal of Science and Arts.,2012,18(1):5-12.

[67] SAKURAI A. Vector analysis proof of Erdös' inequality for triangles[J]. Amer.Math.Monthly.,2012,8:682-684.

[68] MALEŠEVIĆ B, PETROVIĆ M, POPKONSTANTINOVIĆ B. On the extension of the Erdös-Mordell type inequality[J]. Math.Inequal. Appl.,2014,17(1):269-281.

[69] LIU J. Sharpened versions of the Erdös-Mordell inequality[J]. Ineq.Appl.,2015, 2015:206. DOI 10.1186/s13660-015-0716-2.

[70] DAO T O, NGUYEN T D, PHAM N M. A strengthened version of the Erdós-Mordell inequality[J]. Forum Geom.,2016,16:317-321.

[71] MARINESCU D S, MONEA M. About a strengthened version of the Erdós-Mordell inequality[J]. Forum Geom., 2017,17:197-202.

[72] LIU J. New refinements of the Erdös-Mordell inequality[J]. J.Math. Inequal.,2018,12(1):63-75.

[73] LIU J. A refinement of an equivalent form of a Gerretsen inequality[J]. J.Geom.,2015,106(3):605-615.

[74] MITRINOVIĆ D S, PEČARIĆ J E, Volence V, et al. Addenda to the monograph "Recnt advances in geometric inequalities" (I)[J]. 宁波大学学报(理工版),1991,4(2):79-145.

[75] 褚小光. 一类线性几何不等式[J]. 滨州师专学报,2004,20(2):43-47.

[76] 刘健, 褚小光. 一个新的与Fermat问题相关几何不等式[J]. 华东交通大学学报,2003,20(2):89-93.

[77] LIU J. A weighted inequality involving the sides of a triangle[J]. Creative Math.Inf.,2010,19(2):160-168.

[78] LIU J. A beautiful linear inequality in triangles[J]. Octogon Mathematical Magazine,2007,15(2A):747-756.

[79] 刘健. 涉及三角形内部一点的两个不等式[J]. 天水师范学院学报,2010, 30(2):44-46.

[80] 刘健. Wolstenholme不等式的一个推论及其应用[J]. 哈尔滨师范大学学报,2003,19(2):13-16.

[81] GERRETSEN J C. Ongelijkheden in de driehoek[J]. Nieuw Tijdschr., 1953,41:1-7.

[82] 杨学枝. 不等式研究[M]. 拉萨:西藏人民出版社,2000.

[83] Bottema O. 关于R,r,s的不等式[M]// 陈聪杰,陈计,陈胜利,译. 初等数学前沿. 南京:江苏教育出版社,1996:371-384.

[84] 陈胜利. 关于R,r与s的锐角三角形不等式[M]// 单墫. 几何不等式在中国. 南京:江苏教育出版社,1996:72-81.

[85] 陈胜利. 证明一类不等式的新方法——等量替换法[J].福建中学数学,1993,3:20-23.

[86] 褚小光. 关于轮换对称不等式的一种证法[M]// 杨学枝. 不等式研究. 拉萨: 西藏人民出版社,2000:21-28.

[87] WU S H, BENCZE M. An equivalent form of the fundamental triangle triangle inequality and its applications[J]. J.Inequal.Pure Appl.Math., 2009,10(1):Article 16.

[88] 刘健. 三角形内角平分线的不等式[M]// 陈计,叶中豪. 初等数学前沿. 南京:江苏教育出版社,1996:90-96.

[89] 韩京俊. 初等不等式的证明方法[M]. 哈尔滨:哈尔滨工业大学出版社,2011.

[90] 刘健. 三角形的一个几何不等式链[J]. 中学数学(湖北),1992,1:21-23.

[91] 刘健. 几个新的三角形不等式[M]// 数学竞赛(15). 长沙:湖南教育出版社,1992:80-100.

[92] 刘健. 几个新的涉及三角形的内部任一点的不等式[J]. 中学数学杂志,1997,5:25-26.

[93] 王振. 问题117[J].数学通讯,1993,6:40.

[94] 刘健. 一些新的三角形不等式[J]. 中学数学(江苏),1994,5:9-12.

[95] 刘健. 关于三角形的几个加权不等式[J]. 教学月刊(中学理科版),1993,4:3-6.

[96] 刘健. Panaitopoal不等式的两则应用[J]. 福建中学数学,1998,2:18-19.

[97] 施恩伟.一个新的代数不等式及其应用[J]. 数学通讯,1988,11:8-9.

[98] 黄汉生.一个代数不等式的加强[M]// 中国初等数学研究文集(1980~1991),郑州:河南教育出版社,1992:273.

[99] 肖振纲,马统一. 一个代数不等式与一组涉及两个几何体的不等式[M]// 单墫. 几何不等式在中国. 南京:江苏教育出版社,1996:272-280.

[100] 马统一. 一个应用广泛的代数恒等式[J].中学数学(江苏),1995,4:14-17.

[101] 单墫. 几何不等式[M]. 上海:上海教育出版社,1980.

[102] 刘健. 一个几何定理的推广及其应用[J]. 中学数学(江苏),1992,2:17-19.

[103] 杨克昌. 匹多不等式的加权推广[M]// 初等数学论丛(8). 上海:上海教育出版社,1985:56-64.

[104] 刘健. 加权Weitzenböck不等式的两个证明[J]. 中学数学(湖北),1992,5:23-25.

[105] 张景中, 杨路. 关于质点组的一类几何不等式[J]. 中国科学技术大学学报,1981,11(2):1-8.

[106] 陈计. 关于Gerber不等式的加强[J]. 福建中学数学,1992,5:8-9.

[107] 安振平. 涉及两个三角形的一个不等式[J]. 数学通讯,1987,6:3-5.

[108] 陈计, 何明秋. 涉及两个三角形的不等式[J]. 数学通讯,1988,1:3-4.

[109] PEDOE D. An inequality for two triangles[J]. Proc.Camb.Phil.Soc., 1942,38:397-398.

[110] 杨路,张景中. Neuberg-Pedoe不等式高维推广及应用[J]. 数学学报, 1981,24(3):401-408.

[111] PENG C K. Sharpening the Neuberg-Pedoe inequality I[J].Crux. Math.,1984,10:68-69.

[112] GAO L. Sharpening the Neuberg-Pedoe inequality II[J]. Crux.Math., 1984,10:70-71.

[113] MITRINOVIĆ D S, PEČARIĆ J E. About the Neuberg-Pedoe and the Oppenheim inequalities[J].Jorurnal of Mathematical analysis and applications.,1988,129: 196-210.

[114] 马援. Pedoe不等式的推广[J]. 数学通讯,1987,7:3-4.

[115] 陈计,马援. Neuberg-Pedoe不等式的四边形推广[J]. 数学通讯,1988,5:5-6.

[116] 肖振纲. 一个简单的代数不等式与几何不等式[J]. 中学数学(江苏), 1991,4:17-19.

[117] 杨世国. 关于逆向Pedoe不等式及其应用[J]. 数学通报,1991,12:37-39.

[118] 安振平. 关于三角形的纽贝格–匹多不等式研究综述[J]. 中学数学教学 参考,1992,(10):22-24,(11):25-29.

[119] 冷岗松,唐立华. 再论Neuberg-Pedoe不等式的高维推广及其应用[J]. 数学学报,1997,40(1):14-21.

[120] 张晗方. E^n空间中$k - n$型Neuberg-Pedoe不等式[J]. 数学学报,2004, 47(5):941-946.

[121] 杨定华. 高维非Euclid几何的几个基本不等式[J]. 中国科学,A辑,数 学,2006,36(12):1327-1342.

[122] 张晗方,距离几何分析导引[M]// 南京: 江苏教育出版社,1996:90-96.

[123] 沈文选,单形论导引–三角形的高维推广研究[M]. 长沙:湖南师范大学 出版社,2000.

[124] 刘健. 一类几何不等式的对偶与推广[M]// 杨学枝. 不等式研 究(第2辑). 哈尔滨:哈尔滨工业大学出版社,2014:259-267.

[125] WU Y D, YU C L, ZHANG Z H. A geometric inequality of the generalized Erdös-Mordell type[J].J.Inequal.Pure Appl.Math.,J.Inequal.Pure Appl.Math.,2009,10(4):Article 106.

[126] 刘健. 一类几何不等式的一个结果[J]. 唐山师范学院学报,2011,33(5): 17-19.

[127] 孙文彩, 赵小云. 关于三角形内角平分线的一个不等式[J]. 数学通讯, 1996,8:27-29.

[128] 程婪驰,吴跃生. 两个新的三角形不等式[M]// 杨学枝. 不等式研究. 拉 萨: 西藏人民出版社, 2000:358-262.

[129] 刘健. 一类三角形不等式的等价定理及其应用[J]. 中学数学(江苏), 1994,(11):8-11.

[130] 刘健. 三个新的三角形不等式[J]. 教学月刊(中学理拉版),1993,8:1-4.

[131] 刘健. 从两个几何不等式谈起[J]. 中学数学(江苏),1995,8:12-14.

[132] 匡继昌. 常用不等式(第三版)[M]. 济南:山东科学技术出版社,2004.

[133] Chen J. Problem 1940[J]. Crux Math.,1994,4:108.

[134] RIGBY J F. Sextic inequalities for the sides of a triangle[J]. Univ.Beograd.Publ.Elektrotehn.Fak.Ser.Mat.Fiz. No.498-541(1975),51-58.

[135] 杨学枝. 数学奥林匹克不等式研究[M]. 哈尔滨:哈尔滨工业大学出版社,2009.

[136] 陈计, 楼红卫. 问题征解解答[J]. 数学通讯,1989,11:41.

[137] WOLFGANG G, WALTHER J. Solution(completed) to problem 1137*[J]. Crux Math.,1988,14:79-83.

[138] 单墫, 刘亚强. 介绍一个几何不等式[J]. 中等数学,1989,6:9-11.

[139] 杨学枝. Janous-Gmeiner不等式的初等证明[J]. 中等数学,1992,1:16-17.

[140] 赵临龙. Janous-Gmeiner不等式的初等证法[J]. 安康师专学报,1995,1:67-69.

[141] 刘健. 关于平面上一点的一个不等式[J]. 河北理科教学研究,2008,2:34-35.

[142] Walther J. Problem 1137*[J]. Crux Math.,1986,12:177.

[143] 陈计. Janous不等式的初等证明[J]. 数学通讯,1991,11:11-14.

[144] 杨学枝. Janous-Gmeiner不等式的完善[M]// 陈计,叶中豪. 初等数学前沿. 南京:江苏教育出版社, 1996:77-84.

[145] 刘健. 一个三角形中线猜想不等式的证明[J]. 华东交通大学学报,2008,25(1):105-108.

[146] OPPENHEIM A. Inequalities involving elements of triangles, quadrilaterals or tetrahedra[J].Univ.Beograd.publ.Elektrothen,Fak,Ser.Mat Fiz.,974,257-263.

[147] 刘健. 关于三角形内部一动点的三个不等式[J]. 中学数学研究(江西),1997,11:21-22,28.

[148] 刘健. 关于三角形内部一点的几个不等式[J]. 中学数学杂志,1996,6:15-16.

[149] KLAMKIN M S.Asymmetric triangle inequalities[J].Univ.Beograd.Publ.Elektrotehn.Fak.Ser.Mat.Fiz.,1971,33-44.

[150] OPPENHEIM A, DAVIES R.O. Inequalities of Schur's type[J].Math. Gaz.,1964,48:25-27.

[151] 肖振纲. 关于三角形的一个不等式及其应用[J]. 中学数学(江苏),1991, 2:12-13.

[152] KLAMKIN M S. Geometric inequalities via the polar moment of inertia[J]. Math.Mag.,1975,48:44-46.

[153] 陈计. 问题43的评述(V)[J]. 数学通讯,1991,6:41.

[154] 刘健. 几个动点类的三角形不等式[J]. 湖南数学通讯,1998,5:13-16.

[155] 杨学枝. 一个三角不等式再推广[J]. 中等数学,1988,1:23-25.

[156] 叶军. 一个三角不等式及应用[J]. 湖南数学通讯,1990,1:35-36.

[157] GARFUNKEL J, BANKOFF L. Problem 825. Crux Mathematicorum,1984,10(5):168.

[158] 安振平. 再论一个重要三角形"母"不等式[J]. 中学数学教学参考, 1994,5:15-16.

[159] FINSLER P V, HADWIGER H. Einige Relationen im Dreieck[J], Commentarii Mathematici Helvetici.,1937,10(1):316-326.

[160] 陶平生. Garfunkel-Bankoff不等式的一个等价命题[J]. 数学通讯,1991, 7:27.

[161] 陈计. 从Garfunkel不等式的猜想谈起[J]. 数学通讯,1993,9:22-23.

[162] 陈计, 王振. Garfunkel-Bankoff不等式的一个证明[J]. 数学通讯,1988, 10:7-8.

[163] 黄汉生. 征解问题43评注(II)[J]. 数学通讯,1991,6:40.

[164] 简超. 一个三角不等式的证明与改进[J]. 数学通讯,1991,1:24-25.

[165] Ushahov R P. Problem M 1024*[J]. Kvant,1987,1:16.

[166] 刘健. 三角形的一个不等式及其应用[J]. 教学月刊(中学理科版),1992, 11:4-5.

[167] 刘健. 一个加权的几何不等式[J]. 华东交通大学学报,1997,14(4):68-75.

[168] 刘健. 从一个简单的代数不等式谈起[J]. 中学教研(数学),1996,7-8:43-46.

[169] 刘健. 一个加权的Erdös-Mordell型不等式[J]洛阳师范学院学报,2002,5:25-28.

[170] Gerasimov J.I. Problem 848. Mat.vškole, 1971,4:86.

[171] JIANG W D. An inequality involving the angle bisectors and an interior point of a triangle[J]. Forum Geom.,2008,8:73-76.

[172] BENNETT G. Multiple triangle inequalities[J]. Univ.Beograd.Publ. Elektrotehn.Fak.Ser.Mat.Fiz. No.577-598(1977):39-44.

[173] KLAMKIN M S. Problem 7710[J]. SIAM Rev.,1978,20:400-401.

[174] 刘健. 多角形的一个不等式[J]. 湖南数学通讯,1991,6: 36-37.

[175] 刘健. 问题43的评述(VII)[J]. 数学通讯,1993,9:38-39.

[176] 褚小光. 涉及三角形动点的一个含参比值型不等式[J]. 怀化学院学报,2007,26(2):37-40.

[177] 刘健. 关于三角形的惯性极矩不等式[J]. 上海中学数学,1992,1:36-39.

[178] 马统一,胡雄. Klamkin不等式是一大批三角形不等式的综合[J]. 甘肃高师学报,2001,6(2):18-22.

[179] 刘健. Steiner不等式定理及其应用[M]// 杨学枝. 不等式研究(第2辑). 哈尔滨:哈尔滨工业大学出版社,2014:209-221.

[180] LIU J. A new geometric inequality and its applications[J]. Journal of Science and Arts, 2011,14(1):5-12.

[181] 褚小光, 萧振纲. 若干几何不等式猜想的证明[J]. 湖南理工学院学报(自然科学版),2003,16(4):10-13.

[182] Wu Y D, Zhang Z H, Zhang Y R. Proving inequalities in acute triangle with difference substitution[J].Inequal.Pure Appl.Math. 2007,8(3):Art.81.

[183] 刘健. 一个新的三元二次型几何不等式[J]. 重庆师范学院学报,2002,19(4):14-17,34.

[184] 刘健. 一个二次型三角不等式的证明及应用[J]. 数学通讯,1998,9:26-28.

[185] 刘健. 一个几何不等式的加强[J]. 河北理科教学研究,2010,5:8-10.

[186] 刘健. 关于一点至三角形顶点距离的几个不等式[J]. 中学数学(江苏),1995,6:10-12.

[187] WALKER A W. Problem E2388[J]. Amer.Math.Monthly.,1972,1135:79.

[188] 杨学枝. 一个非钝角三角形不等式[J]. 中学数学(湖北),1996,4:30-32.

[189] 吴善和. 一个几何不等式的加强[J]. 福建中学数学,1999,2:9-10.

[190] 杨路, 夏壁灿. 不等式机器证明与自动发现[M]. 北京:科学出版社,2008.

[191] WU S H, CHU Y M. Geometric interpretation of Blundon's inequality and Ciamberlini's inequality[J]. J.Inequal.Appl., 2014, 381. DOI 10.1186/1029-242X-2014-381.

[192] 陈胜利. 关于一个几何不等式的再探讨[M]// 单墫. 几何不等式在中国. 南京:江苏教育出版社,1996:46-50.

[193] 石世昌. 一个几何不等式的加强[J]. 福建中学数学,1993,4:7.

[194] 陈计. 关于一个几何不等式的探讨(一)[J]. 福建中学数学,1993,6:10-11.

[195] 黄西灵. 关于一个几何不等式的探讨(三)[J]. 福建中学数学,1993,6:11.

[196] 杨学枝. 一个几何不等式的加强(一)[M]// 陈计,叶中豪. 初等数学前沿. 南京:江苏教育出版社,1996:236-242.

[197] 陈琦. 一个几何不等式的加强(二)[M]// 陈计,叶中豪. 初等数学前沿. 南京:江苏教育出版社,1996:243-246.

[198] 周永良. 单调性、最强不等式及其应用,[M]// 杨学枝. 不等式研究. 拉萨:西藏人民出版社,2000:175-199.

[199] BĂNDILĂ V. Problem C:474. Gaz.Mat.(Bucharest),1985,(90):65.

[200] 刘保乾. Euler不等式、Gerretsen不等式和Băndilă不等式拾零[J]. 中学数学教学,1997,4:28-30.

[201] 刘健. 三角形内部一点到三边距离之和的上界与下界[J]. 河北理科教学研究,2010,2:3-4.

[202] 刘健. 关于三角形边长的一个不等式[J]. 河北理科教学研究,2011,2:20-21.

[203] 刘健. 关于锐角三角形边长的一个加权不等式[J]. 保定师专学报,2002,15(2):1-5.

[204] LIU J. A pedal triangle inequality with the exponents[J]. Int.J.Open Problems Compt.Math.,2012,5(4):16-24.

[205] 刘健. 一个Erdös-Mordell不等式的新推广[J]. 吉林师范大学学报(自然科学版),2005,4:8-11.

[206] 刘健. 一个加权的Erdös-Mordell不等式的指数推广[J]. 信阳师范学院学报,2004,17(3):266-268.

[207] 张善立.三角形的一个母不等式[J]. 中等数学,2002,1:24-25.

[208] WU Y D, ZHANG Z H, CHU X G. On a geometric inequality by J.SÁndor[J]. J.Inequal.Pure Appl.Math., 2009,10(4): Article 118.

[209] 刘健. 一个几何不等式[J]. 数学通讯, 1988,9:3-5.

[210] 马统一. 两个几何不等式的加强[J]. 中学数学(江苏),1992,7:13-14.

[211] 刘健. 关于林鹤一不等式的两个推广[J]. 教学月刊(中学理科版),1998, 7-8:68-71.

[212] 刘健. 三角形几何不等式的变换原则及其应用[J]. 中学数学(湖北),1992,9:26-29.

[213] KLAMKIN M S. On a triangle inequality[J]. Crux Math.,1984,10: 139-140.

[214] 刘健. 三角形的一个二次型不等式及其应用[J]. 中学教研(数学),1998, 7-8:67-71.

[215] 杨克昌. 关于一个三角不等式的推广[J]. 湖南数学通讯,1987,1:33-36.

[216] 刘健,胡屏. 问题102[J],数学通讯,1992,10:41.

[217] 刘健. 一个新的涉及锐角三角形边长的加权不等式[J]. 佛山科学技术学院学报,2003,21(4):4-7.

[218] GERBER L. The orthocentric simplex as an extreme simplex[J]. Pacific J.Math.,1975,56:97-111.

[219] LIU J. On three inequalities involving the distances from an interior point to the sides of a triangle [J]. Int.J.Geom.,2017,6(1):49-60.

[220] 褚小光, 刘健. 一个涉及六条角平分线的几何不等式[J]. 数学通讯,1999,2:28-29.

[221] 刘健. 加权正弦和不等式的一个等价式及其应用[M]// 孙弘安. 中国初等数学研究文集(二). 北京:中国科学文化出版社,2003:49-58.

[222] 陶楚国. 涉及两个三角形不等式猜想的证明[J]. 中学数学(湖北),2004, 2:43.

[223] 刘健, 李莆英. 两个新的三元二次型几何不等式[J]. 佛山科学技术学院学报(自然科学版),2002,20(3):9-13.

[224] 陈计. 问题102(1992.10)注记[J]. 数学通讯,1996,2:51.

[225] 刘健. 一个三元二次型三角不等式的一些应用[J]. 沈阳师范大学学报(自然科学版),2005,23(4):344-346.

[226] 刘健. 一个涉及三个三角形的三元二次型不等式及其应用[J]. 咸阳师范学院学报,2005,20(4):10-12.

[227] 刘健. 非钝角三角形中的一个三角不等式[J]. 中学数学研究(广东),2010,2:49-50.

[228] 刘健. Kooi不等式的一个等价形式的推广[J]. 贵州师范大学学报(自然科学版),2005,23(2):60-62.

[229] WEITZENBÖCK R. Über eine Ungleichung in der Dreiecksgeometrie[J]. Mathematische Zeitschrift,1919,5(1-2):137-146.

[230] 张小明. 一个猜想不等式的证明[M]// 杨学枝. 不等式研究. 拉萨:西藏人民出版社,2000:21-28.

[231] 刘健. 一个三角形不等式的新证明[J]. 教学月刊·中学版(教学参考),2008,8:55.

[232] Klamkin M S. Notes on inequalities involving triangles or tetrahedrons[J]. Univ.Beograd.Publ.Elektrotehn.Fak.Ser.Mat.Fiz.No.330-337(1970),1-15.

[233] Huang F J. Two inequalities about the pedal triangle[J]. J.Inequal. Appl.,2018,2018:72. DOI/10.1186/s13660-018-1661-7.

[234] LIU J. On inequality $R_p < R$ of the pedal triangle[J]. Math.Inequal. Appl., 2013,16(3):701-715.

[235] KLAMKIN M S. Triangle Inequalities via transforms[J]. Notices of Amer.Math.Soc.,Jan.1972,A-103,104.

[236] 刘健. 一个新的涉及两个三角形的不等式[J]. 中学数学教学参考,1992,10:31-32.

[237] 刘健. 关于垂足三角形的一个重要恒等式[J]. 高师理科学刊,2011,11:33-35.

[238] 侯明辉. 一个值得重视的三弦定理[J]. 上海中学数学,1995,5:7-11.

[239] 安振平. 关于一个三角形不等式的再讨论[J]. 咸阳师专学报(自然科学版),1989,4(2):55-57.

[240] 李世杰. 涉及两个三角形的又一不等式[J]. 数学通讯,1990,1:23-26.

[241] HARDY G H, LITTLEWOOD J E, PÓLYA G. 不等式(2版)[M]. 越
民义,译. 北京:人发邮电出版社,2008.

[242] 王挽澜. 建立不等式的方法[M]. 哈尔滨:哈尔滨工业大学出版社,2011.

[243] 唐立华,黄西灵. 关于A.Oppenheim不等式[J]. 数学通报,1992,7:27-30.

[244] BOTTEMA O, KLAMKIN M S. Joint triangle inequalities[J]. Simon
Stevin 48(1974~1975),I-II(1974):3-8.

[245] 匡继昌. 常用不等式(4版)[M]. 济南:山东科学技术出版社,2010.

[246] KLAMKIN M S. Two non-negative quadratic forms[J]. Elem.Math.,
1973,28:141-146.

[247] LIU J. Some new inequality for an interior point of a triangle[J].
J.Math.Inequal.,2012,6(2):195-204.

[248] 杨学枝. 一个几何不等式的指数推广[M]// 数学竞赛(21). 长沙:湖南
教育出版社,1994: 100-104.

刘培杰数学工作室

已出版(即将出版)图书目录——初等数学

书　　名	出版时间	定　价	编号
新编中学数学解题方法全书(高中版)上卷(第2版)	2018—08	58.00	951
新编中学数学解题方法全书(高中版)中卷(第2版)	2018—08	68.00	952
新编中学数学解题方法全书(高中版)下卷(一)(第2版)	2018—08	58.00	953
新编中学数学解题方法全书(高中版)下卷(二)(第2版)	2018—08	58.00	954
新编中学数学解题方法全书(高中版)下卷(三)(第2版)	2018—08	68.00	955
新编中学数学解题方法全书(初中版)上卷	2008—01	28.00	29
新编中学数学解题方法全书(初中版)中卷	2010—07	38.00	75
新编中学数学解题方法全书(高考复习卷)	2010—01	48.00	67
新编中学数学解题方法全书(高考真题卷)	2010—01	38.00	62
新编中学数学解题方法全书(高考精华卷)	2011—03	68.00	118
新编平面解析几何解题方法全书(专题讲座卷)	2010—01	18.00	61
新编中学数学解题方法全书(自主招生卷)	2013—08	88.00	261
数学奥林匹克与数学文化(第一辑)	2006—05	48.00	4
数学奥林匹克与数学文化(第二辑)(竞赛卷)	2008—01	48.00	19
数学奥林匹克与数学文化(第二辑)(文化卷)	2008—07	58.00	36'
数学奥林匹克与数学文化(第三辑)(竞赛卷)	2010—01	48.00	59
数学奥林匹克与数学文化(第四辑)(竞赛卷)	2011—08	58.00	87
数学奥林匹克与数学文化(第五辑)	2015—06	98.00	370
世界著名平面几何经典著作钩沉——几何作图专题卷(上)	2009—06	48.00	49
世界著名平面几何经典著作钩沉——几何作图专题卷(下)	2011—01	88.00	80
世界著名平面几何经典著作钩沉(民国平面几何老课本)	2011—03	38.00	113
世界著名平面几何经典著作钩沉(建国初期平面三角老课本)	2015—08	38.00	507
世界著名解析几何经典著作钩沉——平面解析几何卷	2014—01	38.00	264
世界著名数论经典著作钩沉(算术卷)	2012—01	28.00	125
世界著名数学经典著作钩沉——立体几何卷	2011—02	28.00	88
世界著名三角学经典著作钩沉(平面三角卷Ⅰ)	2010—06	28.00	69
世界著名三角学经典著作钩沉(平面三角卷Ⅱ)	2011—01	38.00	78
世界著名初等数论经典著作钩沉(理论和实用算术卷)	2011—07	38.00	126
发展你的空间想象力	2017—06	38.00	785
走向国际数学奥林匹克的平面几何试题诠释(上、下)(第1版)	2007—01	68.00	11,12
走向国际数学奥林匹克的平面几何试题诠释(上、下)(第2版)	2010—02	98.00	63,64
平面几何证明方法全书	2007—08	35.00	1
平面几何证明方法全书习题解答(第1版)	2005—10	18.00	2
平面几何证明方法全书习题解答(第2版)	2006—12	18.00	10
平面几何天天练上卷·基础篇(直线型)	2013—01	58.00	208
平面几何天天练中卷·基础篇(涉及圆)	2013—01	28.00	234
平面几何天天练下卷·提高篇	2013—01	58.00	237
平面几何专题研究	2013—07	98.00	258

刘培杰数学工作室
已出版(即将出版)图书目录——初等数学

书 名	出版时间	定 价	编号
最新世界各国数学奥林匹克中的平面几何试题	2007—09	38.00	14
数学竞赛平面几何典型题及新颖解	2010—07	48.00	74
初等数学复习及研究(平面几何)	2008—09	58.00	38
初等数学复习及研究(立体几何)	2010—06	38.00	71
初等数学复习及研究(平面几何)习题解答	2009—01	48.00	42
几何学教程(平面几何卷)	2011—03	68.00	90
几何学教程(立体几何卷)	2011—07	68.00	130
几何变换与几何证题	2010—06	88.00	70
计算方法与几何证题	2011—06	28.00	129
立体几何技巧与方法	2014—04	88.00	293
几何瑰宝——平面几何500名题暨1000条定理(上、下)	2010—07	138.00	76,77
三角形的解法与应用	2012—07	18.00	183
近代的三角形几何学	2012—07	48.00	184
一般折线几何学	2015—08	48.00	503
三角形的五心	2009—06	28.00	51
三角形的六心及其应用	2015—10	68.00	542
三角形趣谈	2012—08	28.00	212
解三角形	2014—01	28.00	265
三角学专门教程	2014—09	28.00	387
图天下几何新题试卷.初中(第2版)	2017—11	58.00	855
圆锥曲线习题集(上册)	2013—06	68.00	255
圆锥曲线习题集(中册)	2015—01	78.00	434
圆锥曲线习题集(下册·第1卷)	2016—10	78.00	683
圆锥曲线习题集(下册·第2卷)	2018—01	98.00	853
论九点圆	2015—05	88.00	645
近代欧氏几何学	2012—03	48.00	162
罗巴切夫斯基几何学及几何基础概要	2012—07	28.00	188
罗巴切夫斯基几何学初步	2015—06	28.00	474
用三角、解析几何、复数、向量计算解数学竞赛几何题	2015—03	48.00	455
美国中学几何教程	2015—04	88.00	458
三线坐标与三角形特征点	2015—04	98.00	460
平面解析几何方法与研究(第1卷)	2015—05	18.00	471
平面解析几何方法与研究(第2卷)	2015—05	18.00	472
平面解析几何方法与研究(第3卷)	2015—07	18.00	473
解析几何研究	2015—01	38.00	425
解析几何学教程.上	2016—01	38.00	574
解析几何学教程.下	2016—01	38.00	575
几何学基础	2016—01	58.00	581
初等几何研究	2015—02	58.00	444
十九和二十世纪欧氏几何学中的片段	2017—01	58.00	696
平面几何中考.高考.奥数一本通	2017—07	28.00	820
几何学简史	2017—07	28.00	833
四面体	2018—01	48.00	880
平面几何图形特性新析.上篇	即将出版		911
平面几何图形特性新析.下篇	2018—06	88.00	912
平面几何范例多解探究.上篇	2018—04	48.00	913
平面几何范例多解探究.下篇	即将出版		914
从分析解题过程学解题:竞赛中的几何问题研究	2018—07	68.00	946

刘培杰数学工作室
已出版(即将出版)图书目录——初等数学

书　名	出版时间	定　价	编号
俄罗斯平面几何问题集	2009—08	88.00	55
俄罗斯立体几何问题集	2014—03	58.00	283
俄罗斯几何大师——沙雷金论数学及其他	2014—01	48.00	271
来自俄罗斯的5000道几何习题及解答	2011—03	58.00	89
俄罗斯初等数学问题集	2012—05	38.00	177
俄罗斯函数问题集	2011—03	38.00	103
俄罗斯组合分析问题集	2011—01	48.00	79
俄罗斯初等数学万题选——三角卷	2012—11	38.00	222
俄罗斯初等数学万题选——代数卷	2013—08	68.00	225
俄罗斯初等数学万题选——几何卷	2014—01	68.00	226
俄罗斯《量子》杂志数学征解问题100题选	2018—08	48.00	969
俄罗斯《量子》杂志数学征解问题又100题选	2018—08	48.00	970
463个俄罗斯几何老问题	2012—01	28.00	152
谈谈素数	2011—03	18.00	91
平方和	2011—03	18.00	92
整数论	2011—05	38.00	120
从整数谈起	2015—10	28.00	538
数与多项式	2016—01	38.00	558
谈谈不定方程	2011—05	28.00	119
解析不等式新论	2009—06	68.00	48
建立不等式的方法	2011—03	98.00	104
数学奥林匹克不等式研究	2009—08	68.00	56
不等式研究(第二辑)	2012—02	68.00	153
不等式的秘密(第一卷)	2012—02	28.00	154
不等式的秘密(第一卷)(第2版)	2014—02	38.00	286
不等式的秘密(第二卷)	2014—01	38.00	268
初等不等式的证明方法	2010—06	38.00	123
初等不等式的证明方法(第二版)	2014—11	38.00	407
不等式·理论·方法(基础卷)	2015—07	38.00	496
不等式·理论·方法(经典不等式卷)	2015—07	38.00	497
不等式·理论·方法(特殊类型不等式卷)	2015—07	48.00	498
不等式探究	2016—03	38.00	582
不等式探秘	2017—01	88.00	689
四面体不等式	2017—01	68.00	715
数学奥林匹克中常见重要不等式	2017—09	38.00	845
同余理论	2012—05	38.00	163
$[x]$与$\{x\}$	2015—04	48.00	476
极值与最值.上卷	2015—06	28.00	486
极值与最值.中卷	2015—06	38.00	487
极值与最值.下卷	2015—06	28.00	488
整数的性质	2012—11	38.00	192
完全平方数及其应用	2015—08	78.00	506
多项式理论	2015—10	88.00	541
奇数、偶数、奇偶分析法	2018—01	98.00	876

书　名	出版时间	定　价	编号
历届美国中学生数学竞赛试题及解答(第一卷)1950—1954	2014—07	18.00	277
历届美国中学生数学竞赛试题及解答(第二卷)1955—1959	2014—04	18.00	278
历届美国中学生数学竞赛试题及解答(第三卷)1960—1964	2014—06	18.00	279
历届美国中学生数学竞赛试题及解答(第四卷)1965—1969	2014—04	28.00	280
历届美国中学生数学竞赛试题及解答(第五卷)1970—1972	2014—06	18.00	281
历届美国中学生数学竞赛试题及解答(第六卷)1973—1980	2017—07	18.00	768
历届美国中学生数学竞赛试题及解答(第七卷)1981—1986	2015—01	18.00	424
历届美国中学生数学竞赛试题及解答(第八卷)1987—1990	2017—05	18.00	769
历届IMO试题集(1959—2005)	2006—05	58.00	5
历届CMO试题集	2008—09	28.00	40
历届中国数学奥林匹克试题集(第2版)	2017—03	38.00	757
历届加拿大数学奥林匹克试题集	2012—08	38.00	215
历届美国数学奥林匹克试题集:多解推广加强	2012—08	38.00	209
历届美国数学奥林匹克试题集:多解推广加强(第2版)	2016—03	48.00	592
历届波兰数学竞赛试题集.第1卷,1949~1963	2015—03	18.00	453
历届波兰数学竞赛试题集.第2卷,1964~1976	2015—03	18.00	454
历届巴尔干数学奥林匹克试题集	2015—05	38.00	466
保加利亚数学奥林匹克	2014—10	38.00	393
圣彼得堡数学奥林匹克试题集	2015—01	38.00	429
匈牙利奥林匹克数学竞赛题解.第1卷	2016—05	28.00	593
匈牙利奥林匹克数学竞赛题解.第2卷	2016—05	28.00	594
历届美国数学邀请赛试题集(第2版)	2017—10	78.00	851
全国高中数学竞赛试题及解答.第1卷	2014—07	38.00	331
普林斯顿大学数学竞赛	2016—06	38.00	669
亚太地区数学奥林匹克竞赛题	2015—07	18.00	492
日本历届(初级)广中杯数学竞赛试题及解答.第1卷(2000~2007)	2016—05	28.00	641
日本历届(初级)广中杯数学竞赛试题及解答.第2卷(2008~2015)	2016—05	38.00	642
360个数学竞赛问题	2016—08	58.00	677
奥数最佳实战题.上卷	2017—06	38.00	760
奥数最佳实战题.下卷	2017—05	58.00	761
哈尔滨市早期中学数学竞赛试题汇编	2016—07	28.00	672
全国高中数学联赛试题及解答:1981—2017(第2版)	2018—05	98.00	920
20世纪50年代全国部分城市数学竞赛试题汇编	2017—07	28.00	797
高中数学竞赛培训教程:平面几何问题的求解方法与策略.上	2018—05	68.00	906
高中数学竞赛培训教程:平面几何问题的求解方法与策略.下	2018—06	78.00	907
高中数学竞赛培训教程:整除与同余以及不定方程	2018—01	88.00	908
高中数学竞赛培训教程:组合计数与组合极值	2018—04	48.00	909
国内外数学竞赛题及精解:2016~2017	2018—07	45.00	922
许康华竞赛优学精选集.第一辑	2018—08	68.00	949
高考数学临门一脚(含密押三套卷)(理科版)	2017—01	45.00	743
高考数学临门一脚(含密押三套卷)(文科版)	2017—01	45.00	744
新课标高考数学题型全归纳(文科版)	2015—05	72.00	467
新课标高考数学题型全归纳(理科版)	2015—05	82.00	468
洞穿高考数学解答题核心考点(理科版)	2015—11	49.80	550
洞穿高考数学解答题核心考点(文科版)	2015—11	46.80	551

刘培杰数学工作室
已出版(即将出版)图书目录——初等数学

书　名	出版时间	定价	编号
高考数学题型全归纳:文科版.上	2016—05	53.00	663
高考数学题型全归纳:文科版.下	2016—05	53.00	664
高考数学题型全归纳:理科版.上	2016—05	58.00	665
高考数学题型全归纳:理科版.下	2016—05	58.00	666
王连笑教你怎样学数学:高考选择题解题策略与客观题实用训练	2014—01	48.00	262
王连笑教你怎样学数学:高考数学高层次讲座	2015—02	48.00	432
高考数学的理论与实践	2009—08	38.00	53
高考数学核心题型解题方法与技巧	2010—01	28.00	86
高考思维新平台	2014—03	38.00	259
30分钟拿下高考数学选择题、填空题(理科版)	2016—10	39.80	720
30分钟拿下高考数学选择题、填空题(文科版)	2016—10	39.80	721
高考数学压轴题解题诀窍(上)(第2版)	2018—01	58.00	874
高考数学压轴题解题诀窍(下)(第2版)	2018—01	48.00	875
北京市五区文科数学三年高考模拟题详解:2013～2015	2015—08	48.00	500
北京市五区理科数学三年高考模拟题详解:2013～2015	2015—09	68.00	505
向量法巧解数学高考题	2009—08	28.00	54
高考数学万能解题法(第2版)	即将出版	38.00	691
高考物理万能解题法(第2版)	即将出版	38.00	692
高考化学万能解题法(第2版)	即将出版	28.00	693
高考生物万能解题法(第2版)	即将出版	28.00	694
高考数学解题金典(第2版)	2017—01	78.00	716
高考物理解题金典(第2版)	即将出版	68.00	717
高考化学解题金典(第2版)	即将出版	58.00	718
我一定要赚分:高中物理	2016—01	38.00	580
数学高考参考	2016—01	78.00	589
2011～2015年全国及各省市高考数学文科精品试题审题要津与解法研究	2015—10	68.00	539
2011～2015年全国及各省市高考数学理科精品试题审题要津与解法研究	2015—10	88.00	540
最新全国及各省市高考数学试卷解法研究及点拨评析	2009—02	38.00	41
2011年全国及各省市高考数学试题审题要津与解法研究	2011—10	48.00	139
2013年全国及各省市高考数学试题解析与点评	2014—01	48.00	282
全国及各省市高考数学试题审题要津与解法研究	2015—02	48.00	450
新课标高考数学——五年试题分章详解(2007～2011)(上、下)	2011—10	78.00	140,141
全国中考数学压轴题审题要津与解法研究	2013—04	78.00	248
新编全国及各省市中考数学压轴题审题要津与解法研究	2014—05	58.00	342
全国及各省市5年中考数学压轴题审题要津与解法研究(2015版)	2015—04	58.00	462
中考数学专题总复习	2007—04	28.00	6
中考数学较难题、难题常考题型解题方法与技巧.上	2016—01	48.00	584
中考数学较难题、难题常考题型解题方法与技巧.下	2016—01	58.00	585
中考数学较难题常考题型解题方法与技巧	2016—09	48.00	681
中考数学难题常考题型解题方法与技巧	2016—09	48.00	682
中考数学选择填空压轴好题妙解365	2017—05	38.00	759

刘培杰数学工作室

已出版(即将出版)图书目录——初等数学

书　名	出版时间	定　价	编号
中考数学小压轴汇编初讲	2017—07	48.00	788
中考数学大压轴专题微言	2017—09	48.00	846
北京中考数学压轴题解题方法突破(第3版)	2017—11	48.00	854
助你高考成功的数学解题智慧:知识是智慧的基础	2016—01	58.00	596
助你高考成功的数学解题智慧:错误是智慧的试金石	2016—04	58.00	643
助你高考成功的数学解题智慧:方法是智慧的推手	2016—04	68.00	657
高考数学奇思妙解	2016—04	38.00	610
高考数学解题策略	2016—05	48.00	670
数学解题泄天机(第2版)	2017—10	48.00	850
高考物理压轴题全解	2017—04	48.00	746
高中物理经典问题25讲	2017—05	28.00	764
高中物理教学讲义	2018—01	48.00	871
2016年高考文科数学真题研究	2017—04	58.00	754
2016年高考理科数学真题研究	2017—04	78.00	755
初中数学、高中数学脱节知识补缺教材	2017—06	48.00	766
高考数学小题抢分必练	2017—10	48.00	834
高考数学核心素养解读	2017—09	38.00	839
高考数学客观题解题方法和技巧	2017—10	38.00	847
十年高考数学精品试题审题要津与解法研究.上卷	2018—01	68.00	872
十年高考数学精品试题审题要津与解法研究.下卷	2018—01	58.00	873
中国历届高考数学试题及解答.1949—1979	2018—01	38.00	877
数学文化与高考研究	2018—03	48.00	882
跟我学解高中数学题	2018—07	58.00	926
中学数学研究的方法及案例	2018—05	58.00	869
高考数学抢分技能	2018—07	68.00	934

书　名	出版时间	定　价	编号
新编640个世界著名数学智力趣题	2014—01	88.00	242
500个最新世界著名数学智力趣题	2008—06	48.00	3
400个最新世界著名数学最值问题	2008—09	48.00	36
500个世界著名数学征解问题	2009—06	48.00	52
400个中国最佳初等数学征解老问题	2010—01	48.00	60
500个俄罗斯数学经典老题	2011—01	28.00	81
1000个国外中学物理好题	2012—04	48.00	174
300个日本高考数学题	2012—05	38.00	142
700个早期日本高考数学试题	2017—02	88.00	752
500个前苏联早期高考数学试题及解答	2012—05	28.00	185
546个早期俄罗斯大学生数学竞赛题	2014—03	38.00	285
548个来自美苏的数学好问题	2014—11	28.00	396
20所苏联著名大学早期入学试题	2015—02	18.00	452
161道德国工科大学生必做的微分方程习题	2015—05	28.00	469
500个德国工科大学生必做的高数习题	2015—06	28.00	478
360个数学竞赛问题	2016—08	58.00	677
200个趣味数学故事	2018—02	48.00	857
德国讲义日本考题.微积分卷	2015—04	48.00	456
德国讲义日本考题.微分方程卷	2015—04	38.00	457
二十世纪中叶中、英、美、日、法、俄高考数学试题精选	2017—06	38.00	783

刘培杰数学工作室
已出版(即将出版)图书目录——初等数学

书　名	出版时间	定　价	编号
中国初等数学研究　2009卷(第1辑)	2009—05	20.00	45
中国初等数学研究　2010卷(第2辑)	2010—05	30.00	68
中国初等数学研究　2011卷(第3辑)	2011—07	60.00	127
中国初等数学研究　2012卷(第4辑)	2012—07	48.00	190
中国初等数学研究　2014卷(第5辑)	2014—02	48.00	288
中国初等数学研究　2015卷(第6辑)	2015—06	68.00	493
中国初等数学研究　2016卷(第7辑)	2016—04	68.00	609
中国初等数学研究　2017卷(第8辑)	2017—01	98.00	712
几何变换(Ⅰ)	2014—07	28.00	353
几何变换(Ⅱ)	2015—06	28.00	354
几何变换(Ⅲ)	2015—01	38.00	355
几何变换(Ⅳ)	2015—12	38.00	356
初等数论难题集(第一卷)	2009—05	68.00	44
初等数论难题集(第二卷)(上、下)	2011—02	128.00	82,83
数论概貌	2011—03	18.00	93
代数数论(第二版)	2013—08	58.00	94
代数多项式	2014—06	38.00	289
初等数论的知识与问题	2011—02	28.00	95
超越数论基础	2011—03	28.00	96
数论初等教程	2011—03	28.00	97
数论基础	2011—03	18.00	98
数论基础与维诺格拉多夫	2014—03	18.00	292
解析数论基础	2012—08	28.00	216
解析数论基础(第二版)	2014—01	48.00	287
解析数论问题集(第二版)(原版引进)	2014—05	88.00	343
解析数论问题集(第二版)(中译本)	2016—04	88.00	607
解析数论基础(潘承洞,潘承彪著)	2016—07	98.00	673
解析数论导引	2016—07	58.00	674
数论入门	2011—03	38.00	99
代数数论入门	2015—03	38.00	448
数论开篇	2012—07	28.00	194
解析数论引论	2011—03	48.00	100
Barban Davenport Halberstam 均值和	2009—01	40.00	33
基础数论	2011—03	28.00	101
初等数论100例	2011—05	18.00	122
初等数论经典例题	2012—07	18.00	204
最新世界各国数学奥林匹克中的初等数论试题(上、下)	2012—01	138.00	144,145
初等数论(Ⅰ)	2012—01	18.00	156
初等数论(Ⅱ)	2012—01	18.00	157
初等数论(Ⅲ)	2012—01	28.00	158

书 名	出版时间	定 价	编号
平面几何与数论中未解决的新老问题	2013—01	68.00	229
代数数论简史	2014—11	28.00	408
代数数论	2015—09	88.00	532
代数、数论及分析习题集	2016—11	98.00	695
数论导引提要及习题解答	2016—01	48.00	559
素数定理的初等证明.第2版	2016—09	48.00	686
数论中的模函数与狄利克雷级数（第二版）	2017—11	78.00	837
数论:数学导引	2018—01	68.00	849
数学眼光透视（第2版）	2017—06	78.00	732
数学思想领悟（第2版）	2018—01	68.00	733
数学方法溯源（第2版）	2018—08	68.00	734
数学解题引论	2017—05	48.00	735
数学史话览胜（第2版）	2017—01	48.00	736
数学应用展观（第2版）	2017—08	68.00	737
数学建模尝试	2018—04	48.00	738
数学竞赛采风	2018—01	68.00	739
数学技能操握	2018—03	48.00	741
数学欣赏拾趣	2018—02	48.00	742
从毕达哥拉斯到怀尔斯	2007—10	48.00	9
从迪利克雷到维斯卡尔迪	2008—01	48.00	21
从哥德巴赫到陈景润	2008—05	98.00	35
从庞加莱到佩雷尔曼	2011—08	138.00	136
博弈论精粹	2008—03	58.00	30
博弈论精粹.第二版（精装）	2015—01	88.00	461
数学 我爱你	2008—01	28.00	20
精神的圣徒 别样的人生——60位中国数学家成长的历程	2008—09	48.00	39
数学史概论	2009—06	78.00	50
数学史概论（精装）	2013—03	158.00	272
数学史选讲	2016—01	48.00	544
斐波那契数列	2010—02	28.00	65
数学拼盘和斐波那契魔方	2010—07	38.00	72
斐波那契数列欣赏（第2版）	2018—08	58.00	948
Fibonacci数列中的明珠	2018—06	58.00	928
数学的创造	2011—02	48.00	85
数学美与创造力	2016—01	48.00	595
数海拾贝	2016—01	48.00	590
数学中的美	2011—02	38.00	84
数论中的美学	2014—12	38.00	351

刘培杰数学工作室
已出版(即将出版)图书目录——初等数学

书　名	出版时间	定　价	编号
数学王者　科学巨人——高斯	2015—01	28.00	428
振兴祖国数学的圆梦之旅:中国初等数学研究史话	2015—06	98.00	490
二十世纪中国数学史料研究	2015—10	48.00	536
数字谜、数阵图与棋盘覆盖	2016—01	58.00	298
时间的形状	2016—01	38.00	556
数学发现的艺术:数学探索中的合情推理	2016—07	58.00	671
活跃在数学中的参数	2016—07	48.00	675
数学解题——靠数学思想给力(上)	2011—07	38.00	131
数学解题——靠数学思想给力(中)	2011—07	48.00	132
数学解题——靠数学思想给力(下)	2011—07	38.00	133
我怎样解题	2013—01	48.00	227
数学解题中的物理方法	2011—06	28.00	114
数学解题的特殊方法	2011—06	48.00	115
中学数学计算技巧	2012—01	48.00	116
中学数学证明方法	2012—01	58.00	117
数学趣题巧解	2012—03	28.00	128
高中数学教学通鉴	2015—05	58.00	479
和高中生漫谈:数学与哲学的故事	2014—08	28.00	369
算术问题集	2017—03	38.00	789
张教授讲数学	2018—07	38.00	933
自主招生考试中的参数方程问题	2015—01	28.00	435
自主招生考试中的极坐标问题	2015—04	28.00	463
近年全国重点大学自主招生数学试题全解及研究.华约卷	2015—02	38.00	441
近年全国重点大学自主招生数学试题全解及研究.北约卷	2016—05	38.00	619
自主招生数学解证宝典	2015—09	48.00	535
格点和面积	2012—07	18.00	191
射影几何趣谈	2012—04	28.00	175
斯潘纳尔引理——从一道加拿大数学奥林匹克试题谈起	2014—01	28.00	228
李普希兹条件——从几道近年高考数学试题谈起	2012—10	18.00	221
拉格朗日中值定理——从一道北京高考试题的解法谈起	2015—10	18.00	197
闵科夫斯基定理——从一道清华大学自主招生试题谈起	2014—01	28.00	198
哈尔测度——从一道冬令营试题的背景谈起	2012—08	28.00	202
切比雪夫逼近问题——从一道中国台北数学奥林匹克试题谈起	2013—04	38.00	238
伯恩斯坦多项式与贝齐尔曲面——从一道全国高中数学联赛试题谈起	2013—03	38.00	236
卡塔兰猜想——从一道普特南竞赛试题谈起	2013—06	18.00	256
麦卡锡函数和阿克曼函数——从一道前南斯拉夫数学奥林匹克试题谈起	2012—08	18.00	201
贝蒂定理与拉姆斯尔莫尔定理——从一个拣石子游戏谈起	2012—08	18.00	217
皮亚诺曲线和豪斯道夫分球定理——从无限集谈起	2012—08	18.00	211
平面凸图形与凸多面体	2012—10	28.00	218
斯坦因豪斯问题——从一道二十五省市自治区中学数学竞赛试题谈起	2012—07	18.00	196

刘培杰数学工作室
已出版(即将出版)图书目录——初等数学

书　名	出版时间	定　价	编号
纽结理论中的亚历山大多项式与琼斯多项式——从一道北京市高一数学竞赛试题谈起	2012-07	28.00	195
原则与策略——从波利亚"解题表"谈起	2013-04	38.00	244
转化与化归——从三大尺规作图不能问题谈起	2012-08	28.00	214
代数几何中的贝祖定理(第一版)——从一道IMO试题的解法谈起	2013-08	18.00	193
成功连贯理论与约当块理论——从一道比利时数学竞赛试题谈起	2012-04	18.00	180
素数判定与大数分解	2014-08	18.00	199
置换多项式及其应用	2012-10	18.00	220
椭圆函数与模函数——从一道美国加州大学洛杉矶分校(UCLA)博士资格考题谈起	2012-10	28.00	219
差分方程的拉格朗日方法——从一道2011年全国高考理科试题的解法谈起	2012-08	28.00	200
力学在几何中的一些应用	2013-01	38.00	240
高斯散度定理、斯托克斯定理和平面格林定理——从一道国际大学生数学竞赛试题谈起	即将出版		
康托洛维奇不等式——从一道全国高中联赛试题谈起	2013-03	28.00	337
西格尔引理——从一道第18届IMO试题的解法谈起	即将出版		
罗斯定理——从一道前苏联数学竞赛试题谈起	即将出版		
拉克斯定理和阿廷定理——从一道IMO试题的解法谈起	2014-01	58.00	246
毕卡大定理——从一道美国大学数学竞赛试题谈起	2014-07	18.00	350
贝齐尔曲线——从一道全国高中联赛试题谈起	即将出版		
拉格朗日乘子定理——从一道2005年全国高中联赛试题的高等数学解法谈起	2015-05	28.00	480
雅可比定理——从一道日本数学奥林匹克试题谈起	2013-04	48.00	249
李天岩-约克定理——从一道波兰数学竞赛试题谈起	2014-06	28.00	349
整系数多项式因式分解的一般方法——从克朗耐克算法谈起	即将出版		
布劳维不动点定理——从一道前苏联数学奥林匹克试题谈起	2014-01	38.00	273
伯恩赛德定理——从一道英国数学奥林匹克试题谈起	即将出版		
布查特-莫斯特定理——从一道上海市初中竞赛试题谈起	即将出版		
数论中的同余数问题——从一道普特南竞赛试题谈起	即将出版		
范·德蒙行列式——从一道美国数学奥林匹克试题谈起	即将出版		
中国剩余定理:总数法构建中国历史年表	2015-01	28.00	430
牛顿程序与方程求根——从一道全国高考试题解法谈起	即将出版		
库默尔定理——从一道IMO预选试题谈起	即将出版		
卢丁定理——从一道冬令营试题的解法谈起	即将出版		
沃斯滕霍姆定理——从一道IMO预选试题谈起	即将出版		
卡尔松不等式——从一道莫斯科数学奥林匹克试题谈起	即将出版		
信息论中的香农熵——从一道近年高考压轴题谈起	即将出版		
约当不等式——从一道希望杯竞赛试题谈起	即将出版		
拉比诺维奇定理	即将出版		
刘维尔定理——从一道《美国数学月刊》征解问题的解法谈起	即将出版		
卡塔兰恒等式与级数求和——从一道IMO试题的解法谈起	即将出版		
勒让德猜想与素数分布——从一道爱尔兰竞赛试题谈起	即将出版		
天平称重与信息论——从一道基辅市数学奥林匹克试题谈起	即将出版		
哈密尔顿-凯莱定理:从一道高中数学联赛试题的解法谈起	2014-09	18.00	376
艾思特曼定理——从一道CMO试题的解法谈起	即将出版		

刘培杰数学工作室
已出版(即将出版)图书目录——初等数学

书　　名	出版时间	定　价	编号
阿贝尔恒等式与经典不等式及应用	2018－06	98.00	923
迪利克雷除数问题	2018－07	48.00	930
贝克码与编码理论——从一道全国高中联赛试题谈起	即将出版		
帕斯卡三角形	2014－03	18.00	294
蒲丰投针问题——从2009年清华大学的一道自主招生试题谈起	2014－01	38.00	295
斯图姆定理——从一道"华约"自主招生试题的解法谈起	2014－01	18.00	296
许瓦兹引理——从一道加利福尼亚大学伯克利分校数学系博士生试题谈起	2014－08	18.00	297
拉姆塞定理——从王诗宬院士的一个问题谈起	2016－04	48.00	299
坐标法	2013－12	28.00	332
数论三角形	2014－04	38.00	341
毕克定理	2014－07	18.00	352
数林掠影	2014－09	48.00	389
我们周围的概率	2014－10	38.00	390
凸函数最值定理:从一道华约自主招生题的解法谈起	2014－10	28.00	391
易学与数学奥林匹克	2014－10	38.00	392
生物数学趣谈	2015－01	18.00	409
反演	2015－01	28.00	420
因式分解与圆锥曲线	2015－01	18.00	426
轨迹	2015－01	28.00	427
面积原理:从常庚哲命的一道CMO试题的积分解法谈起	2015－01	48.00	431
形形色色的不动点定理:从一道28届IMO试题谈起	2015－01	38.00	439
柯西函数方程:从一道上海交大自主招生的试题谈起	2015－02	28.00	440
三角恒等式	2015－02	28.00	442
无理性判定:从一道2014年"北约"自主招生试题谈起	2015－01	38.00	443
数学归纳法	2015－03	18.00	451
极端原理与解题	2015－04	28.00	464
法雷级数	2014－08	18.00	367
摆线族	2015－01	38.00	438
函数方程及其解法	2015－05	38.00	470
含参数的方程和不等式	2012－09	28.00	213
希尔伯特第十问题	2016－01	38.00	543
无穷小量的求和	2016－01	28.00	545
切比雪夫多项式:从一道清华大学金秋营试题谈起	2016－01	38.00	583
泽肯多夫定理	2016－03	38.00	599
代数等式证题法	2016－01	28.00	600
三角等式证题法	2016－01	28.00	601
吴大任教授藏书中的一个因式分解公式:从一道美国数学邀请赛试题的解法谈起	2016－06	28.00	656
易卦——类万物的数学模型	2017－08	68.00	838
"不可思议"的数与数系可持续发展	2018－01	38.00	878
最短线	2018－01	38.00	879
幻方和魔方(第一卷)	2012－05	68.00	173
尘封的经典——初等数学经典文献选读(第一卷)	2012－07	48.00	205
尘封的经典——初等数学经典文献选读(第二卷)	2012－07	38.00	206
初级方程式论	2011－03	28.00	106
初等数学研究(Ⅰ)	2008－09	68.00	37
初等数学研究(Ⅱ)(上、下)	2009－05	118.00	46,47

书　名	出版时间	定　价	编号
趣味初等方程妙题集锦	2014－09	48.00	388
趣味初等数论选美与欣赏	2015－02	48.00	445
耕读笔记(上卷):一位农民数学爱好者的初数探索	2015－04	28.00	459
耕读笔记(中卷):一位农民数学爱好者的初数探索	2015－05	28.00	483
耕读笔记(下卷):一位农民数学爱好者的初数探索	2015－05	28.00	484
几何不等式研究与欣赏.上卷	2016－01	88.00	547
几何不等式研究与欣赏.下卷	2016－01	48.00	552
初等数列研究与欣赏·上	2016－01	48.00	570
初等数列研究与欣赏·下	2016－01	48.00	571
趣味初等函数研究与欣赏.上	2016－09	48.00	684
趣味初等函数研究与欣赏.下	即将出版		685
火柴游戏	2016－05	38.00	612
智力解谜.第1卷	2017－07	38.00	613
智力解谜.第2卷	2017－07	38.00	614
故事智力	2016－07	48.00	615
名人们喜欢的智力问题	即将出版		616
数学大师的发现、创造与失误	2018－01	48.00	617
异曲同工	即将出版		618
数学的味道	2018－01	58.00	798
数贝偶拾——高考数学题研究	2014－04	28.00	274
数贝偶拾——初等数学研究	2014－04	38.00	275
数贝偶拾——奥数题研究	2014－04	48.00	276
钱昌本教你快乐学数学(上)	2011－12	48.00	155
钱昌本教你快乐学数学(下)	2012－03	58.00	171
集合、函数与方程	2014－01	28.00	300
数列与不等式	2014－01	38.00	301
三角与平面向量	2014－01	28.00	302
平面解析几何	2014－01	38.00	303
立体几何与组合	2014－01	28.00	304
极限与导数、数学归纳法	2014－01	38.00	305
趣味数学	2014－03	28.00	306
教材教法	2014－04	68.00	307
自主招生	2014－05	58.00	308
高考压轴题(上)	2015－01	48.00	309
高考压轴题(下)	2014－10	68.00	310
从费马到怀尔斯——费马大定理的历史	2013－10	198.00	Ⅰ
从庞加莱到佩雷尔曼——庞加莱猜想的历史	2013－10	298.00	Ⅱ
从切比雪夫到爱尔特希(上)——素数定理的初等证明	2013－07	48.00	Ⅲ
从切比雪夫到爱尔特希(下)——素数定理100年	2012－12	98.00	Ⅲ
从高斯到盖尔方特——二次域的高斯猜想	2013－10	198.00	Ⅳ
从库默尔到朗兰兹——朗兰兹猜想的历史	2014－01	98.00	Ⅴ
从比勃巴赫到德布朗斯——比勃巴赫猜想的历史	2014－02	298.00	Ⅵ
从麦比乌斯到陈省身——麦比乌斯变换与麦比乌斯带	2014－02	298.00	Ⅶ
从布尔到豪斯道夫——布尔方程与格论漫谈	2013－10	198.00	Ⅷ
从开普勒到阿诺德——三体问题的历史	2014－05	298.00	Ⅸ
从华林到华罗庚——华林问题的历史	2013－10	298.00	Ⅹ

刘培杰数学工作室
已出版(即将出版)图书目录——初等数学

书　　名	出版时间	定　价	编号
美国高中数学竞赛五十讲.第 1 卷(英文)	2014—08	28.00	357
美国高中数学竞赛五十讲.第 2 卷(英文)	2014—08	28.00	358
美国高中数学竞赛五十讲.第 3 卷(英文)	2014—09	28.00	359
美国高中数学竞赛五十讲.第 4 卷(英文)	2014—09	28.00	360
美国高中数学竞赛五十讲.第 5 卷(英文)	2014—10	28.00	361
美国高中数学竞赛五十讲.第 6 卷(英文)	2014—11	28.00	362
美国高中数学竞赛五十讲.第 7 卷(英文)	2014—12	28.00	363
美国高中数学竞赛五十讲.第 8 卷(英文)	2015—01	28.00	364
美国高中数学竞赛五十讲.第 9 卷(英文)	2015—01	28.00	365
美国高中数学竞赛五十讲.第 10 卷(英文)	2015—02	38.00	366
三角函数(第 2 版)	2017—04	38.00	626
不等式	2014—01	38.00	312
数列	2014—01	38.00	313
方程(第 2 版)	2017—04	38.00	624
排列和组合	2014—01	28.00	315
极限与导数(第 2 版)	2016—04	38.00	635
向量(第 2 版)	2018—08	58.00	627
复数及其应用	2014—08	28.00	318
函数	2014—01	38.00	319
集合	即将出版		320
直线与平面	2014—01	28.00	321
立体几何(第 2 版)	2016—04	38.00	629
解三角形	即将出版		323
直线与圆(第 2 版)	2016—11	38.00	631
圆锥曲线(第 2 版)	2016—09	48.00	632
解题通法(一)	2014—07	38.00	326
解题通法(二)	2014—07	38.00	327
解题通法(三)	2014—05	38.00	328
概率与统计	2014—01	28.00	329
信息迁移与算法	即将出版		330
IMO 50 年.第 1 卷(1959—1963)	2014—11	28.00	377
IMO 50 年.第 2 卷(1964—1968)	2014—11	28.00	378
IMO 50 年.第 3 卷(1969—1973)	2014—09	28.00	379
IMO 50 年.第 4 卷(1974—1978)	2016—04	38.00	380
IMO 50 年.第 5 卷(1979—1984)	2015—04	38.00	381
IMO 50 年.第 6 卷(1985—1989)	2015—04	58.00	382
IMO 50 年.第 7 卷(1990—1994)	2016—01	48.00	383
IMO 50 年.第 8 卷(1995—1999)	2016—06	38.00	384
IMO 50 年.第 9 卷(2000—2004)	2015—04	58.00	385
IMO 50 年.第 10 卷(2005—2009)	2016—01	48.00	386
IMO 50 年.第 11 卷(2010—2015)	2017—03	48.00	646

刘培杰数学工作室
已出版(即将出版)图书目录——初等数学

书　　名	出版时间	定　价	编号
数学反思(2007—2008)	即将出版		915
数学反思(2008—2009)	即将出版		916
数学反思(2010—2011)	2018—05	58.00	917
数学反思(2012—2013)	即将出版		918
数学反思(2014—2015)	即将出版		919
历届美国大学生数学竞赛试题集.第一卷(1938—1949)	2015—01	28.00	397
历届美国大学生数学竞赛试题集.第二卷(1950—1959)	2015—01	28.00	398
历届美国大学生数学竞赛试题集.第三卷(1960—1969)	2015—01	28.00	399
历届美国大学生数学竞赛试题集.第四卷(1970—1979)	2015—01	18.00	400
历届美国大学生数学竞赛试题集.第五卷(1980—1989)	2015—01	28.00	401
历届美国大学生数学竞赛试题集.第六卷(1990—1999)	2015—01	28.00	402
历届美国大学生数学竞赛试题集.第七卷(2000—2009)	2015—08	18.00	403
历届美国大学生数学竞赛试题集.第八卷(2010—2012)	2015—01	18.00	404
新课标高考数学创新题解题诀窍:总论	2014—09	28.00	372
新课标高考数学创新题解题诀窍:必修1~5分册	2014—08	38.00	373
新课标高考数学创新题解题诀窍:选修2—1,2—2,1—1,1—2分册	2014—09	38.00	374
新课标高考数学创新题解题诀窍:选修2—3,4—4,4—5分册	2014—09	18.00	375
全国重点大学自主招生英文数学试题全攻略:词汇卷	2015—07	48.00	410
全国重点大学自主招生英文数学试题全攻略:概念卷	2015—01	28.00	411
全国重点大学自主招生英文数学试题全攻略:文章选读卷(上)	2016—09	38.00	412
全国重点大学自主招生英文数学试题全攻略:文章选读卷(下)	2017—01	58.00	413
全国重点大学自主招生英文数学试题全攻略:试题卷	2015—07	38.00	414
全国重点大学自主招生英文数学试题全攻略:名著欣赏卷	2017—03	48.00	415
劳埃德数学趣题大全.题目卷.1:英文	2016—01	18.00	516
劳埃德数学趣题大全.题目卷.2:英文	2016—01	18.00	517
劳埃德数学趣题大全.题目卷.3:英文	2016—01	18.00	518
劳埃德数学趣题大全.题目卷.4:英文	2016—01	18.00	519
劳埃德数学趣题大全.题目卷.5:英文	2016—01	18.00	520
劳埃德数学趣题大全.答案卷:英文	2016—01	18.00	521
李成章教练奥数笔记.第1卷	2016—01	48.00	522
李成章教练奥数笔记.第2卷	2016—01	48.00	523
李成章教练奥数笔记.第3卷	2016—01	38.00	524
李成章教练奥数笔记.第4卷	2016—01	38.00	525
李成章教练奥数笔记.第5卷	2016—01	38.00	526
李成章教练奥数笔记.第6卷	2016—01	38.00	527
李成章教练奥数笔记.第7卷	2016—01	38.00	528
李成章教练奥数笔记.第8卷	2016—01	48.00	529
李成章教练奥数笔记.第9卷	2016—01	28.00	530

刘培杰数学工作室
已出版(即将出版)图书目录——初等数学

书　名	出版时间	定　价	编号
第19~23届"希望杯"全国数学邀请赛试题审题要津详细评注(初一版)	2014—03	28.00	333
第19~23届"希望杯"全国数学邀请赛试题审题要津详细评注(初二、初三版)	2014—03	38.00	334
第19~23届"希望杯"全国数学邀请赛试题审题要津详细评注(高一版)	2014—03	28.00	335
第19~23届"希望杯"全国数学邀请赛试题审题要津详细评注(高二版)	2014—03	38.00	336
第19~25届"希望杯"全国数学邀请赛试题审题要津详细评注(初一版)	2015—01	38.00	416
第19~25届"希望杯"全国数学邀请赛试题审题要津详细评注(初二、初三版)	2015—01	58.00	417
第19~25届"希望杯"全国数学邀请赛试题审题要津详细评注(高一版)	2015—01	48.00	418
第19~25届"希望杯"全国数学邀请赛试题审题要津详细评注(高二版)	2015—01	48.00	419
物理奥林匹克竞赛大题典——力学卷	2014—11	48.00	405
物理奥林匹克竞赛大题典——热学卷	2014—04	28.00	339
物理奥林匹克竞赛大题典——电磁学卷	2015—07	48.00	406
物理奥林匹克竞赛大题典——光学与近代物理卷	2014—06	28.00	345
历届中国东南地区数学奥林匹克试题集(2004~2012)	2014—06	18.00	346
历届中国西部地区数学奥林匹克试题集(2001~2012)	2014—07	18.00	347
历届中国女子数学奥林匹克试题集(2002~2012)	2014—08	18.00	348
数学奥林匹克在中国	2014—06	98.00	344
数学奥林匹克问题集	2014—01	38.00	267
数学奥林匹克不等式散论	2010—06	38.00	124
数学奥林匹克不等式欣赏	2011—09	38.00	138
数学奥林匹克超级题库(初中卷上)	2010—01	58.00	66
数学奥林匹克不等式证明方法和技巧(上、下)	2011—08	158.00	134,135
他们学什么:原民主德国中学数学课本	2016—09	38.00	658
他们学什么:英国中学数学课本	2016—09	38.00	659
他们学什么:法国中学数学课本.1	2016—09	38.00	660
他们学什么:法国中学数学课本.2	2016—09	28.00	661
他们学什么:法国中学数学课本.3	2016—09	38.00	662
他们学什么:苏联中学数学课本	2016—09	28.00	679
高中数学题典——集合与简易逻辑·函数	2016—07	48.00	647
高中数学题典——导数	2016—07	48.00	648
高中数学题典——三角函数·平面向量	2016—07	48.00	649
高中数学题典——数列	2016—07	58.00	650
高中数学题典——不等式·推理与证明	2016—07	38.00	651
高中数学题典——立体几何	2016—07	48.00	652
高中数学题典——平面解析几何	2016—07	78.00	653
高中数学题典——计数原理·统计·概率·复数	2016—07	48.00	654
高中数学题典——算法·平面几何·初等数论·组合数学·其他	2016—07	68.00	655

刘培杰数学工作室
已出版（即将出版）图书目录——初等数学

书　名	出版时间	定　价	编号
台湾地区奥林匹克数学竞赛试题.小学一年级	2017—03	38.00	722
台湾地区奥林匹克数学竞赛试题.小学二年级	2017—03	38.00	723
台湾地区奥林匹克数学竞赛试题.小学三年级	2017—03	38.00	724
台湾地区奥林匹克数学竞赛试题.小学四年级	2017—03	38.00	725
台湾地区奥林匹克数学竞赛试题.小学五年级	2017—03	38.00	726
台湾地区奥林匹克数学竞赛试题.小学六年级	2017—03	38.00	727
台湾地区奥林匹克数学竞赛试题.初中一年级	2017—03	38.00	728
台湾地区奥林匹克数学竞赛试题.初中二年级	2017—03	38.00	729
台湾地区奥林匹克数学竞赛试题.初中三年级	2017—03	28.00	730
不等式证题法	2017—04	28.00	747
平面几何培优教程	即将出版		748
奥数鼎级培优教程.高一分册	2018—09	88.00	749
奥数鼎级培优教程.高二分册.上	2018—04	68.00	750
奥数鼎级培优教程.高二分册.下	2018—04	68.00	751
高中数学竞赛冲刺宝典	即将出版		883
初中尖子生数学超级题典.实数	2017—07	58.00	792
初中尖子生数学超级题典.式、方程与不等式	2017—08	58.00	793
初中尖子生数学超级题典.圆、面积	2017—08	38.00	794
初中尖子生数学超级题典.函数、逻辑推理	2017—08	48.00	795
初中尖子生数学超级题典.角、线段、三角形与多边形	2017—07	58.00	796
数学王子——高斯	2018—01	48.00	858
坎坷奇星——阿贝尔	2018—01	48.00	859
闪烁奇星——伽罗瓦	2018—01	58.00	860
无穷统帅——康托尔	2018—01	48.00	861
科学公主——柯瓦列夫斯卡娅	2018—01	48.00	862
抽象代数之母——埃米·诺特	2018—01	48.00	863
电脑先驱——图灵	2018—01	58.00	864
昔日神童——维纳	2018—01	48.00	865
数坛怪侠——爱尔特希	2018—01	68.00	866
当代世界中的数学.数学思想与数学基础	2018—04	38.00	892
当代世界中的数学.数学问题	即将出版		893
当代世界中的数学.应用数学与数学应用	即将出版		894
当代世界中的数学.数学王国的新疆域（一）	2018—04	38.00	895
当代世界中的数学.数学王国的新疆域（二）	即将出版		896
当代世界中的数学.数林撷英（一）	即将出版		897
当代世界中的数学.数林撷英（二）	即将出版		898
当代世界中的数学.数学之路	即将出版		899

刘培杰数学工作室
已出版(即将出版)图书目录——初等数学

书 名	出版时间	定 价	编号
105 个代数问题:来自 AsesomeMath 夏季课程	即将出版		956
106 个几何问题:来自 AsesomeMath 夏季课程	即将出版		957
107 个几何问题:来自 AsesomeMath 全年课程	即将出版		958
108 个代数问题:来自 AsesomeMath 全年课程	2018—09	68.00	959
109 个不等式:来自 AsesomeMath 夏季课程	即将出版		960
数学奥林匹克中的 110 个几何问题	即将出版		961
111 个代数和数论问题	即将出版		962
112 个组合问题:来自 AsesomeMath 夏季课程	即将出版		963
113 个几何不等式:来自 AsesomeMath 夏季课程	即将出版		964
114 个指数和对数问题:来自 AsesomeMath 夏季课程	即将出版		965
115 个三角问题:来自 AsesomeMath 夏季课程	即将出版		966
116 个代数不等式:来自 AsesomeMath 全年课程	即将出版		967

联系地址:哈尔滨市南岗区复华四道街 10 号　哈尔滨工业大学出版社刘培杰数学工作室
网　　　址:http://lpj.hit.edu.cn/
邮　　编:150006
联系电话:0451—86281378　　13904613167
E-mail:lpj1378@163.com